鲲鹏生态
职业认证系列丛书

欧拉操作系统
运维与管理

北京博海迪信息科技有限公司　主编

林康平　李黄　俞翔　编著

人民邮电出版社
北京

图书在版编目（CIP）数据

欧拉操作系统运维与管理 / 北京博海迪信息科技有限公司主编；林康平，李黄，俞翔编著. -- 北京：人民邮电出版社，2022.2（2022.7重印）
（鲲鹏生态职业认证系列丛书）
ISBN 978-7-115-57672-9

Ⅰ. ①欧… Ⅱ. ①北… ②林… ③李… ④俞… Ⅲ. ①操作系统 Ⅳ. ①TP316

中国版本图书馆CIP数据核字(2021)第209318号

内 容 提 要

本书全面地向读者介绍了如何使用欧拉（OpenEuler）操作系统。本书内容涵盖 Linux 管理员的基础操作管理，涉及 Linux Shell 的基础命令使用，OpenEuler 环境下的用户与组的管理及权限管理，OpenEuler 环境下的磁盘、文件系统、LVM、RAID 组的管理及使用，进程管理和软件安装等基础内容。

本书借助 OpenEuler 操作系统，向读者介绍了常用的 Linux 网络服务管理内容，涵盖 OpenEuler 环境下的 Linux 网络管理、SSH 服务管理、FTP 服务管理、Samba 服务管理、NFS 服务管理、iSCSI 服务管理、GlusterFS 文件系统管理、Apache 服务管理、Nginx 服务管理及日志管理等。

本书还阐述了 OpenEuler 环境下的系统安全等问题，讲述了防火墙的管理与设置，以便用户对系统进行安全加固处理；讲述了 SELinux 对系统内资源的使用，以便用户进行安全管理。

本书适合从事计算机相关领域的专业人员、希望通过鲲鹏认证考试的人员及对操作系统开发和运维感兴趣的读者阅读、学习，也可作为高等院校相关专业师生的参考图书。

- ◆ 主　　编　北京博海迪信息科技有限公司
  编　　著　林康平　李　黄　俞　翔
  责任编辑　李　静
  责任印制　陈　犇
- ◆ 人民邮电出版社出版发行　北京市丰台区成寿寺路 11 号
  邮编 100164　电子邮件 315@ptpress.com.cn
  网址 https://www.ptpress.com.cn
  北京捷迅佳彩印刷有限公司印刷
- ◆ 开本：787×1092　1/16
  印张：29　　　　　　　　　　2022 年 2 月第 1 版
  字数：648 千字　　　　　　　2022 年 7 月北京第 2 次印刷

定价：129.80 元

读者服务热线：(010)81055493　印装质量热线：(010)81055316
反盗版热线：(010)81055315
广告经营许可证：京东市监广登字 20170147 号

编 委 会

编委会主任（按姓氏笔画排名）：

亓　峰　　北京邮电大学

李文正　　北京工业大学计算机学院

祝烈煌　　北京理工大学网络空间安全学院

编委会委员：

张永辉　　海南大学

高鹏超　　郑州信息科技职业学院

丁爱萍　　黄河水利职业技术学院

苏布达　　呼和浩特民族学院

方　圆　　北京工业职业技术学院

张治斌　　北京信息职业技术学院

国海涛　　山东商业职业技术学院

张志浩　　淄博职业学院

刘大伟　　北京博海迪信息科技有限公司（泰克教育）

王　英　　北京博海迪信息科技有限公司（泰克教育）

序言一

处理器+操作系统是计算机系统的核心，也是IT产业生态的核心，更是IT产业安全的基石，它涉及每一个单位。多样性计算、人工智能、大数据、云计算等技术正在驱动下一代操作系统的创新发展，"新基建"、数字经济进一步促进了基础技术自主创新的研发投入，信息产业自主可控发展迎来新机遇。

随着云计算、人工智能时代的到来，新的计算架构拐点出现，从主机生态到开放架构x86生态再到云计算生态，IT发展的每个阶段都有处于引领和主导地位的生态，而生态的完善和壮大也推动着算力的发展和提升。5G规模化商用和人工智能、物联网技术的快速发展，推动了边缘侧数据采集量及计算需求空前增多。移动互联网蓬勃发展，物联网、人工智能等领域的创新应用井喷式涌现。应用场景的多样化带来了数据的多样性，从行业趋势和应用需求看，多种计算架构的组合是实现最优性能计算的必然选择。

以鲲鹏和昇腾处理器为核心、贯穿整个IT基础设施及行业应用的"鲲鹏生态"雏形已现。鲲鹏生态将引领多样性计算时代的发展，为云计算、大数据、物联网、人工智能、边缘计算等提供强大的算力支撑，为软件产业持续创新提供源源不断的发展动力。发展鲲鹏生态离不开人才的培育，人才是促进鲲鹏计算产业可持续发展的"星星之火"。发展鲲鹏生态要建好人才底座，从而为计算产业培养高质量的创新人才。目前人才瓶颈问题突出，传统产业转型和新兴产业发展对鲲鹏生态人才的需求激增，但国内人才缺口持续加大，高端复合型人才仍然严重不足。

由人民邮电出版社和北京博海迪信息科技有限公司（泰克教育）联合策划、出版的《鲲鹏生态职业认证系列丛书》定位为高校及职业院校教学、ICT从业人员参考用书。这套丛书将鲲鹏、昇腾、OpenEuler等产业前沿技术和实践实训密切结合，课程案例与产业接轨，让读者了解产业的真实需求。作为行业内少有的实操性质的图书，这套丛书内容详尽、示例丰富、结构清晰、通俗易懂，更加注重理论与实践的紧密结合，对重点、难点内容给出了详细的操作流程，将读者从枯燥的理论学习中引导至实际案例操作当中，赋予读者更加强大的动手实践能力，便于读者学习和查阅。

这套丛书将产业前沿技术与院校教学、科研、实践相结合，是产教融合实践的有益尝试，对有效推进鲲鹏人才培养、助力鲲鹏产业生态建设具有重要意义。

倪光南

中国工程院院士

2021 年 10 月

序言二

鲲鹏计算产业在国家政策指导及创新、绿色、开放、共享的发展理念指引下，打造了以行业生态、商业生态、技术生态及人才生态为方向的鲲鹏计算产业生态，以鲲鹏处理作为核心支撑点，将政府、企业、高校、人才培养紧密联系，组成可持续发展的良性生态。

作为聚焦教育和科技深度融合的国家高新技术企业，北京博海迪信息科技有限公司（泰克教育）在鲲鹏计算生态建设中积极贡献力量。由泰克教育研发的产教融合实训云通过了鲲鹏云服务兼容性认证，与华为 Atlas 人工智能计算平台完成了兼容性测试，为鲲鹏生态人才培养奠定了基础。泰克教育是首批华为鲲鹏凌云伙伴，与研究型本科、应用型本科、高职等多所院校合作共建鲲鹏产业学院及鲲鹏人才培养体系，为社会培养的具备鲲鹏适配、研发、服务能力的人才超过 20000 名。

当前计算产业空间巨大，需要更多优秀的人才加入产业建设。泰克教育基于教育行业多年的经验积累，为全国院校培养信息通信技术人才提供实践平台，联合学校、政府共同探索人才培养新模式，创新教育组织形态，促进教育和产业联动发展。目前，泰克教育在产教融合基地建设、院校专业建设、产业学院、国际化合作等多维度与院校和区域政府展开深入合作，促进教育和产业统筹融合、良性互动的发展。

感谢读者对《鲲鹏生态职业认证系列丛书》的支持和信任，这套丛书涵盖产业前沿技术的讲解、丰富的课程案例、实践实训等内容，为高校及职业院校教学科研人员、ICT从业人员实践提升提供参考。泰克教育的资深技术专家和高校一线教师共同组成编写团队，将新的鲲鹏生态相关技术与产业实践融入这套丛书，方便学员深入浅出地了解行业发展。

道阻且长，行则将至，行而不辍，未来可期。泰克教育将持续脚踏实地、躬耕前行，在鲲鹏生态建设和信息通信技术人才培养领域助力院校、企业和政府，为产业发展奠定坚实的人才底座。

北京博海迪信息科技有限公司（泰克教育）总经理

2021 年 10 月

前　言

随着互联网技术的发展，Linux 操作系统已成为 ICT 产业的基石，本书借助鲲鹏生态的产物 OpenEuler 操作系统进行 Linux 案例教学。OpenEuler 操作系统是一个免费开源的 Linux 发行版系统，它通过开放的社区形式与全球的开发者共同构建一个开放、多元和架构包容的软件生态体系。本书通过 OpenEuler 操作系统向读者介绍了什么是操作系统、如何快速高效地使用鲲鹏生态带来的成果。本书详细地介绍了在 Linux 环境下 OpenEuler 操作系统的基础操作及服务配置等，带领广大读者快速入门并掌握 OpenEuler 操作系统的应用管理。

本书作为讲解 OpenEuler 操作系统的一本实操性图书，更加注重理论与实践的紧密结合。本书包含大量的实际操作及案例应用，从基础命令使用到 Linux 服务器的基础维护管理，再到 Linux 环境下的服务配置，逐步引领读者从 0 到 1 深入了解 OpenEuler 操作系统。

本书与其他教材相比，更加注重实际操作，可引导读者从枯燥的理论学习转向实际的案例操作，赋予读者更强的动手实践能力。本书也可供企业网络管理与维护人员学习使用，使其掌握基础的运维管理操作，帮助企业人员进一步了解及使用鲲鹏生态建设带来的成果。

本书的完成离不开泰克教育的大力扶持及高校老师的鼎力相助，他们在本书的撰写过程中提供了高价值的参考意见，为本书质量的提升提供了非常大的帮助。

目 录

第 1 章 操作系统原理 ··· 1
  1.1 计算机硬件结构 ·· 2
  1.2 操作系统原理 ··· 3
    1.2.1 操作系统概念 ·· 3
    1.2.2 操作系统分类 ·· 4
    1.2.3 操作系统结构 ·· 5
  1.3 本章小结 ·· 7
第 2 章 欧拉操作系统概述 ·· 9
  2.1 GNU 操作系统概述 ·· 10
  2.2 Linux 操作系统的产生 ··· 11
  2.3 Linux 操作系统的发展历程 ·· 12
  2.4 Linux 操作系统的应用 ··· 13
  2.5 Linux 操作系统的特点与组成 ·· 13
    2.5.1 Linux 操作系统的特点 ·· 14
    2.5.2 Linux 操作系统的组成 ·· 15
  2.6 OpenEuler 操作系统概述 ··· 16
    2.6.1 发展历程 ··· 16
    2.6.2 特征 ·· 17
    2.6.3 探索与挑战 ··· 18
    2.6.4 场景解决方案 ·· 19
  2.7 OpenEuler 操作系统的安装 ··· 23
  2.8 OpenEuler 操作系统初识 ··· 35
    2.8.1 目录结构 ··· 35
    2.8.2 GNOME 初识 ·· 37
    2.8.3 在主机安装 terminal 终端 ··· 41
  2.9 本章小结 ·· 43

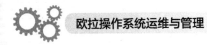

第 3 章 管理员操作管理 45

3.1 Linux Shell 基本应用 46
- 3.1.1 系统管理命令 47
- 3.1.2 文件目录管理命令 58
- 3.1.3 文件压缩管理命令 78
- 3.1.4 磁盘管理命令 83
- 3.1.5 网络管理命令 86
- 3.1.6 系统性能管理命令 96
- 3.1.7 Vim 编辑器 102
- 3.1.8 文本处理命令 110

3.2 用户与组管理 115
- 3.2.1 什么是用户 115
- 3.2.2 用户管理 118
- 3.2.3 组管理 124

3.3 权限管理 126
- 3.3.1 查看文件权限 128
- 3.3.2 文件与目录权限 130
- 3.3.3 文件 ACL 权限 138
- 3.3.4 ACL 权限设置 138
- 3.3.5 服务器权限管理 142

3.4 磁盘与文件系统管理 144
- 3.4.1 磁盘的初识 144
- 3.4.2 Linux 操作系统中磁盘设备的识别 149
- 3.4.3 建立和管理文件系统 153
- 3.4.4 文件系统的挂载 164
- 3.4.5 开机自动挂载 167
- 3.4.6 磁盘配额 170

3.5 RAID 与逻辑卷管理 176
- 3.5.1 RAID 技术介绍 176
- 3.5.2 部署磁盘阵列 185
- 3.5.3 损坏磁盘阵列及修复 188
- 3.5.4 删除磁盘阵列 190
- 3.5.5 LVM 概述 192
- 3.5.6 逻辑卷管理 192

3.6 进程管理 199
- 3.6.1 什么是进程 199
- 3.6.2 进程管理相关命令 201
- 3.6.3 系统监视工具 208
- 3.6.4 计划任务 212

3.7 软件管理 216
- 3.7.1 RPM 软件包管理 216
- 3.7.2 Yum 软件源管理 220
- 3.7.3 DNF 软件包管理 224
- 3.7.4 源码包安装管理 235
- 3.7.5 Systemd 服务管理 242

3.8 本章小结 247

第4章 网络服务管理 ... 249

4.1 Linux 网络管理 ... 250
4.1.1 网络管理协议介绍 ... 250
4.1.2 基于 nmcli 命令管理网络 ... 254
4.1.3 配置链路聚合和软件网桥 ... 257
4.1.4 系统网络配置文件 ... 261
4.1.5 OpenEuler 路由管理 ... 263
4.1.6 网络管理命令 ... 264
4.1.7 DHCP 服务管理 ... 272

4.2 SSH 服务管理 ... 275
4.2.1 SSH 服务介绍 ... 275
4.2.2 SSH 服务基础操作 ... 276
4.2.3 SSH 免密登录 ... 279

4.3 FTP 服务管理 ... 281
4.3.1 FTP 服务介绍 ... 281
4.3.2 vsftpd 的安装与配置 ... 282
4.3.3 proftpd 的安装与配置 ... 290

4.4 Samba 服务管理 ... 293
4.4.1 Samba 服务简介 ... 293
4.4.2 Samba 服务安装与配置 ... 294

4.5 NFS 服务管理 ... 301
4.5.1 NFS 服务介绍 ... 301
4.5.2 NFS 服务配置与管理 ... 303

4.6 网络存储服务管理 ... 307
4.6.1 服务器存储介绍 ... 308
4.6.2 iSCSI 共享存储介绍 ... 309
4.6.3 iSCSI 服务器配置 ... 312
4.6.4 客户端配置 ... 318

4.7 GlusterFS 管理 ... 320
4.7.1 GlusterFS 集群部署安装 ... 321
4.7.2 部署 Gluster 客户端 ... 329
4.7.3 验证文件分布效果 ... 330

4.8 Apache 服务管理 ... 331
4.8.1 HTTP 介绍 ... 332
4.8.2 Apache 服务的安装与配置 ... 333
4.8.3 Apache 基于 IP 的虚拟主机配置 ... 337
4.8.4 Apache 基于端口号的虚拟主机配置 ... 339
4.8.5 Apache 基于域名的虚拟主机配置 ... 341
4.8.6 Apache 安全控制与认证 ... 342
4.8.7 LAMP 环境部署 ... 345

4.9 Nginx 服务管理 ... 348
4.9.1 Nginx 的安装与配置 ... 348
4.9.2 Nginx 虚拟主机配置 ... 350
4.9.3 SSL 网站应用案例 ... 354

```
        4.9.4   LNMP 环境实现 WordPress 博客搭建 ································356
    4.10  Linux 日志管理 ············································································361
        4.10.1  Rsyslog 日志系统介绍 ························································362
        4.10.2  Rsyslog 日志服务与日志轮转配置 ·······································363
        4.10.3  Logrotate 配置 ··································································365
        4.10.4  Systemd 日志 ···································································367
        4.10.5  利用 Logrotate 轮转 Nginx 日志 ·········································371
        4.10.6  利用日志定位问题 ······························································375
    4.11  本章小结 ···················································································377

第 5 章  系统安全 ·························································································379
    5.1  Linux 防火墙管理工具概述 ·························································380
    5.2  使用 iptables 设置防火墙 ····························································382
        5.2.1  iptables 防火墙的规则表、规则链 ········································382
        5.2.2  iptables 防火墙的内核 ··························································384
        5.2.3  iptables 基本命令参数及格式 ···············································384
    5.3  NAT ·····························································································388
        5.3.1  NAT 简介 ··············································································388
        5.3.2  使用 iptables 配置源 NAT ·····················································389
        5.3.3  使用 iptables 配置目的 NAT ··················································390
    5.4  Firewalld 设置 ·············································································392
        5.4.1  Firewalld 基本概念 ······························································393
        5.4.2  基于图形界面下的 Firewalld 配置 ········································394
        5.4.3  基于命令行界面的 Firewalld 规则设置 ································397
    5.5  SELinux 配置 ··············································································405
        5.5.1  SELinux 的基本概念 ····························································405
        5.5.2  管理 SELinux 模式 ·······························································408
        5.5.3  管理 SELinux 上下文 ····························································411
        5.5.4  管理 SELinux 布尔值 ····························································414
    5.6  本章小结 ·····················································································415

第 6 章  通过 Cockpit 工具管理 OpenEuler ················································417
    6.1  Cockpit 简介 ···············································································418
    6.2  Cockpit 工具安装 ········································································418
    6.3  Cockpit 主界面说明 ····································································420
        6.3.1  系统 ······················································································420
        6.3.2  日志 ······················································································421
        6.3.3  存储 ······················································································422
        6.3.4  网络 ······················································································428
        6.3.5  账户管理 ··············································································430
        6.3.6  服务 ······················································································431
    6.4  本章小结 ·····················································································432

附录  OpenEuler 操作系统的安装 ·······························································433
```

第 1 章
操作系统原理

学习目标

- ◆ 了解操作系统在计算机体系中的作用
- ◆ 了解操作系统的特点

操作系统是当今任何计算机系统都必须配置的大型系统软件,也是计算机最核心的软件,它的主要功能是管理计算机系统的所有硬、软件资源,充分发挥计算机系统内在的处理能力,方便用户使用计算机。操作系统原理在计算机专业知识体系中起着承上启下的作用。本章主要讲解操作系统的基础概念。

1.1 计算机硬件结构

计算机是一台机器，由软件和硬件两部分组成。硬件主要由各种物理资源组成，包括 CPU（Central Processing Unit，中央处理器）、内存、输入/输出（Input/Output，I/O）设备等；软件是计算机与用户沟通的纽带，用于驱动计算机硬件完成特定的计算，主要包含系统软件和应用软件，其中，操作系统为典型的系统软件。

计算机按照用户的要求接收信息、存储数据，基于提前写好的程序处理数据，最后将处理结果反馈给用户。为了理解计算机的处理程序，我们需要了解计算机系统的硬件组织，如图 1-1 所示。

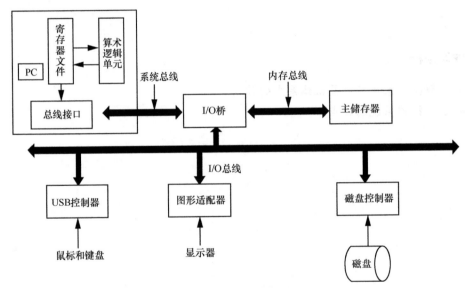

图 1-1 计算机系统的硬件组织

1. 总线

贯穿整个计算机系统的是一组电子管道，被称为总线，它携带信息字节并负责在各个部件之间传递信息。通常总线被设计成传送定长数据的字节块，也就是字。字中的字节数（即字长）是一个基本的系统参数，各个系统都不相同，目前，大多数机器的字长一般是 4 个字节（32bit）或 8 个字节（64bit）。

2. I/O 设备

I/O 设备是计算机系统与外部世界的联系通道。图 1-1 所示的计算机系统包括 4 个 I/O 设备：作为用户输入的键盘和鼠标、作为用户输出的显示器及用于长期存储数据和程序的磁盘驱动器（即磁盘）。每个 I/O 设备都通过一个控制器或适配器与 I/O 总线相连。控制器和适配器之间的区别是封装方式不同，控制器是 I/O 设备本身或者系统的主印制电路板（通常被称为主板）上的芯片组，而适配器则是一块插在主板插槽上的卡，但是，它们的功能都是在 I/O 总线和 I/O 设备之间传递信息。

3．内存

内存是一个临时存储设备，在处理器执行程序时，内存被用来存放程序和程序处理的数据。从物理结构上看，内存是由一组动态随机存取存储器芯片组成。从逻辑上看，存储器是一个线性的字节数组，每个字节都有唯一的地址（数组索引），这些地址是从零开始的。一般情况下，组成程序的每条机器指令都由不同数量的字节构成。与 C 程序变量相对应的数据项的大小是根据数据项类型变化的，比如，在运行 Linux 的 x86-64 机器上，short 类型的数据需要两个字节，int 和 float 类型的数据需要 4 个字节，而 long 和 double 类型的数据需要 8 个字节。

4．处理器

中央处理单元是解释（或执行）存储在主存中的指令的引擎。处理器的核心是一个大小为一个字的存储设备（或寄存器），被称为程序计数器，在任何时刻，程序计数器都指向主存中的某条机器语言指令，即含有该条指令的地址。

从系统通电到系统断电，处理器一直在不断地执行程序计数器指向的指令，并不断地更新程序计数器，使其指向下一条指令。处理器是按照一个非常简单的指令执行模型来操作的，这个模型是由指令集架构决定的，在这个模型中，执行一条指令需要经过一系列步骤，处理器从程序计数器指向的内存处读取指令，解释指令中的位，执行该指令指示的简单操作，然后更新程序计数器，使其指向下一条指令，而这条指令并不一定和刚刚执行的指令相邻。

这样的简单操作并不多，这些操作围绕着主存、寄存器文件和 ALU（Arithmetic and Logic Unit，算术逻辑单元）进行。寄存器文件是一个小的存储设备，由一些单个字长的寄存器组成，每个寄存器都有唯一的名字，ALU 用来计算新的数据和地址值。下面是一些简单操作的例子，CPU 在指令的要求下会执行以下操作。

加载——从主存复制一个字节或者一个字到寄存器，以覆盖寄存器原来的内容。

存储——从寄存器复制一个字节或者一个字到主存的某个位置，以覆盖这个位置上原来的内容。

操作——把两个寄存器的内容复制到 ALU，ALU 对这两个字做算术运算，并将结果存放到一个寄存器中，以覆盖该寄存器中原来的内容。

跳转——从指令本身中抽取一个字，并将这个字复制到程序计数器中，以覆盖程序计数器中原来的值。

1.2 操作系统原理

1.2.1 操作系统概念

操作系统（Operating System，OS）是提供给计算机硬件的一组基本编程指令，它们构成了计算机的大多数其他功能赖以存在的编程代码。编程代码是操作系统的核心，被称为内核。内核是软件的一部分，是硬件基础上的第一层软件，是硬件和其他软件沟通的桥梁。操作系统会控制其他程序运行，管理系统资源，提供最基本的计算功能，如管理及配置内存、决定系统资源供需的优先次序等，同时还提供一些基本的服务程序，如以下4个方面。

1．文件系统

文件系统被计算机用来存储信息，信息存储在文件中，文件主要存储在计算机的内部硬盘里，操作系统在目录的分层结构中组织文件。文件系统为操作系统提供了组织管理数据的方式。

2．设备驱动程序

设备驱动程序提供连接计算机每个硬件设备的接口，设备驱动器能够使程序被写入硬件设备，但不需要了解每个硬件设备的工作细节，通俗地讲，就是能让你吃到鸡蛋，但不用养一只鸡。

3．用户接口

操作系统需要为用户提供一种运行程序和访问文件系统的方法，如常用的 Windows 图形界面，用户接口可以理解为用户与操作系统交互的方式。

4．系统服务程序

计算机启动时，会自启动许多系统服务程序，执行安装文件系统、启动网络服务、运行预定任务等操作。

1.2.2 操作系统分类

计算机操作系统有许多类型，它们的工作方式差别很大，各自的目的也有所不同。计算机的功能在很大程度上规定了操作系统将会做什么及如何做。我们一般将操作系统分为批处理操作系统、分时操作系统和实时操作系统 3 种基本类型。随着计算机体系结构的发展，又不断出现了其他操作系统，包括嵌入式操作系统、网络操作系统和分布式操作系统。以下为常见的 6 种操作系统。

1．批处理操作系统

批处理操作系统的工作方式是用户将作业交给系统操作员，系统操作员将许多用户的作业组成一批作业，并输入计算机中，从而在系统中形成一个自动转接的连续的作业流，然后启动操作系统，系统自动、依次执行每个作业，最后由操作员将作业结果交给用户。批处理操作系统的特点是多道和成批处理。

2．分时操作系统

分时操作系统是由多个用户和应用程序同时使用的中央计算机系统，比如大型计算机，这些计算机被用于执行大量的计算，或者处理大量的数据。

分时操作系统的工作方式是，一台主机连接了若干个终端，每个终端有一个用户在使用，用户交互式地向系统提出命令请求，系统接受每个用户的命令，并采用时间片轮转的方式处理服务请求，并通过交互方式在终端上向用户显示结果，用户根据结果发出下一道命令。分时操作系统将 CPU 的时间划分成若干个片段，这些片段被称为时间片，操作系统以时间片为单位，轮流为每个终端用户服务，每个用户轮流使用一个时间片使每个用户感觉不到有别的用户存在。分时操作系统具有多路性、交互性、独占性和及时性的特征。多路性是指同时有多个用户使用一台计算机，从宏观上看，是多个人同时使用一个 CPU，从微观上看，是多个人在不同时刻轮流使用 CPU；交互性是指用户根据系统响应结果进一步提出新请求（用户直接干预每一步）；独占性是指用户在使用时感觉不到计算机为其他人服务，好像整个系统只为其一个用户服务；及时性是指系统对用户提出的请求及时响应。

常见的通用操作系统是分时操作系统与批处理操作系统的结合，其原则是分时优先，批处理在后。我们一般把系统的分时和批处理运行状态，分别称为"前台"和"后台"，"前台"响应需频繁交互的作业，如终端的要求，"后台"处理时间性要求不强的作业。

3．实时操作系统

实时操作系统是直接与用户交互并利用所拥有的信息实时做出响应的操作系统。例如，当科学家计算冰山的大小或者飓风的风眼距离时，计算机程序应立即执行计算并返回答案，这时计算机程序使用的是顺序处理，而不是批处理。

实时操作系统是被大多数人熟悉的系统，如 Windows10 和 macOS，它们直接与用户（甚至多个用户）交互，并利用所拥有的信息实时做出响应。

分时操作系统和实时操作系统都是多用户系统，多用户系统是指支持多个用户访问计算机和操作系统的硬件和软件功能的系统。

4．嵌入式操作系统

嵌入式操作系统是指运行在嵌入式系统环境中，对整个嵌入式系统及它所操作、控制的各种部件、装置等资源进行统一协调、调度、指挥和控制的系统软件。

5．网络操作系统

网络操作系统基于计算机网络，是在各种计算机操作系统上按网络体系结构协议标准开发的软件，包括网络管理、通信、安全、资源共享和各种网络应用，其目标是相互通信及资源共享。

6．分布式操作系统

大量的计算机通过网络被连接在一起，可以获得极高的运算能力及共享的大量数据，这种系统被称作分布式操作系统。

1.2.3 操作系统结构

早期的计算机功能很简单，开发人员在开发操作系统的时候，不需要过多地考虑系统该怎么设计，只需让它工作即可，在计算机硬件的限制下，即使有很好的设计，也不能很好地体现出它的价值，所以最开始的操作系统规模小、功能简单，一个人利用几个月的时间就能将它设计出来，但它最大的缺点是不利于维护。随着计算机的发展，这种简易的操作系统显然不适时宜。随着技术的发展和使用者的需求，开发人员从以下 4 个结构逐步对系统进行了优化。

1. 层次结构

开发人员为了更好地优化操作系统，采用了模块化的思想，比如层次结构。层次结构就像盖楼一样，最底层为硬件设施，最高层为用户程序，每层只能使用低层次的功能和服务，即上层可以调用下层的服务但不可以调用其他层的服务，层次结构如图1-2所示。

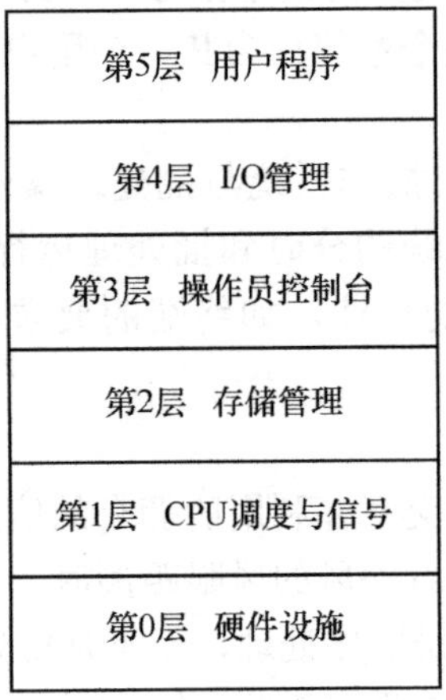

第5层 用户程序
第4层 I/O管理
第3层 操作员控制台
第2层 存储管理
第1层 CPU调度与信号
第0层 硬件设施

图1-2 层次结构

层次结构的好处是简化了系统设计，便于调试和升级维护，比如先调试第1层，当第1层没有问题后再调试第2层。但是，这种设计也存在层次定义困难和效率差的缺点，比如一个程序进行I/O操作时，需要经过I/O层、内存管理层、CPU调度层，然后传给硬件，每一层都会给系统增加额外的开销，整个过程比在非分层系统上执行要耗费更多的时间。

2. 微内核结构

随着操作系统的进一步发展，其功能不断叠加，内核也随之扩大，系统管理起来越来越困难，于是，出现了用微内核技术来优化模块化结构的方法，其原理是将一些非核心功能移到用户空间，这种设计的好处是方便扩展系统，所有新服务都可以在用户空间增加，内核基本不用做改动。但是，这也增加了用户空间和内核空间的通信开销，为解决这一问题，可引入消息传递机制。

3. 模块化结构

模块化结构将系统的功能划分为不同模块，模块之间通过接口进行通信。模块化结构类似于分层结构，但两者的区别是，分层结构只能在相邻两层之间进行通信，而模块化结构不受限制。

模块化结构的特点是灵活，只有在被使用的时候才会加载到内核，就像我们平时用计算机的时候，只有用到鼠标或者键盘时才会将其连接到计算机上，另外，我们还可以自己设计一个模块，然后装进系统。图1-3所示为模块化结构。

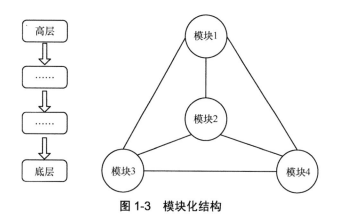

图1-3 模块化结构

4．混合结构

当系统开发者们不满足于单一系统结构时，就会选择混合结构去满足性能、安全等多方面需求，也就是多种结构并存，例如macOS X。

1.3 本章小结

本章简单介绍了计算机硬件结构及操作系统的定义、分类、结构，简单介绍了计算机操作系统在计算机体系下的作用，为下文介绍OpenEuler操作系统作铺垫。希望读者通过本章内容了解操作系统的基本原理。

本章习题

1．计算机的操作系统是一种（　　）。
A．应用软件　　　　B．系统软件　　　　C．工具软件　　　　D．字表处理软件
2．UNIX属于一种（　　）操作系统。
A．分时　　　　　　B．批处理　　　　　C．实时　　　　　　D．分布式
3．操作系统是一组（　　）程序。
A．文件管理　　　　B．中断处理　　　　C．资源管理　　　　D．设备管理
4．用户要在程序一级获得系统帮助，必须通过（　　）。
A．进程调度　　　　B．作业调度　　　　C．键盘命令　　　　D．系统调用
5．批处理系统的主要缺点是（　　）。
A．CPU的利用率不高　　　　　　　　B．失去了交互性
C．不具备并行性　　　　　　　　　　D．以上都不是

答案：BACDB

第 2 章
欧拉操作系统概述

学习目标

◆ 了解 Linux 操作系统
◆ 了解 OpenEuler 操作系统
◆ 掌握 OpenEuler 操作系统的安装

随着互联网的快速发展，Linux 得到了许多软件爱好者和互联网公司的支持，Linux 的全称是 GNU/Linux，是一个免费使用和自由传播的类 UNIX 操作系统，是一个基于 POSIX（Portable Operating System Interface，可移植操作系统接口）和 UNIX 支持的多用户、多任务、多 CPU 的操作系统。本章主要对欧拉操作系统基础操作的相关知识进行说明。首先，讲述 Linux 操作系统和 GNU 系统，包括它们的产生、发展历程、应用、特点和组成等内容，引出 OpenEuler 操作系统，进而介绍 OpenEuler 操作系统的发展历程、特征、应用、探索与挑战及其解决方案；其次，详细介绍 OpenEuler 操作系统的安装步骤；最后，在 OpenEuler 操作系统安装成功后，介绍其界面、基础配置、远程登录及目录结构等内容。本章内容循序渐进，能引导读者很好地学习 OpenEuler 操作系统的使用。

2.1 GNU 操作系统概述

1984 年，理查德·马修·斯托曼发起 GNU 计划，旨在开发一个类似 UNIX 操作系统且是完全自由软件的完整操作系统。所谓的完全自由，就是要求加入 GNU 计划的所有软件必须被自由使用、自由更改、自由发布，也就是说，开发人员在发布软件时必须要发布它的源代码，以供其他人自由使用，其他人可以随意更改源代码，但是必须要发布更改后的代码。同时，使用明文规定的许可协议来制约大家如何自由使用。

GNU 操作系统是一个自由的操作系统，其内容软件完全以 GPL（General Public Linense，通用公共许可证）方式发布。GNU 操作系统是 GNU 计划的主要目标，其名称来自"GNU's Not UNIX!"的递归缩写，GNU 的设计类似于 UNIX，但它不包含具有著作权的 UNIX 代码。GNU 的创始人理查德·马修·斯托曼，将 GNU 视为"达成社会目的技术方法"。

GNU 操作系统的发展遇到的最大的问题是具有完备功能的内核尚未被开发成功。GNU 操作系统的内核，被称为 Hurd，是自由软件基金会发展的重点，但是其尚未发展成熟。

UNIX 是一种被广泛使用的商业操作系统。由于 GNU 计划将要实现 UNIX 系统的接口标准，GNU 计划可以分别开发不同的操作系统部件。GNU 计划采用了部分当时已经可自由使用的软件，例如 TeX 排版系统和 X Window 视窗系统等，不过 GNU 计划也开发了大批其他的自由软件。

1985 年，理查德·马修·斯托曼创立自由软件基金会，为 GNU 计划提供技术、法律及财政支持。尽管 GNU 计划大部分是由个人自愿无偿贡献，但自由软件基金会有时还是会聘请程序员帮助编写。当 GNU 计划初显成效时，一些商业公司开始介入，给予开发和技术支持，其中最著名的就是被红帽公司兼并的 Cygnus Solutions 公司。

到了 1990 年，GNU 计划开发出一个功能强大的文字编辑器 GCC（GNU Compiler Collection，GNU 编译器套件），GCC 由 GNU 开发的编程语言编译器及大部分 UNIX 系统的程序库和工具组成，但依然没有完成操作系统内核的开发。

许多 UNIX 系统安装了 GNU 软件，因为 GNU 软件的质量比之前 UNIX 的软件要好，GNU 工具还被广泛地应用到 Windows 和 macOS 上。

GNU 计划包含 3 个协议条款。

① GPL：GNU 通用公共许可证。

② LGPL：GNU 较宽松公共许可证（GNU Lesser General Public License）。

③ GFDL：GNU 自由文档许可证（GNU Free Documentation License）。

上述协议条款里的"自由"，并不是价格免费，而是软件的使用对所有用户来说是自由的。当初 GPL 通过以下途径实现了"自由"这一目标。

① GPL 要求软件以源代码的形式发布，并规定任何用户能够以源代码的形式将软件复制或发布给别的用户。

② 如果用户的软件使用了受 GPL 保护的任何软件的一部分，那么该软件就继承了

GPL 软件，并因此成为 GPL 软件，也就是说用户必须随应用程序一起发布源代码。

③ GPL 并不排斥对自由软件进行商业性质的包装和发行，也不限制在自由软件的基础上打包发行其他非自由软件。

由于 GPL 很难被商业软件所应用，GPL 要求引用它类库的代码也得遵循 GPL，全部开放，并且一同发布，不能直接连接源代码，所以后来 GNU 计划推出了 LGPL。

在 GPL 与 LGPL 的保护下，用户发布源代码的结果很相似，对旧代码所做的任何修改必须是公开的，唯一不同之处在于私人版权代码是否可以与开放源代码相互连接，LGPL 允许私人代码与开放源代码进行实体连接，并可以在任何形式下发布这些合成的二进制代码，只要这些代码是动态连接的，就没有限制（使用动态连接时，即使程序在运行中调用函数库中的函数，应用程序本身和函数库也是不同的实体）。

GNU 计划认为任何软件都应当以自由软件发布。要让一个软件成为自由软件，需要把它以自由软件许可证的形式发布，我们通常使用 GNU 通用公共许可证发布软件，但有时也使用其他自由软件许可证发布软件。在 GNU 软件包中，GNU 只使用与 GPL 兼容的许可证。

自由软件的文档应当是自由文档，以便人们可以随着软件的改进去更新或重新发布它。若要把文档以自由文档的形式发布，需要使用自由文档许可证，我们通常使用 GNU 自由文档许可证，但少数情况下也使用其他的自由文档许可证。

2.2 Linux 操作系统的产生

Linux 操作系统的发展离不开 UNIX 操作系统，在 Linux 操作系统被广泛应用之前，人们一直使用 Unix 操作系统。UNIX 操作系统是美国贝尔实验室的肯·汤普逊和丹尼斯·里奇于 1969 年在小型计算机 DECPDP-7 上开发的一个分时操作系统。后来两人又合力使用 C 语言重写了 UNIX 操作系统，大幅提升了 UNIX 操作系统的可移植性，随后 UNIX 操作系统开始蓬勃发展，当时被广泛地应用于教育、科研、军事等领域。UNIX 操作系统是世界上第一个真正意义上的网络操作系统。

在 UNIX 操作系统发展初期，任何对 UNIX 操作系统感兴趣的机构或个人只需要向贝尔实验室交付一笔数目极小的名义上的费用，就可以获得 UNIX 操作系统的使用权和源代码，他们利用源代码进行扩展和定制，以满足自己的需求。1979 年，美国电话电报公司宣布了 UNIX 操作系统的商业化计划，这种做法一方面催生了大批的商业软件，另一方面也因为商业模式下封闭的开发模式，阻碍了相关技术的进步。1984 年，理查德·马修·斯托曼面对程序开发的封闭模式，发起了 GNU（GNU's UNIX）计划。

GNU 计划得到广大计算机爱好者的积极响应，并产生了许多非常不错的软件，比如 VE（Visual Editor，可视化编辑器）、EMACS（Editor MACroS，编辑器宏）、GCC（GNU Compiler Collection，GNU 编译器套件）、gdb 等，这些应用程序为 Linux 操作系统的开发创造了一个合适的环境。1991 年，芬兰赫尔辛基大学计算机系学生 Linus Torvalds 基于兴趣，开发了一个类 UNIX 操作系统，该系统一经发布，便受到广大爱好者的追捧，该系统就是 Linux 操作系统。1994 年，Linux 操作系统加入 GNU 计划并采用 GPL 发布，自此，Linux

操作系统真正实现了理查德·马修·斯托曼构建一套完全自由的操作系统的设想。

Linux 操作系统的兴起可以说是 Internet 创造的一个奇迹。到 1992 年 1 月，全世界大约只有 100 个人使用 Linux 操作系统，但由于它是在 Internet 上发布的，任何人在网上都可以得到 Linux 操作系统的基本文件，并可通过电子邮件发表评论或者提供修正代码，他们所提供的所有初期上载代码和评论，对 Linux 操作系统的发展至关重要。正是在众多热心者的努力下，Linux 操作系统在不到 3 年的时间里成为了一个功能完善、稳定可靠的操作系统。

1994 年，Linux 操作系统的内核正式版 Version 1.0 正式被开发完成。代码量达 17 万行。这一版同时还加入了 X Window System 的支持，1996 年 6 月，Linux 操作系统 V2.0 内核发布，此内核有大约 40 万行代码，可以支持多个处理器。此时的 Linux 操作系统已经进入了实用阶段，全球大约有 350 万人使用。

2.3 Linux 操作系统的发展历程

Linux 操作系统具有良好的兼容性和可移植性，大约在 1.3 版本之后，Linux 操作系统开始向其他硬件平台移植，包括号称最快的 CPU——Digital Alpha，所以不要总把 Linux 操作系统与低档硬件平台联系在一起，Linux 操作系统只是将硬件的性能充分发挥出来，Linux 操作系统必将从低端应用发展到高端应用。

为了使 Linux 操作系统变得容易使用，开发人员开发出许多 Linux 操作系统的发行版本，发行版实际上是一整套完整的程序组合，现在已经有许多不同的 Linux 操作系统发行版和各自的版本号。当我们提到 Linux 时，一般是指"RealLinux 操作系统"，即内核，内核是所有 UNIX 操作系统的"心脏"，但单独一个 Linux 并不能成为一个可用的操作系统，还需要许多软件包，如编译器、程序库文件、X Window 系统等。因为组合方式不同，面向用户对象不同，所以就有了许多不同的 Linux 操作系统发行版。

越来越多的公司在 Linux 操作系统上开发商业软件，或把其他 UNIX 平台的软件移植到 Linux 操作系统上来，如今很多 IT 业的著名公司，如国际商业机器公司、英特尔公司、甲骨文公司、科亿尔数码科技有限公司等都宣布支持 Linux 操作系统。商家的加盟弥补了纯自由软件的不足和发展障碍，Linux 操作系统迅速深入广大计算机爱好者中，并且进入商业应用领域，成为打破某些公司垄断的希望。

随着 Linux 操作系统的发展，其衍生出来的应用越来越多，如做路由器、嵌入式系统、实时性系统。常有新手问 Linux 操作系统能做什么，其实不在于 Linux 操作系统能做什么，而在于你想将 Linux 操作系统做成什么。

Linux 操作系统是一个在计算机上运行的 UNIX 系统。Linux 操作系统具有最新 UNIX 的全部功能，包括真正的多任务、虚拟存储、共享库函数、即时负载、优越的存储管理和 TCP/IP（Transmission Control Protocol/Internet Protocol，传输控制协议/网际协议）、UNIX 至 UNIX 的拷贝网络工具等。Linux 操作系统及其发展均符合 POSIX 的标准，其内核支持以太网、点对点协议、串行线路网际协议、NFS（Network File System，网络文件系统）

协议、AX.25 协议、互联网络数据包交换/序列分组交换协议、网络控制协议等。系统应用包括 tellnet、rlogin、ftp、Mail、gopher、talk、term、news（tin、trn、nn）等全套 UNIX 工具包。X 图形库包括 xterm、fvwm、xxgdb、mosaic、xv、gs、xman 等全部 X-Win 应用工具。商业软件包括 Motif、WordPerfect。中文工具包括 Cxterm、celvis、cemasc、cless、hztty、cytalk、ctalk、cmail 等，可以处理 GB、BIG5、HZ 文件。另外，还有 DOS（Disk Operation System，磁盘操作系统）模拟软件，可以运行 DOS/Win 下的软件。

起初，Linux 操作系统只是个人爱好的一种产物，但是现在，Linux 操作系统已经成为了一种受到广泛关注和支持的操作系统。和其他的商用 UNIX 系统相比，作为自由软件的 Linux 操作系统具有成本低、安全性高、更加可信赖的优势，Linux 操作系统已经成为一个功能完善的主流网络操作系统。

2.4 Linux 操作系统的应用

Linux 操作系统主要涉及以下三大应用领域。

1．企业级服务器应用领域

Linux 可以为企业架构 Web 服务器、数据库服务器、负载均衡服务器、邮件服务器、域名服务器、代理服务器、路由器等，企业不仅降低了运营成本，还获得了 Linux 操作系统带来的高稳定性和高可靠性，且无须考虑商业软件的版权问题。

2．嵌入式应用领域

Linux 操作系统开放源代码，功能强大、可靠、稳定性强、灵活，而且具有极大的伸缩性，再加上它广泛支持大量的微处理体系结构、硬件设备、图形支持和通信协议，因此，在嵌入式应用的领域里，从因特网设备（路由器、交换机、防火墙、负载均衡器）到专用的控制系统（自动售货机、手机、掌上电脑、家用电器），Linux 操作系统有很广阔的应用市场，特别是经过这几年的发展，它已经成功地跻身于主流嵌入式开发平台。

3．个人桌面应用领域

所谓个人桌面系统，其实就是我们使用的个人计算机系统，例如，Windows XP、Windows 7、Mac 等。Linux 操作系统在这方面的支持也已经足够有力，完全可以满足日常的办公需求。

随着 Linux 操作系统在服务器领域的广泛应用，近几年来，该系统已经应用于电信、金融、教育、石油等各个行业，同时各大硬件厂商也相继支持 Linux 操作系统，Linux 操作系统在服务器市场前景光明。

2.5 Linux 操作系统的特点与组成

Linux 操作系统是一套免费使用和自由传播的类 UNIX 操作系统，是一个基于 POSIX 和 UNIX 的多用户、多任务、支持多线程和多 CPU 的操作系统。它能运行主要的 UNIX

工具软件、应用程序和网络协议，支持 32bit 和 64bit 硬件。Linux 操作系统继承了 UNIX 以网络为核心的设计思想，是一个性能稳定的多用户网络操作系统。

Linux 操作系统存在许多不同的版本，它们都使用了 Linux 内核。Linux 操作系统可安装在各种硬件设备中，比如手机、平板电脑、路由器、视频游戏控制台、台式计算机、大型计算机和超级计算机等。

严格来讲，Linux 操作系统指的是"Linux 内核+各种软件"，"Linux"这个词只表示 Linux 内核，但实际上人们已经习惯了用"Linux"来形容整个基于 Linux 内核且使用 GNU 工程的各种工具和数据库的操作系统。

2.5.1 Linux 操作系统的特点

Linux 操作系统有以下 6 个特点。

1．完全免费

Linux 操作系统作为一个免费、自由、开放的操作系统，遵循通用公共许可证，因此任何人有使用、拷贝和修改 Linux 操作系统的自由，用户不需要担心任何版权的问题。

2．高效、安全、稳定

Linux 操作系统的稳定性是众所周知的，Linux 操作系统核心的设计思想是执行效率高、安全性高和稳定性高。Linux 操作系统的连续运行时间通常以年为单位，能连续运行 3 年以上的 Linux 操作系统并不少见。

3．支持多路硬件平台

Linux 操作系统能在计算机、工作站甚至大型主机上运行，并能在 x86（The x86 architecture）、MIPS（Microprocessor without Interlocked Pipelined stages，无内部互锁流水级的微处理器）、PowerPC（Performance Optimization With Enhanced RISC-Performance Computing）、SPARC（Scalable Processor Architecture，可扩充处理器架构）、Alpha 等主流的体系结构上运行，可以说 Linux 操作系统是目前支持的硬件平台最多的操作系统。

4．友好的用户界面

Linux 操作系统提供了类似 Windows 图形界面的 X-Win 系统，用户可以使用鼠标方便、直观和快捷地操作。经过多年的发展，Linux 操作系统的图形界面技术已经非常成熟，其强大的功能和灵活的配置界面得到了用户的青睐。

5．强大的网络功能

网络是 Linux 操作系统的生命，完善的网络支持是 Linux 操作系统与生俱来的能力，所以 Linux 操作系统在通信和网络功能方面优于其他操作系统，其他操作系统没有如此紧密地和内核结合在一起的连接网络的能力，也没有这些网络特性的灵活性。

6．支持多任务、多用户

Linux 操作系统是多任务、多用户的操作系统，可以支持多个使用者同时使用，并共享系统的磁盘、外设、处理器等系统资源。Linux 操作系统的保护机制使每个应用程序和用户互不干扰，若一个任务崩溃，其他任务仍照常运行。

2.5.2 Linux 操作系统的组成

1. 内核

内核是系统的核心，是运行程序和管理磁盘、打印机等硬件设备的核心程序。Linux 操作系统向用户提供一个操作界面，它从用户那里接收命令，并且把命令送给内核执行。

Linux 操作系统的源代码是公开的，任何人都可以对内核加以修改并发布给其他人使用，这就需要对内核版本编号进行一定的管理，否则可能会因为众多的修改，导致使用者无法区分各版本。

Linux 内核版本有稳定版和开发版两种。稳定版的内核具有很好的稳定性，可以广泛地进行应用和部署，新的稳定版内核一般都是对较早的稳定版本进行修正，或加入新的驱动程序。开发版内核是处于开发试验阶段的，由于要试验各种解决方案，所以开发版内核版本变化很快，一般不建议初学者使用开发版，当然，在实际应用中也不应该使用开发版。

Linux 内核版本号的格式为 a.bb.cc，其中，各部分的含义如下：

① a 是主版本号，取数字 0～9 的一个数，目前最高为 3；
② bb 是次版本号，取数字 0～99 的一个数；
③ cc 是修订版本号。

通常来说，各部分的数字越大，版本越高。若次版本号是偶数，则该内核是稳定版；若次版本号是奇数，则该内核是开发版。

读者可以在网站上下载最新版的 Linux 操作系统的内核版本，如图 2-1 所示。

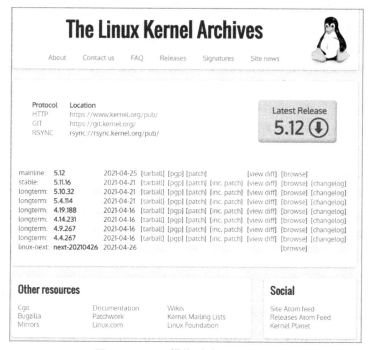

图 2-1　Linux 操作系统的内核版本

2. Shell

Shell 是系统的用户界面，是提供用户与内核进行交互操作的接口，它接收用户输入的命令，并且把命令送入内核执行。操作系统在系统内核与用户之间提供操作界面，Linux 操作系统存在多种操作环境，分别是基于图形界面的集成桌面环境和基于 Shell 的命令行环境。

Shell 编程语言具有普通编程语言的很多特点，如有循环结构和分支控制结构等，用 Shell 编程语言编写的 Shell 程序与其他应用程序具有同样的效果。基于 Linux 操作系统各种发行版本提供了如下各种 Shell。

① BSH（Bourne Shell）：贝尔实验室早期开发的 Shell。

② CSH（C Shell）：加州伯克利大学开发的 Shell，加入了命令行历史、别名、内建算术、文件名完成和工作控制等新特性。

③ BASH（Bourne-Again Shell）：在 BSH 的基础上再次开发设计出的 Shell，是当前大部分 Linux 操作系统默认使用的 Shell。

3. 实用工具

标准的 Linux 操作系统都有配套的实用工具程序，如编辑器、浏览器、办公套件及其他系统管理工具等，用户可以自行编写需要的应用程序。

2.6 OpenEuler 操作系统概述

OpenEuler 是一款开源操作系统。当前 OpenEuler 操作系统的内核源于 Linux 操作系统，支持鲲鹏及其他多种处理器，能够充分释放计算芯片的潜能，是由全球开源贡献者构建的高效、稳定、安全的开源操作系统，适用于数据库、大数据、云计算、人工智能等应用场景。同时，OpenEuler 是一个面向全球的操作系统开源社区，通过社区合作，打造创新平台，构建支持多处理器架构、统一和开放的操作系统，推动软硬件应用生态繁荣发展。OpenEuler 也是一个创新的系统，倡导客户在系统上提出创新想法，开拓新思路，实践新方案，所有开发者、合作伙伴、开源爱好者共同参与，围绕客户的场景进行创新，会产生更多新的想法，创建多样性计算场景。

2.6.1 发展历程

OpenEuler 操作系统的开发打造历经十余年，于 2010—2012 年诞生，当时主要用于华为内部高性能计算项目。2013—2016 年，华为正式发布 EulerOS 1.X 系列，并开始在华为内部 ICT（Information and Communications Technology，信息与通信技术）产品中首次规模商用，包括存储产品、无线控制器、CloudEdge 等。2016 年至今，EulerOS 2.X 版本发布，已开始在华为内部云产品及 ICT 产品中规模商用，如消费者云、华为公有云、存储产品、无线产品、云核心网等。2019 年 12 月 31 日，华为作为创始企业发起了 OpenEuler 开源社区，并将与 EulerOS 相关的能力贡献到 OpenEuler 社区，后续 EulerOS 将基于 OpenEuler 操作系统进行演进。2019 年，华为首次宣布了计算产业"硬件开放、软件开源"

的核心战略，OpenEuler 操作系统成为软件开源的第一站，同年 12 月，OpenEuler 操作系统源代码正式上线，华为宣布开源之路启动。2020 年 3 月，OpenEuler 开源社区发布 OpenEuler 20.03 LTS 版本，同年 9 月发布 OpenEuler 20.09 创新版。如今，OpenEuler 开源社区已经取得了阶段性成果，OpenEuler 操作系统吸引了越来越多的全球开发者，OpenEuler 开源社区整体向"共建、共享、共治"的目标稳健发展。

在这一背景下，OpenEuler 21.03 版本推出内核热替换技术，对内核热进行替换之后，系统能够快速恢复，如 PCI（Peripheral Component Interconnection，周边元件扩展接口）的设备状态及内存里的业务数据等，整个替换时间在百毫秒到 2 秒之间，用户业务在"飞行途中换引擎"的同时，系统故障修复效率也会有很大提升。

OpenEuler 21.03 版本将有麒麟、DDE（Deep in Desktop Environment，深度桌面环境）、GNOME 3 个桌面供使用者选择，增加 repo 仓库，让独立软件开发商的发布、分发效率更高，用户更容易获取。新版本面向云、边缘和端侧，将提供一整套完善方案，支持在云上实现极致性能、高效运维和安全可靠性，在边缘上提供轻量、敏捷、实时的系统，在端侧提供一整套工具集，让用户可以自由地对 EulerOS 进行定制。

降低进入门槛是 OpenEuler 21.03 版本的重要任务，另外，在用户体验和落地连接侧，OpenEuler 21.03 版本则力图变得更好用，这也让我们对 2021 年 OpenEuler 操作系统的更新产生了更多的期待。

在生态建设和人才培养方面，华为将从学习扶持、构建扶持、上市扶持等方面全面支持合作伙伴提升商业竞争力，同时联合清华大学发布 OpenEuler、OpenGauss，并在高校普及操作系统和数据库的基础知识，将其融入国内重点大学的相关课程，赋能个人开发者。

2.6.2 特征

OpenEuler 操作系统有以下 4 个特征。

1. 支持多处理架构

OpenEuler 操作系统新版本增加了新的架构和芯片支持，除了之前的 x86 和 ARM（Advanced RISC Machines，进阶精简指令集机器）架构，还与中科院软件所合作，发布了国内首个 RISC-V Linux 操作系统尝鲜版，同时还增加了对中科海光芯片的支持。对于开源开发者，OpenEuler20.09 版本增加了对树莓派（Raspberry Pi.RPi）的支持。

OpenEuler 操作系统支持的架构和芯片越来越多，在一定程度上说明其正在以更开放的心态和更低的开发门槛迎接开发者们加入项目。

2. 性能更强

针对目前核与核之间、物理 CPU 与物理 CPU 之间越来越不均衡的现状，OpenEuler 操作系统新版本为了更好地释放这些硬件的算力，对内核进行了协同反馈式的调度，通过内核共享资源并行优化等技术手段，进一步释放多核之间的算力，使性能提升了 20%。

OpenEuler 操作系统新版本在为行业提供新的多核算力解决方案的同时，也进一步向外界展示了华为在开源操作系统领域的硬实力。

3．使用更易

在虚拟化方面，OpenEuler 操作系统新版本通过 StratoVirt+iSula 组合的方式构建了一个极致轻量化的安全容器全栈，可以说是下一代的虚拟化技术。

Rust 语言和 VMware 的接口，针对数据的迁移，包括镜像的构建，新版本提供了应用丰富的一个工具，通过这些构建，让容器使用起来更加简单。

这个方案既具备虚拟机的隔离性，又具备相关实时性和轻量化，面对未来的无服务器计算平台，特别是函数计算，这是一个非常完美的选择。

4．效率更高

为了更好地对 EulerOS 进行基于业务场景的调优，OpenEuler 操作系统新版本的 A-Tune 工具针对应用业务场景进行了系统画像，把所支持的应用场景扩大到十大类（共20多款）应用，可以调节的对象参数达到 200 多个。

A-Tune 可对运行在操作系统上的业务建立精准模型，动态感知业务特征并推理出具体应用，根据业务负载情况进行动态调节，给出最佳的参数配置组合，从而使业务运行处于最佳系统性能状态，大大提升了调优效率。

总之，除了增加新的架构和芯片支持，OpenEuler 操作系统新版本的大多数升级是围绕提升易用性展开的，其目的也是降低开发者参与 OpenEuler 开源项目的门槛。

2.6.3 探索与挑战

OpenEuler 操作系统通常有两种版本：一是创新版本，创新版本可支撑 Linux 操作系统爱好者进行技术创新，内容较新，如 OpenEuler 20.09，通常每半年发布一个新的版本；二是 LTS 版本，LTS 是 OpenEuler 的稳定版，如 OpenEuler LTS 20.03，此处需要注意的是，OpenEuler 操作系统版本号计数规则变更以年月为依据，以便用户了解版本发布时间，例如 OpenEuler 21.03 表示发布时间为 2021 年 3 月。

OpenEuler 20.09 版本是 OpenEuler 开源以来的一个高峰，OpenEuler 未来还将经历更多高峰。根据 OpenEuler 操作系统的版本发布规划，以后每两年会发布一个 LTS 版本，每年 3 月和 9 月还会各发布一个创新版本，新版本将进行更多的内核探索。

目前，内存最大的变化在于新介质，以软件配置管理为代表的廉价、超大容量、较高性能的存储介质给体系结构带来一些变化，OpenEuler 21.03 版本将对新介质的内存管理进行更加深入的探索。

Linux 操作系统 Kernel 代码快速增长，CVE（Common Vulnerabilities and Exposures，公共漏洞和暴露）数量也同步走高，其中只有不到 20% 的 CVE 能够用热补丁修复，超过80% 的 CVE 要用冷补丁修复，冷补丁带来的问题就是整个系统需要复位、重启，EulerOS 的修复需要很长一段时间，也许会对用户业务造成影响。

OpenEuler 操作系统一路走来，完成了从上线到开源、从社区建设到 OSv 合作体系建设等一系列工作，完成了从 0 到 1 的起步，并正在进行生态建设，从上文提到的 OpenEuler 操作系统版本发行节奏及社区建设规划来看，OpenEuler 操作系统的开源之路还很漫长。

2.6.4 场景解决方案

1. OpenEuler+鲲鹏打造智能边缘计算

5G 具有超高宽带、超低时延、超大规模连接的特点，激发了边缘计算更高的算力需求，边缘技术作为 5G 关键技术，提供 IT 或者云的能力，以减少业务的多级传递，降低核心网和传输的负担。OpenEuler 操作系统丰富的边缘场景和应用，对算力产生差异化诉求。OpenEuler+鲲鹏可满足边缘高算力需求和严苛的部署环境，为边缘应用和创新提供算力支持。

OpenEuler+鲲鹏软硬件协同边缘计算平台的优势有以下 4 个方面。

① OpenEuler 操作系统针对鲲鹏处理器进行了多方面的深度优化，可最大地释放鲲鹏强大的算力。

② 泰山 200 边缘型服务器（型号 2280E）一方面满足了边缘差异化算力需求：（a）性能出众——多核架构，系统最高为 256 核，支持 32 个 DDR4（Double-Data-Rate，双倍数据速率），内存带宽可提升 33%，全 PCLe4.0 NVMe SSD 加速；（b）灵活扩展——支持 10GE/25GE/100GE 板载网络，I/O 最多支持 8 个 PCLe4.0 插槽、12 种 Riser 卡设计；（c）安全可靠——领先的系统抗震及散热设计，硬盘故障率比业界低 15%，支持全液冷方案，无须部署行级空调，冷却 PUE（Power Usage Effectiveness，电源使用效率）小于或等于 1.05。另一方面满足了 ECII（Edge Computing IT Infrastructure，边缘计算 IT 基础设施）标准，特点是易部署和易维护。

③ 鲲鹏 920 高性能处理器具备高性能、多核并发处理能力，能够满足边缘计算场景对算力的多样化需求。

④ OpenEuler 操作系统释放了鲲鹏多核并发的算力，成为鲲鹏基础软件生态底座。其原因有：（a）OpenEuler 操作系统与鲲鹏硬件成为最佳配套，在进程管理方面，多核加速，分域调度性能提升了 20%，在多核调度方面，性能优于业界标杆 OS；（b）OpenEuler 操作系统开放开源，联合伙伴进行创新；（c）OpenEuler 操作系统安全加固，保证边缘安全。

2. iSula

iSula 是 OpenEuler 开源平台上的容器技术项目，包括了容器全栈生态中的多个软件，其中，通用容器引擎 iSulad 是一种新的容器解决方案，可提供统一的架构设计来满足通信技术和信息技术领域的不同需求。iSulad 使用 C/C++编写应用容器引擎，具有轻、灵、巧、快的特点，不受硬件规格和架构的限制，开销更小，可应用的领域更为广泛。

OpenEuler 20.09 版本相较于 OpenEuler 20.03 LTS 版本有以下更新。

① iSulad 的性能更优化，并发启动和容器生命周期操作性能有了很大的提升。

② 新增容器镜像构建工具 iSula-build，提供了静态构建、IMA（Integrity Measurement Architecture，内核完整性度量架构）构建等能力。

OpenEuler 20.09 版本相较于 OpenEuler 20.03 LTS 版本，iSulad 的性能得到了很大提升，主要有以下优化。

① 对源码架构进行了重构和调整，提高代码的可维护性和可扩展性，对外接口保持不变，用户不感知。

② 优化了容器并发启动性能，百容器并发启动平均耗时从 18s 降低到 2.2s（使用的是泰山 2288 服务器，iSulad 配置 overlay2 存储）。

OpenEuler 20.09 版本还新增了容器镜像构建工具 iSula-build，它提供了安全、快速的容器镜像构建能力。iSula-build 与 iSulad、iSula-transform 等一系列组件共同构成了 iSula 全栈解决方案，同时也为容器镜像构建提供了全新的选择。

iSula-build 的重要特性有以下 6 个方面。

（1）完全兼容 Dockerfile 语法

iSula-build 完全兼容 Dockerfile 的所有语法，支持多 Stage 构建，用户可以沿用 docker build 的使用习惯，不需要进行任何学习。

（2）与 iSulad、Docker 快速集成

iSula-build 的镜像导出形式多样，可以直接导入 iSulad 和 Docker 的本地 Storage，同时，还支持导出到远端仓库和本地 tar 包，可以与周边组件快速、方便地集成。

（3）镜像管理

iSula-build 提供了本地镜像管理功能。除了 build 镜像，iSula-build 还提供了 import、save、load、tag、rm 等镜像管理功能，这使其镜像构建的来源更加丰富，导出形式更加多样。

（4）快速

相比 docker build，iSula-build 不会为每一条 Dockerfile 指令启动一个容器，只有 RUN 指令才会在容器中执行，而且 Commit 的粒度是 Stage，而不是每一行指令，所以在通常的容器镜像构建场景中，构建速度会有大幅提高。

（5）安全

支持 IMA，IMA 是内核中的一个子系统，能够基于自定义策略对通过 execve()、mmap() 和 Open() 系统调用访问的文件进行度量。通过 iSula-build 构建的镜像能够保留 IMA 文件的扩展属性，配合操作系统，一起保证构建出来的容器镜像在运行侧可执行文件和动态库的完整性度量。

（6）静态构建

静态构建是指当构建镜像输入（包括 Dockerfile 和命令行）一致，并且指定构建时间戳时，在同一环境的多次构建下得到的容器镜像 ID 相同，在某些需要记录 Dockerfile 对应容器镜像 ID，或者需要固定镜像 ID 的场景下能发挥作用。

iSula-build 目前的应用场景很明确，可以在通用场景无缝替换 Dockerbuild 构建容器镜像，同时可提供上述涉及的新特性。

3. A-Tune 自优化

A-Tune 是一款 OpenEuler 社区孵化的性能可自优化的系统级基础软件。在鲲鹏产业中，操作系统作为基础软件，是衔接应用和硬件的基础平台，应用负载千差万别，对服务器要求各不相同，如何释放鲲鹏算力并提升用户体验，操作系统至关重要。硬件和基础软件组成的应用环境，涉及 7000 多个配置对象，这是一个非常复杂的系统工程，超出工程师的个人能力范围，针对这个挑战，华为创新推出 A-Tune 全栈智能自优化技术。A-Tune 结合大数据和人工智能技术，精确建立系统画像，感知推理业务特征，智能决策，预测和自动优化调度，使系统时刻在最佳状态运行。业务运行时，A-Tune 会实时感知业

务特征，基于业务负载特征，完成资源模型的优先级调度匹配，实现不同资源的分类调度，发挥鲲鹏多核的优势，实现资源多级伸缩调度，释放鲲鹏澎湃算力，精准实现业务所需的高性能、低时延、高吞吐等特性。在 Web、大数据等主流应用场景下，A-Tune 技术使 OpenEuler 操作系统成为鲲鹏处理器的最佳拍档，使用户达到极致体验。

A-Tune 利用 AI（Artificial Intelligence，人工智能）技术，通过对各种类型的业务进行数据采集，建立精准业务模型，并制定相应的调优策略。A-Tune 具有以下两个功能。

（1）在线静态调优

A-Tune 简化了系统调优，尽可能屏蔽硬件和操作系统的底层细节，使用者无须感知底层细节，就可以实现快速调优。A-Tune 利用 AI 技术，通过采集 52 个数据维度进行数据分析和机器学习，识别具体的应用，快速匹配出多种配置组合，并从积累的优化模型库中找到最佳配置进行设置，满足多业务多场景下的性能调优。

（2）离线动态调优

A-Tune 在离线场景下，采用重要参数搜索算法，筛选出影响该业务场景的重要参数，通过贝叶斯优化算法对筛选出的重要参数空间进行迭代搜索，不断优化参数配置，直到算法最终收敛，获取到最优配置。对于配置项多、业务复杂的场景，能够极大提升调优效率。

以下是 A-Tune 的两个应用场景案例。

应用场景 1：微服务 Nginx 调优。

调优系统参数见表 2-1。

表 2-1　调优系统参数

CPU	Memory	Network	Disk
128core	512GB	10Gbit/s/25Gbit/s	硬盘驱动器/固态硬盘

对 Nginx 业务场景进行离线动态调优时，A-Tune 能够自动感知需要进行硬件加速的场景，硬件加速自动触发后性能从 17998RPS（Requests Per Second，吞吐率）优化到 61144RPS，性能提升了约 240%，Nginx 性能测试数据如图 2-2 所示。

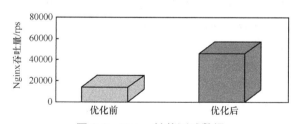

图 2-2　Nginx 性能测试数据

应用场景 2：HPC（High Performance Computing，高性能计算）机群场景调优。

调优系统参数见表 2-2。

表 2-2　调优系统参数

CPU	Memory	Network	Disk
128core	1TB	10Gbit/s/25Gbit/s	nvme

对 HPC 人类基因组业务场景进行离线动态调优时，基因测序中合并场景的运行时间从 180min 优化到 60min，性能提升了 200%，HPC 人类基因组性能测试数据如图 2-3 所示。

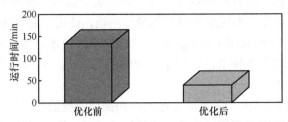

图 2-3　HPC 人类基因组性能测试数据

A-Tune 的特点有如下 7 个。

（1）新增多种调优算法支持

一种调优算法并不能适用所有的调优场景，因此 A-Tune 新增了多种调优算法，包括 GP（Gaussian Process，高斯过程）、RF（Random Forest，随机森林）、ERT（Extremely Randomized Trees，超随机树）、GBRT（Gradient Boost Regression Tree，渐进梯度回归树）、LHS（Latin Hypercube Sampling，拉丁超立方抽样）、ABTest 等，供使用者适配多种调优场景。

（2）支持增量调优

对于单次调优时间较长的系统，意外中断导致重头开始调优非常费时，因此，A-Tune 提供 Restart 的方式以实现增量调优。

（3）新一代负载分类模型

A-Tune 采用双层分类模型和特征工程方法，自动选择重要维度并利用 RF 算法进行分类，识别粒度从业务大类识别增强到具体应用识别。

（4）敏感参数识别与自动筛选

系统可调的参数成百上千，过多的调优参数组合会导致传统调优算法难以收敛，A-Tune 新增了重要参数选择算法（基于模型精度的加权集成式重要参数选择算法），利用多轮增量式参数筛选裁剪参数空间，加快了调优算法收敛速度。

（5）支持多种环境部署

A-Tune 支持虚拟机和物理机，支持 x86 和 ARM64 架构。

（6）支持引擎独立部署

AI 计算会耗费大量的算力，与调优系统一起部署会占用系统本身的资源，因此，A-Tune 新增了 AI 引擎独立部署的能力。

（7）支持自动化模型训练

A-Tune 增加了一键式自动化模型训练功能，实现用户自定义场景下的应用负载模型训练自动化。

以上场景解决方案都能充分体现出使用 OpenEuler 操作系统能够很好地优化或者解决一些问题，因此，OpenEuler 操作系统值得拥有！

2.7 OpenEuler 操作系统的安装

本小节主要讲述在华为云上利用 ECS（Elastic Cloud Server，弹性云服务器）主机部署 OpenEuler 20.03 64 位的版本，具体步骤如下。

（1）购买 VPC（Virtual Private Cloud，虚拟私有云）

步骤 1：打开浏览器，进入华为云官网，如图 2-4 所示。

图 2-4　华为云官网

步骤 2：单击右上角的"登录"按钮，如图 2-5 所示。

图 2-5　华为云官网登录

步骤 3：打开登录窗口后按照要求输入账号及密码，登录华为云，如图 2-6 所示。注意，此处若没有华为云账号，则应先注册账号，注册账号需要进行实名认证。

图 2-6　账号登录

步骤 4：登录成功后，单击右上角的"控制台"按钮，如图 2-7 所示，进入控制台面。

图 2-7　登录成功

步骤 5：在控制台界面切换区域为"华北-北京四"（也可自行选择自己所需要的区域），此处区域选择不影响后续的实验操作，如图 2-8 所示。

图 2-8　控 制 台

步骤6：单击控制台左上角的"服务列表"按钮，如图2-9所示，进入服务列表后选择"虚拟私有云VPC"，如图2-10所示。

图2-9 "服务列表"按钮所在位置

图2-10 服务列表界面

步骤7：进入页面后单击右上角的"创建虚拟私有云"按钮，如图2-11所示。

图2-11 "创建虚拟私有云"按钮所在位置

步骤8：配置VPC参数，见表2-3。

表2-3 VPC参数

参数	配置
区域	华北-北京四
名称	vpc -techhost

表 2-3　VPC 参数（续）

参数	配置
网段	任意填写，如 10.0.0.0/24
企业项目	default
默认子网可用区	可用区 1
默认子网名称	subnet-techhost
子网网段	任意填写，如 10.0.0.0/24

步骤 9：配置完成后，单击"立即创建"按钮，如图 2-12 所示，系统会自动回到虚拟私有云控制台。

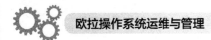

图 2-12　创建虚拟私有云

步骤 10：VPC 创建成功后，单击左侧导航栏"访问控制"下的"安全组"，如图 2-13 所示进入安全组控制台。

图 2-13 "安全组" 所在位置

步骤 11：进入安全组控制台后，单击右上角的"创建安全组"按钮，如图 2-14 所示。

图 2-14 创建安全组

步骤 12：在弹出的对话框中按照图 2-15 配置安全组参数，然后单击"确定"按钮。

图 2-15 配置安全组参数

至此，购买 ECS 主机的准备工作结束，接下来开始购买 ECS 主机。

（2）购买 ECS

步骤 1：在当前页面单击左侧导航栏的"弹性云服务器"，如图 2-16 所示，进入弹性云服务器控制台。有多种方式可以进入 ECS 主机的购买页面，请读者多次尝试，以熟悉华为云操作页面。

图 2-16 "弹性云服务器"所在位置

步骤 2：单击弹性云服务器控制台界面右上角的"购买弹性云服务器"按钮，如图 2-17 所示。

图 2-17 购买弹性云服务器

步骤 3：读者按照表 2-4 配置弹性云服务器的基础参数，如图 2-18 所示。

表 2-4 弹性云服务器的基础配置参数

参数	配置
计费模式	按需计费
区域	华北-北京四
可用区	随机分配

第 2 章 欧拉操作系统概述

表 2-4 弹性云服务器的基础配置参数（续）

参数	配置
CPU 架构	鲲鹏计算
规格	鲲鹏通用计算增强型 ｜ kc1.large.2 ｜ 2vCPUs ｜ 4GiB
镜像	公共镜像 ｜ openEuler ｜ openeuler 20.03 64bit with ARM（40GB）
系统盘	高 I/O ｜ 40GiB

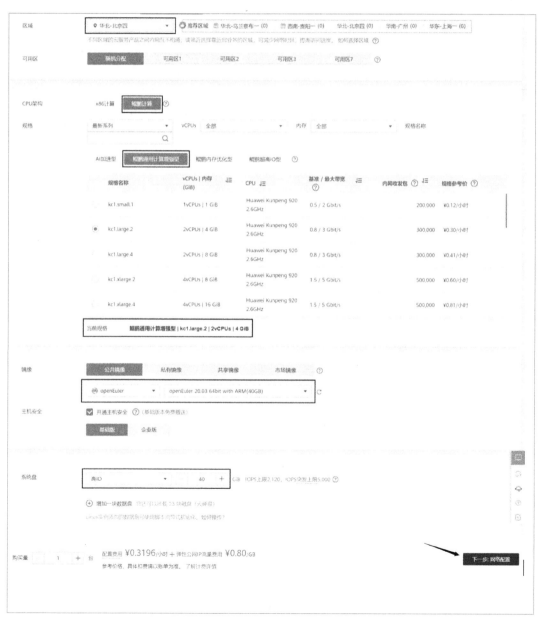

图 2-18 配置弹性云服务器的基础参数

步骤 4：完成基础页面配置后，单击"下一步：网络配置"，进入网络配置，按照表 2-5 配置网络参数，如图 2-19 所示。

表 2-5 网络参数

参数	配置
网络	vpc-techhost | subnet-teschhost | 自动分配 IP 地址
安全组	sg-techhost
弹性公网 IP	现在购买
线路	全动态 BGP
公网带宽	按流量计算
带宽大小	5Mbit/s

图 2-19 网络配置

步骤 5：网络配置完成后，单击"下一步：高级配置"，按照表 2-6 配置 ECS 参数，如图 2-20 所示。

表 2-6 ECS 参数

参数	配置
云服务器名称	techhost
登录凭证	密码
密码	请输入 8 位以上包含大小写字母、数字和特殊字符的密码
确认密码	请再次输入密码
云备份	暂不购买
云服务器组	不配置
高级选项	不勾选

图 2-20 高级设置

步骤 6：配置完成后单击右下角"下一步：确认配置"，勾选同意协议，然后单击"立即购买"按钮，如图 2-21 所示。

步骤 7：在提交购买任务成功后，单击"返回云服务器列表"按钮，如图 2-22 所示，返回 ECS 控制台。

图 2-21 确认购买

图 2-22 提交任务

随后,我们会看到主机正在创建中,如图 2-23 所示。

图 2-23 主机正在创建中

接下来,我们会发现主机状态为"运行中",说明主机创建成功,如图 2-24 所示。

图 2-24 查看主机状态

（3）远程接入，使用 Xshell 7 软件登录弹性云服务器

步骤 1：在弹性云服务器控制台查看 ECS 主机的弹性 IP 地址，如图 2-25 所示。

图 2-25 查看 IP 地址

步骤 2：在计算机上下载并安装 Xshell 7 软件，打开后输入名称、主机等信息，单击下方的"确定"按钮，如图 2-26 所示。

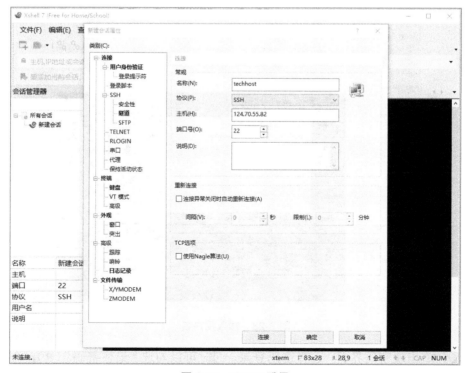

图 2-26 Xshell 登录

步骤 3：单击"接受并保存（s）"按钮，接受主机密钥，如图 2-27 所示。

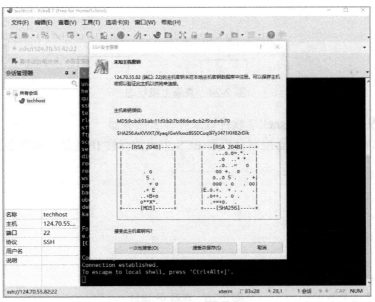

图 2-27　接受并保存密钥

步骤 4：出现登录界面，输入用户名"root"，同时可以勾选"记住用户名（R）"，单击"确定"按钮，如图 2-28 所示。

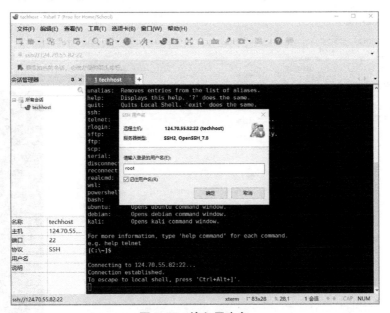

图 2-28　输入用户名

步骤 5：出现密码界面，选择密码登录，同时可以勾选"记住密码"（R），单击"确定"按钮，如图 2-29 所示，从而成功远程登录 OpenEuler 操作系统，如图 2-30 所示。

第 2 章 欧拉操作系统概述

图 2-29 输入密码

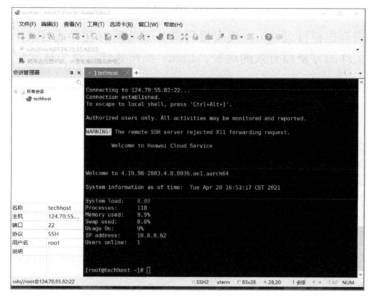

图 2-30 登录成功

2.8 OpenEuler 操作系统初识

2.8.1 目录结构

当我们远程登录系统后，会发现在终端有[root@techhost ~]#的标识，其分别代表的意思如下。

① root：当前登录用户为 root 用户。
② @：起连接作用，前面代表当前登录用户，后边代表主机名。
③ techhost：当前这台主机的主机名。
④ ~：当前在用户的家目录下。
⑤ #：当前登录用户为 root 用户，如果为$符号，代表当前用户为普通用户。

登录系统后，在当前命令窗口输入以下命令。

[root@techhost ~]# ls /

就会看到图 2-31 所示的内容。

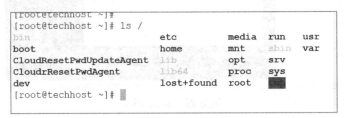

图 2-31 示例效果

该命令代表列出根目录（"/"代表根目录）下的所有文件或目录，目录为用户提供了一个管理文件的方便而有效的途径，Linux 操作系统目录为树状结构，如图 2-32 所示。

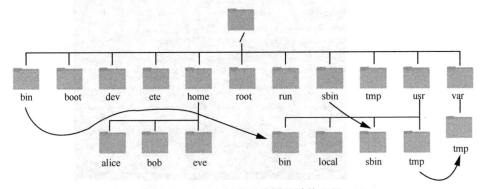

图 2-32 Linux 操作系统树状结构目录

系统在安装时就已经为用户创建了文件系统和完整而固定的目录结构，并指定了每个目录的作用和其支持的文件类型。目录用于存储各类配置文件、系统文件、库文件等，Linux 操作系统的目录作用见表 2-7。

表 2-7 Linux 操作系统的目录作用

名称	功能
/bin	存放大多数系统命令，如 cat、mkdir、cp、chown 等
/boot	存放开机需要的文件，开机时载入开机管理程序，并映射到内存中
/dev	存放设备文件，如硬盘、dvd、stdin 等

表 2-7 Linux 操作系统的目录作用（续）

名称	功能
/home	该目录为用户家目录。在 Linux 操作系统中，每个用户都有自己的家目录，一般该目录名就是用户名，root 用户比较特殊，单独存在于根目录下
/lib	该目录用来存储系统最基本的动态链接库文件
/root	管理员目录
/sbin	超级管理员专用目录，包含一些重要的命令，如 power off 等
/usr	该目录类似于视窗中的 Program Files 目录，用户的很多程序和文件都存放于此
/var	该目录被称为日志目录，是存储服务文件的默认目录，可存储日志服务的记录信息和 HTTP（Hyper Text Transfer Protocol，超文本传输协议）、文件传输协议等服务信息及文件
/etc	该目录用来存储系统及服务几乎所有的配置文件信息
/mnt	常用挂载点，专门外挂文件系统
/opt	第三方程序安装目录
/proc	存放记录系统状态的文件，如 cpuinfo 等
/lost+found	这个目录一般情况下是空的，当系统非法关机后，这里会存放一些文件
/media	Linux 操作系统会自动识别一些设备，例如 U 盘、光驱等，完成识别后，Linux 操作系统会把识别的设备挂载到这个目录下
/selinux 系统	这个目录是 Red hat、CentOS 所特有的目录，用来存放与 SELinux 系统相关的文件 SELinux（Security-Enhanced Linux）是一个安全机制，类似于 Windows 的防火墙，但是这套机制更复杂
/sys	该目录下安装了 Linax 2.6 内核中新出现的 sysfs 文件系统
/srv	该目录存放一些服务启动之后需要提取的数据
/tmp	tmp 是 temporary（临时）的缩写，这个目录是用来存放一些临时文件
/usr	usr 是 unix shared resources（共享资源）的缩写，这是一个非常重要的目录，用户的很多应用程序和文件都放在这个目录下，类似于 Windows 下的 program files 目录
/usr/bin	系统用户使用的应用程序
/usr/sbin	超级用户使用的比较高级的管理程序和系统守护程序
/usr/src	内核源代码默认的放置目录
/run	这是一个临时文件系统，存储系统启动以来的信息。当系统重启时，这个目录下的文件应该被删掉或清除。如果系统上有 /var/run 目录，应该让它指向/run

2.8.2 GNOME 初识

GNOME（The GNU Network Object Model Environment，一种操作和设定电脑环境的工具）现已成为许多 Linux 操作系统发行版默认的桌面环境。

GNOME 的特点是简洁、运行速度快，但是没有太多的定制选项，用户需要安装第三方工具来实现，适合那些不需要高度定制界面的用户。GNOME 被用作 Fedora 的默认桌面环境，也被用于几款流行的 Linux 操作系统发行版中，比如 Ubuntu、Debian、OpenSUSE 等。

在 OpenEuler 操作系统上安装 GNOME，安装步骤如图 2-33 所示。

```
[root@techhost ~]# dnf install gnome-shell gdm gnome-session -y
[root@techhost ~]# systemctl enable gdm.service    //设置 gdm（The GNOME Display Manager，GNOME 显示环
```

境的管理器）自启

  #设置默认启动级别为图形化启动
 [root@techhost ~]# systemctl set-default graphical.target
  #最后 3 步操作是因为 OpenEuler 源里的 gdm 文件 Xsession 有问题，从网上下一个 gdm 文件替换即可，否则图形化界面无法正常登录
 [root@techhost ~]# wget https://zycxzx.obs.cn-east-3.myhuaweicloud.com/Xsession
 [root@techhost ~]# mv Xsession /etc/gdm/
 [root@techhost ~]# chmod -R 777 /etc/gdm/Xsession

图 2-33 安装步骤

当提示"Complete"时，表示安装成功，如图 2-34 和图 2-35 所示。

图 2-34 安装成功 1

图 2-35 安装成功 2

第 2 章 欧拉操作系统概述

重启验证。

[root@techhost ~]# reboot

执行重启命令后,此时在华为云选择"远程登录",如图 2-36 所示。

图 2-36 远程登录

在弹框中单击"使用控制台提供的 VNC 方式登录"下的"立即登录"按钮,如图 2-37 所示。

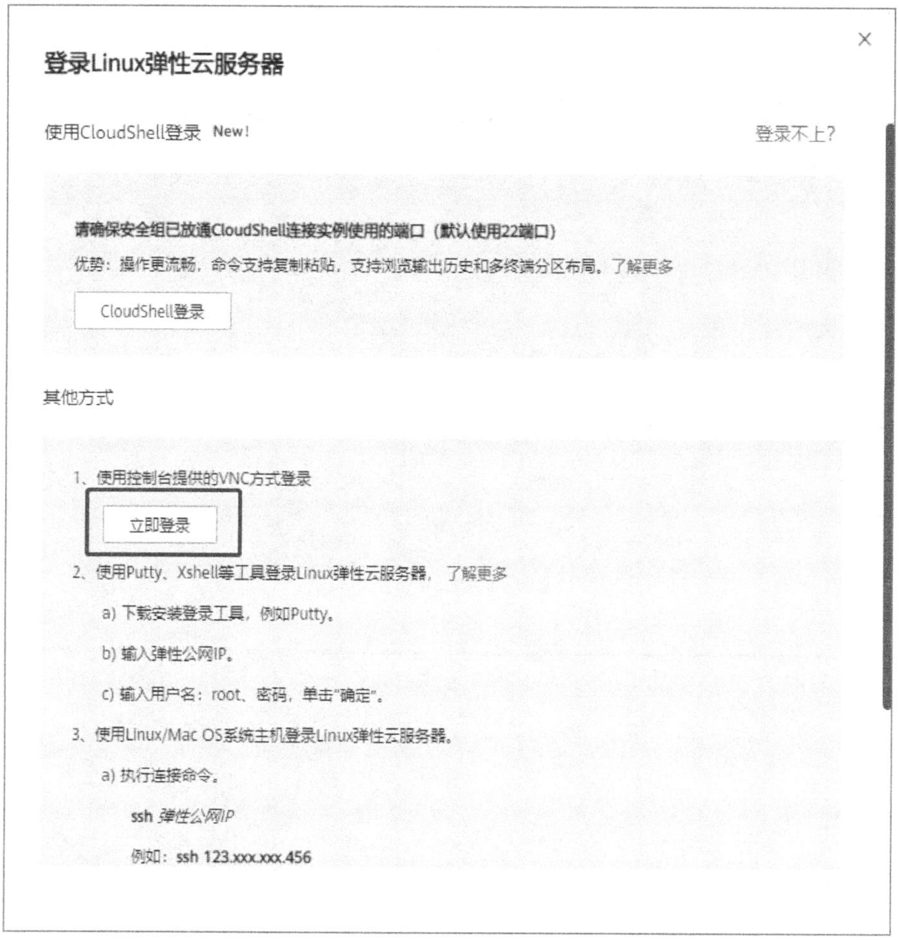

图 2-37 VNC 登录

重启成功后,需要输入自定义的密码,如图 2-38 所示。

图 2-38　输入密码

登录成功后效果如下,此时已经进入桌面环境,如图 2-39 所示。

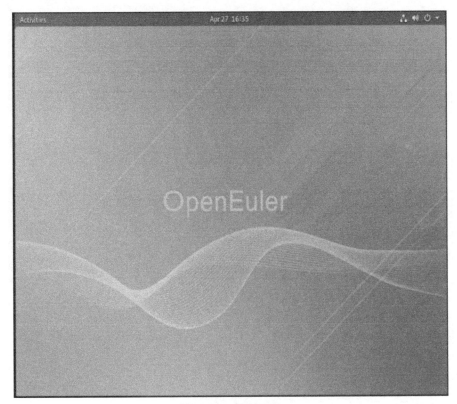

图 2-39　桌面环境

2.8.3 在主机安装 terminal 终端

读者登录到图形界面后，尝试用鼠标操作 OpenEuler 主机，首先单击界面上的"本地鼠标"按钮，然后单击系统的"Activities"按钮，接着单击"Show Applications"按钮，如图 2-40 所示。

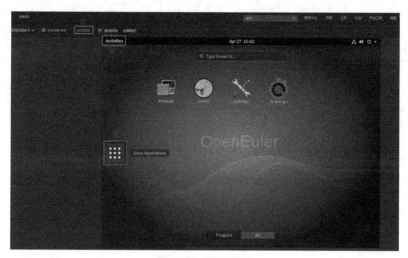

图 2-40　图形界面

这时候我们会发现，系统没有终端操作应用，我们应打开 Xshell，输入如下指令，安装 terminal 客户端。

[root@techhost ~]# dnf install gnome-terminal　-y

安装成功后，再次切换到主机桌面，就会发现多了一个 terminal 终端，单击打开终端，在里面输入 hostname 指令，这时主机名会显示出来，如图 2-41 所示。

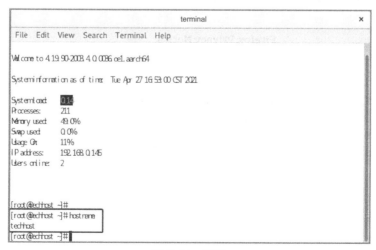

图 2-41　终端

用于命令执行的终端已经有了,但是还需要用浏览器进行网页浏览,此时利用同样的方式安装火狐浏览器,指令如下。

[root@techhost ~]# dnf install firefox -y

安装完成后会发现多了 Firefox 的应用图标,如图 2-42 所示,双击打开就可以上网浏览网页,效果如图 2-43 所示。

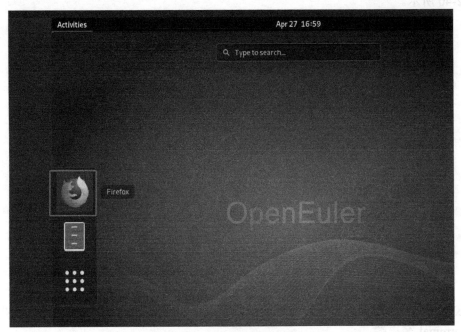

图 2-42　火狐浏览器应用图标

图 2-43　火狐浏览器界面

2.9　本章小结

本章首先讲述了 GNU 操作系统和 Linux 操作系统的产生、发展历程、应用、特点和组成等内容，其次引出了本章的重点内容 OpenEuler 操作系统，并对其产生、特征、应用、安装等做了介绍，最后向读者讲述了 OpenEuler 操作系统的目录结构、界面、配置及登录等，让读者对其有了初步的认识。希望读者仔细阅读，深入理解 OpenEuler 操作系统，以便为后面的 OpenEuler 操作系统运维与管理做好铺垫。

本章习题

1. Linux 操作系统最早是由计算机爱好者（　　）开发的。
   A. Richard Petersen　　　　　　B. Linus Torvalds
   C. Rob Pick　　　　　　　　　　D. Linux Sarwar
2. 下列（　　）是自由软件。
   A. Windows XP　　B. UNIX　　C. Linux 操作系统　　D. Windows 2000
3. 下列（　　）不是 Linux 操作系统的特点。
   A. 多任务　　　B. 单用户　　　C. 设备独立性　　　D. 开放性
4. Linux 操作系统的内核版本是（　　）的版本。
   A. 不稳定　　　B. 稳定的　　　C. 第三次修订　　　D. 第二次修订
5. Linux 操作系统安装过程中的硬盘分区工具是（　　）。
   A. PQ magic　　　B. FDISK　　　C. FIPS　　　D. Disk Druid

答案：BCBAD

第 3 章
管理员操作管理

学习目标

- 了解 Linux 操作系统管理员的基本操作
- 掌握 Linux 操作系统基础命令使用
- 掌握 Linux 操作系统中用户与组的管理使用
- 掌握 Linux 操作系统中权限管理的使用
- 掌握 Linux 操作系统中磁盘与文件系统的分配使用
- 掌握 Linux 操作系统中的 RAID 与逻辑卷管理
- 掌握 Linux 操作系统中的进程管理
- 掌握 Linux 操作系统中的软件管理

OpenEuler 操作系统是一个开源、免费的 Linux 操作系统,其通过开放的社区形式,与全球的开发者共同构建一个开放、多元和架构包容的软件生态体系,它集成了先进的 Linux 技术,在系统性能、安全性、可靠性及容器技术等方面实现技术增强,为企业用户带来更多价值。本章主要介绍 Linux 操作系统中涉及的管理员用户的指令操作,介绍不同指令的概念及其使用方法,掌握 Linux 环境下的用户与组管理、权限管理、磁盘文件系统管理、RAID 与逻辑卷管理、进程管理、软件管理。

3.1 Linux Shell 基本应用

通常来讲，计算机硬件是由运算器、控制器、存储器、输入/输出设备等共同组成的，而让各种硬件设备各司其职且又能协同运行的东西就是系统内核。Linux 操作系统的内核负责完成对硬件资源的分配、调度等管理任务，由此可见，系统内核对计算机的正常运行是非常重要的，因此一般不建议直接编辑内核中的参数，而是让用户通过基于系统调用接口开发出的程序或服务来管理计算机，以满足日常工作的需要，用户与 Linux 操作系统的交互如图 3-1 所示。

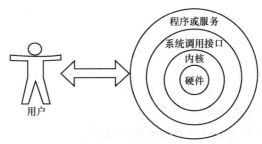

图 3-1 用户与 Linux 操作系统的交互

Shell 是用于用户与 Linux 操作系统进行交互的一个命令行工具，Shell 也被称为终端，可以理解为人与内核（硬件）之间的翻译官，用户把一些命令"告诉"终端，终端就会调用相应的程序服务去完成某些工作。现在许多主流 Linux 操作系统默认使用的终端是 Bash（Bourne-Again Shell）解释器，主流 Linux 操作系统选择 Bash 解释器作为命令行终端主要有以下 4 个优势：

① 通过上、下方向键来调取过往执行过的 Linux 命令；
② 命令或参数仅需输入前几位就可以用 Tab 键补全；
③ 具有强大的批处理脚本；
④ 具有实用的环境变量功能。

在 Shell 中执行 Linux 命令的格式为"命令名称［命令参数］［命令对象］"。

命令名称、命令参数、命令对象之间使用空格键分隔。命令名称代表要在 Shell 中执行的命令，如 ls、cd 等。命令对象一般是指要处理的文件、目录、用户等资源。命令参数一般用于调整命令的功能或者丰富命令的内容，命令参数可以用长格式（完整的选项名称），也可以用短格式（单个字母的缩写），两者分别用--与-作为前缀，命令参数的长格式与短格式见表 3-1。

表 3-1 命令参数的长格式与短格式

长格式	man --help
短格式	man -h

多个长格式的参数需要用空格隔开，多个短格式的参数可以单独写并用空格分割，也可以合并写在一起，如下所示。

```
[root@techhost~]# ls -a
[root@techhost~]# ls -a -l
[root@techhost~]# ls -alh
[root@techhost~]# ls -lh /home
```

3.1.1 系统管理命令

在 Linux 运维管理中，命令是 Linux 环境的灵魂，为了更加方便灵活地运用命令，我们总结了一些在 Linux Shell 中的常用快捷操作，熟练掌握快捷键，可以帮助我们更轻松地执行命令。

1．以!开始的组合快捷键

!!：重复执行上一条指令。

!a：重复执行上一条以 a 为首的指令。

!number：重复执行上一条在 history 表中记录号码为 number 的指令。

!-number：重复执行前第 number 条指令。

!$：表示获得上一条命令执行结果，验证是否执行成功。

2．以 Ctrl 开始的组合快捷键

Ctrl+a：光标回到命令行首（a：ahead）。

Ctrl+e：光标回到命令行尾（e：end）。

Ctrl+b：光标向行首移动一个字符（b：backwards）。

Ctrl+f：光标向行尾移动一个字符（f：forwards）。

Ctrl+w：删除光标处到行首的字符。

Ctrl+k：删除光标处到行尾的字符。

Ctrl+u：删除整个命令行文本字符。

Ctrl+h：向行首删除一个字符。

Ctrl+d：向行尾删除一个字符。

Ctrl+y：粘贴 Ctrl+u、Ctrl+k、Ctrl+w 删除的文本。

Ctrl+p：上一个使用的历史命令（p：previous）。

Ctrl+n：下一个使用的历史命令（n：next）。

Ctrl+r：快速检索历史命令（r：retrieve）。

Ctrl+t：交换光标所在字符和其前的字符。

Ctrl+i：相当于 Tab 键。

Ctrl+o：相当于 Ctrl+m。

Ctrl+m：相当 Enter 键。

Ctrl+s：使终端静止，使快速输出的终端屏幕停下来。

Ctrl+q：退出 Ctrl+s 引起的终端静止。

Ctrl+z：使正在运行在终端的任务，运行于后台（可用 fg 恢复）。

Ctrl+c：中断终端中正在执行的任务。

Ctrl+d：在空命令行的情况下可以退出终端。

Ctrl+[：相当于 Esc 键。

3．以 Esc 开始的组合快捷键

Esc+d：删除光标后的一个词。

Esc+f：往右跳一个词。

Esc+b：往左跳一个词。

Esc+t：交换光标位置前的两个单词。

4．其他快捷键

Esc 键：连续按 3 次显示所有支持的终端命令。

Tab 键：命令、文件名等自动补全功能。

Linux 命令主要有以下 11 种。

（1）man 命令

在命令行终端中输入 man 命令，可以查看 man 命令自身的帮助信息，如图 3-2 所示。

```
[root@techhost~]# man man
```

```
MAN(1)                        Manual pager utils                        MAN(1)

NAME
       man - an interface to the on-line reference manuals

SYNOPSIS
       man  [-C  file]  [-d] [-D] [--warnings[=warnings]] [-R encoding] [-L locale] [-m
       system[,...]] [-M path] [-S list] [-e  extension]  [-i|-I]  [--regex|--wildcard]
       [--names-only]  [-a] [-u] [--no-subpages] [-P pager] [-r prompt] [-7] [-E encod-
       ing]  [--no-hyphenation]  [--no-justification]  [-p  string]  [-t]  [-T[device]]
       [-H[browser]] [-X[dpi]] [-Z] [[section] page[.section] ...] ...
       man -k [apropos options] regexp ...
       man -K [-w|-W] [-S list] [-i|-I] [--regex] [section] term ...
       man -f [whatis options] page ...
       man -l [-C file] [-d] [-D] [--warnings[=warnings]] [-R encoding] [-L locale] [-P
       pager]  [-r  prompt]  [-7]  [-E  encoding]   [-p  string]   [-t]   [-T[device]]
       [-H[browser]] [-X[dpi]] [-Z] file ...
       man -w|-W [-C file] [-d] [-D] page ...
       man -c [-C file] [-d] [-D] page ...
       man [-?V]

DESCRIPTION
       man  is  the system's manual pager.  Each page argument given to man is normally
 Manual page man(1) line 1 (press h for help or q to quit)
```

图 3-2　示例效果

敲击回车键即可看到 man 命令帮助信息，在 man 命令帮助信息的界面中，man 命令所包含的常用操作按键及其用途见表 3-2。

表 3-2　man 命令中常用按键及其用途

按键	作用
空格键	向下翻一页
Page down	向下翻一页
Page up	向上翻一页

表 3-2　man 命令中常用按键及其用途（续）

按键	作用
home	直接前往首页
end	直接前往尾页
/	从上至下搜索某个关键词，如 "/linux"
?	从下至上搜索某个关键词，如 "?linux"
n	定位到下一个搜索到的关键词
N	定位到上一个搜索到的关键词
q	退出帮助文档

一般来讲，使用 man 命令查看到的帮助内容信息都会很长、很多，表 3-3 为 man 命令帮助信息的结构及其意义。

表 3-3　man 命令帮助信息的结构及其意义

结构名称	代表意义
NAME	命令的名称
SYNOPSIS	参数的大致使用方法
DESCRIPTION	介绍说明
EXAMPLES	演示（附带简单说明）
OVERVIEW	概述
DEFAULTS	默认的功能
OPTIONS	具体的可用选项（带介绍）
ENVIRONMENT	环境变量
FILES	用到的文件
SEE ALSO	相关的资料
HISTORY	维护历史与联系方式

在学习过程中，各位读者如果遇到不熟悉的命令、函数、协议、文件等，可以通过 Linux 中自带的 man 命令，轻松了解相关使用方法。

当然除了这些操作，Linux 针对程序和命令提供了较为完善的帮助功能，manpage 主要指的是 man 手册的文档类型，如 man（1）、man（4）等，表 3-4 详细列出了 manpage 类型，用户可以通过不同的 manpage 访问不同的 man 手册，如图 3-3 所示。

表 3-4　manpage 类型

编号	内容
1	代表用户命令的帮助文档，包含可执行的命令及 Shell 内置程序等
2	代表系统调用
3	代表各类程序库提供的库函数

表 3-4 manpage 类型（续）

编号	内容
4	代表特殊文件，如设备文件等
5	代表各类服务或系统应用的配置文件的格式和结构，通常包含配置文件中可控制选项的说明及样例等
6	代表游戏
7	代表各类标准及协议等
8	代表系统管理及特别指令
9	代表 Linux 内核 API（Applicaton Programming Interface，应用程序接口）

```
MAN(1)                                           Manual pager utils

NAME
       man - an interface to the on-line reference manuals
```

图 3-3 示例效果

比如查看编号为 5 的手册，就可以执行如下命令。

[root@techhost~]# man 5 passwd
[root@techhost~]# man passwd

（2）info 命令

info 命令是 Linux 下 info 格式的帮助指令。在内容上，info 页面比 manpage 编写得更好、更容易理解，但 manpage 使用起来更容易。一个 manpage 只有一页，而 info 页面总是将内容组织成多个区段（被称为节点），每个区段还可能包含子区段（被称为子节点）。

info 命令的语法为 "info [选项] [参数]"。

info 命令选项说明如下。

　　-d：添加包含 info 格式帮助文档的目录。
　　-f：指定要读取的 info 格式的帮助文档。
　　-n：指定首先访问的 info 帮助文件的节点。
　　-o：输出被选择的节点内容到指定文件。

info 命令参数说明如下。

　　帮助主题：指定需要获得帮助的主题，可以是指令、函数及配置文件。

示例如下。

[root@techhost~]# info mkdir

具体操作如图 3-4 所示。

在查阅 info 文档时，可以使用控制命令和按键进行操作，具体用法与 man 手册类似，此处不再赘述。

```
[root@techhost ~]# info mkdir
Next: File Attributes,  Prev: Renaming Files,  Up: File System Interface

14.8 Creating Directories
=========================

Directories are created with the 'mkdir' function.  (There is also a
shell command 'mkdir' which does the same thing.)

 -- Function: int mkdir (const char *FILENAME, mode_t MODE)

     Preliminary: | MT-Safe | AS-Safe | AC-Safe | *Note POSIX Safety
     Concepts::.

     The 'mkdir' function creates a new, empty directory with name
     FILENAME.

     The argument MODE specifies the file permissions for the new
     directory file.  *Note Permission Bits::, for more information
     about this.

     A return value of '0' indicates successful completion, and '-1'
     indicates failure.  In addition to the usual file name syntax
     errors (*note File Name Errors::), the following 'errno' error
     conditions are defined for this function:

     'EACCES'
          Write permission is denied for the parent directory in which
          the new directory is to be added.

     'EEXIST'
          A file named FILENAME already exists.

     'EMLINK'
          The parent directory has too many links (entries).

          Well-designed file systems never report this error, because
          they permit more links than your disk could possibly hold.
          However, you must still take account of the possibility of
          this error, as it could result from network access to a file
          system on another machine.

     'ENOSPC'
          The file system doesn't have enough room to create the new
          directory.

     'EROFS'
          The parent directory of the directory being created is on a
          read-only file system and cannot be modified.

     To use this function, your program should include the header file
     'sys/stat.h'.
```

图 3-4　示例效果

（3）ls 命令

ls（list files）命令用于显示指定工作目录下的内容（列出目前工作目录所含的文件及子目录）。

ls 命令的语法为 "ls [选项] [参数]"。

ls 命令参数说明如下。

> -a：显示所有文件及目录（开头的隐藏文件也会列出）。
> -l：除文件名称，也会将文件形态、权限、拥有者、文件大小等内容详细列出。
> -r：将文件以相反次序显示（原定依英文字母次序）。

-t：将文件以建立时间为依据按先后次序列出。
-A：同-a，但不列出"."（目前目录）及".."（父目录）。
-F：在列出的文件名称后加符号，例如可执行档加"*"，目录加"/"。
-R：若目录下有文件，则目录下的文件皆依序列出。

具体操作如图 3-5 所示。

[root@techhost~]# ls -al

```
dr-xr-xr-x.  22 root  root   4096 May  2 03:20 ..
-rw-------.   1 root  root   1692 Oct 25  2020 anaconda-ks.cfg
drwx------.   3 root  root     17 Mar  5 06:55 .ansible
-rw-------.   1 root  root  13573 May  6 05:42 .bash_history
-rw-r--r--.   1 root  root     18 Dec 28  2013 .bash_logout
-rw-r--r--.   1 root  root    212 Apr 27 05:26 .bash_profile
-rw-r--r--.   1 root  root    176 Dec 28  2013 .bashrc
drwx------.  21 root  root   4096 Apr 30 03:38 .cache
drwx------.  20 root  root   4096 Apr 27 06:02 .config
-rw-r--r--.   1 root  root    100 Dec 28  2013 .cshrc
drwxr-xr-x   3 root  root     97 Apr 30 03:38 day01
drwxr-xr-x   4 root  root    237 May  1 05:53 day02
drwxr-xr-x   3 root  root    182 May  2 08:42 day03
drwxr-xr-x   3 root  root    103 May  2 03:58 day04
drwx------.   3 root  root     25 Oct 25  2020 .dbus
drwxr-xr-x.   3 root  root     82 May  1 05:53 Desktop
drwxr-xr-x  15 root  root   4096 Apr 28 22:01 devstack
drwxr-xr-x.   2 root  root      6 Oct 25  2020 Documents
```

图 3-5 示例效果

（4）cd 命令

cd（change directory）命令用于切换当前的工作目录。

cd 命令的语法为"cd [路径名字]"。

其中路径名字可为绝对路径或相对路径。除了常见的切换目录方式，还可以使用"cd -"命令返回到上一次所处的目录，使用"cd .."命令进入上级目录，以及使用"cd ~"命令切换到当前用户的家目录，或使用"cd~username"切换到其他用户的家目录。

例如，切换到 /usr/bin/ 的命令如图 3-6 所示，切换进/etc 目录的操作如图 3-7 所示。

```
#切换到指定路径下(绝对路径法)
[root@techhost~]# cd /usr/bin
```

```
[root@techhost ~]# cd /usr/bin
[root@techhost bin]#
```

图 3-6 示例效果

```
[root@techhost ~]# cd /etc/yum.repos.d/      #切换到指定路径下
[root@techhost yum.repos.d]# pwd             #查看当前所在的路径
/etc/yum.repos.d
[root@techhost yum.repos.d]# cd ..           #相对路径法，切换到上一级目录
[root@techhost etc]# pwd
/etc
[root@techhost etc]# cd ~                    #切换到用户家目录下
[root@techhost ~]# pwd
```

第3章 管理员操作管理

```
/root
[root@techhost ~]# cd -                    #返回上一次所操作的目录下
/etc
[root@techhost etc]#
```

```
[root@techhost ~]# cd /etc/yum.repos.d/
[root@techhost yum.repos.d]# pwd
/etc/yum.repos.d
[root@techhost yum.repos.d]# cd ..
[root@techhost etc]# pwd
/etc
[root@techhost etc]# cd ~
[root@techhost ~]# pwd
/root
[root@techhost ~]# cd -
/etc
```

图 3-7 示例效果

（5）free 命令

free 命令用于显示当前系统中内存的使用量信息。

free 命令的语法为"free [参数] [-s <间隔秒数>]"。

Free 命令会显示内存的使用情况，如实体内存、虚拟的交换文件内存、共享内存区段及系统核心使用的缓冲区等。

free 命令参数说明如下。

-b：以 Byte 为单位显示内存使用情况。

-k：以 kB 为单位显示内存使用情况。

-m：以 MB 为单位显示内存使用情况。

-h：以合适的单位显示内存使用情况，最大为三位数，自动计算对应的单位值。

-o：不显示缓冲区调节列。

-s<间隔秒数>：持续观察内存使用状况。

-t：显示内存总和列。

-V：显示版本信息。

具体操作如图 3-8 所示。

[root@techhost~]# free -h

```
[root@techhost ~]# free -h
              total        used        free      shared  buff/cache   available
Mem:          3.3Gi       156Mi       2.8Gi       0.0Ki       431Mi       2.8Gi
Swap:            0B          0B          0B
```

图 3-8 示例效果

（6）whoami 命令

whoami 命令用于显示自身用户的名称，相当于执行"id -un"指令。

whoami 语法为"whoami [--help][--version]"。

whoami 命令参数说明如下。

--help:在线帮助。

--version:显示版本信息。

具体操作如图 3-9 所示。

[root@techhost~]# whoami

```
[root@techhost ~]# id -un
root
[root@techhost ~]# whoami
root
[root@techhost ~]#
```

图 3-9 示例效果

(7) ps 命令

ps(process status)命令用于显示当前进程的状态,类似 Windows 的任务管理器。

ps 命令的语法为"ps [options] [--help]"。

ps 的参数非常多,在此仅列出常用的参数并简略介绍其含义。

-a:列出所有的进程。

-u:显示加宽,可以显示较多的资讯。

-au:显示较详细的资讯。

-aux:显示所有包含其他使用者的进程。

au(x):输出格式。

USER:行程拥有者。

PID:pid。

%CPU:占用的 CPU 使用率。

%MEM:占用的记忆体使用率。

VSZ:占用的虚拟记忆体大小。

RSS:占用的记忆体大小。

TTY:终端的次要装置号码。

STAT:该行程的状态。

D:无法中断的休眠状态(通常是 I/O 的进程)。

R:正在执行中。

S:静止状态。

T:暂停执行。

Z:不存在但暂时无法消除。

W:没有足够的记忆体分页可分配。

<:高优先序的行程。

N:低优先序的行程。

L:有记忆体分页分配并锁在记忆体内(实时系统或 I/O)。

START:行程开始时间。

TIME：执行的时间。

COMMAND：所执行的指令。

具体操作如图 3-10 所示。

[root@techhost~]# ps -aux

```
USER       PID %CPU %MEM    VSZ   RSS TTY      STAT START   TIME COMMAND
root         1  0.0  0.0 191428  4444 ?        Ss   May05   0:14 /usr/lib/systemd/systemd --switched-root --system --deserialize 22
root         2  0.0  0.0      0     0 ?        S    May05   0:00 [kthreadd]
root         4  0.0  0.0      0     0 ?        S<   May05   0:00 [kworker/0:0H]
root         6  0.0  0.0      0     0 ?        S    May05   0:04 [ksoftirqd/0]
root         7  0.0  0.0      0     0 ?        S    May05   0:03 [migration/0]
root         8  0.0  0.0      0     0 ?        S    May05   0:00 [rcu_bh]
root         9  0.2  0.0      0     0 ?        S    May05   1:38 [rcu_sched]
root        10  0.0  0.0      0     0 ?        S<   May05   0:00 [lru-add-drain]
root        11  0.0  0.0      0     0 ?        S    May05   0:02 [watchdog/0]
root        12  0.0  0.0      0     0 ?        S    May05   0:02 [watchdog/1]
root        13  0.0  0.0      0     0 ?        S    May05   0:05 [migration/1]
root        14  0.0  0.0      0     0 ?        S    May05   0:06 [ksoftirqd/1]
root        16  0.0  0.0      0     0 ?        S<   May05   0:00 [kworker/1:0H]
root        17  0.0  0.0      0     0 ?        S    May05   0:02 [watchdog/2]
root        18  0.0  0.0      0     0 ?        S    May05   0:03 [migration/2]
root        19  0.0  0.0      0     0 ?        S    May05   0:07 [ksoftirqd/2]
root        21  0.0  0.0      0     0 ?        S<   May05   0:00 [kworker/2:0H]
root        22  0.0  0.0      0     0 ?        S    May05   0:02 [watchdog/3]
root        23  0.0  0.0      0     0 ?        S    May05   0:03 [migration/3]
```

图 3-10 示例效果

（8）date 命令

date 命令的功能是显示和设置系统日期和时间。

date 命令的语法为 "date [选项] [+时间格式]"。

date 命令参数说明如下。

-d datestr 或 --date datestr：显示由 datestr 描述的日期。

-s datestr 或 --set datestr：设置 datestr 描述的日期。

-u 或 --universal：显示或设置通用时间、时间域。

date 指定显示时间的格式：date +%Y_%m_%d，date +%Y:%m:%d。

设置时间格式的参数如下。

% H——小时（00—23）

% I——小时（01—12）

% k——小时（0—23）

% l——小时（1—12）

% M——分（00—59）

% p——显示 AM 或 PM

% r——时间（hh: mm: ss AM 或 PM），12 小时

% s——从 1970 年 1 月 1 日 00:00:00 到目前经历的秒数

% S——秒（00—59）

% T——时间（24 小时制）(hh:mm:ss)

% X——显示时间的格式（%H:%M:%S）

% Z——时区，日期域

% a——星期几的简称（Sun—Sat）

%A——星期几的全称（Sunday—Saturday）

%b——月的简称（Jan—Dec）

%B——月的全称（January—December）

%c——日期和时间（Mon Nov 8 14:12:46 CST 1999）

%d——一个月的第几天（01—31）

%D——日期（mm/dd/yy）

%h——和%B 选项相同

%j——一年的第几天（001—366）

%m——月（01—12）

%w——一个星期的第几天（0 代表星期天）

%W——一年的第几个星期（00—53，星期一为第一天）

%x——显示日期的格式（mm/dd/yy）

%y——年的最后两个数字（1999 则是 99）

%Y——年（例如 1970、1996 等）

例如，按照默认格式查看当前系统时间的 date 命令如图 3-11 所示。

[root@techhost~]# date
Tue May 11 11:22:11 CST 2021

```
[root@techhost ~]# date
Tue May 11 11:22:11 CST 2021
[root@techhost ~]#
```

图 3-11　示例效果

按照"年-月-日 小时:分钟:秒"的格式查看当前系统时间的 date 命令如图 3-12 所示。

[root@techhost~]# date"+%Y-%m-%d %H:%M:%S"
2021-05-11 11:22:34

```
[root@techhost ~]#  date "+%Y-%m-%d %H:%M:%S"
2021-05-11 11:22:34
[root@techhost ~]#
```

图 3-12　示例效果

（9）pwd 命令

pwd（print work directory）命令用于显示当前工作目录。执行 pwd 命令可立刻得知目前所在的工作目录的绝对路径名称。

pwd 命令的语法为"pwd [--help][--version]"。

pwd 命令参数说明如下。

--help：在线帮助。

--version：显示版本信息。

具体操作如图 3-13 所示。

```
[root@techhost ~]# pwd
/root
```

```
[root@techhost ~]# pwd
/root
```

图 3-13 示例效果

（10）shutdown 命令

shutdown 命令可以用来进行关机，并且在关机以前传送信息给所有使用者正在执行的程序，shutdown 也可以用来重新开机，其使用权限属于系统管理者。

shutdown 命令的语法为"shutdown [-t seconds] [-rkhncfF] time [message]"。

shutdown 命令参数说明如下。

-t seconds：设定在几秒之后进行关机。
-k：并不会真的关机，只是将警告信息传送给所有使用者。
-r：关机后重新开机。
-h：关机后停机。
-n：不采用正常程序来关机，用强迫的方式杀掉所有执行中的程序后自行关机。
-c：取消目前进行中的关机动作。
-f：关机时，不执行 fsck（file system check，文件系统检查）命令。
-F：关机时，强迫执行 fsck 命令。
time：设定关机的时间。
message：传送给所有使用者的警告信息。

立即关机示例如下。

[root@techhost～]# shutdown -h now

指定 10 分钟后关机示例如下。

[root@techhost～]# shutdown -h 10

重新启动计算机示例如下。

[root@techhost～]# shutdown -r now

（11）reboot 命令

reboot 命令用来重新启动正在运行的 Linux 操作系统。

reboot 命令的语法为"reboot[选项]"。

reboot 命令参数说明如下。

-d：重新开机时不把数据写入记录文件/var/tmp/wtmp，本参数具有与"-n"参数相同的效果。
-f：强制重新开机，不调用 shutdown 命令的功能。
-i：在重新开机之前，先关闭所有网络界面。
-n：重新开机之前不检查是否有未结束的程序。
-w：仅做模拟测试，并不真正将系统重新开机，只是把重开机的数据写入/var/log 目录下的 wtmp 记录文件。

重新开机示例如下。

[root@techhost ~]# reboot

重新开机的模拟测试（只有记录，并不会真的重新开机）示例如下。

[root@techhost ~]# reboot -w

3.1.2 文件目录管理命令

1. touch 命令

touch 命令用于创建空白文件或设置文件的时间，格式为"touch [选项] [文件]"。例如，touch tech_01.txt 命令可以创建出一个名为 tech_01 的空白文本文件。

[root@techhost ~]# touch tech_01.txt
[root@techhost ~]# ls
tech_01.txt
[root@techhost ~]#

对于 touch 命令来讲，有难度的操作主要体现在设置文件内容的修改时间、文件权限或属性的更改时间与文件的读取时间上。touch 命令的参数及其作用见表 3-5。

表 3-5 touch 命令的参数及其作用

参数	作用
-a	仅修改"读取时间"
-m	仅修改"修改时间"
-d	同时修改"读取时间"与"修改时间"

示例如下，具体操作如图 3-14 所示。

[root@techhost ~]# stat tech_01.txt
　File: tech_01.txt
　Size: 0   Blocks: 0   IO Block: 4096   regular empty file
Device: fd01h/64769d   Inode: 791890   Links: 1
Access:(0600/-rw-------) Uid: (0/   root)   Gid: (0/   root)
Access: 2021-05-11 11:24:20.605322361 +0800
Modify: 2021-05-11 11:24:20.605322361 +0800
Change: 2021-05-11 11:24:20.605322361 +0800
Birth: 2021-05-11 11:24:20.605322361 +0800
[root@techhost ~]#
[root@techhost ~]#
[root@techhost ~]#
[root@techhost ~]# touch -t 202102020202.02 tech_01.txt
[root@techhost ~]# stat tech_01.txt
　File: tech_01.txt
　Size: 0   Blocks: 0   IO Block: 4096   regular empty file
Device: fd01h/64769d   Inode: 791890   Links: 1
Access: (0600/-rw-------) Uid: (0/   root)   Gid: (0/   root)
Access: 2021-02-02 02:02:02.000000000 +0800

Modify: 2021-02-02 02:02:02.000000000 +0800
Change: 2021-05-11 11:26:44.015165625 +0800
 Birth: 2021-05-11 11:24:20.605322361 +0800
[root@techhost ~]#

```
[root@techhost ~]# stat tech_01.txt
  File: tech_01.txt
  Size: 0           Blocks: 0          IO Block: 4096   regular empty file
Device: fd01h/64769d    Inode: 791890      Links: 1
Access: (0600/-rw-------)  Uid: (    0/    root)   Gid: (    0/    root)
Access: 2021-05-11 11:24:20.605322361 +0800
Modify: 2021-05-11 11:24:20.605322361 +0800
Change: 2021-05-11 11:24:20.605322361 +0800
 Birth: 2021-05-11 11:24:20.605322361 +0800
[root@techhost ~]#
[root@techhost ~]#
[root@techhost ~]#
[root@techhost ~]# touch -t 202102020202.02 tech_01.txt
[root@techhost ~]# stat tech_01.txt
  File: tech_01.txt
  Size: 0           Blocks: 0          IO Block: 4096   regular empty file
Device: fd01h/64769d    Inode: 791890      Links: 1
Access: (0600/-rw-------)  Uid: (    0/    root)   Gid: (    0/    root)
Access: 2021-02-02 02:02:02.000000000 +0800
Modify: 2021-02-02 02:02:02.000000000 +0800
Change: 2021-05-11 11:26:44.015165625 +0800
 Birth: 2021-05-11 11:24:20.605322361 +0800
[root@techhost ~]#
```

图 3-14　示例效果

2．cat 命令

cat 命令用于查看纯文本文件（内容较少的文件），格式为"cat [选项] [文件]"。

Linux 操作系统中有多个用于查看文本内容的命令，每个命令都有自己的特点，比如 cat 命令是用于查看内容较少的纯文本文件的。

如果在查看文本内容时还想显示行号的话，可以在 cat 命令后面加一个-n 参数，如图 3-15 所示。

[root@techhost~]# cat -n /etc/passwd

```
[root@techhost ~]# cat -n /etc/passwd
     1  root:x:0:0:root:/root:/bin/bash
     2  bin:x:1:1:bin:/bin:/sbin/nologin
     3  daemon:x:2:2:daemon:/sbin:/sbin/nologin
     4  adm:x:3:4:adm:/var/adm:/sbin/nologin
     5  lp:x:4:7:lp:/var/spool/lpd:/sbin/nologin
     6  sync:x:5:0:sync:/sbin:/bin/sync
     7  shutdown:x:6:0:shutdown:/sbin:/sbin/shutdown
     8  halt:x:7:0:halt:/sbin:/sbin/halt
     9  mail:x:8:12:mail:/var/spool/mail:/sbin/nologin
```

图 3-15　示例效果

3．mkdir 命令

mkdir 命令用于创建空白的目录，格式为"mkdir [选项]目录"。

在 Linux 操作系统中，文件夹是最常见的文件类型之一。除了能创建单个空白目录，mkdir 命令还可以结合-p 参数来递归创建出具有嵌套叠层关系的文件目录，如图 3-16 所示。

#在当前目录下创建一个 tech 目录
[root@techhost ~]# mkdir tech
[root@techhost ~]# ls

```
tech    tech_01.txt
[root@techhost ~]#
#递归创建多级目录
[root@techhost ~]# mkdir /root/one/two/three    #不写-p参数会报错，需要递归创建
mkdir: cannot create directory '/root/one/two/three': No such file or directory
#-p参数可以跟在mkdir命令后面
[root@techhost ~]# mkdir /root/one/two/three    -p
[root@techhost ~]# ls
one   tech   tech_01.txt
#执行 dn finstall tree –y 安装 tree 命令，查看整个目录树结构
[root@techhost ~]# tree
.
├── one
│   └── two
│       └── three
├── tech
└── tech_01.txt

4 directories, 1 file
[root@techhost ~]#
```

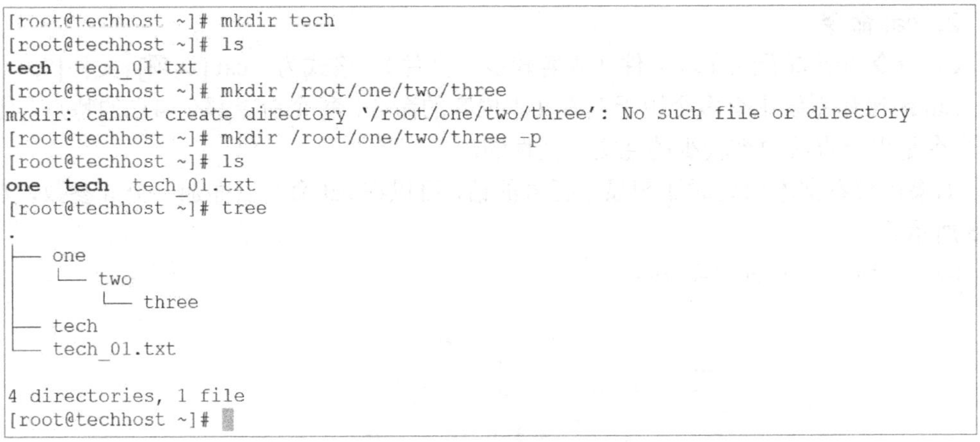

```
[root@techhost ~]# mkdir tech
[root@techhost ~]# ls
tech  tech_01.txt
[root@techhost ~]# mkdir /root/one/two/three
mkdir: cannot create directory '/root/one/two/three': No such file or directory
[root@techhost ~]# mkdir /root/one/two/three -p
[root@techhost ~]# ls
one  tech  tech_01.txt
[root@techhost ~]# tree
.
├── one
│   └── two
│       └── three
├── tech
└── tech_01.txt

4 directories, 1 file
[root@techhost ~]#
```

图 3-16　示例效果

4．rm 命令

rm 命令用于删除文件或目录，格式为"rm [选项]文件"。

我们在 Linux 操作系统中删除文件时，系统会默认向用户询问是否要执行删除操作，如果我们不想经常看到这种确认信息，可在 rm 命令后加上-f 参数来强制删除。另外，如果想要删除一个目录，需要在 rm 命令后面加一个-r 参数，否则删不掉目录，但是切忌在生产环境中使用 rm -rf 命令，以防止误删除而引发事故。rm 命令的示例如图 3-17 所示。

```
[root@techhost ~]# echo "hello tech"  >> tech_02.txt
[root@techhost ~]# cat tech_02.txt
hello tech
```

[root@techhost ~]# rm tech_02.txt
rm: remove regular file 'tech_02.txt'? y
[root@techhost ~]# ls
one   tech   tech_01.txt
[root@techhost ~]# rm -f tech_01.txt
[root@techhost ~]#
[root@techhost ~]# rm -rf one/
[root@techhost ~]# ls
tech
[root@techhost ~]#

```
[root@techhost ~]# echo "hello tech" >> tech_02.txt
[root@techhost ~]# cat tech_02.txt
hello tech
[root@techhost ~]# rm tech_02.txt
rm: remove regular file 'tech_02.txt'? y
[root@techhost ~]# ls
one   tech   tech_01.txt
[root@techhost ~]# rm -f tech_01.txt
[root@techhost ~]#
[root@techhost ~]# rm -rf one/
[root@techhost ~]# ls
tech
[root@techhost ~]#
```

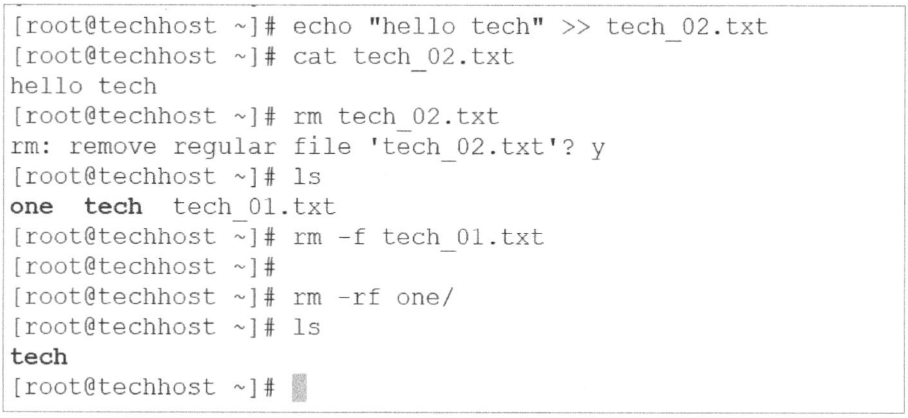

图 3-17　示例效果

5. cp 命令

cp 命令用于复制文件或目录，格式为"cp[选项]源文件　目标文件"。大家对文件复制操作应该不陌生，在 Linux 操作系统中，复制操作具体分为 3 种情况：如果目标文件是目录，则会把源文件复制到该目录中；如果目标文件是普通文件，则会询问是否要覆盖它；如果目标文件不存在，则执行正常的复制操作。cp 命令的参数及其作用见表 3-6。

表 3-6　cp 命令的参数及其作用

参数	作用
-p	保留原始文件的属性
-d	若对象为链接文件，则保留该链接文件的属性
-r	递归复制目录树（用于目录）
-i	若目标文件存在，则询问是否覆盖
-a	相当于-pdr（p、d、r 为上述参数）

具体操作如图 3-18 所示。

[root@techhost ~]# ls
tech
#复制 hosts 文件到/root 目录下

```
[root@techhost ~]# cp /etc/hosts /root/hosts
[root@techhost ~]# ls
hosts  tech
#将/var目录拷贝到当前目录下，点代表当前路径，此时会提示我们这是一个目录
[root@techhost ~]# cp /var/ .
cp: -r not specified; omitting directory '/var/'
#添加-r参数，进行递归复制
[root@techhost ~]# cp -r /var/ .
[root@techhost ~]# ls
hosts  tech  var
[root@techhost ~]#
```

```
[root@techhost ~]# ls
tech
[root@techhost ~]# cp /etc/hosts /root/hosts
[root@techhost ~]# ls
hosts  tech
[root@techhost ~]# cp /var/ .
cp: -r not specified; omitting directory '/var/'
[root@techhost ~]# cp -r /var/ .
[root@techhost ~]# ls
hosts  tech  var
[root@techhost ~]#
```

图 3-18　示例效果

6. mv 命令

mv 命令用于剪切文件或对文件重命名，格式为"mv[选项]源文件[目标路径|目标文件名]"。

剪切操作不同于复制操作，剪切操作会默认把源文件删除掉，只保留剪切后的文件。如果在同一个目录中对一个文件进行剪切操作，也就是对其进行重命名，如图 3-19 所示。

```
[root@techhost ~]# ls
hosts  tech  var
#将 hosts 文件剪切到 tech 目录下，此时会发现源文件已不存在
[root@techhost ~]# mv hosts tech/hosts
[root@techhost ~]# ls
tech  var
[root@techhost ~]# ls -l tech/
total 4
-rw------- 1 root root 177 May 11 11:44 hosts
[root@techhost ~]# touch tech_03.txt
#同一目录下剪切同一文件相当于对这个文件进行重命名
[root@techhost ~]# mv tech_03.txt  tech_04.txt
[root@techhost ~]# ls
tech  tech_04.txt  var
[root@techhost ~]#
```

```
[root@techhost ~]# ls
hosts  tech  var
[root@techhost ~]# mv hosts tech/hosts
[root@techhost ~]# ls
tech  var
[root@techhost ~]# ls -l tech/
total 4
-rw-------  1 root root 177 May 11 11:44 hosts
[root@techhost ~]# touch tech_03.txt
[root@techhost ~]# mv tech_03.txt tech_04.txt
[root@techhost ~]# ls
tech  tech_04.txt  var
[root@techhost ~]#
```

图 3-19 示例效果

7. find 命令

find 命令用于按照指定条件来查找文件，格式为"find [查找路径]查找条件"。

在 Linux 操作系统中，搜索工作一般都是通过 find 命令来完成的，find 命令可以使用不同的文件特性作为寻找条件（如文件名、文件大小、修改时间、权限等信息），找到文件后，会默认将文件信息显示到屏幕上。find 命令的参数及其作用见表 3-7。

表 3-7 find 命令的参数及其作用

参数	作用
-name	匹配名称，按文件名称查找，支持模糊查询
-perm	匹配权限（mode 为完全匹配，-mode 为包含）
-user	按所有者查找
-group	按所属组查找
-mtime –n/ +n	匹配修改内容的时间（-n 指 n 天以内，+n 指 n 天以前）
-atime –n/ +n	匹配访问文件的时间（同上）
-ctime –n/ +n	匹配修改文件权限的时间（同上）
-nouser	匹配无所有者的文件
-nogroup	匹配无所属组的文件
-newer f1 !f2	匹配比文件 f1 新但比 f2 旧的文件
--type b/d/c/p/l/f	匹配文件类型（后面的字母依次表示块设备、目录、字符设备、管道、链接文件、文本文件）
-size	匹配文件的大小（+50kB 为查找超过 50kB 的文件，而–50kB 为查找小于 50kB 的文件）
-prune	忽略某个目录
-exec …… {}\;	后面可加用于进一步处理搜索结果的命令

在这里我们重点讲解-exec 参数的作用。-exec 参数负责把 find 命令搜索到的结果交由紧随其后的命令做进一步处理，类似于管道符技术，由于 find 命令对参数的特殊要求，虽然 exec 是长格式，但依然只需要一个"-"。

示例如下。

```
#在根目录下查找名为 hosts 的文件
[root@techhost~]# find / -name hosts
#在根目录下查找名为 tech 的文件
[root@techhost ~]#find / -name tech -type f
#在/root 目录下查找属主为 root 的文件
[root@techhost ~]#find /root/ -user root -type f
#在/var 目录下查找大于 10k 且小于 12k 的文件
[root@techhost ~]# find /var/ -size +10k -size 12k -type f
#在根目录下查找权限为 777 的文件
[root@techhost ~]# find / -perm 777 -type f
#在 tech 目录下创建 a.txt、b.txt、c.txt 文件
[root@techhost ~]# touch tech/{a.txt.b.txt,c.txt}
#查找 tech 目录下的文件,并对查找结果进行显示
[root@techhost ~]# find /root/tech -type f -exec ls -l {} \;
-rw------- 1 root root 0 May 11 15:12 /root/tech/a.txt.b.txt
-rw------- 1 root root 0 May 11 15:12 /root/tech/c.txt
-rw------- 1 root root 177 May 11 11:44 /root/tech/hosts
# 查找当前目录下文件名以.log 结尾且 24 小时内更改过的文件,并进行安全删除操作(删除前会进行询问)
[root@techhost ~]# find -name"*.log" -type f -mtime -1 -ok rm {} \;
#查找当前目录下的以.log 结尾的文件或目录,并移动到 tech 目录下
[root@tcchhost ~]#find -name"*.log" -exec mv {} tech\;
```

8. diff 命令

diff 命令用于比较多个文本文件的差异,格式为"diff [参数]文件"。

我们在使用 diff 命令时,不仅可以使用--brief 参数来确认两个文件是否不同,还可以使用-c 参数来找出多个文件的差异之处,该命令可以用来判断文件是否被人篡改。例如,我们先使用 cat 命令分别查看 diff_tech01.txt 和 diff_tech02.txt 文件的内容,然后比较两个文件,使用 diff --brief 命令显示比较后的结果,判断文件是否相同,使用带有-c 参数的 diff 命令来描述文件内容具体的不同之处,如图 3-20 所示。

```
[root@techhost ~]# echo    "welcome  OpenEuler"  >>  diff_tech01.txt
[root@techhost ~]# echo    "Hello  OpenEuler"  >>  diff_tech02.txt
[root@techhost ~]# cat    diff_tech01.txt
welcome OpenEuler
[root@techhost ~]# cat    diff_tech02.txt
Hello OpenEuler
[root@techhost~]# diff   -brief diff_tech01.txt    diff_tech02.txt
文件 diff_tech01.txt 和 diff_tech02.txt 不同
[root@techhost ~]# diff -c diff_tech01.txt    diff_tech02.txt
*** diff_tech01.txt    2021-05-06 07:50:15.398482617 -0400
--- diff_tech02.txt    2021-05-06 07:50:49.594558717 -0400
***************
*** 1 ****
! welcome OpenEuler
--- 1 ----
! Hello OpenEuler
```

```
[root@techhost ~]# echo    "welcome OpenEuler" >>  diff_tech01.txt
[root@techhost ~]# echo    "Hello OpenEuler"   >>  diff_tech02.txt
[root@techhost ~]# cat   diff_tech01.txt
welcome OpenEuler
[root@techhost ~]# cat   diff_tech02.txt
Hello OpenEuler
[root@techhost ~]# diff  -brief diff_tech01.txt  diff_tech02.txt
diff: conflicting output style options
diff: Try 'diff --help' for more information.
[root@techhost ~]# diff  --brief diff_tech01.txt  diff_tech02.txt
文件 diff_tech01.txt 和 diff_tech02.txt 不同
[root@techhost ~]# diff -c diff_tech01.txt  diff_tech02.txt
*** diff_tech01.txt      2021-05-06 07:50:15.398482617 -0400
--- diff_tech02.txt      2021-05-06 07:50:49.594558717 -0400
***************
*** 1 ****
! welcome OpenEuler
--- 1 ----
! Hello OpenEuler
```

图 3-20 示例效果

9．ln 命令

ln 是一个非常重要的命令，它的功能是为某一个文件在另外一个位置建立同步的链接。当我们在不同的目录中用到相同的文件时，我们不需要在每一个目录下都放置该文件，只需要在某个固定的目录下放上该文件，然后在其他目录下用 ln 命令链接它即可，不必重复占用磁盘空间。ln 命令的语法格式为"ln [参数][源文件或目录][目标文件或目录]"。ln 命令的参数及其作用见表 3-8。

表 3-8　ln 命令的参数及其作用

参数	作用
-b	删除，覆盖以前建立的链接
-d	允许超级用户制作目录的硬链接
-f	强制执行
-i	交互模式，当文件存在时提示用户是否覆盖文件
-n	把符号链接视为一般目录
-s	软链接（符号链接）
-v	显示详细的处理过程

链接可分为硬链接与软链接两种。硬链接指一个档案可以有多个名称；而软链接指产生一个特殊的档案，该档案的内容指向另一个档案的位置。硬链接存在于同一个文件系统中，而软链接可以存在于不同的文件系统中。

软链接的特点：

① 以路径的形式存在，类似于 Windows 操作系统中的快捷方式；

② 可以跨文件系统；

③ 可以对一个不存在的文件名进行链接；

④ 可以对目录进行链接。

硬链接的特点：

① 以文件副本的形式存在，但不占用实际空间；

② 不允许给目录创建硬链接；

③ 只有在同一个文件系统中才能创建硬链接。

例如，给 tech03_old.txt 创建一个名为 hardlink2021 的硬链接，如图 3-21 所示。

```
[root@techhost ~]# ln  tech03_old.txt   hardlink2021
[root@techhost ~]# ls  -li tech03_old.txt  hardlink2021
33889973  -rw-r--r--  2 root root  0 May  6  07:41 hardlink2021
33889973  -rw-r--r--  2 root root  0 May  6  07:41 tech03_old.txt
```

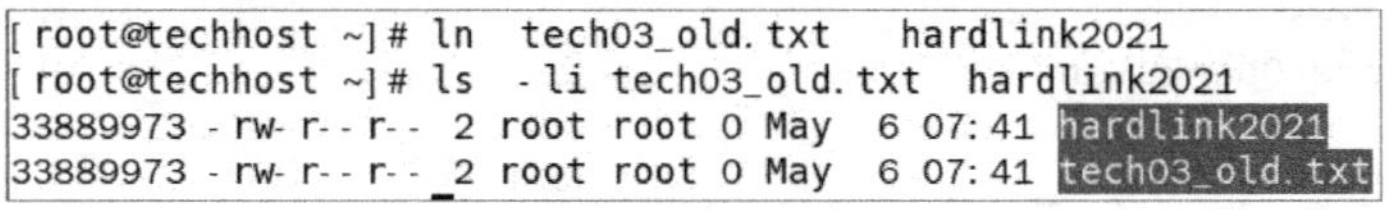

图 3-21 示例效果

我们通过 ls -li 查看两个文件的 inode，发现两者是完全相同的，表示它们指向的是同一个数据块。

再例如，给 tech03_old.txt 创建一个名为 link2021 的软链接，如图 3-22 所示。

```
[root@techhost ~]# ln  -s tech03_old.txt   link2021
[root@techhost ~]# ls  -li  tech03_old.txt   link2021
34820506 lrwxrwxrwx  1 root  root 14  May   6 08:00 link2021 -> tech03_old.txt
33889973  -rw-r--r--  2 root  root  0  May   6 07:41 tech03_old.txt
```

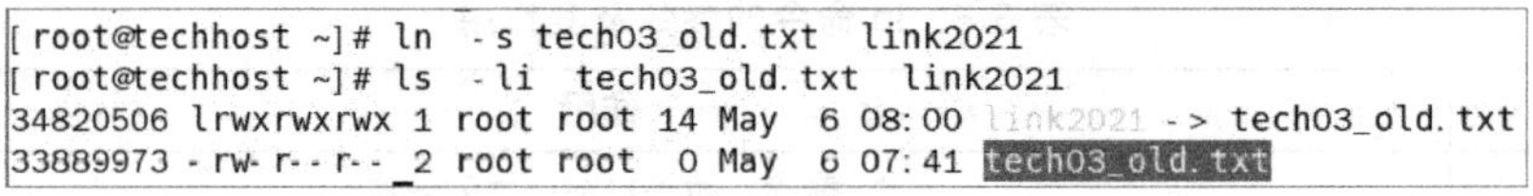

图 3-22 示例效果

我们通过 ls -li 查看两个文件的 inode，发现软链接文件 link2021 和源文件 tech03_old.txt 的 inode 号不一样，说明它们指向完全两个不同的数据块。

此时如果删除了 tech03_old.txt 文件，软链接 link2021 就会变成红色字体，表示警告，说明这是一个有问题的文件，无法找到它所标识的目标文件 tech03_old.txt。

10．file 命令

file 命令用于查看文件的类型，格式为"file 文件名"。

在 Linux 操作系统中，由于文本、目录、设备等都统称为文件，我们不能单凭后缀就知道具体的文件类型，此时就需要使用 file 命令来查看文件类型，如图 3-23 所示。

```
[root@techhost ~]# file  tech03_old.txt
tech03_old.txt: empty
```

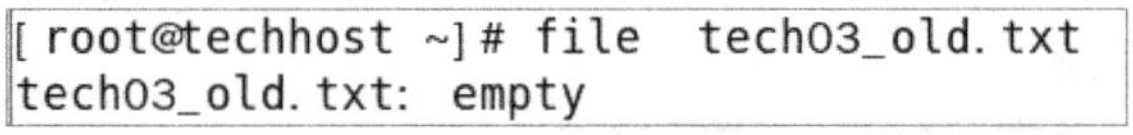

图 3-23 示例效果

11. more 命令

more 命令用于查看纯文本文件（内容较多的文本），格式为"more [选项]文件"。

如果需要阅读非常长的配置文件，使用 cat 命令就不适合了，原因是一旦使用 cat 命令阅读长篇的文本内容，文件内容就会在屏幕上快速翻滚，其滚动速度快于阅读速度，从而导致内容错失，因此对于长篇的文本内容，推荐使用 more 命令来查看。more 命令会在屏幕最下方使用百分比的形式来显示阅读进度，我们可以使用空格键或回车键向下翻页，使用"q"键退出。

more 命令示例如图 3-24 所示。

```
[root@techhost ~]#cp   /etc/passwd   tech04.txt
[root@techhost ~]#more   tech04.txt
root:x:0:0:root:/root:/bin/bash
bin:x:1:1:bin:/bin:/sbin/nologin
daemon:x:2:2:daemon:/sbin:/sbin/nologin
adm:x:3:4:adm:/var/adm:/sbin/nologin
lp:x:4:7:lp:/var/spool/lpd:/sbin/nologin
sync:x:5:0:sync:/sbin:/bin/sync
shutdown:x:6:0:shutdown:/sbin:/sbin/shutdown
halt:x:7:0:halt:/sbin:/sbin/halt
mail:x:8:12:mail:/var/spool/mail:/sbin/nologin
operator:x:11:0:operator:/root:/sbin/nologin
games:x:12:100:games:/usr/games:/sbin/nologin
ftp:x:14:50:FTP User:/var/ftp:/sbin/nologin
nobody:x:99:99:Nobody:/:/sbin/nologin
systemd-bus-proxy:x:999:998:systemd Bus Proxy:/:/sbin/no
--More--(23%)
```

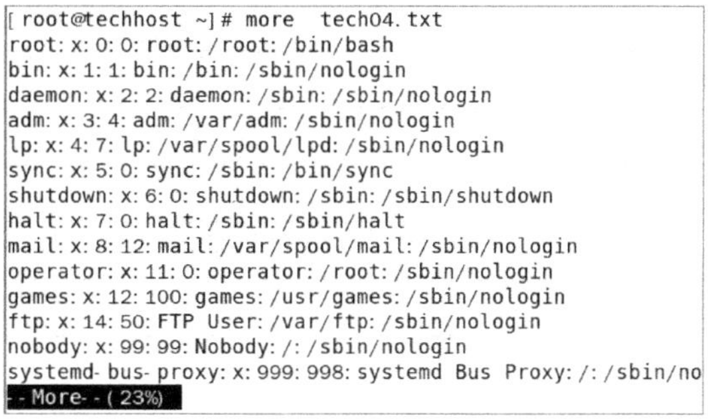

图 3-24　示例效果

12. less 命令

less 命令也可以对文件或其他输出信息进行分页显示，功能极其强大。less 命令的用法比 more 命令更加有弹性，使用 more 命令的时候，并不能向前翻看内容，只能往后翻看内容，但若使用 less 命令，就可以利用[pageup] [pagedown] 等向前或向后翻看文件，因而更容易查看文件的内容。另外，less 命令也有更多的搜索功能。

less 命令的格式为"less [参数]文件"。less 命令的参数及其作用见表 3-9。

表 3-9　less 命令的参数及其作用

参数	作用
-b	<缓冲区大小>，设置缓冲区的大小
-e	当文件显示结束后，自动离开
-f	强迫打开特殊文件，例如外围设备代号、目录和二进制文件
-g	只标记最后搜索的关键词
-I	忽略搜索时的大小写
-m	显示类似 more 命令的百分比
-N	显示每行的行号
-o	<文件名>，将 less 输出的内容在指定文件中保存起来
-Q	不使用警告音
-s	显示连续空行为一行
-S	行过长时间将超出部分舍弃
-x	<数字>，将 "tab" 键显示为规定的数字空格
/字符串	向下搜索 "字符串" 的功能
?字符串	向上搜索 "字符串" 的功能
n	重复前一个搜索（与 / 或 ? 有关）
N	反向重复前一个搜索（与 / 或 ? 有关）
b	向后翻一页
d	向后翻半页
h	显示帮助界面
Q	退出 less 命令
U	向前滚动半页
Y	向前滚动一行
空格键	滚动一行
回车键	滚动一页
[pagedown]	向下翻动一页
[pageup]	向上翻动一页

例如，ps 查看进程信息并通过 less 分页显示，如图 3-25 所示。

```
[root@techhost ~]# ps  -ef  | less
/**输出**/
UID        PID   PPID   C  STIME  TTY      TIME  CMD
root         1     0    0  May05   ?    00:00:14 /usr/lib/systemd/systemd --switched- root --
                                                  system --deserialize 22
root         2     0    0  May05   ?    00:00:00 [kthreadd]
root         4     2    0  May05   ?    00:00:00 [kworker/0:0H]
root         6     2    0  May05   ?    00:00:05 [ksoftirqd/0]
root         7     2    0  May05   ?    00:00:03 [migration/0]
```

```
root            8       2       0   May05   ?       00:00:00 [rcu_bh]
root            9       2       0   May05   ?       00:01:44 [rcu_sched]
root           10       2       0   May05   ?       00:00:00 [lru-add-drain]
/**********************省略部分输出**********************************/
```

```
[root@techhost ~]# ps -ef |less
UID         PID    PPID  C STIME TTY          TIME CMD
root          1       0  0 May05 ?        00:00:14 /usr/lib/systemd/systemd --switched-root --system --deserialize 22
root          2       0  0 May05 ?        00:00:00 [kthreadd]
root          4       2  0 May05 ?        00:00:00 [kworker/0:0H]
root          6       2  0 May05 ?        00:00:05 [ksoftirqd/0]
root          7       2  0 May05 ?        00:00:03 [migration/0]
root          8       2  0 May05 ?        00:00:00 [rcu_bh]
root          9       2  0 May05 ?        00:01:44 [rcu_sched]
root         10       2  0 May05 ?        00:00:00 [lru-add-drain]
```

图 3-25 示例效果

13. split 命令

split 命令可将大文件分割成较小的文件，在默认情况下，我们将每 1000 行切割成一个小文件，split 命令的语法格式是"split [--help][--version] [-<行数>][-b <字节>][-C <字节>][-l <行数>][要切割的文件][输出文件名]"。split 命令的参数及其作用见表 3-10。

表 3-10 split 命令的参数及其作用

参数	作用
-<行数>	指定每多少行切割成一个小文件
-b<字节>	指定每多少个字节切割成一个小文件
--help	在线帮助
--version	显示版本信息
-C<字节>	与参数-b 相似，但是在切割时会尽量维持每行的完整性
[输出文件名]	设置切割后文件的前置文件名，split 命令会自动在前置文件名后加上编号

例如，使用命令 split 将文件 tech04.txt 按照每 10 行切割成一个文件，输入如下命令，如图 3-26 所示。

```
[root@techhost ~]# split -10 tech04.txt
[root@techhost ~]# ll
-rw-r--r--  1 root  root      385 May   6 08:13 xaa
-rw-r--r--  1 root  root      564 May   6 08:13 xab
-rw-r--r--  1 root  root      601 May   6 08:13 xac
-rw-r--r--  1 root  root      561 May   6 08:13 xad
-rw-r--r--  1 root  root      340 May   6 08:13 xae
```

```
[root@techhost ~]# split -10 tech04.txt
[root@techhost ~]# ll
-rw-r--r-- 1 root root   385 May  6 08:13 xaa
-rw-r--r-- 1 root root   564 May  6 08:13 xab
-rw-r--r-- 1 root root   601 May  6 08:13 xac
-rw-r--r-- 1 root root   561 May  6 08:13 xad
-rw-r--r-- 1 root root   340 May  6 08:13 xae
```

图 3-26 示例效果

执行完以上命令后，命令 split 会将原来的大文件 tech04.txt 切割成多个以"x"开头的小文件，每个小文件都只有 10 行内容。使用命令 ll 可以查看当前目录结构。

14．join 命令

join 命令用于找出两个文件中指定栏位内容相同的行，并加以合并，再输出到标准输出设备。join 命令的语法格式为“join [-i][-a<1 或 2>][-e<字符串>][-o<格式>][-t<字符>][-v<1 或 2>][-1<栏位>][-2<栏位>][--help][--version][文件 1][文件 2]”。join 命令的参数及其作用见表 3-11。

表 3-11　join 命令的参数及其作用

参数	作用
-a<1 或 2>	除了显示原来的输出内容，还显示指令文件中没有相同栏位的行
-e<字符串>	若在[文件 1]与[文件 2]中找不到指定的栏位，则在输出中填选项中的字符串
-i 或--igore-case	比较栏位内容时，忽略大小写的差异
-o<格式>	按照指定的格式来显示结果
-t<字符>	使用栏位的分隔字符
-v<1 或 2>	与-a 相同，但是只显示文件中没有相同栏位的行
-1<栏位>	连接[文件 1]指定的栏位
-2<栏位>	连接[文件 2]指定的栏位
--help	显示帮助
--version	显示版本信息

为了更加清楚地了解 join 命令，我们通过 cat 命令显示文件 join_01.txt 和 join_02.txt 的内容，以默认的方式比较两个文件，将两个文件中指定字段内容相同行连接起来，在终端中输入命令，如图 3-27 所示。

```
[root@techhost ~]#  echo  "hello join 1"  >>  join_01.txt
[root@techhost ~]#  echo  "hello join 2"  >>  join_02.txt
[root@techhost ~]#  cat join_0{1,2}.txt
hello  join  1
hello  join  2
[root@techhost ~]#  join join_01.txt join_02.txt
hello  join  1  join  2
[root@techhost ~]#
```

```
[root@techhost ~]# echo "hello join 1" >> join_01.txt
[root@techhost ~]# echo "hello join 2" >> join_02.txt
[root@techhost ~]# cat join_0{1,2}.txt
hello join 1
hello join 2
[root@techhost ~]# join join_01.txt join_02.txt
hello join 1 join 2
[root@techhost ~]#
```

图 3-27　示例效果

文件 1 与文件 2 的位置对输出到标准输出设备的结果是有影响的，例如，我们将命令中的两个文件互换，即输入如下命令，最终在标准输出设备的输出结果将发生变化，如图 3-28 所示。

```
[root@techhost ~]# join join_02.txt join_01.txt
hello join 2 join 1
[root@techhost ~]#
```

```
[root@techhost ~]# join join_02.txt join_01.txt
hello join 2 join 1
[root@techhost ~]#
```

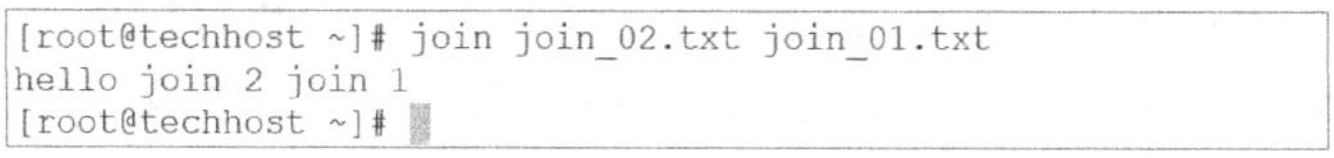

图 3-28 示例效果

15．tree 命令

tree 命令用于以树状图列出目录的内容。执行 tree 命令后，系统会列出指定目录下的所有文件，包括子目录里的文件。tree 命令的语法格式为"tree [-aACdDfFgilnNpqstux][-I <范本样式>][-P <范本样式>][目录...]"。tree 命令的参数及其作用见表 3-12。

表 3-12　tree 命令的参数及其作用

参数	作用
-a	显示所有文件和目录
-A	使用 ANSI（American National Standards Institute，美国国家标准协会）绘图字符显示树状图，而非以 ASCII（American Standard Code for Information Interchange，美国信息交换标准代码）字符组合显示树状图
-C	给文件和目录清单加上色彩，便于区分各种类型
-d	显示目录名称而非内容
-D	列出文件或目录的更改时间
-f	在每个文件或目录前，显示完整的相对路径名称
-F	在执行文件、目录、Socket、符号链接、管道名称上分别加上符号"*""/""=""@""|"
-g	列出文件或目录的所属群组名称，没有对应的名称时，则显示群组识别码
-I	不以阶梯状列出文件或目录名称
-L	限制目录显示层级
-l	如遇到性质为符号链接的目录，直接列出该链接所指向的原始目录
-n	不给文件和目录清单加上色彩
-N	直接列出文件和目录名称，包括控制字符
-p	列出权限标示
-P<范本样式>	只显示符合范本样式的文件或目录名称
-q	用"?"取代控制字符，列出文件和目录名称
-s	列出文件或目录大小
-t	用文件和目录的更改时间排序
-u	列出文件或目录的拥有者名称，没有对应的名称时，则显示用户识别码
-x	将范围局限在现行的文件系统中，若指定目录下的某些子目录在另一个文件系统上，则将该子目录排除

例如，以树状图列出当前目录结构，可直接使用如下命令。

```
[root@techhost ~]# tree.
[root@techhost ~]# tree /root/
```

16. export 命令

export 命令用于设置或显示环境变量。我们在 Shell 中执行程序时，Shell 会提供一组环境变量。export 命令可新增、修改或删除环境变量，供后续执行的程序使用。export 命令仅限于当次登录操作时生效。export 命令的语法格式为"export [-fnp][变量名称]=[变量设置值]"。export 命令的参数及其作用见表 3-13。

表 3-13　export 命令的参数及其作用

参数	作用
-f	代表变量名称为函数名称
-n	删除指定的变量。变量实际上并未被删除，只是不会输出到后续指令的执行环境中
-p	列出所有的 Shell 赋予程序的环境变量

例如，列出当前所有的环境变量，如图 3-29 所示。

```
[root@techhost ~]# export -p
declare -x DBUS_SESSION_BUS_ADDRESS="unix:path=/run/user/0/bus"
declare -x GOMP_CPU_AFFINITY="0-1"
declare -x HISTCONTROL=""
declare -x HISTSIZE="1000"
declare -rx HISTTIMEFORMAT=""
declare -x HOME="/root"
declare -x HOSTNAME="techhost"
declare -x LANG="en_US.UTF-8"
declare -x LOGNAME="root"
declare -x MAIL="/var/spool/mail/root"
declare -x OLDPWD="/root/tree-1.6.0"
declare -x PATH="/usr/local/sbin:/usr/local/bin:/usr/sbin:/usr/bin:/root/bin"
declare -rx PROMPT_COMMAND="openEuler_history"
declare -x PWD="/root"
declare -x SHELL="/bin/bash"
declare -x SHLVL="1"
declare -x SSH_ASKPASS="/usr/libexec/openssh/gnome-ssh-askpass"
declare -x SSH_CLIENT="223.104.170.115 16628 22"
declare -x SSH_CONNECTION="223.104.170.115 16628 10.0.0.62 22"
declare -x SSH_TTY="/dev/pts/0"
declare -x TERM="xterm"
declare -x USER="root"
declare -x XDG_RUNTIME_DIR="/run/user/0"
declare -x XDG_SESSION_CLASS="user"
declare -x XDG_SESSION_ID="4"
declare -x XDG_SESSION_TYPE="tty"
```

```
[root@techhost ~]# export -p
declare -x DBUS_SESSION_BUS_ADDRESS="unix:path=/run/user/0/bus"
declare -x GOMP_CPU_AFFINITY="0-1"
declare -x HISTCONTROL=""
declare -x HISTSIZE="1000"
declare -rx HISTTIMEFORMAT=""
declare -x HOME="/root"
declare -x HOSTNAME="techhost"
declare -x LANG="en_US.UTF-8"
declare -x LOGNAME="root"
declare -x MAIL="/var/spool/mail/root"
declare -x OLDPWD="/root/tree-1.6.0"
declare -x PATH="/usr/local/sbin:/usr/local/bin:/usr/sbin:/usr/bin:/root/bin"
declare -rx PROMPT_COMMAND="openEuler_history"
declare -x PWD="/root"
declare -x SHELL="/bin/bash"
declare -x SHLVL="1"
declare -x SSH_ASKPASS="/usr/libexec/openssh/gnome-ssh-askpass"
declare -x SSH_CLIENT="223.104.170.115 16628 22"
declare -x SSH_CONNECTION="223.104.170.115 16628 10.0.0.62 22"
declare -x SSH_TTY="/dev/pts/0"
declare -x TERM="xterm"
declare -x USER="root"
declare -x XDG_RUNTIME_DIR="/run/user/0"
declare -x XDG_SESSION_CLASS="user"
declare -x XDG_SESSION_ID="4"
declare -x XDG_SESSION_TYPE="tty"
```

图 3-29 示例效果

17．history 命令

history 命令主要用于显示历史指令记录的内容，下达历史记录中的指令。bash 中默认的命令记忆可达 1000 条，history 命令的语法格式为 "history [-c] [n] or history -arw"。history 命令的参数及其作用见表 3-14。

表 3-14 history 命令的参数及其作用

参数	作用
n	要列出最近的 *n* 笔命令列表
-c	将目前 Shell 中的所有 history 内容全部消除
-a	将目前新增的 history 命令新增入 histfiles 中，若没有新增到 histfiles 中，则预设写入~/.bash_history
-r	将 histfiles 的内容读到目前 Shell 的 history 记忆中
-w	将目前的 history 记忆内容写入 histfiles。Linux 操作系统在 Shell 中输入并执行命令时，Shell 会自动把命令记录到历史列表中，一般保存在用户目录下的 bash_history 文件中，默认保存 1000 条（这个值可以更改）。如果键入 history，history 会显示所使用的前 1000 条历史命令，并且会给它们编号，这时我们会看到一个用数字编号的列表快速从屏幕上滑过。我们若不需要查看 1000 条命令中的所有项目，也可以加入数字来列出最近的 *n* 个命令列表

例如，列出最近的 10 条记录，如图 3-30 所示。

```
[root@techhost ~]# history 10
 1042  echo  "helloaho 2"  >>  join_02.txt
 1043  cat  join_01.txt
 1044  cat  join_02.txt
 1045  join  join_01.txt  join_02.txt
 1046  join  join_02.txt  join_01.txt
 1047  tree
 1048  tree
 1049  yum   -y install  tree
 1050  tree
 1051  history  10
```

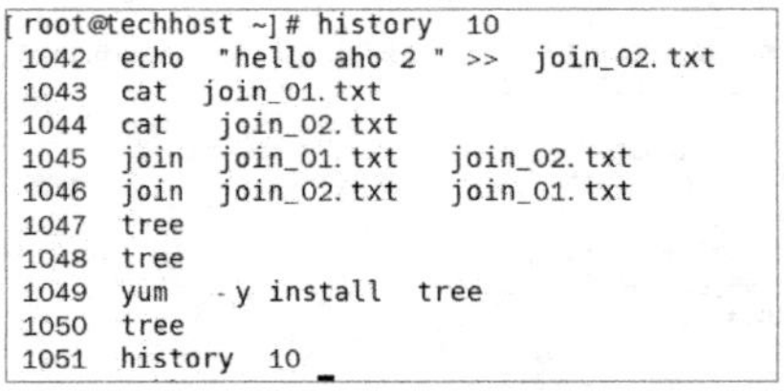

```
[root@techhost ~]# history 10
1042  echo "hello aho 2 " >> join_02.txt
1043  cat   join_01.txt
1044  cat   join_02.txt
1045  join  join_01.txt   join_02.txt
1046  join  join_02.txt   join_01.txt
1047  tree
1048  tree
1049  yum   -y install  tree
1050  tree
1051  history  10
```

图 3-30 示例效果

使用命令记录号码执行历史清单中的第 1044 条命令（注意此处实际执行结果会与本实验不一样，请以实际为准），如图 3-31 所示。

```
[root@techhost ~]# !1044
cat    join_02.txt
hello  aho  2
```

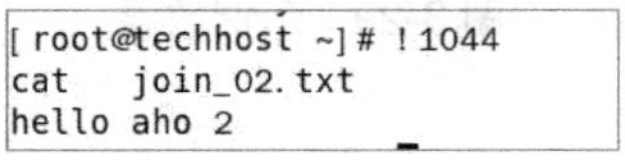

```
[root@techhost ~]# !1044
cat    join_02.txt
hello aho 2
```

图 3-31 示例效果

18．clear 命令

clear 命令用于清屏操作，只保留一行命令提示符，也可以使用 Ctrl+L 快捷键。如，清除当前的屏幕可使用如下命令。

```
[root@techhost ~]# clear
//***清除屏幕后***//
[root@techhost ~]#
```

19．dd 命令

dd 命令用于按照指定大小和指定个数的数据块来复制文件或转换文件，其格式为"dd [参数]"。

Linux 操作系统中有一个名为/dev/zero 的设备文件，这个文件不会占用系统存储空间，但却可以提供无穷无尽的数据，因此可使用此文件作为 dd 命令的输入文件，来生成一个指定大小的文件。dd 命令的参数及其作用见表 3-15。

表 3-15 dd 命令的参数及其作用

参数	作用
if	输入的文件名称
of	输出的文件名称
bs	设置每个"块"的大小
count	设置要复制"块"的个数

例如，使用 dd 命令从/dev/zero 设备文件中取出一个大小为 560MiB 的数据块，然后保存为名称是"560_file"的文件，如图 3-32 所示。

```
[root@techhost ~]# dd if=/dev/zero of=560_file count=1 bs=560M
1+0 records in
```

1+0 records out
587202560 bytes (587 MB, 560 MiB) copied, 2.13406 s, 275 MB/s
[root@techhost ~]#

```
[root@techhost ~]# dd if=/dev/zero of=560_file count=1 bs=560M
1+0 records in
1+0 records out
587202560 bytes (587 MB, 560 MiB) copied, 2.13406 s, 275 MB/s
[root@techhost ~]#
```

图 3-32 示例效果

20．which 命令

which 命令用于查找文件。which 命令会在环境变量$PATH 设置的目录里查找符合条件的文件，并且返回第一个搜索结果，也就是说，使用 which 命令可以看到某个系统命令是否存在，以及执行的到底是哪个位置的命令。which 命令的语法格式为"which [文件]"。dd 命令的参数及其作用见表 3-16。

表 3-16　dd 命令的参数及其作用

参数	作用
-n<文件名长度>	指定文件名长度，指定的长度必须大于或等于所有文件中最长的文件名
-p<文件名长度>	与-n 参数相同，但此处的"<文件名长度>"包括了文件的路径
-w	指定输出时栏位的宽度
-V	显示版本信息

例如，查找可执行文件的位置，显示命令所在路径，如图 3-33 所示。

[root@techhost ~]# which pwd
/usr/bin/pwd

```
[root@techhost ~]# which pwd
/usr/bin/pwd
```

图 3-33　示例效果

21．head 命令

head 命令可用于查看文件开头部分的内容，其中，常用的参数-n 用于显示行数，默认为 10，即显示 10 行的内容。head 命令的语法格式为"head [选项] [文件]"。

用户在阅读文本内容时，不一定会按照从头到尾的顺序看完整的文件，如果只想查看文本中前面的内容，就可以使用 head 命令。head 命令的参数及其作用见表 3-17。

表 3-17　head 命令的参数及其作用

参数	作用
-q	隐藏文件名
-v	显示文件名

表 3-17　head 命令的参数及其作用（续）

参数	作用
-c<数目>	显示文件的字节数
-n<行数>	显示文件的行数

例如，要显示 tech04.txt 文件的前 10 行，可输入以下命令，如图 3-34 所示。

```
[root@techhost ~]# head -10 tech04.txt
root:x:0:0:root:/root:/bin/bash
bin:x:1:1:bin:/bin:/sbin/nologin
daemon:x:2:2:daemon:/sbin:/sbin/nologin
adm:x:3:4:adm:/var/adm:/sbin/nologin
lp:x:4:7:lp:/var/spool/lpd:/sbin/nologin
sync:x:5:0:sync:/sbin:/bin/sync
shutdown:x:6:0:shutdown:/sbin:/sbin/shutdown
halt:x:7:0:halt:/sbin:/sbin/halt
mail:x:8:12:mail:/var/spool/mail:/sbin/nologin
operator:x:11:0:operator:/root:/sbin/nologin
```

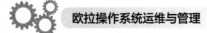

图 3-34　示例效果

22. tail 命令

tail 命令用于查看纯文本文档的后 n 行或持续刷新内容，格式为"tail [选项] [文件]"。

比如需要查看文本内容的最后 5 行，这时就会用到 tail 命令，tail 命令的操作方法与 head 命令非常相似，只需要执行"tail -n 5 文件名"命令就可以达到目的。tail 命令最强的功能是可以持续刷新一个文件的内容，能满足实时查看最新日志文件的需求。tail 命令的参数及其作用见表 3-18。

表 3-18　tail 命令的参数及其作用

参数	作用
-f	循环读取
-q	不显示处理信息
-v	显示详细的处理信息
-c <数目>	显示文件的字节数
-n <行数>	显示文件的尾部 n 行内容
--pid=PID	与-f 合用，表示在 PID "死掉"之后结束
-q, --quiet, --silent	从不输出文件名的首部
-s, --sleep-interval=S	与-f 合用，表示每次反复的间隔休眠秒数

示例如下。

显示文件 tech04.txt 的内容，从第 10 行至文件末尾，如图 3-35 所示。

[root@techhost ~]# tail -10   tech04.txt
avahi:x:70:70:Avahi mDNS/DNS-SD Stack:/var/run/avahi-daemon:/sbin/nologin
postfix:x:89:89::/var/spool/postfix:/sbin/nologin
ntp:x:38:38::/etc/ntp:/sbin/nologin
tcpdump:x:72:72::/:/sbin/nologin
zang:x:1000:1000:zang:/home/zang:/bin/bash
nginx:x:1001:1001::/home/nginx:/sbin/nologin
named:x:25:25:Named:/var/named:/sbin/nologin
stack:x:1002:1002::/opt/stack:/bin/bash
saned:x:989:983:SANE scanner daemon user:/usr/share/sane:/sbin/nologin
gluster:x:988:982:GlusterFS daemons:/run/gluster:/sbin/nologin

```
[root@techhost ~]# tail  -10   tech04.txt
avahi:x:70:70:Avahi mDNS-SD Stack:/var/run/avahi-daemon:/sbin/nologin
postfix:x:89:89::/var/spool/postfix:/sbin/nologin
ntp:x:38:38::/etc/ntp:/sbin/nologin
tcpdump:x:72:72::/:/sbin/nologin
zang:x:1000:1000:zang:/home/zang:/bin/bash
nginx:x:1001:1001::/home/nginx:/sbin/nologin
named:x:25:25:Named:/var/named:/sbin/nologin
stack:x:1002:1002::/opt/stack:/bin/bash
saned:x:989:983:SANE scanner daemon user:/usr/share/sane:/sbin/nologin
gluster:x:988:982:GlusterFS daemons:/run/gluster:/sbin/nologin
```

图 3-35 示例效果

查找/etc/passwd 文件第 9 行和第 10 行的内容，先查出前 10 行，在从前 10 行取出后 2 行，如图 3-36 所示。

[root@techhost ~]# head -10   /etc/passwd | tail -2

```
[root@techhost ~]# head -10 /etc/passwd
root:x:0:0:root:/root:/bin/bash
bin:x:1:1:bin:/bin:/sbin/nologin
daemon:x:2:2:daemon:/sbin:/sbin/nologin
adm:x:3:4:adm:/var/adm:/sbin/nologin
lp:x:4:7:lp:/var/spool/lpd:/sbin/nologin
sync:x:5:0:sync:/sbin:/bin/sync
shutdown:x:6:0:shutdown:/sbin:/sbin/shutdown
halt:x:7:0:halt:/sbin:/sbin/halt
mail:x:8:12:mail:/var/spool/mail:/sbin/nologin
operator:x:11:0:operator:/root:/sbin/nologin
[root@techhost ~]# head -10 /etc/passwd | tail -2
mail:x:8:12:mail:/var/spool/mail:/sbin/nologin
operator:x:11:0:operator:/root:/sbin/nologin
[root@techhost ~]#
```

图 3-36 示例效果

23．cut 命令

cut 命令用于显示每行从开头 num1 到 num2 的文字。cut 命令的语法格式为"cut [-bn] [file]""cut [-c] [file]""cut [-df] [file]"。cut 命令从文件的每一行剪切字节、字符和字段，并将这些字节、字符和字段写至标准输出。如果不指定 File 参数，cut 命令将读取标准输入的数据。cut 命令的参数及其作用见表 3-19。

表 3-19 cut 命令的参数及其作用

参数	作用
-b	以字节为单位进行分割，这些字节位置将忽略多字节字符边界，除非指定了 -n 标志
-c	以字符为单位进行分割
-d	自定义分隔符，默认为制表符
-f	与-d 一起使用，指定显示哪个区域
-n	取消分割多字节字符，仅和 -b 标志一起使用，如果字符的最后一个字节落在由 -b 标志的 List 参数指示的范围之内，该字符将被写出；否则，该字符将被排除

例如，当执行 who 命令时，会输出类似如下的内容，如图 3-37 所示。

```
[root@techhost ~]# who
root     pts/0     2021-05-03 14:19  (223.104.170.115)
root     pts/1     2021-05-03 15:03  (183.217.25.225)
```

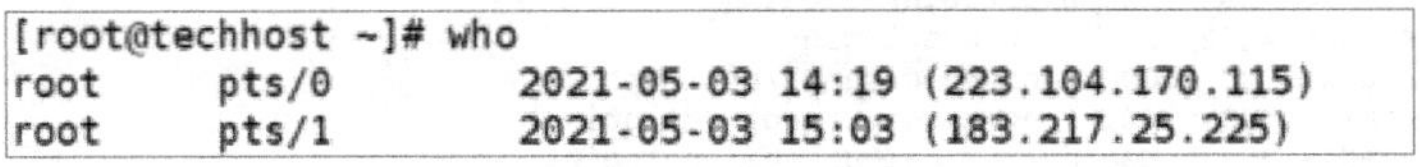

图 3-37 示例效果

如果想提取每一行的第 3 个字节，操作如图 3-38 所示。

```
[root@techhost ~]# who|cut -b 3
o
o
```

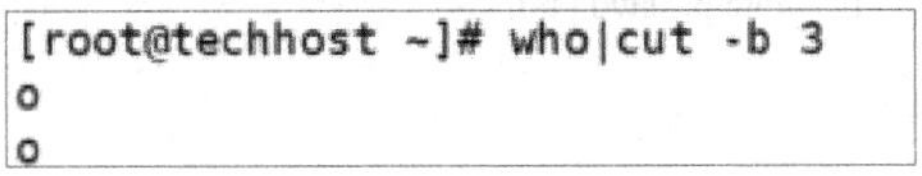

图 3-38 示例效果

3.1.3 文件压缩管理命令

1．tar 命令

压缩文件是必不可少的文件类型，压缩文件体积小，在网速相同的情况下，传输时间耗时短。在 Linux 操作系统下，tar 命令用于对文件进行打包压缩或解压，格式如下。

（1）打包

tar -czvf [存放路径]归档文件名.tar.gz   源文件或目录

或

tar -cjvf [存放路径]归档文件名.tar.bz2 源文件或目录

（2）解包

tar -xzvf [存放路径]归档文件名.tar.gz [-C 解压目录]

或

第 3 章 管理员操作管理

tar   -xjvf   [存放路径]归档文件名.tar.bz2   [-C   解压目录]

tar 命令的参数及其作用见表 3-20。

表 3-20   tar 命令的参数及其作用

参数	作用
-c	创建压缩文件
-x	解开压缩文件
-t	查看压缩包内有哪些文字
-z	用 gzip 压缩或解压
-j	用 bzip2 压缩或解压
-v	显示压缩或解压的过程
-f	目标文件名
-p	保留原始的权限与属性
-P	使用绝对路径来压缩
-C	指定解压到的目录

首先，-c 参数用于创建压缩文件，-x 参数用于解压文件，因此这两个参数不能同时使用。其次，-z 参数指定使用 gzip 格式来压缩或解压文件，-j 参数指定使用 bzip2 格式来压缩或解压文件，用户使用时，是根据文件的后缀来决定应使用哪种参数进行解压。在执行某些压缩或解压操作时，可能需要花费数小时，如果屏幕一直没有输出，则不好判断打包的进度情况，因此推荐使用-v 参数向用户不断显示压缩或解压的进度。-C 参数用于指定要解压到哪个指定的目录。-f 参数特别重要，它必须放到参数的最后一位，代表要压缩或解压的软件包名称。下面逐个演示打包压缩与解压的操作。

压缩文件 tech04.txt 为 test.tar.gz，并列出压缩文件内容，如图 3-39 所示。

```
[root@techhost ~]# tar   -czvf   test.tar.gz   tech04.txt;
tech04.txt
[root@techhost ~]# ls   test.tar.gz
test.tar.gz
[root@techhost ~]# tar   -tzvf   test.tar.gz
-rw-r--r-- root/root          2451 2021-05-06 08:06 tech04.txt
```

```
[root@techhost ~]# tar  -czvf  test.tar.gz  tech04.txt;
tech04.txt
[root@techhost ~]# ls   te
teach/              tech04.txt
tech03_old.txt   test.tar.gz
[root@techhost ~]# ls   test.tar.gz
test.tar.gz
[root@techhost ~]# tar  -tzvf  test.tar.gz
-rw-r--r--  root/root           2451 2021-05-06 08:06 tech04.txt
```

图 3-39   示例效果

解压文件，如图 3-40 所示。

```
[root@techhost ~]# tar -xzvf test.tar.gz
tech04.txt
```

> [root@techhost ~]# tar -xzvf test.tar.gz
> tech04.txt

图 3-40　示例效果

解压到指定路径下的命令如下。

```
[root@techhost ~]# tar -xzvf test.tar.gz -C/root/tech
```

2．zip 命令

zip 命令用于压缩文件。zip 是一个使用广泛的压缩程序，压缩后的文件后缀名为 zip，zip 命令的格式为"zip [参数] [文件名] [路径]"，其中文件名指的是压缩之后的文件名。zip 命令的参数及其作用见表 3-21。

表 3-21　zip 命令的参数及其作用

参数	作用
-A	调整可执行的自动解压缩文件
-b<工作目录>	指定暂时存放文件的目录
-c	替每个被压缩的文件加上注释
-d	从压缩文件内删除指定的文件
-D	压缩文件内不建立目录名称
-f	此参数的效果和指定的-u 参数类似，但此参数不仅更新既有文件，如果某些文件原本不存在于压缩文件内，使用本参数会一并将其加入压缩文件
-F	尝试修复已损坏的压缩文件
-g	将文件压缩后附加在已有的压缩文件后
-j	只保存文件名称及其内容，而不存放任何目录名称
-J	删除压缩文件前面不必要的数据
-m	将文件压缩并加入压缩文件后，删除原始文件
-o	以压缩文件内拥有最新更改时间的文件为准，将压缩文件的更改时间设成和该文件相同的时间
-q	不显示指令执行过程
-r	递归处理，将指定目录下的所有文件和子目录一并处理
-S	包含系统和隐藏文件
-t<日期时间>	把压缩文件的日期设成指定的日期
-T	检查备份文件内的每个文件是否正确无误
-u	更换较新的文件到压缩文件内
-v	显示指令执行过程或显示版本信息
-V	保存 VMS 的文件属性
-X	不保存额外的文件属性

例如,将/var 目录下的所有文件打包压缩为当前目录下的 data.zip,如图 3-41 所示。

```
[root@techhost ~]# zip -q -r data.zip . -i /var/
[root@techhost ~]# ll
total 561M
-rw-------   1 root root   560M   May   11 15:41 560_file
-rw-------   1 root root   158    May   11 15:55 data.zip
-rw-------   1 root root   13     May   11 15:35 join_01.txt
-rw-------   1 root root   13     May   11 15:35 join_02.txt
drwx------  2 root root   4.0K   May   11 15:12 tech
-rw-------   1 root root   0      May   11 11:48 tech_04.txt
drwx------ 20 root root   4.0K   May   11 11:45 var
[root@techhost ~]#
```

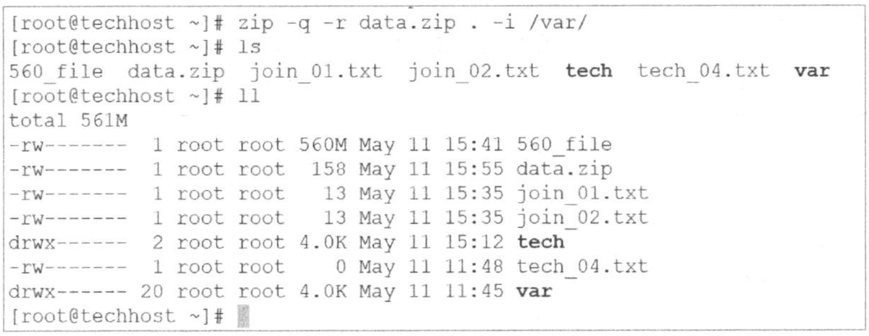

```
[root@techhost ~]# zip -q -r data.zip . -i /var/
[root@techhost ~]# ls
560_file  data.zip  join_01.txt  join_02.txt  tech  tech_04.txt  var
[root@techhost ~]# ll
total 561M
-rw-------   1 root root  560M May 11 15:41 560_file
-rw-------   1 root root   158 May 11 15:55 data.zip
-rw-------   1 root root    13 May 11 15:35 join_01.txt
-rw-------   1 root root    13 May 11 15:35 join_02.txt
drwx------  2 root root  4.0K May 11 15:12 tech
-rw-------   1 root root     0 May 11 11:48 tech_04.txt
drwx------ 20 root root  4.0K May 11 11:45 var
[root@techhost ~]#
```

图 3-41 示例效果

3. unzip 命令

unzip 命令用于解压缩 zip 文件,unzip 为.zip 压缩文件的解压缩程序。unzip 命令的格式为"upzip [参数] [文件名]",其中文件名指的是压缩之后的文件名。unzip 命令的参数及其作用见表 3-22。

表 3-22 unzip 命令的参数及其作用

参数	作用
-c	将解压缩的结果显示到屏幕上,并对字符做适当的转换
-f	更新现有的文件
-l	显示压缩文件内所包含的文件
-p	将解压缩的结果显示到屏幕上,但不执行任何转换
-t	检查压缩文件是否正确
-u	除更新现有的文件,也会将压缩文件中的其他文件解压缩到目录
-v	执行时显示详细的信息
-z	仅显示压缩文件的备注文字
-a	对文本文件进行必要的字符转换
-b	不对文本文件进行字符转换
-C	压缩文件中的文件名称区分大小写
-j	不处理压缩文件中原有的目录路径

表 3-22 unzip 命令的参数及其作用（续）

参数	作用
-L	将压缩文件中的全部文件名改为英文小写
-M	将输出结果送到 more 程序处理
-n	解压缩时不要覆盖原有的文件
-o	不必先询问用户，unzip 执行后覆盖原有文件
-P<密码>	使用 zip 的密码选项
-q	执行时不显示任何信息
-s	将文件名中的空白字符转换为底线字符
-V	保留 VMS 的文件版本信息
-X	解压缩时同时回存文件原来的 UID（User Identification，用户身份证明）和 GID（Group Identification，群体身份）

例如，查看压缩文件中包含的文件，如图 3-42 所示。

```
[root@techhost ~]# unzip -l data.zip
Archive:  data.zip
  Length      Date    Time    Name
---------  ---------- -----   ----
        0  05-11-2021 11:45   var/
---------                     -------
        0                     1 file
[root@techhost ~]# ls
560_file  data.zip  join_01.txt  join_02.txt  tech  tech_04.txt  var
[root@techhost ~]#
```

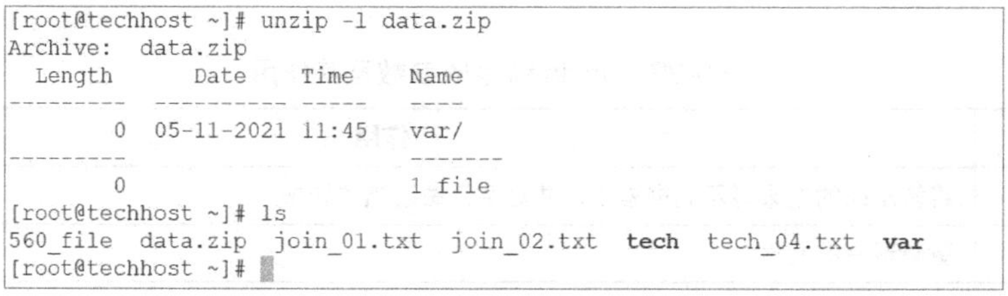

```
[root@techhost ~]# unzip -l data.zip
Archive:  data.zip
  Length      Date    Time    Name
---------  ---------- -----   ----
        0  05-11-2021 11:45   var/
---------                     -------
        0                     1 file
[root@techhost ~]# ls
560_file  data.zip  join_01.txt  join_02.txt  tech  tech_04.txt  var
[root@techhost ~]#
```

图 3-42 示例效果

-v 参数用于查看压缩文件的目录信息，但是不解压该文件，如图 3-43 和图 3-44 所示。

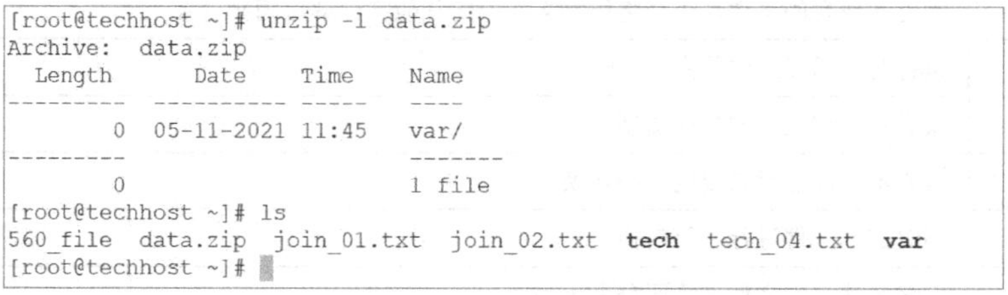

```
[root@techhost ~]# unzip -l data.zip
Archive:  data.zip
  Length      Date    Time    Name
---------  ---------- -----   ----
        0  05-11-2021 11:45   var/
---------                     -------
        0                     1 file
[root@techhost ~]# ls
560_file  data.zip  join_01.txt  join_02.txt  tech  tech_04.txt  var
[root@techhost ~]#
```

图 3-43 示例效果

```
[root@techhost ~]# unzip -v data.zip
Archive:  data.zip
 Length   Method    Size  Cmpr    Date    Time   CRC-32   Name
--------  ------  ------- ----  ---------- ----- --------  ----
       0  Stored        0   0%  05-11-2021 11:45 00000000  var/
--------          ------- ---                              -------
       0                0   0%                             1 file
[root@techhost ~]# ^C
[root@techhost ~]#
```

图 3-44　示例效果

3.1.4　磁盘管理命令

1. df 命令

df（disk free）命令用于显示当前系统上的文件系统磁盘使用情况。df 命令的语法格式为"df [选项] [文件]"。

df 命令必要参数如下。

> -a：全部文件系统列表。
> -h：方便阅读方式显示。
> -H：等于"-h"，但是计算式为 1k=1000，而不是 1k=1024。
> -i：显示 inode 信息。
> -k：区块为 1024 字节。
> -l：只显示本地文件系统。
> -m：区块为 1048576 字节。
> --no-sync：忽略 sync 命令。
> -P：输出格式为 POSIX。
> --sync：在取得磁盘信息前，先执行 sync 命令。
> -T：文件系统类型。

df 命令选择参数如下。

> --block-size=<区块大小>：指定区块大小。
> -t<文件系统类型>：只显示选定文件系统的磁盘信息。
> -x<文件系统类型>：不显示选定文件系统的磁盘信息。
> --help：显示帮助信息。
> --version：显示版本信息，例如，显示磁盘使用情况，如图 3-45 所示。

```
[root@techhost ~]# df
Filesystem       1K-blocks      Used  Available  Use%  Mounted on
devtmpfs           1249984         0    1249984    0%  /dev
tmpfs              1524416         0    1524416    0%  /dev/shm
tmpfs              1524416     13440    1510976    1%  /run
tmpfs              1524416         0    1524416    0%  /sys/fs/cgroup
/dev/vda2         39988512  16432048   21495460   44%  /
tmpfs              1524416        64    1524352    1%  /tmp
/dev/vda1          1046512      5848    1040664    1%  /boot/efi
tmpfs               304832         0     304832    0%  /run/user/0
```

```
[root@techhost ~]# df
Filesystem      1K-blocks     Used Available Use% Mounted on
devtmpfs          1249984        0   1249984   0% /dev
tmpfs             1524416        0   1524416   0% /dev/shm
tmpfs             1524416    13440   1510976   1% /run
tmpfs             1524416        0   1524416   0% /sys/fs/cgroup
/dev/vda2        39988512 16432048  21495460  44% /
tmpfs             1524416       64   1524352   1% /tmp
/dev/vda1         1046512     5848   1040664   1% /boot/efi
tmpfs              304832        0    304832   0% /run/user/0
```

图 3-45 示例效果

df 命令输出清单的第 1 列代表文件系统对应的设备文件的路径名（一般是硬盘上的分区），第 2 列给出分区包含的数据块（1024 字节）的数目，第 3、4 列分别表示已用的和可用的数据块数目。用户也许会感到奇怪，第 3、4 列块数之和不等于第 2 列中的块数，这是因为缺少的每个分区都留有少量空间供系统管理员使用，即使遇到普通用户空间已满的情况，管理员仍能登录。清单中的 Use% 列表示普通用户空间使用的百分比，即使这一数字达到 100%，分区仍然留有系统管理员使用的空间。Mounted on 列表示文件系统的挂载点。

以 inode 模式来显示磁盘使用情况可以使用如下命令，如图 3-46 所示。

```
[root@techhost ~]# df -i
Filesystem      Inodes   IUsed    IFree  IUse%  Mounted on
devtmpfs         19531     320    19211     2%  /dev
tmpfs            23819       1    23818     1%  /dev/shm
tmpfs            23819     573    23246     3%  /run
tmpfs            23819      18    23801     1%  /sys/fs/cgroup
/dev/vda2      2555904  158107  2397797     7%  /
tmpfs            23819      36    23783     1%  /tmp
/dev/vda1            0       0        0      -  /boot/efi
tmpfs            23819       5    23814     1%  /run/user/0
```


```
[root@techhost ~]# df -i
Filesystem      Inodes  IUsed   IFree IUse% Mounted on
devtmpfs         19531    320   19211    2% /dev
tmpfs            23819      1   23818    1% /dev/shm
tmpfs            23819    573   23246    3% /run
tmpfs            23819     18   23801    1% /sys/fs/cgroup
/dev/vda2      2555904 158107 2397797    7% /
tmpfs            23819     36   23783    1% /tmp
/dev/vda1            0      0       0     - /boot/efi
tmpfs            23819      5   23814    1% /run/user/0
```


图 3-46 示例效果

使用 df 命令也可以显示磁盘使用的文件系统信息，如图 3-47 所示。

```
[root@techhost ~]# df   /root/
文件系统                1k-块     已用      可用     已用%   挂载点
/dev/mapper/cl- root   17811456  9711548   8099908   55%     /
```


```
[root@techhost ~]# df   /root/
文件系统                 1K- 块    已用     可用  已用% 挂载点
/dev/mapper/cl- root 17811456 9711548 8099908   55% /
```


图 3-47 示例效果

2. du 命令

du（disk usage）命令用于显示目录或文件的大小。du 命令会显示指定的目录或文件所占用的磁盘空间。与 df 命令不同的是，du 命令是查看文件和目录磁盘的使用空间。du 命令的语法格式为"du [选项][文件]"。

du 命令参数如下。

> -a 或—all：显示目录中个别文件的大小。
> -b 或—bytes：显示目录或文件大小时，以 Byte 为单位。
> -c 或—total：除了显示个别目录或文件的大小，同时也显示所有目录或文件的总和。
> -D 或--dereference-args：显示指定符号链接的源文件大小。
> -h 或--human-readable：以 k、M、G 为单位，提高信息的可读性。
> -H 或—si：与-h 参数相同，但是单位 k、M、G 以 1000 为换算单位。
> -k 或—kilobytes：以 1024 Bytes 为单位。
> -l 或--count-links：重复计算硬件连接的文件。
> -L<符号链接>或--dereference<符号链接>：显示选项中所指定符号链接的源文件大小。
> -m 或—megabytes：以 1MB 为单位。
> -s 或—summarize：仅显示总计。
> -S 或--separate-dirs：显示个别目录的大小时，并不含其子目录的大小。
> -x 或--one-file-xystem：以一开始处理的文件系统为准，若遇上其他不同的文件系统目录，则略过。
> -X<文件>或--exclude-from=<文件>：在<文件>中指定目录或文件。
> --exclude=<目录或文件>：略过指定的目录或文件。
> --max-depth=<目录层数>：超过指定层数的目录后，予以忽略。
> --help：显示帮助。
> --version：显示版本信息。

例如，显示 test 目录所占空间的情况，如图 3-48 所示。

[root@techhost ~]# du -h /mnt/
48K　/mnt/

```
[root@techhost ~]# du -h /mnt/
48K       /mnt/
```

图 3-48　示例效果

显示指定文件所占的空间，如图 3-49 所示。

[root@techhost ~]# du tech04.txt
4　tech04.txt

```
[root@techhost ~]# du tech04.txt
4       tech04.txt
```

图 3-49　示例效果

3.1.5 网络管理命令

1. Ping 命令

Ping 命令的功能是检测主机。执行 Ping 指令会使用 ICMP（Internet Control Message Protocol，Internet 控制报文协议），发出要求回应的信息，若远端主机的网络功能没有问题，就会回应该信息，从而得知该主机运作正常。

Ping 命令用于确定网络和各外部主机的状态，跟踪和隔离硬件和软件的问题，测试、评估和管理网络。如果主机正在运行并连接在网络上，Ping 命令就会对回送信息包进行响应，每个回送信息包请求包含一个网际协议和 ICMP 头，后面紧跟着一个 tim 结构，以及来填写这个信息包的足够的字节。缺省情况是连续发送回送信号请求直到接收到中断信号。

Ping 命令每秒发送一个数据包并且为每个接收到的响应打印一行输出内容。Ping 命令计算信号往返时间和信息包丢失情况的统计信息，并且在完成之后显示简要总结。Ping 命令在程序超时或接收到 SIGINT 信号时结束。Host 参数或者是一个有效的主机名，或者是因特网地址。

Ping 命令的命令格式为"ping [参数] [主机名或 IP 地址]"。

Ping 命令的参数如下。

-d：使用 Socket 的 SO_DEBUG 功能。
-f：极限检测，大量且快速地给一台机器送网络封包，看机器的回应。
-n：只输出数值。
-q：不显示任何传送封包的信息，只显示最后的结果。
-r：忽略普通的 Routing Table，直接将数据包送到远端主机上，通常是查看本机的网络接口是否有问题。
-R：记录路由过程。
-v：详细显示指令的执行过程。
<p>-c 数目：在发送指定数目的包后停止。
-i 秒数：设定间隔几秒给一台机器送一个网络封包，预设值是每 1 秒送一次。
-I 网络界面：使用指定的网络界面送出数据包。
-l 前置载入：设置在送出要求信息之前先行发出的数据包。
-p 范本样式：设置填满数据包的范本样式。
-s 字节数：指定发送的数据字节数，预设值是 56，加上 8 个字节的 ICMP 头，一共是 64ICMP 数据字节。
-t 存活数值：设置存活数值的大小。

例如，指定接收包的次数为 5，Ping 通的情况如图 3-50 所示。

[root@techhost ~]# ping -c 5 123.60.208.84
PING 123.60.208.84 (123.60.208.84) 56(84) bytes of data.
64 bytes from 123.60.208.84: icmp_seq=1 ttl=49 time=2.52 ms
64 bytes from 123.60.208.84: icmp_seq=2 ttl=49 time=2.31 ms
64 bytes from 123.60.208.84: icmp_seq=3 ttl=49 time=2.30 ms

第 3 章 管理员操作管理

64 bytes from 123.60.208.84: icmp_seq=4 ttl=49 time=2.31 ms
64 bytes from 123.60.208.84: icmp_seq=5 ttl=49 time=2.29 ms

--- 123.60.208.84 ping statistics ---
5 packets transmitted, 5 received, 0% packet loss, time 4004ms
rtt min/avg/max/mdev = 2.290/2.344/2.522/0.089 ms

```
[root@techhost ~]# ping -c 5 123.60.208.84
PING 123.60.208.84 (123.60.208.84) 56(84) bytes of data.
64 bytes from 123.60.208.84: icmp_seq=1 ttl=49 time=2.52 ms
64 bytes from 123.60.208.84: icmp_seq=2 ttl=49 time=2.31 ms
64 bytes from 123.60.208.84: icmp_seq=3 ttl=49 time=2.30 ms
64 bytes from 123.60.208.84: icmp_seq=4 ttl=49 time=2.31 ms
64 bytes from 123.60.208.84: icmp_seq=5 ttl=49 time=2.29 ms

--- 123.60.208.84 ping statistics ---
5 packets transmitted, 5 received, 0% packet loss, time 4004ms
rtt min/avg/max/mdev = 2.290/2.344/2.522/0.089 ms
```

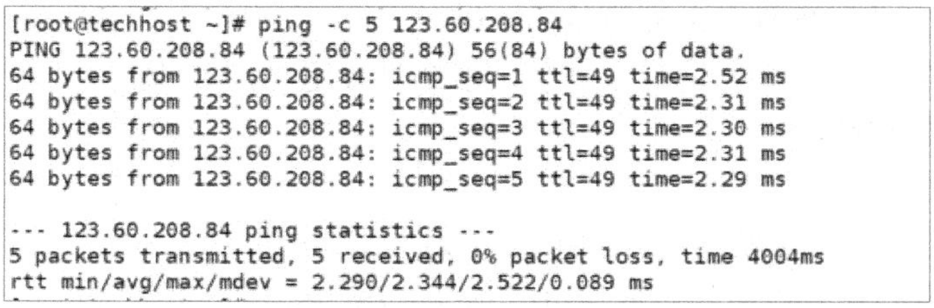

图 3-50　示例效果

指定接收包的次数为 2，通过域名 Ping 公网上的站点，如图 3-51 所示。

[root@techhost ～]# ping -c 2 www.baidu.com
PING www.a.shifen.com (163.177.151.109) 56(84) bytes of data.
64 bytes from 163.177.151.109 (163.177.151.109): icmp_seq=1 ttl=46 time=22.2 ms
64 bytes from 163.177.151.109 (163.177.151.109): icmp_seq=2 ttl=46 time=22.2 ms
--- www.a.shifen.com ping statistics ---
2 packets transmitted, 2 received, 0% packet loss, time 1001ms
rtt min/avg/max/mdev = 22.192/22.218/22.244/0.026 ms
[root@techhost ～]#

```
[root@techhost ~]# ping -c 2 www.baidu.com
PING www.a.shifen.com (163.177.151.109) 56(84) bytes of data.
64 bytes from 163.177.151.109 (163.177.151.109): icmp_seq=1 ttl=46 time=22.2 ms
64 bytes from 163.177.151.109 (163.177.151.109): icmp_seq=2 ttl=46 time=22.2 ms

--- www.a.shifen.com ping statistics ---
2 packets transmitted, 2 received, 0% packet loss, time 1001ms
rtt min/avg/max/mdev = 22.192/22.218/22.244/0.026 ms
[root@techhost ~]#
```

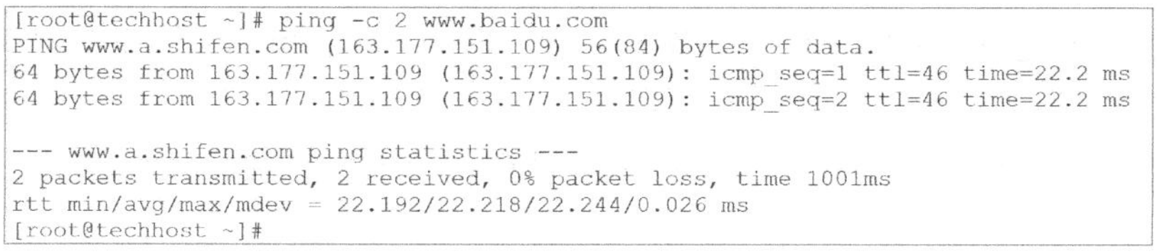

图 3-51　示例效果

2．wget 命令

wget 命令用来从指定的 URL（Uniform Resource Locator，统一资源定位符）中下载文件。wget 命令非常稳定，它在带宽很窄的情况下和在不稳定的网络中有很强的适应性，如果因网络的原因下载失败，wget 命令会不断地尝试，直到整个文件下载完毕，如果由于服务器中断下载过程而下载失败，它会再次连到服务器上，并从停止的地方继续下载，这对从限定了链接时间的服务器上下载大文件非常有用。wget 命令的语法格式为 "wget[选项] [参数]"。

wget 命令选项如下。

-a<日志文件>：在指定的日志文件中记录资料的执行过程。
-A<后缀名>：指定要下载文件的后缀名，多个后缀名之间使用逗号进行分隔。
-b：进入后台执行命令。
-B<连接地址>：设置参考的连接地址的基地地址。
-c：继续执行上次终端的任务。

-C<标志>：设置服务器数据块功能标志，on 为激活，off 为关闭，默认值为 on。
-d：调试模式运行指令。
-D<域名列表>：设置顺着的域名列表，域名之间用","分隔。
-e<指令>：作为文件".wgetrc"中的一部分执行指定的指令。
-h：显示指令帮助信息。
-i<文件>：从指定文件获取要下载的 URL 地址。
-l<目录列表>：设置顺着的目录列表，多个目录用","分隔。
-L：仅跟踪相对链接。
-r：递归下载方式。
-nc：文件存在时，下载文件不覆盖原有文件。
-nv：下载时只显示更新和出错信息，不显示指令的详细执行过程。
-q：不显示指令执行过程。
-nh：不查询主机名称。
-v：显示详细执行过程。
-V：显示版本信息。
–passive-ftp：使用被动模式连接 FTP 服务器。
–follow-ftp：从 HTML 文件中下载 FTP 连接文件。

wget 命令参数如下。

URL：指定要下载文件的 URL 地址。

以下的例子是从网络上下载一个文件并保存在当前目录，在下载的过程中会显示进度条，包含下载完成百分比、已经下载的字节、当前下载速度、剩余下载时间等，示例效果如图 3-52 所示。

[root@techhost ~]# wget http://cn.wordpress.org/wordpress-4.9.4-zh_CN.tar.gz

```
[root@techhost ~]# wget http://cn.wordpress.org/wordpress-4.9.4-zh_CN.tar.gz
--2021-06-09 10:24:27--  http://cn.wordpress.org/wordpress-4.9.4-zh_CN.tar.gz
Resolving cn.wordpress.org (cn.wordpress.org)... 198.143.164.252
Connecting to cn.wordpress.org (cn.wordpress.org)|198.143.164.252|:80... connected.
HTTP request sent, awaiting response... 301 Moved Permanently
Location: https://cn.wordpress.org/wordpress-4.9.4-zh_CN.tar.gz [following]
--2021-06-09 10:24:28--  https://cn.wordpress.org/wordpress-4.9.4-zh_CN.tar.gz
Connecting to cn.wordpress.org (cn.wordpress.org)|198.143.164.252|:443... connected.
HTTP request sent, awaiting response... 200 OK
Length: 9082696 (8.7M) [application/octet-stream]
Saving to: 'wordpress-4.9.4-zh_CN.tar.gz'

wordpress-4.9.4-zh_CN.  57%[==============>        ]   4.96M   692 B/s    in 22m 38s

2021-06-09 10:47:09 (3.74 KB/s) - Read error at byte 5204847/9082696 (Error decoding the r
eceived TLS packet.). Retrying.
```

图 3-52　示例效果

3. curl 命令

curl 命令是一个利用 URL 规则在命令行下工作的文件传输工具，可以说是一款很强大的 HTTP 命令行工具。它支持文件的上传和下载，是一种综合传输命令，但人们习惯上称 curl 命令为下载工具。curl 命令的语法格式为 "curl [选项] [url]"。

curl 命令选项如下。

第 3 章 管理员操作管理

-A/--user-agent <string>：设置用户代理发送给服务器。

-b/--cookie <name=string/file>：cookie 字符串或文件读取位置。

-c/--cookie-jar <file>：操作结束后把 cookie 写入这个文件。

-C/--continue-at <offset>：断点续传。

-D/--dump-header<file>：把 header 信息写入该文件。

-e/--referer：来源网址。

-f/--fail：连接失败时不显示 http 错误。

-o/--output：把输出写到该文件。

-O/--remote-name：把输出写到该文件，保留远程文件的文件名。

-r/--range <range>：检索来自 HTTP/1.1 或 FTP 服务器的字节范围。

-s/--silent：静音模式，不输出任何东西。

-T/--upload-file<file>：上传文件。

-u/--user <user[:password]>：设置服务器的用户和密码。

-w/--write-out [format]：完成操作后，输出指定格式的内容到标准输出。

-x/--proxy <host[:port]>：在给定的端口上使用 HTTP 代理。

-#/--progress-bar：进度条显示当前的传送状态。

例如，将百度网址的 html 显示在屏幕上，如图 3-53 所示。

[root@techhost ~]# curl http://www.baidu.com
<!DOCTYPE html>
<!--STATUS OK--><html><head><meta http-equiv=content-type content=text/html;charset=utf-8><meta http-equiv=X-UA-Compatible content=IE=Edge><meta content=alwaysname=referrer><link rel=stylesheet type= text/csshref= http://s1.bdstatic.com/r/www/cache/bdorz/baidu.min.css><title>百度一下，你就知道</title></head><body link= #0000cc> <div id=wrapper><div id=head><div class=head_wrapper><div class=s_form>============ 此处省略若干内容 ============encodeURIComponent(window. location.href+ (window.location.search === "" ? "?" : "&")+ "bdorz_come=1")+ '"name="tj_login" class="lb">登录</a>');</script><a href=//www.baidu.com/more/ name=tj_briicon class=bri style="display: block;">更多产品</a></div> </div></div><div id=ftCon><div id=ftConw><p id=lh><a href=http://home.baidu.com>关于百度</a><a href= http://ir.baidu.com>About Baidu</a></p><p id=cp>© 2017 Baidu <a href=http://www.baidu.com/duty/>使用百度前必读</a> <a href= http://jianyi. baidu.com/class= cp-feedback>意见反馈</a> 京 ICP 证 030173 号 <img src=//www.baidu.com/ img/gs.gif></p> </div></div></div></body></html>

图 3-53　示例效果

我们利用-D 参数保存 HTTP 的 response 里面的 header 信息，执行后 cookie 信息就被存到了 cookied.txt 里面，如图 3-54 所示。

```
[root@techhost ~]# curl -D cookied.txt http://www.baidu.com
<!DOCTYPE html>
<!--STATUS OK--><html><head><meta http-equiv=content-type content=text/html;charset=utf-8><meta http-equiv=X-UA-Compatible content=IE=Edge><meta content=alwaysname=referrer><link rel=stylesheet type=text/csshref=http://s1.bdstatic.com/r/www/cache/bdorz/baidu.min.css><title>百度一下，你就知道</title></head><body link=#0000cc><div id=wrapper><div id=head><div class=head_wrapper><div class=s_form><div class=s_form_wrapper><div id=lg><img hidefocus=true src=//www.baidu.com/img/bd_logo1.png width=270 height=129></div><form id=form name=f action=//www.baidu.com/s class=fm><input type=hidden name=bdorz_come value=1><input type=hidden name=ie value=utf-8><input type=hidden name=f value=8><input type=hidden name=rsv_bp value=1><input type=hidden name=rsv_idx value=1><input type=hidden name=tn value=baidu><span class="bg s_ipt_wr"><input id=kw name=wd class=s_ipt value maxlength=255 autocomplete=off autofocus></span><span class="bg s_btn_wr"><input type=submit id=su value=百度一下 class="bg s_btn"></span></form></div></div><div id=u1><a href=http://news.baidu.com name=tj_trnews class=mnav>新 闻 </a><a href=http://www.hao123.com name=tj_trhao123 class=mnav>hao123</a><a href=http://map.baidu.com name=tj_trmap class=mnav>地图</a><a href=http://v.baidu.com name=tj_trvideo class=mnav>视频</a><a href=http://tieba.baidu.com name=tj_trtieba class=mnav>贴吧</a><noscript><a href=http://www.baidu.com/bdorz/login.gif?login&amp;tpl=mn&amp;u=http%3A%2F%2Fwww.baidu.com%2f%3fbdorz_come%3d1 name=tj_login class=lb>登录</a></noscript><script>document.write('<a href="http://www.baidu.com/bdorz/login.gif?login&tpl=mn&u='+ encodeURIComponent(window.location.href+ (window.location.search === "" ? "?" : "&")+ "bdorz_come=1")+ '" name="tj_login" class="lb">登录</a>');</script><a href=//www.baidu.com/more/ name=tj_briicon class=bri style="display: block;">更多产品</a></div></div></div><div id=ftCon><div id=ftConw><p id=lh><a href=http://home.baidu.com>关于百度</a><a href=http://ir.baidu.com>About Baidu</a></p><p id=cp>&copy;2017 Baidu <a href= http://www.baidu.com/duty/> 使用百度前必读</a>  <a href=http://jianyi.baidu.com/ class=cp-feedback>意见反馈</a> 京ICP证030173号 <img src=//www.baidu.com/img/gs.gif></p></div></div></div></body></html>
[root@techhost ~]# ll
total 902M
-rw-------  1 root     root      426 May  2 21:04 123.txt
-rw-------  1 root     root       24 May  3 14:44 1.txt
-rw-------  1 root     root      78K Apr 27 09:56 2467218
-rw-------  1 root     root      77K Apr 27 09:54 2467552
-rw-------  1 root     root      77K Apr 27 09:54 2467552.1
-rw-------  1 root     root       24 May  3 14:45 2.txt
-rwx------  1 root     root      325 Apr 27 10:26 3.sh
-rw-------  1 root     root     1.9K May  2 21:17 456.txt
-rw-------  1 root     root     560M May  3 16:19 560_file
-rw-------  1 root     root        0 May  2 20:22 af.txt
drwx------ 14 root     root     4.0K May  1 23:13 ansible
drwxrwxr-x 10 liuqi    liuqi    4.0K Apr 27 22:33 ansible-2.0.0.0
-rw-------  1 root     root     1.5M Jan 12 2016 ansible-2.0.0.0.tar.gz
-rw-------  2 root     root        0 May  2 20:17 b.txt
-rw-------  1 root     root      400 May  4 17:32 cookied.txt
```

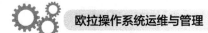

图3-54　示例效果

4．netstat 命令

netstat 命令用于显示各种网络相关信息，如网络链接、路由表、接口状态、masquerade 连接、多播成员等。netstat 命令的语法格式为"netstat [-acCeFghilMnNoprstuvVwx][-A<网络类型>][--ip]"。

netstat 命令参数如下。

-a 或--all：显示所有连线中的 Socket。

-A<网络类型>或--<网络类型>：列出该网络类型连线中的相关地址。

-c 或--continuous：持续列出网络状态。

-C 或--cache：显示路由器配置的缓存信息。

-e 或--extend：显示网络其他相关信息。

-F 或--fib：显示路由缓存。

-g 或--groups：显示多重广播功能群组组员名单。

-h 或--help：在线帮助。

-i 或--interfaces：显示网络界面信息表单。

-l 或--listening：显示监控中服务器的 Socket。

-M 或--masquerade：显示伪装的网络连线。

-n 或--numeric：直接使用 IP 地址，而不是通过域名服务器。

-N 或--netlink 或--symbolic：显示网络硬件外围设备的符号连接名称。

-o 或--timers：显示计时器。

-p 或--programs：显示正在使用 Socket 的程序识别码和程序名称。

-r 或--route：显示 Routing Table。

-s 或--statistics：显示网络工作信息统计表。

-t 或--tcp：显示 TCP 的连线状况。

-u 或--udp：显示 UDP（User Datagram Protocol，用户数据包协议）的连线状况。

-v 或--verbose：显示指令执行过程。

-V 或--version：显示版本信息。

-w 或--raw：显示 RAW 传输协议的连线状况。

-x 或--unix：此参数的效果和指定"-A unix"参数相同。

--ip 或--inet：此参数的效果和指定"-A inet"参数相同。

所有端口的示例效果如图 3-55 所示。

```
[root@techhost ~]# netstat -a
Active Internet connections (servers and established)
Proto    Recv-Q    Send-Q   LocalAddress            Foreign Address         State
tcp        0         0      localhost:webcache      0.0.0.0:*               LISTEN
tcp        0         0      0.0.0.0:us-cli          0.0.0.0:*               LISTEN
tcp        0         0      0.0.0.0:ssh             0.0.0.0:*               LISTEN
tcp        0         0      Malluma:d-s-n           0.0.0.0:*               LISTEN
tcp        0         0      localhost:7996          0.0.0.0:*               LISTEN
tcp        0         0      localhost:irdmi         0.0.0.0:*               LISTEN
tcp        0         0      localhost:vcom-tunnel   0.0.0.0:*               LISTEN
```

tcp	0	0	Malluma:websm	0.0.0.0:*	LISTEN
tcp	0	0	localhos:teradataordbms	0.0.0.0:*	LISTEN
tcp	0	0	Malluma:50051	0.0.0.0:*	LISTEN
tcp	0	0	localhost:50053	0.0.0.0:*	LISTEN
tcp	0	0	localhost:60706	localhost:50053	TIME_WAIT
udp	0	0	0.0.0.0:bootpc	0.0.0.0:*	

Active UNIX domain sockets (servers and established)

Proto	RefCnt	Flags	Type	State	I-Node	Path
unix	2	[ACC]	STREAM	LISTENING	39434	/run/user/0/bus

//*****************************省略部分信息*****************************//

```
[root@techhost ~]# netstat -a
Active Internet connections (servers and established)
Proto Recv-Q Send-Q Local Address            Foreign Address          State
tcp        0      0 localhost:webcache       0.0.0.0:*                LISTEN
tcp        0      0 0.0.0.0:us-cli           0.0.0.0:*                LISTEN
tcp        0      0 0.0.0.0:ssh              0.0.0.0:*                LISTEN
tcp        0      0 Malluma:d-s-n            0.0.0.0:*                LISTEN
tcp        0      0 localhost:7996           0.0.0.0:*                LISTEN
tcp        0      0 localhost:irdmi          0.0.0.0:*                LISTEN
tcp        0      0 localhost:vcom-tunnel    0.0.0.0:*                LISTEN
tcp        0      0 Malluma:websm            0.0.0.0:*                LISTEN
tcp        0      0 localhos:teradataordbms  0.0.0.0:*                LISTEN
tcp        0      0 Malluma:50051            0.0.0.0:*                LISTEN
tcp        0      0 localhost:50053          0.0.0.0:*                LISTEN
tcp        0      0 localhost:60706          localhost:50053          TIME_WAIT
tcp        0      0 Malluma:50840            100.125.1.29:https       ESTABLISHED
tcp        0      0 localhost:60704          localhost:50053          TIME_WAIT
tcp        0    208 Malluma:ssh              localhost:62362          ESTABLISHED
tcp        0      0 Malluma:50051            Malluma:55236            ESTABLISHED
tcp        0      0 Malluma:ssh              27.201.65.22:55458       ESTABLISHED
tcp6       0      0 [::]:ssh                 [::]:*                   LISTEN
tcp6       0      0 Malluma:55236            Malluma:50051            ESTABLISHED
udp        0      0 0.0.0.0:bootpc           0.0.0.0:*
Active UNIX domain sockets (servers and established)
Proto RefCnt Flags    Type    State      I-Node   Path
unix  2      [ ACC ]  STREAM  LISTENING  39434    /run/user/0/bus
```

图 3-55　示例效果

使用 netstat-at 命令列出所有 tcp 端口，如图 3-56 所示。

[root@techhost ~]# netstat -at
Active Internet connections (servers and established)

Proto	Recv-Q	Send-Q	Local Address	Foreign Address	State
tcp	0	0	localhost:webcache	0.0.0.0:*	LISTEN
tcp	0	0	0.0.0.0:us-cli	0.0.0.0:*	LISTEN
tcp	0	0	0.0.0.0:ssh	0.0.0.0:*	LISTEN
tcp	0	0	Malluma:d-s-n	0.0.0.0:*	LISTEN
tcp	0	0	localhost:7996	0.0.0.0:*	LISTEN
tcp	0	0	localhost:irdmi	0.0.0.0:*	LISTEN
tcp	0	0	localhost:vcom-tunnel	0.0.0.0:*	LISTEN
tcp	0	0	Malluma:websm	0.0.0.0:*	LISTEN
tcp	0	0	localhos:teradataordbms	0.0.0.0:*	LISTEN
tcp	0	0	Malluma:50051	0.0.0.0:*	LISTEN

//*****************************省略部分信息*****************************//

```
[root@techhost ~]# netstat -at
Active Internet connections (servers and established)
Proto Recv-Q Send-Q Local Address           Foreign Address         State
tcp        0      0 localhost:webcache      0.0.0.0:*               LISTEN
tcp        0      0 0.0.0.0:us-cli          0.0.0.0:*               LISTEN
tcp        0      0 0.0.0.0:ssh             0.0.0.0:*               LISTEN
tcp        0      0 Malluma:d-s-n           0.0.0.0:*               LISTEN
tcp        0      0 localhost:7996          0.0.0.0:*               LISTEN
tcp        0      0 localhost:irdmi         0.0.0.0:*               LISTEN
tcp        0      0 localhost:vcom-tunnel   0.0.0.0:*               LISTEN
tcp        0      0 Malluma:websm           0.0.0.0:*               LISTEN
tcp        0      0 localhos:teradataordbms 0.0.0.0:*               LISTEN
tcp        0      0 Malluma:50051           0.0.0.0:*               LISTEN
tcp        0      0 localhost:50053         0.0.0.0:*               LISTEN
tcp        0      0 localhost:60718         localhost:50053         TIME_WAIT
tcp        0      0 Malluma:50840           100.125.1.29:https      ESTABLISHED
tcp        0      0 localhost:60720         localhost:50053         TIME_WAIT
tcp        0    208 Malluma:ssh             localhost:62362         ESTABLISHED
tcp        0      0 Malluma:50051           Malluma:55236           ESTABLISHED
tcp        0      0 Malluma:ssh             27.201.65.22:55458      ESTABLISHED
tcp6       0      0 [::]:ssh                [::]:*                  LISTEN
tcp6       0      0 Malluma:55236           Malluma:50051           ESTABLISHED
```

图 3-56　示例效果

5．ss 命令

ss（socket statistics，套接字统计）命令可以用来获取 Socket 统计信息，可以显示和 netstat 类似的内容。ss 命令的优势在于它能够显示更多、更详细的有关 TCP 和连接状态的信息，而且比 netstat 更快速、更高效。ss 命令的语法格式为"ss [options] [filter]"。

ss 命令参数如下。

-h, --help：帮助信息。

-V, --version：程序版本信息。

-n, --numeric：不解析服务名称。

-r, --resolve：解析主机名。

-a, --all：显示所有套接字。

-l, --listening：显示监听状态的套接字。

-o, --options：显示计时器信息。

-e, --extended：显示详细的套接字信息。

-m, --memory：显示套接字的内存使用情况。

-p, --processes：显示使用套接字的进程。

-i, --info：显示 TCP 内部信息。

-s, --summary：显示套接字的使用概况。

-4, --ipv4：仅显示 IPv4（Internet Protocol Version 4，互联网通信协议第 4 版）的套接字。

-6, --ipv6：仅显示 IPv6（Internet Protocol Version 6，互联网通信协议第 6 版）的套接字。

-0, --packet：显示 PACKET 套接字。

-t, --tcp：仅显示 TCP 套接字。

-u, --udp：仅显示 UDP 套接字。

-d, --dccp：仅显示 DCCP 套接字。

-w, --raw：仅显示 RAW 套接字。

-x, --unix：仅显示 UNIX 套接字。

-f, --family=FAMILY：显示 FAMILY 类型的套接字，FAMILY 可选，支持 UNIX、inet、inet6、link、netlink。

-A, --query=QUERY, --socket=QUERY。

QUERY = {all|inet|tcp|udp|raw|unix|packet|netlink}[,QUERY]。

-D, --diag=FILE：将原始 TCP 套接字信息转储到文件。

-F, --filter=FILE：从文件中拦截过滤器信息。

FILTER = [state TCP-STATE] [EXPRESSION]。

显示 TCP 连接，如图 3-57 所示。

```
[root@techhost ~]# ss -t -a
State    Recv-Q   Send-Q   Local Address:Port      Peer Address:Port             Process
LISTEN   0        128            0.0.0.0:ssh              0.0.0.0:*
ESTAB    0        0        192.168.0.118:ssh       118.114.166.179:zephyr-hm
ESTAB    0        0        192.168.0.118:60638     100.125.1.29:https
ESTAB    0        36       192.168.0.118:ssh       118.114.166.179:zephyr-srv
ESTAB    0        0        192.168.0.118:ssh       118.114.166.179:zephyr-clt
LISTEN   0        128                [::]:ssh                 [::]:*
[root@techhost ~]#
```

```
[root@techhost ~]# ss -t -a
State      Recv-Q     Send-Q       Local Address:Port           Peer Address:Port     Process
LISTEN     0          128                0.0.0.0:ssh                 0.0.0.0:*
ESTAB      0          0            192.168.0.252:ssh        118.112.206.82:28936
ESTAB      0          36           192.168.0.252:ssh        118.112.206.82:25617
ESTAB      0          0            192.168.0.252:38272        100.125.1.91:https
ESTAB      0          0            192.168.0.252:ssh        118.112.206.82:28935
ESTAB      0          0            192.168.0.252:ssh        118.112.206.82:25618
ESTAB      0          0            192.168.0.252:52268     198.143.164.252:https
LISTEN     0          128                   [::]:ssh                    [::]:*
[root@techhost ~]#
```

图 3-57　示例效果

显示 Socket 摘要，如图 3-58 所示。

```
[root@techhost ~]# ss -s
Total: 133
TCP:    8 (estab 6, closed 0, orphaned 0, timewait 0)
Transport  Total    IP    IPv6
RAW        0        0     0
UDP        3        2     1
TCP        8        7     1
INET       11       9     2
FRAG       0        0     0
```

```
[root@techhost ~]# ss -s
Total: 133
TCP:   8 (estab 6, closed 0, orphaned 0, timewait 0)

Transport Total     IP        IPv6
RAW       0         0         0
UDP       3         2         1
TCP       8         7         1
INET      11        9         2
FRAG      0         0         0

[root@techhost ~]#
```

图 3-58　示例效果

6. telnet 命令

telnet 命令通常用来远程登录。telnet 程序是基于 Telnet 协议的远程登录客户端程序。Telnet 协议是 TCP/IP 协议族中的一员，是 Internet 远程登录服务的标准协议和主要方式，它为用户提供了在本地计算机上完成远程主机工作的能力。在终端使用者的电脑上使用 telnet 程序，连接到服务器，终端使用者可以在 telnet 程序中输入命令，这些命令会在服务器上运行，就像直接在服务器的控制台上输入一样，终端使用者就可以在本地控制服务器。要开始一个 telnet 会话，必须输入用户名和密码来登录服务器。telnet 命令的语法格式为"telnet [-8acdEfFKLrx][-b<主机别名>][-e<脱离字符>][-k<域名>][-l<用户名称>][-n<记录文件>][-S<服务类型>][-X<认证形态>][主机名称或 IP 地址<通信端口>]"。

telnet 命令参数如下。

-8：允许使用 8 位字符资料，包括输入与输出。
-a：尝试自动登入远端系统。
-b：<主机别名>使用别名指定远端主机名称。
-c：不读取用户专属目录里的.telnetrc 文件。
-d：启动排错模式。
-e：<脱离字符>设置脱离字符。
-E：滤除脱离字符。
-f：此参数的效果和指定"-F"参数相同。
-F：使用 Kerberos V5 认证时，加上此参数可把本地主机的认证数据上传到远端主机。
-k：<域名>使用 Kerberos 认证时，加上此参数让远端主机采用指定的域名，而非该主机的域名。
-K：不自动登入远端主机。
-l：<用户名称>指定要登入远端主机的用户名称。
-L：允许输出 8 位字符资料。
-n：<记录文件>指定文件记录相关信息。
-r：使用类似 rlogin 指令的用户界面。
-S：<服务类型>设置 telnet 连线所需的 IP ToS（Terms of Service，服务条款）。
-x：如果主机有支持数据加密的功能，就使用它。
-X：<认证形态>关闭指定的认证形态。

例如，登录远程主机（前提是主机需提前开启 telnet 远程登录服务），如图 3-59 所示。

[root@techhost ~]# telnet 123.60.208.84

```
[root@techhost ~]# telnet 123.60.208.84
```

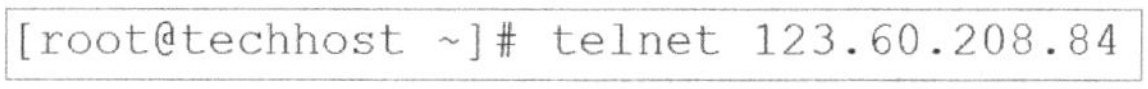

图 3-59　示例效果

3.1.6 系统性能管理命令

1. uptime 命令

uptime 命令是用来查询系统负载的，其参数 -V 是用来查询版本的。系统平均负载被定义为在特定时间间隔内运行队列中的平均进程树。一个进程如果满足以下条件，就会位于运行队列中：

① 它没有在等待 I/O 操作的结果；
② 它没有主动进入等待状态，也就是说没有调用"wait"；
③ 没有被停止，例如等待终止。

一般来说，如果每个 CPU 内核的当前活动进程数不大于 3，则系统运行表现良好。若主机是四核 CPU，则只需保证在 uptime 最后输出的一串字符数值小于 12，即表示系统负载不严重；如果达到 20，则表示当前系统负载非常严重，执行 Web 脚本时会非常缓慢，效果如图 3-60 所示。

```
[root@techhost~]# uptime
15:08:21 up 38 min,   1 user,    load average: 0.02, 0.07, 0.12
[root@techhost~]#
```

```
[root@techhost ~]# uptime
 15:08:21 up 38 min,  1 user,   load average: 0.02, 0.07, 0.12
[root@techhost ~]#
```

图 3-60 示例效果

根据输出的信息可知，当前时间为 15:08:21，系统已运行 38min，当前在线用户为 1 个，系统平均负载为 0.02,0.07,0.12。

2. top 命令

top 命令用于实时显示 process 的动态。top 命令的语法格式为"top [-] [d delay] [q] [c] [S] [s] [i] [n] [b]"。

top 命令参数如下。

d：改变显示的更新速度。
q：没有任何时延的显示速度，如果使用者有 superuser 的权限，则 top 会以最高的优先级执行。
c：切换显示模式，共有两种模式，一种是只显示执行档的名称，另一种是显示完整的路径与名称。
S：累积模式，将已完成或消失的子行程的 CPU time 累积起来。
s：安全模式，将交谈式指令取消，避免潜在的危机。
i：不显示任何闲置或无用的行程。
n：更新的次数，完成后将会退出 top。
b：批次档模式，搭配"n"参数一起使用，可以用来将 top 的结果输出到档案内。

例如，显示进程信息，如图 3-61 所示。

第 3 章 管理员操作管理

```
[root@techhost ~]# top
top – 11:23:46 up 1:41,  2 users, load average: 0.00, 0.00, 0.00
Tasks: 118 total,  1 running, 117 sleeping,  0 stopped,  0 zombie
%Cpu(s): 0.0 us,  0.0 sy,  0.0 ni,100.0 id,  0.0 wa,  0.0 hi,  0.0 si,  0.0 st
MiB Mem :  2977.4 total,   1861.7 free,    340.2 used,    775.5 buff/cache
MiB Swap:     0.0 total,      0.0 free,      0.0 used.   2285.1 avail Mem
```

PID	USER	PR	NI	VIRT	RES	SHR	S	%CPU	%MEM	TIME+	COMMAND
10	root	20	0	0	0	0	I	6.7	0.0	0:00.07	rcu_sched
1	root	20	0	108800	16896	8896	S	0.0	0.6	0:02.23	systemd
2	root	20	0	0	0	0	S	0.0	0.0	0:00.00	kthreadd
3	root	0	−20	0	0	0	I	0.0	0.0	0:00.00	rcu_gp
4	root	0	−20	0	0	0	I	0.0	0.0	0:00.00	ruc_par_gp
5	root	20	0	0	0	0	I	0.0	0.0	0:00.25	kworker/0:0-events
6	root	0	−20	0	0	0	I	0.0	0.0	0:00.00	kworker/0:0H-kble+
8	root	0	−20	0	0	0	I	0.0	0.0	0:00.00	mm_percpu_wq

图 3-61　示例效果

3．iostat 命令

iostat 是 I/O statistics（输入/输出统计）的缩写，iostat 工具将对系统的磁盘操作活动进行监控，它的特点是汇报磁盘活动统计情况，同时也会汇报 CPU 的使用情况。iostat 有一个缺点，它不能对某个进程进行深入分析，仅可以对系统的整体情况进行分析。iostat 的命令格式为"iostat[参数][时间][次数]"。

iostat 命令参数如下。

-C：显示 CPU 的使用情况。

-d：显示磁盘的使用情况。

-k：以 kB 为单位显示。

-m：以 MB 为单位显示。

-N：显示磁盘阵列信息。

-n：显示 NFS 的使用情况。

-p[磁盘]：显示磁盘和分区的情况。

-t：显示终端和 CPU 的信息。

-x：显示详细信息。

-V：显示版本信息。

例如，显示所有设备的负载情况，具体如图 3-62 所示。

```
#安装 iostat 命令
[root@techhost ~]# dnf install sysstat -y
[root@techhost ~]# iostat
Linux 4.19.90-2003.4.0.0036.oe1.aarch64 (techhost)      12/21/2021  _aarch64_   (2 CPU)

avg-cpu:  %user   %nice %system %iowait  %steal   %idle
           7.22    0.01    3.49    2.17    0.00   87.10

Device            tps    kB_read/s    kB_wrtn/s    kB_dscd/s    kB_read    kB_wrtn    kB_dscd
vda             92.94      2788.26      1411.25         0.00     290481     147024          0
[root@techhost ~]#
```

```
[root@techhost ~]# iostat
Linux 4.19.90-2003.4.0.0036.oe1.aarch64 (techhost)      12/21/2021  _aarch64_   (2 CPU)

avg-cpu:  %user   %nice %system %iowait  %steal   %idle
           7.22    0.01    3.49    2.17    0.00   87.10

Device            tps    kB_read/s    kB_wrtn/s    kB_dscd/s    kB_read    kB_wrtn    kB_dscd
vda             92.94      2788.26      1411.25         0.00     290481     147024          0

[root@techhost ~]#
```

图 3-62 示例效果

输出信息中的 CPU 属性值说明如下。

%user：CPU 处在用户模式下的时间百分比。

%nice：CPU 处在带 NICE 值用户模式下的时间百分比。

%system：CPU 处在系统模式下的时间百分比。

%iowait：CPU 等待输入/输出完成时间的百分比。

%steal：管理程序维护另一个虚拟处理器时，虚拟 CPU 的无意识等待时间百分比。

%idle：CPU 的空闲时间百分比。

如果%iowait 的值高，表示硬盘存在 I/O 瓶颈。如果%idle 的值高，表示 CPU 较空闲。如果%idle 的值高但系统响应慢，可能是 CPU 在等待分配内存，应加大内存容量。如果%idle 的值持续低于 10，表示 CPU 的处理能力相对较弱，系统中最需要解决的是 CPU 资源问题。

显示指定磁盘信息，如查看/dev/vda1 盘的信息，如图 3-63 所示。

```
[root@techhost ~]# iostat /dev/vda1
Linux 4.19.90-2003.4.0.0036.oe1.aarch64 (techhost)      12/21/2021  _aarch64_   (2 CPU)

avg-cpu:  %user   %nice %system %iowait  %steal   %idle
           1.57    0.00    0.78    0.47    0.00   97.18

Device    tps   kB_read/s    kB_wrtn/s    kB_dscd/s    kB_read    kB_wrtn    kB_dscd
vda1     0.64      13.98         0.00         0.00       6848          0          0

[root@techhost ~]#
```

第 3 章 管理员操作管理

```
[root@techhost ~]# iostat /dev/vda1
Linux 4.19.90-2003.4.0.0036.oe1.aarch64 (techhost)    12/21/2021    _aarch64_    (2 CPU)

avg-cpu:  %user   %nice %system %iowait  %steal   %idle
           1.57    0.00    0.78    0.47    0.00   97.18

Device             tps    kB_read/s    kB_wrtn/s    kB_dscd/s    kB_read    kB_wrtn    kB_dscd
vda1              0.64       13.98         0.00         0.00       6848          0          0

[root@techhost ~]#
```

图 3-63 示例效果

4．ifstat 命令

ifstat 工具是个网络接口监测工具，用于查看网络流量，命令格式为"ifstat [选项]"。

ifstat 命令参数如下。

-l：监测环路网络接口。缺省情况下，ifstat 命令监测活动的所有非环路网络接口。经使用发现，加上-l 参数能监测所有的网络接口的信息，而不是只监测 lo 的接口信息。

-a：监测能检测到的所有网络接口的状态信息。

-z：隐藏流量是"无"的接口，例如接口虽然启动了但是未使用。

-i：指定要监测的接口，后面跟网络接口名。

-s：等于加-d snmp:[comm@][#]host[/nn]] 参数，通过 SNMP（Simple Network Management Protocol，简单网络管理协议）查询一个远程主机。

-h：显示简短的帮助信息。

-n：关闭显示周期性出现的头部信息。也就是说，不加-n 参数运行 ifstat 时，最顶部会出现网络接口的名称，当屏幕显示不全时，会再一次出现接口的名称，提示我们显示的流量信息具体是哪个网络接口的；加上-n 参数可关闭周期性的显示接口名称，让它只显示一次。

-t：在每一行的开头加一个时间戳，告诉我们具体的时间。

-T：报告所有监测接口的全部带宽（最后一列有个 total，显示所有接口的 in 流量和 out 流量，简单地把所有接口的 in 流量相加，out 流量相加）。

-w：用指定的列宽，而不是为了适应接口名称的长度而自动放大的列宽。

-W：如果内容比终端窗口的宽度宽，则自动换行。

-S：在同一行保持状态更新（不滚动不换行），如果不喜欢屏幕滚动则此项非常方便，与 bmon 的显示方式类似。

-b：用 kbit/s 显示带宽，而不是 kbyte/s。

-q：安静模式，警告信息不出现。

-v：显示版本信息。

-d：指定一个驱动来收集状态信息。

例如，默认使用，默认 ifstat 不监控回环接口，显示的流量单位是 kB，如图 3-64 所示。

```
[root@techhost ~]# ifstat
#kernel
Interface        RX Pkts/Rate    TX Pkts/Rate    RX Data/Rate    TX Data/Rate
                 RX Errs/Drop    TX Errs/Drop    RX Over/Rate    TX Coll/Rate
lo               6       0       6       0       300     0       300     0
                 0       0       0       0       0       0       0       0
eth0             79134   0       61137   0       39893K  0       4545K   0
                 0       0       0       0       0       0       0       0

[root@techhost ~]#
```

图 3-64　示例效果

监测所有网络接口的状态信息,如图 3-65 所示。

```
[root@techhost ~]# ifstat -a
#kernel
Interface        RX Pkts/Rate    TX Pkts/Rate    RX Data/Rate    TX Data/Rate
                 RX Errs/Drop    TX Errs/Drop    RX Over/Rate    TX Coll/Rate
lo               6       0       6       0       300     0       300     0
                 0       0       0       0       0       0       0       0
eth0             79160   0       61160   0       39895K  0       4548K   0
                 0       0       0       0       0       0       0       0

[root@techhost ~]#
```

图 3-65　示例效果

5. lsof 命令

lsof（list open files，列出打开文件）是一个列出当前系统打开文件的工具。在 OpenEuler 操作系统环境下,任何事物都以文件的形式存在,通过文件不仅可以访问常规数据,还可以访问网络连接和硬件。如传输控制协议和用户数据报协议套接字等,系统在后台为该应用程序分配了一个文件描述符,这个文件描述符为应用程序与基础操作系统之间的交互提供了通用接口。文件描述符列表提供了大量关于应用程序本身的信息,通过 lsof 工具能够查看这个列表,对系统监测以及排错很有帮助。命令的格式为"lsof[参数][文件]"。

lsof 命令参数如下。

-a：列出打开文件存在的进程。
-c<进程名>：列出指定进程所打开的文件。
-g：列出 GID 号进程详情。
-d<文件号>：列出占用该文件号的进程。
+d<目录>：列出目录下被打开的文件。
+D<目录>：递归列出目录下被打开的文件。
-n<目录>：列出使用 NFS 的文件。
-i<条件>：列出符合条件的进程（4、6、协议、端口、@ip）。
-p<进程号>：列出指定进程号所打开的文件。
-u：列出 UID 号进程详情。
-h：显示帮助信息。
-v：显示版本信息。

例如，查找某个文件相关的进程，如图 3-66 所示。

```
[root@techhost ~]# lsof /bin/bash
COMMAND   PID   USER   FD   TYPE   DEVICE   SIZE/OFF   NODE      NAME
bash      2439  root   txt  REG    253,2    1280832    2230868   /usr/bin/bash
bash      2611  root   txt  REG    253,2    1280832    2230868   /usr/bin/bash
bash      5800  root   txt  REG    253,2    1280832    2230868   /usr/bin/bash
[root@techhost ~]#
```


```
[root@techhost ~]# lsof /bin/bash
COMMAND   PID USER  FD   TYPE DEVICE SIZE/OFF    NODE NAME
bash     2439 root txt    REG  253,2  1280832 2230868 /usr/bin/bash
bash     2611 root txt    REG  253,2  1280832 2230868 /usr/bin/bash
bash     5800 root txt    REG  253,2  1280832 2230868 /usr/bin/bash
[root@techhost ~]#
```


图 3-66 示例效果

例如，列出所有的网络连接，如图 3-67 所示。

```
[root@techhost ~]# lsof -i
COMMAND   PID   USER    FD  TYPE DEVICE SIZE/OFF NODE NAME
chronyd   1142  chrony  5u  IPv4  27164   0t0  UDP localhost:323
chronyd   1142  chrony  6u  IPv6  27165   0t0  UDP localhost:323
dhclient  1318  root    6u  IPv4  29611   0t0  UDP *:bootpc
sshd      2072  root    3u  IPv4  33775   0t0  TCP *:ssh (LISTEN)
sshd      2072  root    4u  IPv6  33777   0t0  TCP *:ssh (LISTEN)
sshd      2150  root    3u  IPv4  33967   0t0  TCP techhost:ssh->110.53.229.131:18082 (ESTABLISHED)
sshd      2162  root    3u  IPv4  33967   0t0  TCP techhost:ssh->110.53.229.131:18082 (ESTABLISHED)
sshd      2196  root    3u  IPv4  34188   0t0  TCP techhost:ssh->110.53.229.131:18099 (ESTABLISHED)
sshd      2227  root    3u  IPv4  34188   0t0  TCP techhost:ssh->110.53.229.131:18099 (ESTABLISHED)
hostguard 2756  root    4u  IPv4  37036   0t0  TCP techhost:54594->100.125.2.73:https (ESTABLISHED)
[root@techhost ~]#
```

```
[root@techhost ~]# lsof -i
COMMAND    PID    USER   FD   TYPE DEVICE SIZE/OFF NODE NAME
chronyd   1142  chrony   5u   IPv4  27164      0t0  UDP localhost:323
chronyd   1142  chrony   6u   IPv6  27165      0t0  UDP localhost:323
dhclient  1318    root   6u   IPv4  29611      0t0  UDP *:bootpc
sshd      2072    root   3u   IPv4  33775      0t0  TCP *:ssh (LISTEN)
sshd      2072    root   4u   IPv6  33777      0t0  TCP *:ssh (LISTEN)
sshd      2150    root   3u   IPv4  33967      0t0  TCP techhost:ssh->110.53.229.131:18082 (ESTABLISHED)
sshd      2162    root   3u   IPv4  33967      0t0  TCP techhost:ssh->110.53.229.131:18082 (ESTABLISHED)
sshd      2196    root   3u   IPv4  34188      0t0  TCP techhost:ssh->110.53.229.131:18099 (ESTABLISHED)
sshd      2227    root   3u   IPv4  34188      0t0  TCP techhost:ssh->110.53.229.131:18099 (ESTABLISHED)
hostguard 2756    root   4u   IPv4  37036      0t0  TCP techhost:54594->100.125.2.73:https (ESTABLISHED)
[root@techhost ~]#
```

图 3-67 示例效果

6. time 命令

time 命令的用途在于测量特定指令执行时所消耗的时间及系统资源等，例如 CPU 时间、记忆体、输入/输出等。命令格式为"time [options] COMMAND [arguments]"。

time 命令参数如下。

-o 或 --output=FILE：设定结果输出档，这个选项会将 time 的输出写入指定的档案中，如果档案已经存在，系统将覆写其内容。

-a 或 --append：配合-o 使用，会将结果写到档案的末端，不会覆盖掉原来的内容。

-f FORMAT 或 --format=FORMAT：以 FORMAT 字串设定显示方式，当这个选项没有被设定时，会用系统预设的格式，也可以用环境变数 time 来设定格式，这样就不必每次登入系统都设定一次。

time 指令可以显示的资源有 4 种，分别是 Time resources、Memory resources、IO resources、Command info，具体如图 3-68 所示。

```
[root@techhost ~]# time date
Tue May  4 21:58:01 CST 2021

real    0m0.001s
user    0m0.001s
sys     0m0.000s
```

```
[root@techhost ~]# time date
Tue May  4 21:58:01 CST 2021

real    0m0.001s
user    0m0.001s
sys     0m0.000s
```

图 3-68 示例效果

在以上实例中，执行的是命令"time date"。系统先执行命令"date"，第 2 行为命令"date"的执行结果，第 3~6 行为执行命令"date"的时间统计结果，其中第 4 行"real"为实际时间，第 5 行"user"为用户 CPU 时间，第 6 行"sys"为系统 CPU 时间。以上3 种时间的显示格式均为 MMmNN[.FFF]s。

3.1.7 Vim 编辑器

Vim 文本编辑器被默认安装在当前所有的 Linux 操作系统上，是一款十分好用的文本编辑器。Vim 文本编辑器中设置了 3 种模式，即命令模式、输入模式和末行模式，每种模式分别支持多种不同的命令快捷键，这大大提高了工作效率。要想高效地操作文本，就必须先熟悉这 3 种模式的操作区别以及模式之间的切换方法。Vim 文本编辑器模式的切换方法如图 3-69 所示。

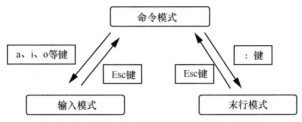

图 3-69　Vim 文本编辑器模式的切换方法

① 命令模式：控制光标移动，可对文本进行复制、粘贴、删除和查找等操作。
② 输入模式：正常的文本录入。
③ 末行模式：保存或退出文档，以及设置编辑环境。

Vim 文本编辑器每次运行时，默认进入命令模式，此时需要先切换到输入模式，再进行文档编写工作。每次编写完文档后，需要先返回命令模式，再进入末行模式。然后执行文档的保存或退出操作。Vim 文本编辑器无法直接从输入模式切换到末行模式。Vim 文本编辑器中内置的命令有成百上千种，表 3-23 总结了命令模式中最常用的一些命令。

表 3-23　命令模式中常用的命令

命令	作用
dd	删除（剪切）光标所在整行
5dd	删除（剪切）从光标处开始的 5 行
yy	复制光标所在整行
5yy	复制从光标处开始的 5 行
n	显示搜索命令定位到的下一个字符串
N	显示搜索命令定位到的上一个字符串
u	撤销上一步的操作
P	将之前删除或复制过的数据粘贴到光标后面
↑、↓、←、→	光标方向移动（上下左右）
Page Down 或 Ctrl+F	向下翻动一整页内容
Page Up 或 Ctrl+B	向上翻动一整页内容
Home 键或 "^"、数字 "0"	跳转至行首
End 键或 "$" 键	跳转到行为
1G 或者 gg	跳转到文件的首行
G	跳转到文件的末尾行
#G	跳转到文件中的第#行

末行模式主要用于保存或退出文件、设置 Vim 文本编辑器的工作环境，还可以让用户执行外部的 Linux 命令或跳转到所编写文档的特定行数。要想切换到末行模式，在命令模式中输入一个冒号即可。末行模式中常用的命令见表 3-24。

表 3-24 末行模式中常用的命令

命令	作用
:w	保存
:q	退出
:q!	强制退出（放弃对文档的修改内容）
:wq!	强制保存退出
:set nu	显示行号
:set nonu	不显示行号
:命令	执行该命令
:整数	跳转到该行
:s/one/two	将当前光标所在行的第一个 one 替换成 two
:s/one/two/g	将当前光标所行的所有 one 替换成 two
:%s/one/two/g	将全文中的所有 one 替换成 two
?字符串	在文本中从下至上搜索该字符串
/字符串	在文本中从上至下搜索该字符串

如果想要使用 Vim 编辑器来建立一个名为 a.txt 的文件，可以进行以下操作，如图 3-70 所示。

[root@techhost ~]# vim　tech05.txt

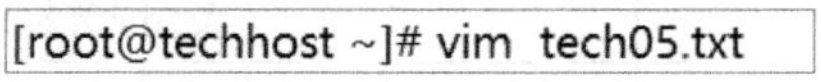

图 3-70 建立 a.txt 文件

请注意，"vim"后面一定要加文件名，不管该文件存在与否，此时进入命令模式。

```
~
~
~
~
~
~
"tech05.txt"   0L,   0C                                    0,0-1          All
```

在命令模式下，可以进行查询等操作。接下来按下 a、i 或者 o 键进入输入模式（也称为编辑模式），开始编辑文字。

```
~
~
~
~
~
-- INSERT --                    0,1                All
```

在输入模式中，左下角状态栏会出现"--INSERT--"的字样，意思是可以输入任意字符。这个时候，键盘上除了"Esc"按键，其他的按键都可以作为一般的输入按键，可以进行任何编辑操作。

假设已经按照上面的样式编辑完成，那么按"Esc"键就可以退出，而画面左下角的"--INSERT--"就会消失。按"Esc"键回到命令模式。

```
OpenEuler a high security,
high scalability,
high performance,
open Enterprise Linux operating system platform
~
~
~
~
                                    4,13              All
```

接下来是保存并退出，指令只需要输入" :wq "即可。在一般模式下输入" :wq "存储后离开 Vim 文本编辑器。

```
OpenEuler a high security,
high scalability,
high performance,
open Enterprise Linux operating system platform
~
~
~
~
:wq
```

这样就成功创建了一个 tech05.txt 的文件。

Linux 操作系统下还有几种常用的文本编辑器，如 emacs、nano、gedit 等，其中，常见的基于控制台的文本编辑器有以下 3 种。

① emacs：综合性的 GNU emacs 编辑环境。

② nano：一个类似于 pico 的文本编辑器，内置了 pine 邮件程序。

③ Vim：一个改进的 vi 文本编辑器。

并不是所有的文本编辑器都基于控制台且支持终端使用，有一些文本编辑器用来提供带有菜单栏、按键、进度条等的图形界面，例如以下 3 种文本编辑器。

① Gedit：图形用户界面的文本编辑器，Ubuntu 操作系统默认安装。

② Kate：简单的 K 桌面环境文本编辑器。

③ Kedit：简单的 K 桌面环境文本编辑器。

1．nano 文本编辑器的用法

nano 文本编辑器最为简单易用，可以使用以下命令开启一个 nano 文本编辑器，如图 3-71 所示。

[root@techhost ~]# nano file.txt

```
[root@techhost ~]#
[root@techhost ~]# nano file.txt
```

图 3-71　开启 nano 文本编辑器命令

以下是 nano 文本编辑器的一些基本命令（^是控制键 "Control"）。

① 光标移动：方向键（上/下/左/右），PageUp/Page Down，或者^y 和^v。

② 添加字符：在光标处输入。

③ 删除字符：Delete 键或者 Backspace 键。

④ 退出：^x（将会提示是否保存更改）。

⑤ 帮助：^g。

输入 "nano [文件名]" 就可以进入输入界面，如图 3-72 所示。

```
      GNU    nano    4.5                                  file.txt



  [ Read 0 lines ]
  ^G Get Help      ^O Write Out     ^W Where Is      ^K Cut Text      ^J Justify
  ^C Cur Pos       M-U Undo         M-A Mark Text    M-] To Bracket   M-Q Previous
  ^B Back          ^◀ Prev Word     ^A Home          ^P Prev Line
  ^X Exit          ^R Read File     ^\ Replace       ^U Paste Text    ^T To Spell
  ^_ Go To Line    M-E Redo         M-6 Copy Text    ^Q Where Was     M-W Next
  ^F Forward       ^▶ Next Word     ^E End           ^N Next Line
```

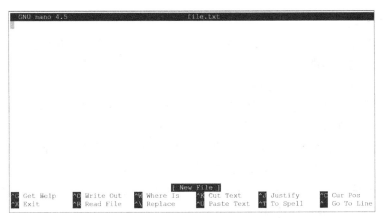

图 3-72　输入界面

输入内容后保存并退出，使用“Ctrl+O”组合键保存所做的修改，然后按“Ctrl+X”组合键退出。如果修改了文件，会询问是否需要保存修改的文件，输入“Y”确认保存，输入“N”不保存，按“Ctrl+C”组合键取消并返回。如果输入了“Y”，下一步可以输入想要保存的文件名，如果不需要修改文件名则直接回车，若想要保存为别的名字（也就是另存为），则输入新名称，然后单击“确定”按钮，此时也可用“Ctrl+C”组合键取消并返回。

2．vi 文本编辑器的用法

基本上每一个 Linux/UNIX 操作系统都装有 vi 文本编辑器。开启一个 vi 编辑器可使用以下命令，如图 3-73 所示。

```
[root@techhost ~]# vi file.txt
```

```
[root@techhost ~]#
[root@techhost ~]# vi file.txt
```

图 3-73　开启 vi 编辑器命令

vi 编辑器的工作模式有输入模式和命令模式。最开始编辑时，处于命令模式，可以使用箭头或者其他导航键在文本中导航。开始编辑时，键入 i，插入文本，或者键入 a，在末尾添加文本。编辑结束时，键入 Esc 退出输入模式，进入命令模式。键入命令时，首先键入冒号“:”，后面紧跟命令来编辑文本，然后键入 Enter。

尽管 vi 文本编辑器支持非常复杂的操作，并且有无数条命令，但还是可以用一些简单的命令完成工作，其中基本的 vi 命令主要有以下 9 种。

① 光标运动：h、j、k、l（上、下、左、右）。

② 删除字符：x。

③ 删除行：dd。

④ 模式退出：Esc、Insert（或者 i）。

⑤ 退出编辑器：q。

⑥ 强制退出不保存：q!。

⑦ 运行 Shell 命令：:sh（使用 exit 返回 vi 文本编辑器）。

⑧ 保存文件：:w。

⑨ 文本查找：/。

vi 文本编辑器的使用与 vim 文本编辑器十分类似，可以进行类比学习。

3．emacs 文本编辑器的用法

理查德·马修·斯托曼的 GNU emacs 文本编辑器，和 vi 文本编辑器一样，被大部分的 Linux 操作系统默认安装。和其他 UNIX/Linux 文本编辑器不同的是，emacs 文本编辑器不仅是一个简单的文本编辑器，还是一个编辑环境，可以被用来编译运行程序，可以作为电子日记、约会簿和日历，可以用来编辑和发送邮件、阅读 Usernet 新闻，甚至玩游戏。emacs 文本编辑器之所以具有如此强大的功能，是因为它包含了一个内置的语言解释器，使用 Elisp 编程语言。如果 OpenEuler 操作系统没有默认安装 emacs 文本编辑器，可使用下列 yum 命令安装，如图 3-74 所示。

```
[root@techhost ~]# dnf installemacs -y
Last metadata expiration check: 0:51:32 ago on Wed 05 May 2021 10:16:13 AM CST.
Dependencies resolved.
//***********************省略部分信息***********************//
Installed:
  emacs-1:26.1-12.oe1.aarch64avahi-glib-0.7-21.oe1.aarch64cdparanoia-libs-10.2-30.oe1.aarch64dejavu-fonts-2.35-8.oe1.noarch    desktop-
//***********************省略部分信息***********************//

Complete!
```

```
libxslt-1.1.32-7.oe1.aarch64              mesa-libEGL-18.2.2-6.oe1.aarch64
mesa-libGL-18.2.2-6.oe1.aarch64           mesa-libgbm-18.2.2-6.oe1.aarch64
mesa-libglapi-18.2.2-6.oe1.aarch64        opus-1.3.1-1.oe1.aarch64
orc-0.4.28-5.oe1.aarch64                  sgml-common-0.6.3-51.oe1.noarch
webkit2gtk3-2.22.2-6.oe1.aarch64          webkit2gtk3-jsc-2.22.2-6.oe1.aarch64
woff2-1.0.2-6.oe1.aarch64

Complete!
[root@techhost ~]#
```

图 3-74　安装 emacs 文本编辑器

开启一个 emacs 文本编辑器可使用以下命令（省略部分信息），如图 3-75 所示。

```
[root@techhost ~]# emacsfile.txt
[root@techhost ~]# emacsfile.txt



File Edit Options Buffers Tools Text Help
I love OpenEuler




-UU-:----F1   file.txt       All L1    (Text)--------------------------------------------------
Loading loadup.el (source)...done
```

图 3-75 开启 emacs 文本编辑器

在利用 emacs 文本编辑器进行文件编辑后，保存退出时先按 "Ctrl+X" 组合键，再按 "Ctrl+C" 组合键。

当使用上述命令打开 emacs 文本编辑器时，编辑器不会出现在终端窗口，而是以浮动窗口的形式出现。若想要 emacs 文本编辑器的窗口显示在终端窗口，可以使用-nw 命令，结果如图 3-76 所示。

图 3-76 示例效果

emacs 文本编辑器拥有大量的快捷键和命令，用户掌握这些命令的一个子集即可满足日常工作的需要。基本命令通常都需要 Ctrl 键，或者是先键入 meta 键（通常映射为 Alt

键),下面是一些常用的命令。
① 终止:Ctrl+G。
② 光标左移:Ctrl+B。
③ 光标下移:Ctrl+N。
④ 光标右移:Ctrl+F。
⑤ 光标上移:Ctrl+P。
⑥ 删除字符:Ctrl+D。
⑦ 删除行:Ctrl+K。
⑧ 光标移到行首:Ctrl+A。
⑨ 光标移到行尾:Ctrl+E。
⑩ 帮助:Ctrl+H。
⑪ 退出:Ctrl+X、Ctrl+C。
⑫ 另存为:Ctrl+X、Ctrl+W。
⑬ 保存文件:Ctrl+X、Ctrl+S。
⑭ 后向检索:Ctrl+R。
⑮ 前向检索:Ctrl+S。
⑯ 入门训练:Ctrl+H、Ctrl+T。
⑰ 撤销编辑:Ctrl+X、Ctrl+U。

学习使用 emacs 文本编辑器的一个优点是,可以在 bash shell 命令行中使用类似的快捷键,用户也可以将 bash shell 命令行的快捷键和 vi 快捷键绑定。

3.1.8 文本处理命令

1. grep 命令

grep(Global Regular Expression Print,全局正则表达式输出)命令用于在文本中执行关键词搜索,并显示匹配的结果,格式为"grep [选项] [文件]"。grep 命令的参数及其作用见表 3-25。

表 3-25 grep 命令的参数及其作用

参数	作用
-b	将可执行文件当作文本文件来搜索
-c	仅显示找到的行数
-i	忽略大小写
-n	显示行号
-v	反向选择——仅列出没有"关键词"的行
^$	查找空行

grep 命令是用途最广泛的文本搜索匹配工具,虽然它的参数很多,但是大部分参数

基本上用不到。其中，-n 参数用来显示搜索到信息的行号，-v 参数用于反选信息，即没有包含关键词的所有信息行，这两个参数是最重要的参数，而其他不常用到的参数，可使用 man grep 命令进行查询。

示例如下。

```
#查找 passwd 文件中包含 root 的行
[root@techhost ~]# grep "root" /etc/passwd
#查找 passwd 文件中不包含 root 的行
[root@techhost ~]# grep -v "root" /etc/passwd
#在所有文件中查找包含 data 字符串的行
[root@techhost ~]# grep data*
#在 passwd 文件中查找以 nologin 结尾的行
[root@techhost ~]# grep "nologin$" /etc/passwd
```

2．sed 命令

sed（stream editor，文本流编辑）命令利用脚本来处理文本文件。sed 是一个非交互式的面向字符流的编辑器，能同时处理多个文件的多行内容，可以不对原文件进行改动，输入整个文件，把只匹配到模式的内容返回屏幕上；还可以对原文件进行改动，但是不会在屏幕上返回结果。sed 的命令格式为"sed [选项] 'sed command'filename"。sed 命令的参数及其作用见表 3-26。

表 3-26　sed 命令的参数及其作用

参数	作用
-n	只打印模式匹配的行
-e	直接在命令行模式上进行 sed 动作，此为默认选项
-f	将 sed 的动作写在一个文件内，用 -f filename 执行 filename 内的 sed 动作
-r	支持扩展表达式
-i	直接修改文件内容
a	新增，a 的后面可以接字符串，而这些字符串会在新的一行出现（目前的下一行）
c	取代，c 的后面可以接字符串，这些字符串可以取代 n1 和 n2 之间的行
d	删除，d 后面通常不接任何内容
i	插入，i 的后面可以接字符串，而这些字符串会在新的一行出现（目前的上一行）
p	打印，将某个选择的数据打印出来，通常 p 会与参数 sed -n 一起运行
s	取代，可以直接进行取代的工作，通常 s 的动作可以搭配正规表示法，例如 1,20s/old/new/g

例如，在 testfile 文件的第 4 行后添加一行，并将结果输出到标准输出设备，在命令行提示符下输入以下命令，如图 3-77 所示。

```
[root@techhost ~]# sed -e 4a\newLine tech05.txt
OpenEuler a high security,
high scalability,
high performance,
open Enterprise Linux operating system platform
```

newLine

```
[root@techhost ~]# sed -e 4a\newLine tech05.txt
OpenEuler a high security,
high scalability,
high performance,
open Enterprise Linux operating system platform
newLine
```

图 3-77　示例效果

3．awk 命令

awk 是一种编程语言，用于对文本和数据进行处理，数据可以来自标准输入、文件或其他命令的输出。它支持用户自定义函数和动态正则表达式等功能，是一个强大的编程工具。它在命令行中被使用，但更多的是作为脚本被使用。

awk 命令处理文本和数据的方式是逐行扫描文件，从第一行到最后一行，寻找匹配的特定模式的行，并在这些行上进行操作。如果没有指定处理动作，则会把匹配的行显示到标准输出设备（屏幕），如果没有指定模式，则所有被操作所指定的行都被处理。

awk 的命令格式为"awk [选项参数] -f scriptfile var=valuefile（s）"或"awk [选项参数] 'script' var=valuefile（s）"。awk 命令的参数及其作用见表 3-27。

表 3-27　awk 命令的参数及其作用

参数	作用
-F fs or --field-separator fs	指定输入文件字段分隔符，fs 是一个字符串或者是一个正则表达式，如-F
-v var=value or --asign var=value	赋值一个用户定义变量
-f scripfile or --filescriptfile	从脚本文件中读取 awk 命令
-mf nnn and -mr nnn	对 nnn 值设置内在限制，-mf 选项限制分配给 nnn 的最大块数目；-mr 选项限制记录的最大数目
-W compact or --compat, -W traditional or --traditional	在兼容模式下运行 awk。gawk 的行为和标准的 awk 完全一样，所有的 awk 扩展都被忽略
-W copyleft or --copyleft, -W copyright or --copyright	打印简短的版权信息
-W help or --help, -W usage or --usage	打印全部 awk 选项和每个选项的简短说明
-W lint or --lint	打印不能向传统 UNIX 平台移植的结构的警告
-W lint-old or --lint-old	打印关于不能向传统 UNIX 平台移植的结构的警告
-W posix	打开兼容模式，但有以下限制，不识别/x、函数关键字、func、换码序列，当 fs 是一个空格时，将新行作为一个域分隔符；操作符**和**=不能代替^和^=；flush 无效
-W re-interval or --re-inerval	允许间隔正则表达式的使用，参考 grep 中的 POSIX 字符类，如括号表达式[[:alpha:]]
-W source program-text or --source program-text	使用 program-text 作为源代码，可与-f 命令混用
-W version or --version	打印 bug 报告信息的版本

例如，对于文本 a.txt，我们首先查看其内容，然后每行按空格或 Tab 分割，输出文本中的第 1、4 项，如图 3-78 所示。

```
[root@techhost ~]# cat  tech05.txt
OpenEuler a high security,
high scalability,
high performance,
open Enterprise Linux operating system platform
[root@techhost ~]# awk '{print $1,$4}' tech05.txt
OpenEuler security,
high
high
open operating
```

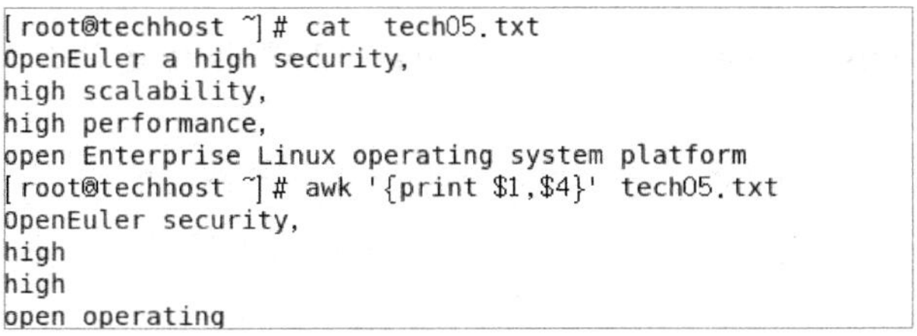

```
[root@techhost ~]# cat  tech05.txt
OpenEuler a high security,
high scalability,
high performance,
open Enterprise Linux operating system platform
[root@techhost ~]# awk '{print $1,$4}' tech05.txt
OpenEuler security,
high
high
open operating
```

图 3-78 查看内容

将内容格式化输出，如图 3-79 所示。

```
[root@techhost ~]# awk '{printf "%-8s %-10s\n",$1,$4}'  tech05.txt
OpenEuler security,
high
high
open      operating
```

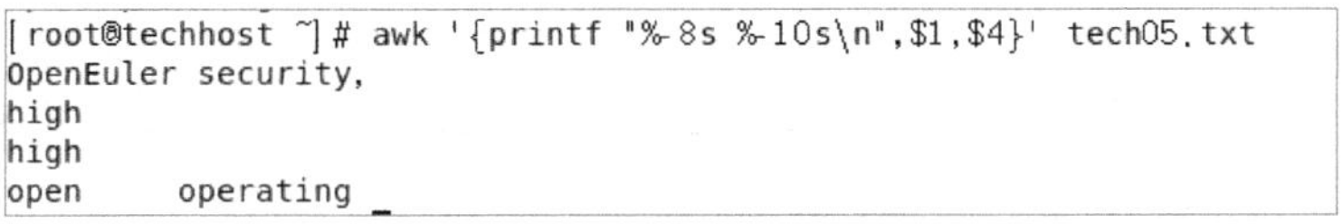

```
[root@techhost ~]# awk '{printf "%-8s %-10s\n",$1,$4}'  tech05.txt
OpenEuler security,
high
high
open      operating _
```

图 3-79 将内容格式化输出

使用正则，匹配字符串，输出包含“pen”的行，如图 3-80 所示。

```
[root@techhost ~]#  awk   '/pen/'  tech05.txt
OpenEuler a high security,
open Enterprise Linux operating system platform
```

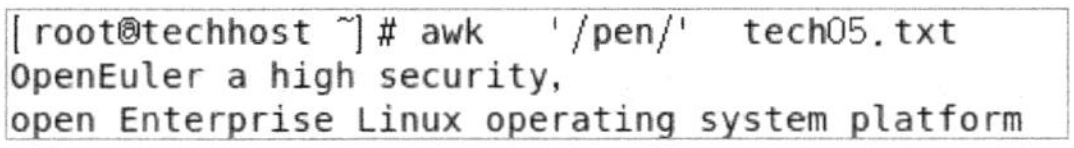

```
[root@techhost ~]# awk   '/pen/'  tech05.txt
OpenEuler a high security,
open Enterprise Linux operating system platform
```

图 3-80 匹配字符串

使用 sed 命令与 qwk 命令实现九九乘法表的打印，如图 3-81 所示。

```
[root@techhost ~]#seq 9 | sed 'H;g' | awk -v RS='' '{for(i=1;i<=NF;i++)printf("%dx%d=%d%s",i, NR, i*NR,
i==NR?"\n":"\t")}'
```

```
[root@techhost ~]# seq 9 | sed 'H;g' | awk -v RS='' '{for(i=1;i<=NF;i++)printf("%dx%d=%d%s",
i, NR, i*NR, i==NR?"\n":"\t")}'
1x1=1
1x2=2   2x2=4
1x3=3   2x3=6   3x3=9
1x4=4   2x4=8   3x4=12  4x4=16
1x5=5   2x5=10  3x5=15  4x5=20  5x5=25
1x6=6   2x6=12  3x6=18  4x6=24  5x6=30  6x6=36
1x7=7   2x7=14  3x7=21  4x7=28  5x7=35  6x7=42  7x7=49
1x8=8   2x8=16  3x8=24  4x8=32  5x8=40  6x8=48  7x8=56  8x8=64
1x9=9   2x9=18  3x9=27  4x9=36  5x9=45  6x9=54  7x9=63  8x9=72  9x9=81
[root@techhost ~]#
```

图 3-81 实现九九乘法表打印

课后习题

1. 在众多的 Linux 操作系统中，最常使用的 Shell 终端是什么？

答：Bash 解释器。

2. 执行 Linux 操作系统命令时，添加参数的目的是什么？

答：为了让 Linux 操作系统命令能够更贴合用户的实际需求而进行工作。

3. Linux 操作系统命令、命令参数及命令对象之间，应该普遍使用什么来间隔？

答：应该使用一个或多个空格进行间隔。

4. 请写出把 Shell 变量值输出到屏幕终端的 echo 命令。

答：echo $Shell。

5. 简述 Linux 操作系统中 5 种进程的名称及其含义。

答：在 Linux 操作系统中，有下面 5 种进程。

R（运行）：进程正在运行或在运行队列中等待。

S（中断）：进程处于休眠中，当某个条件形成后或者接收到信号时，则脱离该状态。

D（不可中断）：进程不响应系统异步信号，即便使用 kill 命令也不能将其中断。

Z（僵死）：进程已经终止，但进程描述符依然存在，直到父进程调用 wait4( )系统函数后才会将进程释放。

T（停止）：进程收到停止信号后停止运行。

6. 请尝试使用 Linux 操作系统命令关闭 PID 为 5529 的服务进程。

答：执行 kill 5529 命令即可；若知道服务的名称，则可以使用 killall 命令进行关闭。

7. 使用 ifconfig 命令查看网络状态信息时，需要重点查看的 4 项信息分别是什么？

答：这 4 项重要信息分别是网卡名称、IP 地址、网卡物理地址以及 RX/TX 的收发流量数据大小。

8. 使用 uptime 命令查看系统负载时，对应的负载数值如果是 0.91、0.56、0.32，那么最近 15 分钟内负载压力最大的是哪个时间段？

答：通过负载数值可以看出，最近 1 分钟内的负载压力是最大的。

9. 使用 history 命令查看历史命令的执行记录时，命令前面的数字除了排序还有什么用处？

答：还可以用"!数字"的命令格式重复执行某一次的命令记录，从而避免了重复输入较长命令的麻烦。

10. 若想查看的文件具有较长的内容,那么使用 cat、more、head、tail 中的哪个命令最合适?

答:文件内容较长,使用 more 命令;反之使用 cat 命令。

11. 在使用 mkdir 命令创建有嵌套关系的目录时,应该加上什么参数呢?

答:应该加上-p 递归迭代参数,从而自动化创建有嵌套关系的目录。

12. 在使用 rm 命令删除文件或目录时,可使用哪个参数来避免二次确认呢?

答:可使用-f 参数,这样无须二次确认。

13. 若有一个名为 backup.tar.gz 的压缩包文件,那么解压的命令应该是什么?

答:应该用 tar 命令进行解压,执行 tar -xzvf backup.tar.gz 命令即可。

14. 使用 grep 命令对某个文件进行关键词搜索时,若想要进行文件内容反选,应使用什么参数?

答:可使用-v 参数来进行匹配内容的反向选择,即显示出不包含某个关键词的行。

15. vim 编辑器的 3 种模式分别是什么?

答:命令模式、末行模式与输入模式。

16. 怎么从输入模式切换到末行模式?

答:需要先按下 Esc 键退回到命令模式,然后按下冒号键进入末行模式。

3.2 用户与组管理

Linux 是一个多用户、多任务的操作系统,具有良好的稳定性与安全性,保障 Linux 操作系统安全的是一系列复杂的配置工作。本节我们将学习用户和组的相关知识,并详细讲解如何在 Linux 操作系统中添加、删除、修改用户账户信息。

3.2.1 什么是用户

由于 Linux 是多用户、多任务操作系统,可能常常会有多个用户同时使用一台主机工作的情况,为了保护每个用户的隐私,"文件拥有者"的角色就显得相当重要了。把文件权限设定成只有文件拥有者才能查看与修改文件的内容,即使其他用户知道当前用户有某个文件,其他用户也无法获得该文件的内容。也就是说在 Linux 操作系统中,用户是资源的管控者,这些资源包括内存、硬盘、CPU 等硬件资源,也包括音频、视频、文件、目录等软件资源,通过不同的身份获取不同的资源内容,这就是 Linux 操作系统中的用户管理。这些用户是如何在系统中识别的呢?那么我们就需要了解一下 UID。

Linux 操作系统的管理员之所以是 root,并不是因为它的名字叫 root,而是因为该用户的身份号码即 UID 的数值为 0。在 Linux 操作系统中,UID 和我们的身份证号码一样具有唯一性,因此我们可通过用户的 UID 值来判断用户身份。在 Linux 操作系统中,用户身份有以下 4 种。

① 管理员，UID 为 0，是系统的管理员用户，GID 和 UID 均为 0，可以访问系统中的所有资源，较危险。

② 系统用户，UID 为 1~999，用于执行系统服务进程。系统服务进程通常不需要用户以 root 身份执行，系统会为其分配非特权用户，确保系统环境不受影响。

③ 普通用户，UID 从 1000 开始，是由管理员创建的用于日常工作的用户，只能访问系统的部分资源，从而保证系统环境的安全性。

需要注意的是，UID 是不能冲突的，而且管理员创建的普通用户的 UID 默认从 1000 开始（即使前面有闲置的号码）。

④ 查看 UID 可使用 id 指令进行处理，如使用 idroot 就会返回 root 用户。

为了方便管理属于同一组的用户，Linux 操作系统引入了用户组的概念。通过使用用户组号码，我们可以把多个用户加入同一个组，从而方便为组中的用户统一规划权限或分配指定的任务。假设一个公司有多个部门，每个部门有很多员工，如果只想让员工访问本部门内的资源，则可以针对部门而非具体的员工来设置权限，例如，可以通过对技术部门设置权限，使只有技术部门的员工可以访问公司的数据库信息等。

另外，在 Linux 操作系统中创建一个用户时，将自动创建一个与其同名的基本用户组，这个基本用户组只有该用户一个人，如果该用户以后被纳入其他用户组，则这个其他用户组被称为扩展用户组。一个用户只能有一个基本用户组，但是可以有多个扩展用户组，从而满足日常的工作需要。接下来，我们继续了解用户和组的相关文件及目录。

在 Linux 操作系统中，基于系统运行和管理需求，所有用户都可以访问 passwd 文件中的内容，但是只有 root 用户才能对文件内容进行更改，而/etc/passwd 文件用于保存用户的账号基本信息。

"/etc/passwd"文件的每行对应一个用户的账号记录，而每行各字段之间使用 ":" 分隔，共 7 个字段，如图 3-82 所示。

```
[root@techhost ~]# cat /etc/passwd
root:x:0:0:root:/root:/bin/bash
bin:x:1:1:bin:/bin:/sbin/nologin
daemon:x:2:2:daemon:/sbin:/sbin/nologin
adm:x:3:4:adm:/var/adm:/sbin/nologin
```

图 3-82 字段

字段 1：用户账号的名称。
字段 2：用户密码字符串或者密码占位符 "x"。
字段 3：用户账号的 UID。
字段 4：所属基本组账号的 GID。
字段 5：用户全名。
字段 6：宿主目录。
字段 7：登录 Shell 信息。

此处需要注意的是，在早期的 UNIX 操作系统中，用户账号的密码信息保存在 passwd 文件中，不法用户可以很容易地获取密码字段并进行暴力破解，因此存在一定的安全隐患，后来经过改进，将密码转存到专门的 shadow 文件中并严格控制，而 passwd 文件中仅保存密码占位符 "x"。

"/etc/shadow" 文件为文本文件，用于保存密码子串、密码有效期等信息。只有 root 用户可以对 "/etc/shadow" 文件进行读取，和 passwd 文件类似，shadow 文件中的每行字段之间用 ":" 分隔，共 9 个字段，如图 3-83 所示。

```
[root@techhost ~]# cat /etc/shadow
root:$6$WoOIRiu2$f7nAihNWA6QNkR5RFOZ/HJ7UeZBNPwa..aoEAKpmEJhABjggONsYd/uUTHr
bin:*:18344:0:99999:7:::
daemon:*:18344:0:99999:7:::
adm:*:18344:0:99999:7:::
lp:*:18344:0:99999:7:::
sync:*:18344:0:99999:7:::
```

图 3-83　字段

字段 1：用户账号的名称。
字段 2：加密的密码字符串信息。
字段 3：上次修改密码的时间。
字段 4：密码的最短有效天数，默认值为 0。
字段 5：密码的最长有效天数，默认值为 99999。
字段 6：提前多少天警告用户口令将过期，默认值为 7。
字段 7：在密码过期之后多少天禁用此用户。
字段 8：账号失效时间，默认值为空。
字段 9：保留字段（未使用）。

除了 passwd、shadow 文件，Linux 操作系统中还有一个组 "/etc/group"，用于保存组账号的基本信息，依旧使用 ":" 进行分割，共计 4 个字段，如图 3-84 所示。

```
[root@techhost ~]# cat /etc/group
root:x:0:
bin:x:1:
daemon:x:2:
sys:x:3:
adm:x:4:
```

图 3-84　字段

字段 1：组名。
字段 2：组密码（x），该字段存储的是用户组加密后的密码，一般很少用，用组密码的文件存放在/etc/gshadow 文件中。
字段 3：GID，和 UID 类似。
字段 4：组成员，属于这个组的所有用户的列表，不同用户之间用逗号隔开。

3.2.2 用户管理

1. useradd 命令

useradd 命令用于创建新的用户，格式为"useradd [选项] 用户名"。

用户可以使用 useradd 命令创建用户账户。使用该命令创建用户账户时，默认用户的家目录会被存放在/home 中，默认的 Shell 解释器为/bin/bash，而且会默认创建一个与该用户同名的基本用户组，这些默认设置可以根据表 3-28 中的 useradd 命令参数自行修改。

表 3-28 useradd 命令的参数及其作用

参数	作用
-d	指定用户的家目录（默认为/home/username）
-e	账户的到期时间，格式为 YYYY-MM-DD
-u	指定该用户的默认 UID
-g	指定一个初始的用户基本组（必须已存在）
-G	指定一个或多个扩展用户组
-N	不创建与用户同名的基本用户组
-s	指定该用户的默认 Shell 解释器
-c	为用户添加注释信息，即 "/etc/passwd" 文件中每条记录的第 5 个字段
-m	自动创建用户的主目录，若目录不存在，则自动创建
-M	不自动创建用户的目录

下面我们创建一个普通用户 test1，如图 3-85 所示。

[root@techhost ~]# useradd test1

```
[root@techhost ~]# useradd test1
```

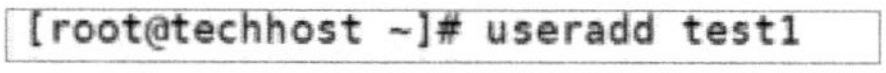

图 3-85 创建普通用户 test1

创建一个系统用户 test2，如图 3-86 所示。

[root@techhost ~]# useradd -r test2

```
[root@techhost ~]# useradd -r test2
```

图 3-86 创建系统用户 test2

查看 test1 和 test2 的账户信息，如图 3-87 所示。

[root@techhost ~]# id test1
uid=1000(test1)   gid=1000(test1) groups=1000(test1)
[root@techhost ~]# id test2
uid=989(test2)   gid=989(test2) groups=989(test2)

```
[root@techhost ~]# id test1
uid=1000(test1) gid=1000(test1) groups=1000(test1)
[root@techhost ~]# id test2
uid=989(test2) gid=989(test2) groups=989(test2)
```

图 3-87　查看账户信息

2．usermod 命令

usermod 命令用于修改用户的属性，格式为"usermod [选项] 用户名"。

Linux 操作系统中都是文件，因此创建用户则是修改配置文件的过程。用户的信息保存在/etc/passwd 文件中，可以直接用文本编辑器来修改其中的用户参数项目，也可以用 usermod 命令修改已经创建的用户信息，比如用户的 UID、基本/扩展用户组、默认终端等。usermod 命令的参数及其作用见表 3-29。

表 3-29　usermod 命令的参数及其作用

参数	作用
-c	填写用户账户的备注信息
-d –m	参数-m 与参数-d 连用，可重新指定用户的家目录并自动把旧的数据转移过去
-e	账户的到期时间，格式为 YYYY-MM-DD
-g	变更所属用户组
-G	变更扩展用户组
-L	锁定用户，禁止其登录系统
-U	解锁用户，允许其登录系统
-s	变更默认终端
-u	修改用户的 UID

例如，将图 3-85 中创建的用户 test1 加入 root 用户组，扩展组列表中则会出现 root 用户组的字样，而基本组不会受到影响，如图 3-88 所示。

```
[root@techhost ~]# usermod -G root test1
[root@techhost ~]# id test1
uid=1000(test1) gid=1000(test1) groups=1000(test1),0(root)
```

```
[root@techhost ~]# usermod -G root test1
[root@techhost ~]# id test1
uid=1000(test1) gid=1000(test1) groups=1000(test1),0(root)
```

图 3-88　root 用户组

使用-u 参数修改 test1 用户的 UID，如图 3-89 所示。

```
[root@techhost ~]# usermod -u 1001 test1
[root@techhost ~]# id test1
uid=1001(test1) gid=1000(test1) groups=1000(test1), 0(root)
```

```
[root@techhost ~]# usermod -u 1001 test1
[root@techhost ~]# id test1
uid=1001(test1) gid=1000(test1) groups=1000(test1),0(root)
```

图 3-89　修改用户的 UID

新建 tech 用户，指定 UID 为 4000，不允许登录，示例如下。

[root@techhost ~]# useradd -u 4000 -s /sbin/nologintech
[root@techhost ~]# id tech
uid=4000(tech) gid=4000(tech) groups=4000(tech)
[root@techhost ~]# cat /etc/passwd | grep tech
tech:x:4000:4000::/home/harry:/sbin/nologin
[root@techhost ~]#

3. passwd 命令

passwd 命令用于修改用户密码、过期时间、认证信息等，格式为"passwd [选项] [用户名]"。

普通用户只能使用 passwd 命令修改自身的系统密码，而 root 用户则有权限修改其他用户的密码，这表示 root 用户完全拥有该用户的管理权限。root 用户在 Linux 操作系统中修改密码时，用户不需要验证旧密码。passwd 命令的参数及其作用见表 3-30。

表 3-30 passwd 命令的参数及其作用

参数	作用
-l	锁定用户，禁止其登录
-u	解除锁定，允许用户登录
--stdin	允许通过标准输入修改用户密码，如 echo "NewPassword" | passwd --stdin Username
-d	该用户可以用空密码登录系统
-e	强制用户在下次登录时修改密码
-S	显示用户的密码是否被锁定，以及密码所采用的加密算法

接下来演示如何修改用户 test1 的密码，以及如何修改其他用户的密码（修改其他用户密码时，需要具有 root 权限），如图 3-90 所示。

[root@techhost ~]# passwd test1
Changing password for user test1.
New password:
Retype new password:
passwd: all authentication tokens updated successfully.

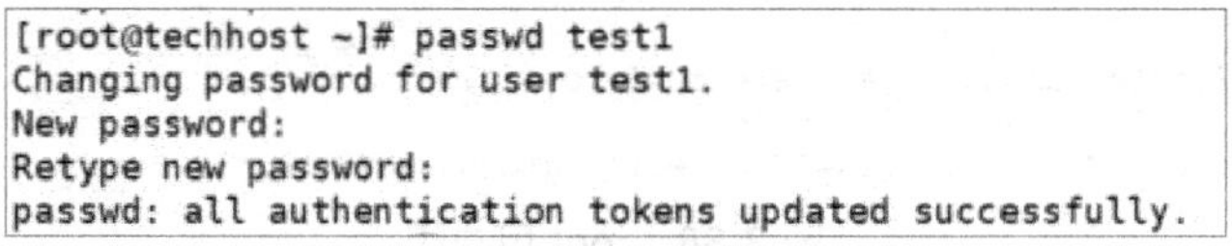

```
[root@techhost ~]# passwd test1
Changing password for user test1.
New password:
Retype new password:
passwd: all authentication tokens updated successfully.
```

图 3-90 修改密码

显示账号密码信息，如图 3-91 所示。

[root@techhost ~]# passwd -S test1
test1 PS 2021-05-05 0 99999 7   -1 (Password set, SHA512 crypt.)

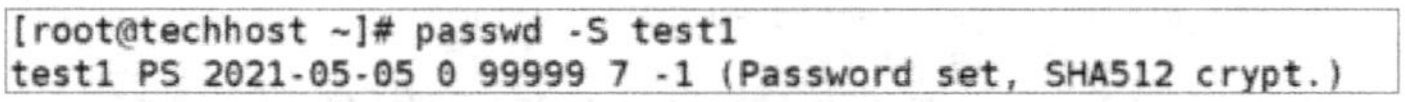

```
[root@techhost ~]# passwd -S test1
test1 PS 2021-05-05 0 99999 7 -1 (Password set, SHA512 crypt.)
```

图 3-91 显示账号密码信息

4．userdel 命令

userdel 命令用于删除用户，格式为"userdel [选项] 用户名"。

如果确认某位用户后续不再登录系统，则可以通过 userdel 命令删除该用户的所有信息。在执行删除操作时，该用户的家目录会默认保留下来，此时可以使用-r 参数将家目录删除。userdel 命令的参数及其作用见表 3-31。

表 3-31 userdel 命令的参数及其作用

参数	作用
-f	强制删除用户
-r	同时删除用户及用户家目录

下面使用 userdel 命令将 test1 用户删除，其操作如下，如图 3-92 所示。

[root@techhost ~]# id test1
uid=1001(test1) gid=1000(test1) groups=1000(test1),0(root)
[root@techhost ~]# userdel -r test1
[root@techhost ~]# id test1
id: 'test1': no such user

```
[root@techhost ~]# id test1
uid=1001(test1) gid=1000(test1) groups=1000(test1),0(root)
[root@techhost ~]# userdel -r test1
[root@techhost ~]# id test1
id: 'test1': no such user
```

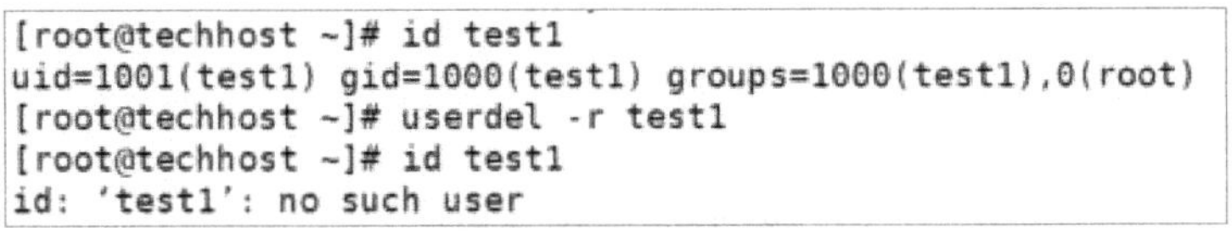

图 3-92 删除 test 1 用户

5．chage 命令

chage 命令用于密码时效管理，该命令用来修改账号密码的有效期限，比如使用 chage 命令更改与上次密码更改日期之间的天数，系统使用此信息来确定用户何时必须更改密码，chage 命令的语法格式为"chage[options]用户"，参数及其作用见表 3-32。

表 3-32 chage 命令的参数及其作用

参数	作用
-d	指定密码最后修改日期
-E	密码到期的日期，过了此日期，此账号将不可用，0 表示马上过期，-1 表示永不过期
-h	显示帮助信息并退出
-I	密码过期后，锁定账号的天数
-l	列出用户及密码的有效期
-m	密码可更改的最小天数，数字为 0 代表任何时候都可以更改密码
-M	密码保持有效的最大天数
-W	密码过期前，提前收到警告信息的天数

手册帮助信息如图 3-93 所示。

```
[root@techhost ~]# chage --help
Usage: chage [options] LOGIN

Options:
  -d, --lastday LAST_DAY        set date of last password change to LAST_DAY
  -E, --expiredate EXPIRE_DATE  set account expiration date to EXPIRE_DATE
  -h, --help                    display this help message and exit
  -I, --inactive INACTIVE       set password inactive after expiration
                                to INACTIVE
  -l, --list                    show account aging information
  -m, --mindays MIN_DAYS        set minimum number of days before password
                                change to MIN_DAYS
  -M, --maxdays MAX_DAYS        set maximum number of days before password
                                change to MAX_DAYS
  -R, --root CHROOT_DIR         directory to chroot into
  -W, --warndays WARN_DAYS      set expiration warning days to WARN_DAYS

[root@techhost ~]#
```

图 3-93　手册帮助信息

在创建用户的时候可以通过编辑"/etc/login.defs"文件来设定参数,如图 3-94 所示。

```
[root@techhost ~]# cat /etc/login.defs
# *REQUIRED*
#   Directory where mailboxes reside, _or_ name of file, relative to the
#   home directory.  If you _do_ define both, MAIL_DIR takes precedence.
#   QMAIL_DIR is for Qmail
#
#QMAIL_DIR      Maildir
MAIL_DIR        /var/spool/mail
#MAIL_FILE      .mail

# Password aging controls:
#
#       PASS_MAX_DAYS   Maximum number of days a password may be used.
#       PASS_MIN_DAYS   Minimum number of days allowed between password changes.
#       PASS_MIN_LEN    Minimum acceptable password length.
#       PASS_WARN_AGE   Number of days warning given before a password expires.
#
PASS_MAX_DAYS   99999
PASS_MIN_DAYS   0
PASS_MIN_LEN    5
PASS_WARN_AGE   7
```

图 3-94　设定参数

修改配置文件,仅对之后新建用户起作用,而目前系统已经存在的用户,则需要使用 chage 命令进行配置,以 test1 用户为例,如图 3-95 所示。

[root@techhost ~]# chage -l test1

```
[root@techhost ~]# chage -l test1
Last password change                                    : May 11, 2021
Password expires                                        : never
Password inactive                                       : never
Account expires                                         : never
Minimum number of days between password change          : 0
Maximum number of days between password change          : 99999
Number of days of warning before password expires       : 7
[root@techhost ~]#
```

图 3-95　使用 chage 命令配置

图 3-95 对应的中文解释如下。

> 最近一次密码修改时间:2021 年 5 月 11 日
> 密码过期时间:从不
> 密码失效时间:从不
> 账户过期时间:从不
> 两次改变密码之间相距的最小天数:0

```
两次改变密码之间相距的最大天数：99999
在密码过期之前警告的天数：7
```

通过以下命令对密码过期时间进行修改，如图 3-96 所示。

```
[root@techhost ~]# chage -M 60 test1
[root@techhost ~]# chage -l test1
Last password change                                    : May 11, 2021
Password expires                                        : Jul 10, 2021
Password inactive                                       : never
Account expires                                         : never
Minimum number of days between password change          : 0
Maximum number of days between password change          : 60
Number of days of warning before password expires       : 7
```

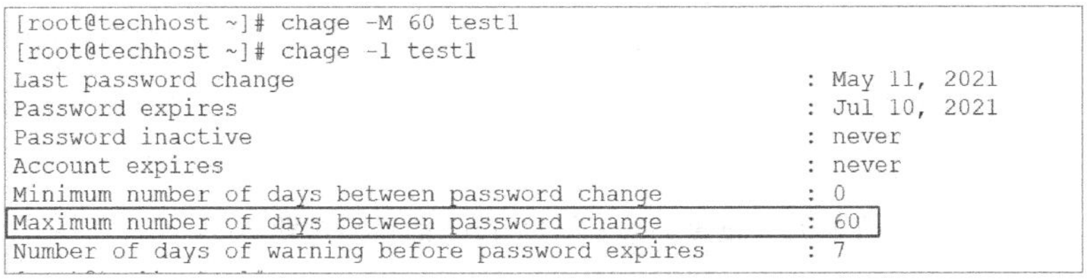

```
[root@techhost ~]# chage -M 60 test1
[root@techhost ~]# chage -l test1
Last password change                                    : May 11, 2021
Password expires                                        : Jul 10, 2021
Password inactive                                       : never
Account expires                                         : never
Minimum number of days between password change          : 0
Maximum number of days between password change          : 60
Number of days of warning before password expires       : 7
```

图 3-96　修改密码过期时间命令

也可以通过以下命令设置密码失效时间，如图 3-97 所示。

```
[root@techhost ~]# chage -I 5 test1
[root@techhost ~]# chage -l test1
Last password change                                    : May 11, 2021
Password expires                                        : Jul 10, 2021
Password inactive                                       : Jul 15, 2021
Account expires                                         : never
Minimum number of days between password change          : 0
Maximum number of days between password change          : 60
Number of days of warning before password expires       : 7
[root@techhost ~]#
```

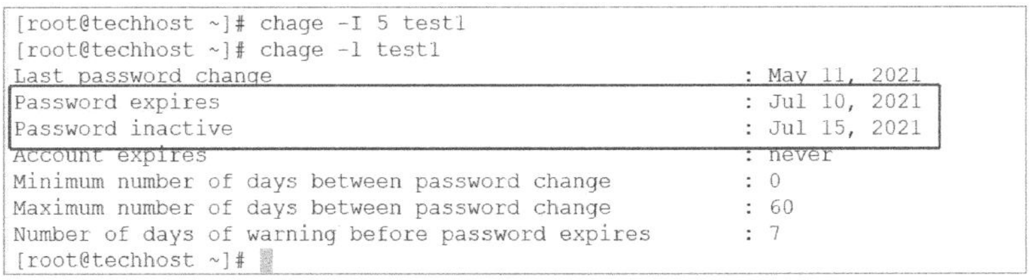

```
[root@techhost ~]# chage -I 5 test1
[root@techhost ~]# chage -l test1
Last password change                                    : May 11, 2021
Password expires                                        : Jul 10, 2021
Password inactive                                       : Jul 15, 2021
Account expires                                         : never
Minimum number of days between password change          : 0
Maximum number of days between password change          : 60
Number of days of warning before password expires       : 7
[root@techhost ~]#
```

图 3-97　设置密码失效时间命令

从上述命令中可以看到，在密码过期 5 天后，密码自动失效，test1 用户将无法登录系统。

接下来将 test1 用户的密码设置为在 90 天后过期、至少 7 天后才能修改密码、密码过期前 7 天开始收到警告信息，如图 3-98 所示。

```
[root@techhost ~]# chage -M 90 -m 7 -M 7 test1
```

```
[root@techhost ~]# chage  -l  test1
Last password change                              : May 11, 2021
Password expires                                  : May 18, 2021
Password inactive                                 : May 23, 2021
Account expires                                   : never
Minimum number of days between password change    : 7
Maximum number of days between password change    : 7
Number of days of warning before password expires : 7
[root@techhost ~]#
```

```
[root@techhost ~]# chage -M 90 -m 7 -M 7 test1
[root@techhost ~]# chage -l test1
Last password change                              : May 11, 2021
Password expires                                  : May 18, 2021
Password inactive                                 : May 23, 2021
Account expires                                   : never
Minimum number of days between password change    : 7
Maximum number of days between password change    : 7
Number of days of warning before password expires : 7
[root@techhost ~]#
```

图 3-98　设置 test 1 用户 90 天后密码过期命令

也可以强制新建用户第一次登录时修改密码，如图 3-99 所示。

```
[root@techhost ~]# chage  -d  0  test1
[root@techhost ~]# chage  -l  test1
Last password change                              : password must be changed
Password expires                                  : password must be changed
Password inactive                                 : password must be changed
Account expires                                   : never
Minimum number of days between password change    : 7
Maximum number of days between password change    : 7
Number of days of warning before password expires : 7
[root@techhost ~]#
```

```
[root@techhost ~]# chage -d 0 test1
[root@techhost ~]# chage -l test1
Last password change                              : password must be changed
Password expires                                  : password must be changed
Password inactive                                 : password must be changed
Account expires                                   : never
Minimum number of days between password change    : 7
Maximum number of days between password change    : 7
Number of days of warning before password expires : 7
```

图 3-99　强制修改密码命令

3.2.3　组管理

1. groupadd 命令

groupadd 命令用于创建用户组，其格式为"groupadd [选项] 群组名"，参数及其作用见表 3-33。

表 3-33 groupadd 命令的参数及其作用

参数	作用
-g	指定新建工作组的 ID
-r	创建系统工作组，系统工作组的组 ID 小于 500
-K	覆盖配置文件"/ect/login.defs"
-o	允许添加组 ID 不唯一的工作组
-f,--force	如果指定的组已经存在，用此选项将仅以成功状态退出。当与 -g 一起使用，并且指定的 GID_MIN 已经存在时，选择另一个唯一的 GID（即-g 关闭）

为了能够更加高效地指派系统中各个用户的权限，我们在工作中常常会把几个用户加入同一个组，这样便可以针对一组用户统一安排权限。创建用户组的步骤非常简单，例如使用下面命令创建一个 techgroup 用户组，如图 3-100 所示。

[root@techhost ~]# groupadd techgroup
[root@techhost ~]# cat /etc/group
group   group-
[root@techhost ~]# cat /etc/group | grep tech
techgroup:x:1001:
[root@techhost ~]#

```
[root@techhost ~]# groupadd techgroup
[root@techhost ~]# cat /etc/group
group   group-
[root@techhost ~]# cat /etc/group | grep tech
techgroup:x:1001:
[root@techhost ~]#
```

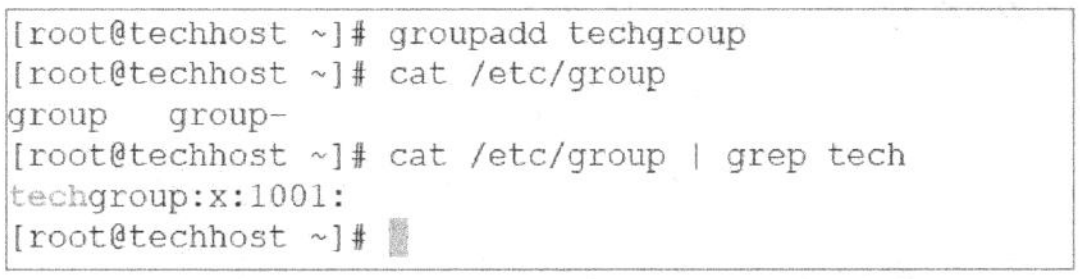

图 3-100 创建 techgroup 用户组

2．groupmod 命令

groupmod 命令用于修改组信息，其语法格式为"groupmod[选项]组名"，其常见的选项及其作用见表 3-34。

表 3-34 groupmod 命令常见的选项及其作用

选项	说明
-g	修改 GID
-o	允许多个不同的组使用相同的 GID 号
-n	修改组名

使用 groupmod 命令示例如下。

[root@techhost ~]# cat /etc/group | grep tech
techgroup:x:1001:
[root@techhost ~]# groupmod -g 10000 techgroup
[root@techhost ~]# cat /etc/group | grep tech
techgroup:x:10000:
[root@techhost ~]#
[root@techhost ~]# groupmod -n group testtechgroup

```
[root@techhost ~]# cat /etc/group | grep grouptest
grouptest:x:10000:
[root@techhost ~]#
```

3．groupdel 命令

groupdel 命令的作用是删除群组 ID。不过需要注意，在删除群组之前，要先将该群组的 Primary 用户删除。Primary 用户就是/etc/passwd 中 GID 设定为这个群组的 GID 的用户。groupdel 命令的格式为"groupdel [群组名称]"。

示例效果如图 3-101 所示。

```
[root@techhost ~]# groupadd techgroup
[root@techhost ~]# groupdel techgroup
[root@techhost ~]#
```

```
[root@techhost ~]# groupadd techgroup
[root@techhost ~]# groupdel techgroup
[root@techhost ~]#
```

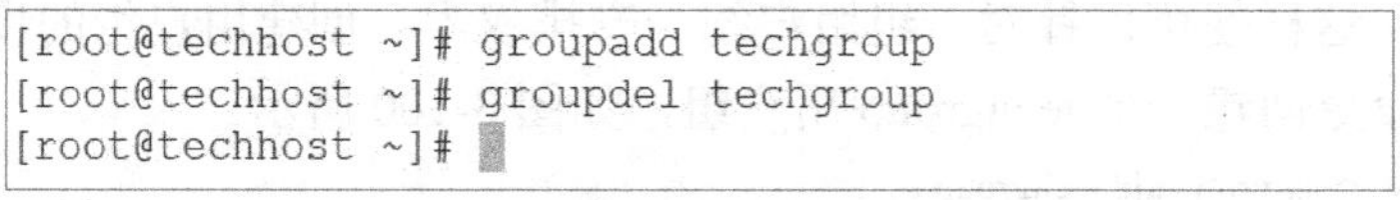

图 3-101　示例效果

课后习题

1．在 OpenEuler 操作系统中，root 是谁？

答：是 UID 为 0 的用户，默认是管理员。

2．如何使用 Linux 操作系统的命令行来添加或删除用户？

答：添加和删除用户的命令分别是 useradd 与 userdel。

3．如何使用 Linux 操作系统的命令行来添加或删除组？

答：添加和删除组的命令是 groupadd 与 groupdel。

3.3　权限管理

与 Windows 操作系统不一样的是，在 OpenEuler 操作系统（或者说类 UNIX 操作系统）中，每一个文件都附加了很多属性，尤其是群组的概念，其最大的用途是"保证安全性"。Linux 操作系统中一切皆文件，针对这些文件，用户是否可以进行操作，这就涉及权限问题。

Linux 操作系统可将文件访问权限分为三大类，即读、写、执行，对应的简写字母为 r、w、x，也可以使用八进制数字对应，分别为 4、2、1。

除了文件访问权限，还应有文件的归属权限，即这个文件归属于哪个用户（属主权限），归属于哪个组（属组权限）以及其他用户的权限。而对于某一个文件来说，应确定这个文件的属主拥有什么权限，属组拥有什么权限，其他用户拥有什么权限。文件/目录的权限和归属权限对应关系如图 3-102 所示。

权限项	读	写	执行	读	写	执行	读	写	执行
字符表示	r	w	x	r	w	x	r	w	x
数字表示	4	2	1	4	2	1	4	2	1
权限分配	文件所有者			文件所属组			其他用户		

r	w	-	r	-	-	r	-	-
4	2	0	4	0	0	4	0	0
6			4			4		

图 3-102　文件/目录的权限和归属

使用 ls -l 命令可以查看文件的权限，如图 3-103 所示。

图 3-103　文件基本权限

图 3-104 列出了 /etc/hosts 文件的权限，并将 hosts 文件的权限每三个划分为一组，原始表示方法为 rw-r--r--，分组后为 rw、r--、r--，此处的 "-" 代表没有权限。此时该文件的权限可以表述为 hosts 文件属主的权限为读写、属组的权限为只读、其他用户的权限为只读。但是这种描述比较烦琐，对此可以借助图 3-102 中的八进制数 644，轻松地描述一个文件的权限。描述 hosts 文件权限的时候，最前面的 "-" 代表文件的类型，说明这是一个普通文件，d 代表这是字符文件，l 代表这是一个链接文件等。

图 3-104　权限划分

在对文件权限进行管理时，分别使用以下字母中的任意一个或者多个指定权限操作对象。

① u：代表属主（user），即文件或者目录的所有者。
② g：代表属组（group），即文件或者目录的属组权限。
③ o：代表其他用户（other），即文件所有者和文件所属组以外的其他用户。
④ a：代表所有人（all），即所有人的权限。

3.3.1 查看文件权限

如何针对 Linux 操作系统的用户与群组来设定该文件的权限十分重要，因为文件的权限与属性是学习 Linux 操作系统的一个重要关卡。

要了解文件属性，了解 list 文件的 ls 指令非常重要。在以 root 身份登入 Linux 操作系统之后，输入 ls -al，会看到以下内容，如图 3-105 所示。

```
[root@techhost ～]# ls   -al
total 68
dr-xr-x---.   7   root   root   4096   May   5 11:25 .
dr-xr-xr-x.  20   root   root   4096   May   5 10:06 ..
-rw-------    1   root   root   114    May   5 10:50 a.txt
-rw-------    1   root   root   2857   May   5 15:33 .bash_history
-rw-r--r--.   1   root   root   18     Oct   29   2019 .bash_logout
-rw-r--r--.   1   root   root   176    Oct   29   2019 .bash_profile
-rw-r--r--.   1   root   root   176    Oct   29   2019 .bashrc
drwx------    3   root   root   4096   May   18   2020 .cache
drwx------    3   root   root   4096   May   4 21:13 .config
-rw-r--r--.   1   root   root   100    Oct   29   2019 .cshrc
drwx------    3   root   root   4096   May   5 11:15 .emacs.d
-rw-------    1   root   root   31     May   5 11:25 file.txt
-rw-------    1   root   root   29     May   5 11:19 file.txt～
drwx------    2   root   root   4096   May   4 20:36 .ssh
-rw-r--r--.   1   root   root   129    Oct   29   2019 .tcshrc
drwx------    3   root   root   4096   May   4 21:47 test
-rw-------    1   root   root   1157   May   5 10:50 .viminfo
```

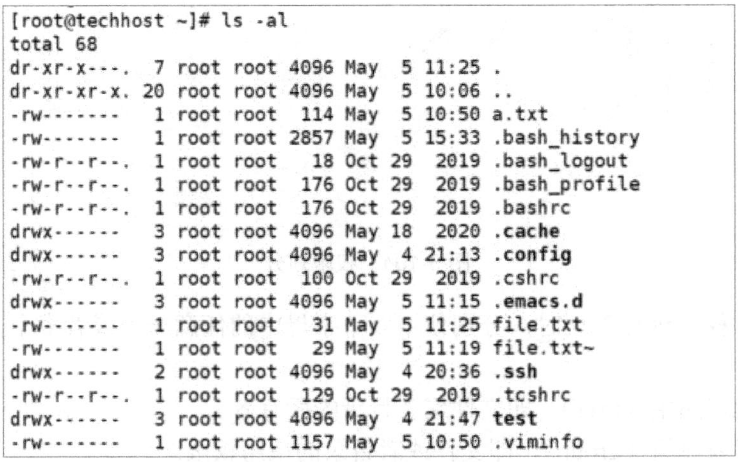

```
[root@techhost ~]# ls -al
total 68
dr-xr-x---.  7 root root 4096 May  5 11:25 .
dr-xr-xr-x. 20 root root 4096 May  5 10:06 ..
-rw-------   1 root root  114 May  5 10:50 a.txt
-rw-------   1 root root 2857 May  5 15:33 .bash_history
-rw-r--r--.  1 root root   18 Oct 29  2019 .bash_logout
-rw-r--r--.  1 root root  176 Oct 29  2019 .bash_profile
-rw-r--r--.  1 root root  176 Oct 29  2019 .bashrc
drwx------   3 root root 4096 May 18  2020 .cache
drwx------   3 root root 4096 May  4 21:13 .config
-rw-r--r--.  1 root root  100 Oct 29  2019 .cshrc
drwx------   3 root root 4096 May  5 11:15 .emacs.d
-rw-------   1 root root   31 May  5 11:25 file.txt
-rw-------   1 root root   29 May  5 11:19 file.txt~
drwx------   2 root root 4096 May  4 20:36 .ssh
-rw-r--r--.  1 root root  129 Oct 29  2019 .tcshrc
drwx------   3 root root 4096 May  4 21:47 test
-rw-------   1 root root 1157 May  5 10:50 .viminfo
```

图 3-105　输入 ls-al 命令

ls 是 list 的意思，参数-al 表示列出所有的文件，包含隐藏文档，即文件名前第一个字符为"."的文件。如图 3-105 所示，在第一次以 root 身份登录 Linux 操作系统时，输入指令后，应该显示上列内容，图 3-106 解释了上面 7 个字段的意思。

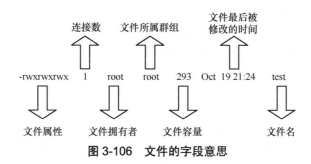

图 3-106　文件的字段意思

① 文件属性一栏中，共有 10 个属性，第一个属性代表文件是目录、文件或链接文件，具体如下。

若为[d]，则是目录，例如上面的 tmp/行。

若为[-]，则是文件，例如上面的 bashrc 行。

若为[l]，则表示为链接文件。

若为[b]，则表示为设备文件中可供存储的接口设备。

若为[c]，则表示为设备文件中的串行端口设备，例如键盘、鼠标。

接下来的属性每三个为一组，且均为"rwx"的组合形式：[r]代表读；[w]代表写；[x]代表执行；[-]代表占位符号，无此权限。

如果不具备某个属性，则相应的字母会被删掉，例如，如果仅有读写能力，没有执行能力，那么 x 会被删掉，成为[rw-]。

从图 3-106 中我们可以看出，第一组[rwx]为"拥有者的权限"，该文件的拥有者可以读写及执行；第二组[rwx]为"群组的权限"，该文件的拥有者属于同一群组的用户，均可读写及执行；第三组[rwx]为"其他非本群组的用户的权限"，其他用户均可读写与执行。

示例，若有一个文件的属性为-rwxr-xr-，则说明：

（a）这个文档为一个常规文件；

（b）拥有者的权限为读、写及执行；

（c）群组的权限为读和执行，但不可写；

（d）其他用户的权限为只读。

② 第二栏表示链接占用的节点，即 i-node。若为目录，通常与该目录下有多少子目录有关。

③ 第三栏表示文件（或目录）的"拥有者"。

④ 第四栏表示拥有者的群组。

⑤ 第五栏为文件的大小。

⑥ 第六栏为文件的建档日期或最近的修改日期。请注意，如果以繁体中文安装 Linux 操作系统，那么默认的语言可能会被改为中文。但由于中文无法显示在文字界面的终端机上，因此这一栏会变为乱码，这时需要修改/etc/sysconfieg/il8n 文件，将其中的

"LC_TIME"改为"LC_TIME=en",保存后退出,重新登入一次,就可以得到英文形式的日期。

⑦ 第七栏为文件名。如果文件名前多一个".",则表明这个文件为"隐藏文档",例如".bashrc_history"。由于下一个参数为 ls -al,因此隐藏文档也会被列出来,但如果只输入 ls,则文件名带有"."的文件就不会被显示出来。

3.3.2 文件与目录权限

一个文件有若干属性,如 r、w、x 等基本属性,以及目录、文件或链接文件等属性。Linux 操作系统可以设定其他的系统安全属性(使用 chatr 设定,使用 lsatr 查看),其中最重要的就是可以设定不可修改的属性,甚至文件的拥有者都不能修改。这个属性相当重要,尤其是在安全方面。

修改属性的方法在前面小节已经简单介绍,下面再做一些补充。

chown——改变文件的拥有者。
chgrp——改变文件的所属群组。
chmod——改变文件的写、读、执行等属性。
umask——改变建立文件或目录时预设的属性。
chattr——改变文件的特殊属性。
lsattr——显示文件的特殊属性。

文件权限对于系统的安全十分重要,以下简单介绍一些可修改文件权限的命令。

1. chgrp 命令

chgrp 是 change group(改变群组)的缩写,使用 chgrp 指令可以改变一个文件的群组。chgrp 命令的格式为"chgrp[群组名称] [文件或目录]"。

例如,在改变 tech05.txt 的群组之前,它属于 root,如图 3-107 所示。

[root@techhost ~]# ls   -la   tech05.txt
-rw-r--r-- 1 root root 114 May   6 09:10 tech05.txt

图 3-107 改变 tech05.txt 群组前

改变 tech05.txt 的群组为 grp1,如图 3-108 所示。

[root@techhost ~]#   chgrp grp1 tech05.txt
[root@techhost ~]# ls   -la   tech05.txt
-rw-r--r-- 1   root   grp1 114 May   6 09:10 tech05.txt

图 3-108 改变 tech05.txt 群组后

2. chown 命令

chown 命令可以改变文件的拥有者。要注意的是，文件的拥有者必须已经存在于系统中，且拥有者名称在/etc/passwd 文件中存在。chown 命令还可以直接修改群组的名称。此外，如果要同时更改目录下的所有子目录或文件的拥有者，直接加-R 参数即可。

chown 命令的格式如下。

chown[-R]属主：文件或目录 #修改文件或目录的属主。
chown[-R]属组：文件或目录 #修改文件或目录的属组。
chown[-R]属主：属组 文件或目录 #修改文件或目录的属主和属组。

此处-R 代表递归修改整个目录树的归属权限。

示例效果如图 3-109 所示。

```
[root@techhost ~]# echo "Helle world">> tech_05.txt
[root@techhost ~]# ll tech_05.txt
-rw------- 1 root root 12 May 11 22:11 tech_05.txt
[root@techhost ~]# useradd tech
[root@techhost ~]# groupadd techgroup
[root@techhost ~]# chown tech tech_05.txt
[root@techhost ~]# ll tech_05.txt
-rw------- 1 tech root 12 May 11 22:11 tech_05.txt
[root@techhost ~]#
[root@techhost ~]# chown :techgroup tech_05.txt
[root@techhost ~]# ll tech_05.txt
-rw------- 1 tech techgroup 12 May 11 22:11 tech_05.txt
[root@techhost ~]#
[root@techhost ~]# chown root:root tech_05.txt
[root@techhost ~]# ll tech_05.txt
-rw------- 1 root root 12 May 11 22:11 tech_05.txt
[root@techhost ~]#
```

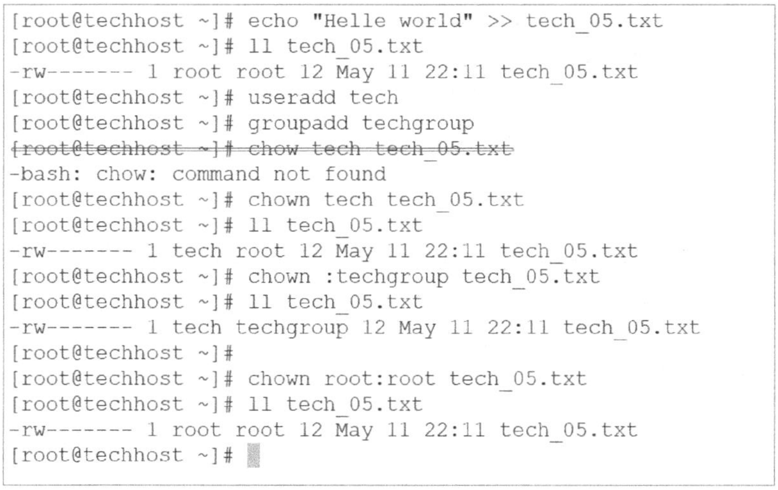

```
[root@techhost ~]# echo "Helle world" >> tech_05.txt
[root@techhost ~]# ll tech_05.txt
-rw------- 1 root root 12 May 11 22:11 tech_05.txt
[root@techhost ~]# useradd tech
[root@techhost ~]# groupadd techgroup
[root@techhost ~]# chow tech tech_05.txt
-bash: chow: command not found
[root@techhost ~]# chown tech tech_05.txt
[root@techhost ~]# ll tech_05.txt
-rw------- 1 tech root 12 May 11 22:11 tech_05.txt
[root@techhost ~]# chown :techgroup tech_05.txt
[root@techhost ~]# ll tech_05.txt
-rw------- 1 tech techgroup 12 May 11 22:11 tech_05.txt
[root@techhost ~]#
[root@techhost ~]# chown root:root tech_05.txt
[root@techhost ~]# ll tech_05.txt
-rw------- 1 root root 12 May 11 22:11 tech_05.txt
[root@techhost ~]#
```

图 3-109 示例效果

3. chmod 命令

chmod 命令是一个非常实用的命令,能够用来设置文件或目录的权限,格式为"chmod [参数] 权限 文件或目录名称"。如果要把一个文件的权限设置成其所有者读写及执行、所属组读写、其他用户没有任何权限,则相应的字符法表示为 rwxrw----,其对应的数字法表示为 760。chmod 命令格式如图 3-110 所示。

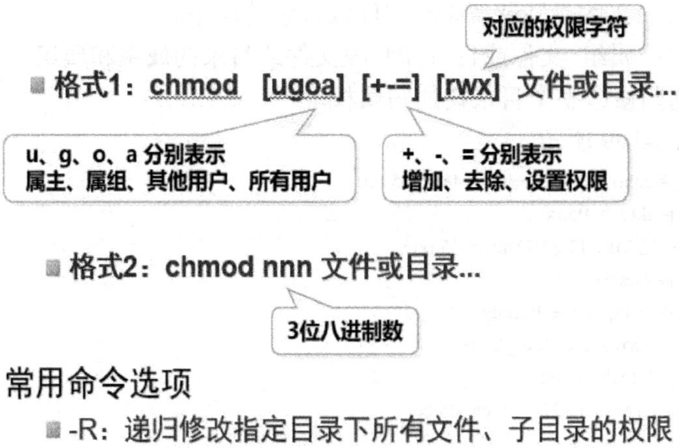

- 格式1:chmod [ugoa] [+-=] [rwx] 文件或目录...
  - u、g、o、a 分别表示 属主、属组、其他用户、所有用户
  - +、-、= 分别表示 增加、去除、设置权限
  - 对应的权限字符

- 格式2:chmod nnn 文件或目录...
  - 3位八进制数

常用命令选项
- -R:递归修改指定目录下所有文件、子目录的权限

图 3-110 chmod 命令格式

chmod 命令的具体操作如图 3-111 所示。

```
[root@techhost ~]# ll tech_05.txt
-rw------- 1 root root 12 May 11 22:11 tech_05.txt
[root@techhost ~]# chmod u+x,g+rw,o+r tech_05.txt
[root@techhost ~]# ll tech_05.txt
-rwxrw-r-- 1 root root 12 May 11 22:11 tech_05.txt
[root@techhost ~]# chmod u-x,g-w tech_05.txt
[root@techhost ~]# ll tech_05.txt
-rw-r--r-- 1 root root 12 May 11 22:11 tech_05.txt
[root@techhost ~]#
[root@techhost ~]# chmod 644 tech_05.txt
[root@techhost ~]# ll tech_05.txt
-rw-r--r-- 1 root root 12 May 11 22:11 tech_05.txt
[root@techhost ~]# chmod 755 tech_05.txt
[root@techhost ~]# ll tech_05.txt
-rwxr-xr-x 1 root root 12 May 11 22:11 tech_05.txt
[root@techhost ~]# chmod 644 tech_05.txt
[root@techhost ~]# ll tech_05.txt
-rw-r--r-- 1 root root 12 May 11 22:11 tech_05.txt
[root@techhost ~]#
```

```
[root@techhost ~]# ll tech_05.txt
-rw------- 1 root root 12 May 11 22:11 tech_05.txt
[root@techhost ~]# chmod u+x,g+rw,o+r tech_05.txt
[root@techhost ~]# ll tech_05.txt
-rwxrw-r-- 1 root root 12 May 11 22:11 tech_05.txt
[root@techhost ~]# chmod u-x,g-w tech_05.txt
[root@techhost ~]# ll tech_05.txt
-rw-r--r-- 1 root root 12 May 11 22:11 tech_05.txt
[root@techhost ~]#
[root@techhost ~]# chmod 644 tech_05.txt
[root@techhost ~]# ll tech_05.txt
-rw-r--r-- 1 root root 12 May 11 22:11 tech_05.txt
[root@techhost ~]# chmod 755 tech_05.txt
[root@techhost ~]# ll tech_05.txt
-rwxr-xr-x 1 root root 12 May 11 22:11 tech_05.txt
[root@techhost ~]# chmod 644 tech_05.txt
[root@techhost ~]# ll tech_05.txt
-rw-r--r-- 1 root root 12 May 11 22:11 tech_05.txt
[root@techhost ~]#
```

图 3-111　chmod 命令具体操作

4．umask 掩码

在 Linux 操作系统中，每个用户都有一个用户掩码 umask，而每个用户所创建的文件或者目录的默认权限都由 unmak 掩码所决定。要想查看 umask 数值，直接输入 umask 即可，要设定其值，需在 umask 之后接三个数字，这三个数字的确定主要和文件属性有关，同时参考下面的规则。

- 若用户建立的是"文件"，则默认没有 x 项，即只有 rw 这两项，则数字最大为 666（-rw-rw-rw）；
- 若用户建立的是"目录"，因为 x 项与是否可以进入此目录有关，所以默认为所有权限均开放，即 777（drwxrwxrwx）。

umask 指定的是"该默认值需要取消的权限"，因为 r、w、x 分别是 4、2、1，所以如果取消写权限，则输入 2；如果取消读权限，则输入 4；如果取消读与写权限，则输入 6；如果取消执行与写权限，则输入 3；如果取消读与执行权限，则输入 5。如果以图 3-112 返回结果示例来说明（umask 为 002），那么当用户：

- 建立文件时，666-002 ==>（-rw-rw-rw-）-（----r--）==>-rw-rw-r--；
- 建立目录时，777-002==>（drwxrwxrwx）-（----w-）==>drwxrwxr-x。

如果想验证结果，则输入 touch test，然后看这个 test 的文件属性。如果想查看用户当前的 umask，则直接输入 umask，如图 3-112 所示。

```
[root@techhost ~]# umask
0077
[root@techhost ~]# ll tech_05.txt
-rw-r--r-- 1 root root 12 May 11 22:11 tech_05.txt
[root@techhost ~]# mkdir techdir
[root@techhost ~]# ll
total 8.0K
-rw-r--r-- 1 root root    12 May 11 22:11 tech_05.txt
drwx------ 2 root root 4.0K May 11 22:25 techdir
[root@techhost ~]# umask 0100
[root@techhost ~]# touch test.txt
```

```
[root@techhost ~]# mkdir test
[root@techhost ~]# ll
total 12K
-rw-r--r-- 1 root root     12 May 11 22:11 tech_05.txt
drwx------ 2 root root 4.0K May 11 22:25 techdir
drw-rwxrwx 2 root root 4.0K May 11 22:25 test
-rw-rw-rw- 1 root root      0 May 11 22:25 test.txt
[root@techhost ~]#
```

```
[root@techhost ~]# umask
0077
[root@techhost ~]# ll tech_05.txt
-rw-r--r-- 1 root root 12 May 11 22:11 tech_05.txt
[root@techhost ~]# mkdir techdir
[root@techhost ~]# ll
total 8.0K
-rw-r--r-- 1 root root     12 May 11 22:11 tech_05.txt
drwx------ 2 root root 4.0K May 11 22:25 techdir
[root@techhost ~]# umask 0100
[root@techhost ~]# touch test.txt
[root@techhost ~]# mkdir test
[root@techhost ~]# ll
total 12K
-rw-r--r-- 1 root root     12 May 11 22:11 tech_05.txt
drwx------ 2 root root 4.0K May 11 22:25 techdir
drw-rwxrwx 2 root root 4.0K May 11 22:25 test
-rw-rw-rw- 1 root root      0 May 11 22:25 test.txt
[root@techhost ~]#
```

图 3-112　查看用户当前的 umask

通过以上操作可以发现属性有所改变，这体现了 umask 的用途。umask 可以在/etc/bashrc 中修改，在默认情况下，OpenEuler 操作系统的 umask 为 0077，因为可写权限很重要，所以一般情况下都会取消这个权限。此外，因为 root 比较重要，所以为了安全起见，其同群组的写入属性也会被取消，这样可在一定程度上提高系统的安全性。

5．chattr 命令

chattr 命令的格式为"chattr[+-=][ASacdijsu][文件或目录名称]"。

参数说明如下。

① +、-、=：分别为"+"（增加）、"-"（减少）、"="（设定）属性。

② A：当设定了属性 A，文件（或目录）的存取时间将不可被修改，可避免诸如手提电脑产生磁盘 I/O 错误的情况。

③ S：类似 sync 命令，将数据同步写入磁盘中，可以有效避免数据流失。

④ a：设定 a 后，这个文件将只能增加数据而不能删除数据，只有 root 才能设定这个属性。

⑤ c：设定 c 后，将会自动将此文件压缩，在读取时自动解压缩，但是在存储的时候会先进行压缩再存储（对于大文件很有用）。

⑥ d：当备份程序被执行，设定 d 属性将可使该文件（或目录）具有备份功效。

⑦ i：一个文件不能被删除、更名、设定链接，也无法写入或新增数据，可保障系统的安全性。

⑧ j：当使用 ext3 文件系统格式时，设定属性将使文件在写入时先记录在日志中，但是当 filesystem 设定参数为 data-journalled 时，因为已经设定了日志，所以这个属性无效。

⑨ s：当文件设定了 s 参数时，它会被完全移出硬盘空间。

⑩ u：与 s 相反，当使用 u 参数配置文件时，数据内容其实还存在于磁盘中，可以用 u 参数来取消删除。

示例，设置无法改动此文件的命令和解除该属性，如图 3-113 所示。

```
[root@techhost ~]# chattr +i /etc/shadow
[root@techhost ~]# chattr -i /etc/shadow
[root@techhost ~]#
```

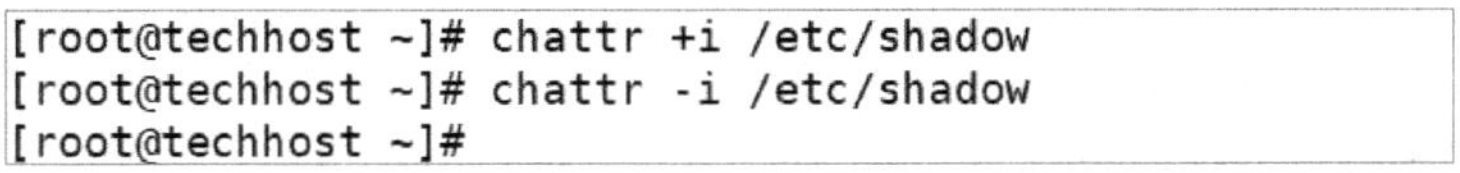

图 3-113　示例效果

chattr 指令比较重要，尤其是在系统安全方面。在上面的参数中，最重要的是 i 参数，它可以让一个文件无法被更改，这对于对系统安全性要求很高的用户来说相当重要。还有很多参数只有 root 才能设定。此外，如果是日志等登录文档，就需要加 a 这个可以增加但不能被删除的参数。

6．lsattr 命令

使用 chattr 命令配置文件或目录的隐藏属性后，可以使用 lsattr 命令显示文件或目录的隐藏属性。lsattr 命令的格式为 "lsattr[-aR]"。

lsattr 参数说明如下。

① -a：将隐藏文件的属性显示出来。

② -R：连同子目录的数据一并显示出来。

例如，使用 lsattr 命令显示文件属性，如图 3-114 所示。

```
[root@techhost ~]# lsattr tech_05.txt
--------------e----- tech_05.txt
[root@techhost ~]#
```

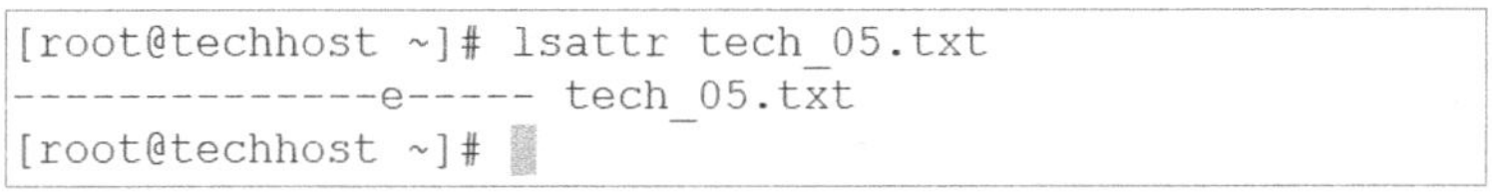

图 3-114　使用 lsattr 命令显示文件属性

7．附加权限

附加权限也被称为特殊权限，主要指除用户、组和其他用户的第 4 种权限类型，这些权限提供了额外的访问功能，超出了基本权限的允许范畴。主要附加权限如下。

（1）SET 位权限

① SUID（Set User ID，设置用户 ID）位权限：为可执行（有 x 权限的）文件设置，权限字符为 "s"，代表执行文件时以拥有文件的用户身份去执行，而不是当前执行文件的用户身份，典型应用如/etc/shadow 文件。

SUID 位权限如下。

```
#准备测试环境
[root@techhost ~]# useradd test_1
[root@techhost ~]# cd /home/test_1/
[root@techhost test_1]# vim test.sh
[root@techhost test_1]# cat test.sh
#!/bin/bash
echo "这是一个测试文件"
[root@techhost test_1]# chmod +x test.sh
[root@techhost test_1]# ll test.sh
-rwxrw-rw- 1 root root 44 May 11 22:43 test.sh
[root@techhost test_1]#
[root@techhost test_1]# su - test_1
#普通用户无权限执行 root 用户文件
[test_1@techhost ~]$ ./test.sh
-bash: ./test.sh: Permission denied
[test_1@techhost ~]$exit
#此处的 4 代表 SUID 位权限，也可写为 u+s
[root@techhost test_1]# chmod 4775 test.sh
[root@techhost ~]# su - test_1
[test_1@techhost ~]$ ls
test.sh
[test_1@techhost ~]$ ./test.sh
这是一个测试文件
[test_1@techhost ~]$
```

② SGID（Set Group ID，设置组 ID）位权限：一般设置在目录上，用户在设置了 SGID 的目录下新建文件或子目录时，会自动继承父目录的属组。

SGID 位权限如下。

```
#准备测试环境
[root@techhost ~]# mkdir tech
[root@techhost ~]# groupadd tech
[root@techhost ~]# chown root:tech tech
[root@techhost ~]# ll
total 20K
drwx------ 2 root tech 4.0K May 11 22:59 tech
-rw-r--r-- 1 root root   12 May 11 22:11 tech_05.txt
drwx------ 2 root root 4.0K May 11 22:25 techdir
drw-rwxrwx 2 root root 4.0K May 11 22:25 test
-rw-rwxrwx 1 root root   44 May 11 22:42 test.sh
-rw-rw-rw- 1 root root    0 May 11 22:25 test.txt
[root@techhost ~]#
[root@techhost ~]# cd tech
[root@techhost tech]# touch a.txt
[root@techhost tech]# ll
total 0
-rw------- 1 root root 0 May 11 23:00 a.txt
[root@techhost tech]# cd ..
[root@techhost ~]# chmod g+s tech
```

```
[root@techhost ~]# cd tech
[root@techhost tech]# ll
total 0
-rw------- 1 root root 0 May 11 23:00 a.txt
[root@techhost tech]# touch b.txt
[root@techhost tech]# ll
total 0
-rw------- 1 root root 0 May 11 23:00 a.txt
-rw------- 1 root tech 0 May 11 23:02 b.txt    #数组自动继承父的属组
[root@techhost tech]#
```

（2）粘滞位权限

主要针对公共目录及权限为 777 的目录设置，权限字符为"t"，代表用户不能删除该目录下其他用户的文件，典型应用如/tmp 目录。

粘滞位权限如下。

```
#准备测试环境
[root@techhost ~]# useradd test1
[root@techhost ~]# useradd test2
[root@techhost ~]# echo "123456" | passwd --stdin test1
Changing password for user test1.
passwd: all authentication tokens updated successfully.
[root@techhost ~]# echo "123456" | passwd --stdin test2
Changing password for user test2.
passwd: all authentication tokens updated successfully.
[root@techhost ~]# mkdir /public
[root@techhost ~]# chmod 777 /public
[root@techhost ~]#
[root@techhost ~]# echo "test1">>/public/test1.txt
[root@techhost ~]# echo "test2">> /public/test2.txt
[root@techhost ~]#su – test1
[test1@techhost ~]$ cd /public/
[test1@techhost public]$ ls
[test1@techhost public]$ ls
test1.txt   test2.txt
[test1@techhost public]$ ll
total 8.0K
-rw------- 1 root root 6 May 11 23:07 test1.txt
-rw------- 1 root root 6 May 11 23:07 test2.txt
[test1@techhost public]$ rm -rf test1.txt
[test1@techhost public]$ ll
#此时会发现普通用户已经将 root 用户的文件删除

total 4.0K
-rw------- 1 root root 6 May 11 23:07 test2.txt
[test1@techhost public]$
#接下来设置粘滞位权限
[test1@techhost public]$ exit
[root@techhost ~]# chmod o+t /public/
[root@techhost ~]# su - test1
```

```
[test1@techhost ~]$ cd /public/
[test1@techhost public]$ ll

total 4.0K
-rw------- 1 root root 6 May 11 23:07 test2.txt
#设置粘滞位权限后,发现不能删除其他用户文件
[test1@techhost public]$ rm -rf test2.txt
rm: cannot remove 'test2.txt': Operation not permitted
[test1@techhost public]$
```

此处需要注意的是 SET 位标记字符为"s",若使用八进制数字形式,则 SUID 位权限对应"4",SGID 位权限对应"2"。在权限模式中可采用"nnnn"的形式,如"4755"表示设置 SUID 位权限,"6755"表示同时设置 SUID 和 SGID 权限。为普通文件(无执行权限的)设置 SET 位权限虽然从语法上可行,但没有实际意义(标记字符将变为大写字母"S")。

3.3.3 文件 ACL 权限

前面讲的归属权限和访问权限是针对一组用户设置的,比如某个文件的属主的权限或者属组的权限,都是针对一个集合而言的,如果希望某个文件的权限针对某个特定的用户或者用户组进行操作,就需要用到 ACL(Access Control List,访问控制列表)权限。

ACL 权限的主要目的是提供传统的属主、属组及其他用户的读、写、执行权限之外的权限设定。

ACL 权限可以针对单一使用者、单一文件或目录来进行 r、w、x 的权限规范,对于需要特殊权限的使用者非常有帮助。ACL 是传统的 UNIX-like 操作系统权限的额外支持项目,因此要使用 ACL,必须要有文件系统的支持。目前绝大部分的文件系统都有支持 ACL 的功能。ACL 主要针对以下方面进行访问控制。

① 使用者:可以针对使用者来设定权限。
② 群组:针对以用户组为对象来设定权限。
③ 预设属性:针对在该目录下建立新文件或目录、规范新数据的预设权限。

3.3.4 ACL 权限设置

1. ACL 权限管理命令

查看和设定 ACL 权限的命令如下。
① 查看 ACL 权限:getfacl【选项】文件名。
② 设定 ALC 权限:setfacl【选项】文件名。
选项如下。
① -m:设定 ACL 权限,如果是给予用户 ACL 权限,则使用"u:用户名:权限"格式赋予;如果是给予组 ACL 权限,则使用"g:组名:权限"格式赋予。
② -x:删除指定的 ACL 权限。

③ -b：删除所有的 ACL 权限。
④ -d：设定默认的 ACL 权限，只对目录生效，目录中新建立的文件拥有此权限。
⑤ -k：删除默认的 ACL 权限。
⑥ -R：递归设定的 ACL 权限，设定的 ACL 权限会对目录下的所有子文件生效。

2．给用户和用户组添加 ACL 权限

比如，我们要求 root 是 /OpenEuler 班级目录的属主，权限是 rwx；techgroup 是此目录的属组，techgroup 组中拥有班级学员 zhangsan 和 lisi，权限是 rwx；其他用户的权限是 0，试听学员 wangwu 的权限是 r-x。我们来看具体的操作。

首先创建需要实验的用户和用户组，建立需要分配权限的目录。

```
[root@techhost ~]# useradd zhangsan
[root@techhost ~]# useradd lisi
[root@techhost ~]# useradd wangwu
[root@techhost ~]# groupadd techgroup
[root@techhost ~]# mkdir /openEuler
```

然后改变/OpenEuler 目录的属主和属组，指定/OpenEuler 目录的权限，查看一下权限是否符合要求。

```
[root@techhost ~]# chown root:techgroup /openEuler/
[root@techhost ~]# chmod 770 /openEuler/
[root@techhost ~]# ll -d /openEuler/
drwxrwx--- 2 root techgroup 4.0K May 11 23:36 /openEuler/
[root@techhost ~]#
```

要给 wangwu 学员分配权限，他才可以试听。给用户赋予 r-x 权限，使用 "u：用户名：权限" 格式，使用 ls -l 查询时会发现，权限位多了一个 "+"，表示目录有 ACL 权限。file: project→表示文件名；owner: root→表示文件的属主；group: tgroup→表示文件的属组；user::rwx→表示用户名栏是空的，说明是属主的权限；user:st:r-x→表示用户 st 的权限；group::rwx→表示组名栏是空的，说明是属组的权限；mask::rwx→mask 表示权限；other::→表示其他用户的权限。分配权限具体操作如图 3-115 所示。

```
#首先查看/openEuler 目录的 ACL 权限
[root@techhost ~]# getfacl /openEuler/
getfacl: Removing leading '/' from absolute path names
# file: openEuler/
# owner: root
# group: techgroup
user::rwx
group::rwx
other::---

[root@techhost ~]#

#为 wangwu 同学设置 r、x 权限
[root@techhost ~]# setfacl -m u:wangwu:rx /openEuler/
[root@techhost ~]# ll -d /openEuler/
drwxrwx---+ 2 root techgroup 4.0K May 11 23:36 /openEuler/
```

```
[root@techhost ~]#
[root@techhost ~]# getfacl /openEuler/
getfacl: Removing leading '/' from absolute path names
# file: openEuler/
# owner: root
# group: techgroup
user::rwx
user:wangwu:r-x
group::rwx
mask::rwx
other::---

[root@techhost ~]#
```

```
[root@techhost ~]# getfacl /openEuler/
getfacl: Removing leading '/' from absolute path names
# file: openEuler/
# owner: root
# group: techgroup
user::rwx
group::rwx
other::---

[root@techhost ~]# setfacl -m u:wangwu:rx /openEuler/
[root@techhost ~]# ll -d /openEuler/
drwxrwx---+ 2 root techgroup 4.0K May 11 23:36 /openEuler/
[root@techhost ~]# getfacl /openEuler/
getfacl: Removing leading '/' from absolute path names
# file: openEuler/
# owner: root
# group: techgroup
user::rwx
user:wangwu:r-x
group::rwx
mask::rwx
other::---

[root@techhost ~]#
```

图 3-115 分配权限

我们可以看到，wangwu 用户既非 /OpenEuler 目录的属主、属组，也非其他用户，我们单独给 wangwu 用户分配了 r-x 权限，这种分配权限的方式很方便，不用先规划用户身份。

3. 最大有效权限 mask

mask 用来指定最大有效权限。mask 的默认权限是 rwx，如果给 wangwu 用户赋予 r-x 的 ACL 权限，mj 需要和 mask 的 rwx 权限"相与"才能得到 wangwu 的真正权限，也就是说，r-x "相与" rwx 得出的值是 r-x，所以 wangwu 用户才会拥有 r-x 权限。

如果把 mask 的权限改为 r--，和 wangwu 用户的权限"相与"，也就是 r-- "相与" r-x 得出的值是 r--，wangwu 用户的权限就会变为只读。也可以这么理解：用户和用户组所设定的权限，必须在 mask 权限设定的范围之内才能生效，mask 权限就是最大有效权限。

不过我们一般不更改 mask 权限，只要给予 mask 最大权限，任何权限和 mask 权限"相与"，得出的值都是权限本身。通过给用户和用户组直接赋予权限，就可以生效。

设定 mask 权限为 r-x，使用 "m:权限" 格式，修改最大有效权限的命令如图 3-116 所示，可见最终 mask 权限已经修改为 r-x。

```
[root@techhost ~]# setfacl -m m:rx /openEuler/
[root@techhost ~]# getfacl /openEuler/
getfacl: Removing leading '/' from absolute path names
# file: openEuler/
# owner: root
# group: techgroup
user::rwx
user:wangwu:r-x
group::rwx              #effective:r-x
mask::r-x
other::---

[root@techhost ~]#
```

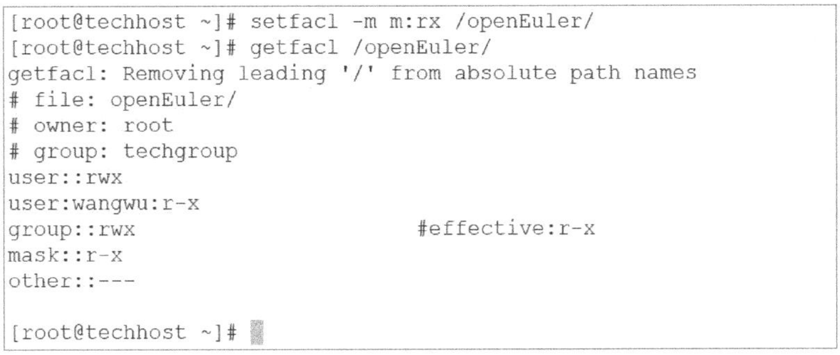

```
[root@techhost ~]# setfacl -m m:rx /openEuler/
[root@techhost ~]# getfacl /openEuler/
getfacl: Removing leading '/' from absolute path names
# file: openEuler/
# owner: root
# group: techgroup
user::rwx
user:wangwu:r-x
group::rwx                      #effective:r-x
mask::r-x
other::---

[root@techhost ~]#
```

图 3-116　修改最大有效权限的命令

4．删除 ACL 权限

删除指定用户和用户组的 ACL 权限的命令如图 3-117 所示，删除后可见 wangwu 用户的权限已被删除。

```
[root@techhost ~]# setfacl -x u:wangwu /openEuler/
[root@techhost ~]# getfacl /openEuler/
getfacl: Removing leading '/' from absolute path names
# file: openEuler/
# owner: root
# group: techgroup
user::rwx
group::rwx
mask::rwx
other::---

[root@techhost ~]#
```

```
[root@techhost ~]# setfacl -x u:wangwu /openEuler/
[root@techhost ~]# getfacl /openEuler/
getfacl: Removing leading '/' from absolute path names
# file: openEuler/
# owner: root
# group: techgroup
user::rwx
group::rwx
mask::rwx
other::---

[root@techhost ~]#
```

图 3-117　删除指定用户和用户组的 ACL 权限的命令

如果要删除所有 ACL 权限，则可使用图 3-118 中的命令，可以看到所有的 ACL 权限已被删除。

[root@techhost ~]# setfacl -b /openEuler/
[root@techhost ~]# getfacl /openEuler/
getfacl: Removing leading '/' from absolute path names
file: openEuler/
owner: root
group: techgroup
user::rwx
group::rwx
other::---

[root@techhost ~]#

```
[root@techhost ~]# setfacl -b /openEuler/
[root@techhost ~]# getfacl /openEuler/
getfacl: Removing leading '/' from absolute path names
# file: openEuler/
# owner: root
# group: techgroup
user::rwx
group::rwx
other::---

[root@techhost ~]#
```

图 3-118　删除所有 ACL 权限

3.3.5　服务器权限管理

一般情况下，我们都不希望以 root 身份登入主机，因为有被黑客入侵的风险，但是一台主机不可能完全不进行修改或设定动作，这时如何将一般用户变成 root 用户呢？主要有以下两种方式。

① 用 su 指令直接将身份变成 root，这个指令需要 root 的密码，也就是说，如果要用 su 指令将身份变成 root，一般用户必须有 root 的密码。

② 如果多人同时管理一台主机，那么，root 的密码就会被很多人知道，所以如果不

想将 root 的密码泄露出去，可以使用 sudo 命令。

下面介绍 su 命令和 sudo 命令的用法。

1．su 命令

su 命令用来将一般用户转换成超级用户，如下所示，输入 root 用户的密码即可切换成 root 用户。

[test@techhost ~]# su

考虑到安全问题，通常用户远程登录时不以 root 身份登入，但有时用户需要以 root 身份远程修改系统设定，这时就会用到 su 命令。su 命令的使用很简单，输入 su 之后，直接输入 root 的密码，此时用户就是 root 了，但是需要特别注意以下两点。

① 虽然用户已经拥有 root 身份，但是其环境属于当初登录的那个用户。例如，以 test 身份登入 Linux 操作系统，再用 su 命令切换成为 root 身份，但是 mail、PATH 及其他相关的环境变量都属于 test 身份。

② 对于环境变量，最麻烦的当属 PATH。为了避免一般用户使用 root 的管理指令，通常 Linux 操作系统都会将指令分类后放在两个主要的目录，分别是目录/in 与目录/sbin。/sbin 存放的大多是 root 用来管理系统的指令，因此，可以将 test 的 PATH 环境重新设定为 root 的 PATH 环境，这样比较方便。

2．sudo 命令

使用 su 命令变换成 root 身份，最大的好处是可以直接输入惯用的指令，但是也会存在问题，如果主机由多人共同管理，所有的人都必须知道 root 的密码，如此一来，就有可能带来被入侵的风险，而且，只要改变 root 密码，就必须通知管理主机的所有人。如果管理群中有一个人不小心泄露了 root 密码，后果难以预料。那么，如何不需要 root 密码就能执行 root 操作呢？这时需要使用 sudo 命令。

sudo 命令的格式为"sudo -[参数][username] [command]"。

sudo 命令参数说明如下。

① -V：显示版本编号。

② -h：显示版本编号及指令的使用方式说明。

③ -l：显示 sudo 执行者的权限。

④ -v：用户在第一次执行或在 N 分钟内没有执行（N 预设为 5）sudo 命令时，需要输入密码，-v 参数是起确认的作用，如果超过 N 分钟，也需要输入密码。

⑤ -k：将会强迫下一次执行 sudo 命令时输入密码（无论有没有超过 N 分钟）。

⑥ -b：将要执行的指令放在背景执行。

⑦ -p：可以更改密码的提示语，其中 %u 会替换为执行者的账号名称，%h 会显示主机名称。

⑧ -u：username/#uid，不加此参数，代表要以 root 的身份执行指令；而加了此参数，可以以 username 的身份执行指令（#uid 为该 username 的执行者号码）。

⑨ -s：执行环境变数中的 SHELL 所指定的 Shell，或是/etc/passwd 里所指定的 Shell。

⑩ -H：将环境变数中的家目录指定为要变更身份的执行者家目录（如不加 -u 参数就是系统管理者）。

⑪ Command：以系统管理者身份执行的指令。

参数-u 表示将身份变成 username 的身份。如下所示，test 执行 root 用户的指令，建立 root 的文件。

[test@techhost ~]$ sudo mkdir /root/testing

sudo 的基本语法是在 sudo 后直接加命令，例如，mkdir/root/testing 就是命令，可以执行 root 的工作。因为执行 root 的工作时，输入的密码是用户的密码，而不是 root 的密码，所以可以降低 root 密码泄露的可能性，但是，使用 sudo 命令时要在/etc/sudoers 中设定该有的选项。在默认情况下，只有 root 才能使用 sudo，这对于一般用户来说作用不大，因为一般用户想使用 sudo 将用户权限提升为 root 权限。我们可以通过 Vim 编辑/etc/sudoers 文件，将普通用户加入权限列表中。此外，编辑者的身份必须是 root。

课后习题

1. 若某个文件的所有者具有文件的读、写、执行权限，其余用户仅有读权限，那么用数字法应该如何表示？

答：所有者权限为 rwx，所属组和其他用户的权限为 r--，因此数字法表示为 744。

2. 某链接文件的权限用数字法表示为 755，那么相应的字符法表示是什么？

答：在 Linux 操作系统中，不同文件具有不同的类型，因此这里应写成 lrwxr-xr-x。

3. 如何增加一个新用户 admin，权限是 root？

答：useradd -u 0 -o admin

4. 如何将/data/logs 目录的权限赋给 web 用户和 users 组？

答：chown web.users /data/logs。

5. 系统上有 oldboy 与 oldgirl 两个账号，用什么命令能把 oldboy 从原来 oldboy 用户组变为 oldgirl 用户组？

答：chown -g oldgirl oldboy。

6. 如何将普通用户 test 加入 root 组？

答：usermod -G root test。

3.4 磁盘与文件系统管理

3.4.1 磁盘的初识

磁盘主要用来进行数据存储，本节我们详细介绍磁盘的接口、磁盘上组织和存储数据的机制，并讨论影响磁盘性能的因素。常见的桌面级硬盘主要针对家庭和个人，应用于台式计算机、笔记本电脑等领域；企业级硬盘主要针对企业级应用，如用于服务器、存储磁盘阵列、图形工作站等。根据不同的性能特点，硬盘类型主要有图 3-119 所示的几种。

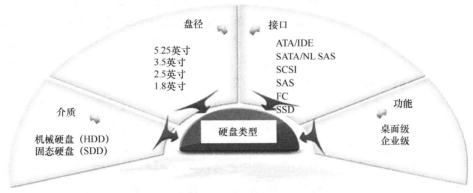

图 3-119　硬盘类型

从容量层面来讲，相比桌面级硬盘，企业级硬盘具有更大的存储容量，当前单硬盘容量可达 4TB，甚至更大；从性能角度来说，主要体现在转速、缓存、平均寻道时间等；从可靠性角度来说，企业级硬盘具有更高的平均无故障时间，一般来说桌面级硬盘的平均无故障时间大部分在 50 万小时左右，企业级的平均无故障时间都在 100 万小时以上。接下来我们一起来看机械硬盘的组件。

1．磁盘的组成

图 3-120 所示为机械硬盘的组件。

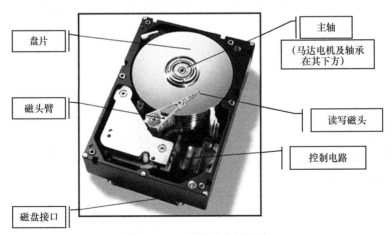

图 3-120　机械硬盘的组件

硬盘是由盘片、主轴、读写磁头、控制电路等组合在一起的机械部件。磁盘使用一个快速移动的读写磁头臂带动磁头，从一个涂了磁粒子的扁平盘片上读写数据。数据从磁盘盘片上通过读写磁头向计算机传送。

磁盘盘片上的磁粒子可提供无限次的数据记录和擦除。一个典型的磁盘包含了一个或多个称为盘片的扁平圆盘，数据以二进制代码（0 和 1）的形式被记录在这些盘片上。这些盘片是刚硬的，上下表面都涂有磁性材料，数据可被写入或从该盘片的表面读取。

盘片的数目和每个盘片的存储容量确定了磁盘的总容量。

主轴连接所有盘片，并连接在一个马达上。主轴电机以恒定的速度旋转。盘片转速以每分钟的圈数来衡量，常见的磁盘有 7200r/min、10000 r/min 或 15000 r/min 的转速。目前的存储系统中使用的磁盘有直径为 3.5 寸（90mm）的盘片。当盘片转速为 15000 r/min 时，盘片外边缘的移动可达音速的 25%左右。因此，随着技术水平的提高，盘片的转动速度有所提高，但是它能够改善的程度是有限的。

读写磁头负责向盘片写入或者从盘片读取数据。磁盘的每个盘片都有两个读写磁头，分别用于盘片两个表面的数据的读写。当读写磁头写入数据时，通过改变盘片上磁粒子的磁极来记录数据；当读取数据时，读写磁头通过检测盘片上磁粒子的磁极来读取数据。在读取数据和写入数据时，读写磁头不用接触盘片表面就可以感应磁粒子的磁极。当主轴旋转时，读写磁头和盘片之间有一个很微小的空气间隙，被称为磁头飞行高度。当主轴停止转动时，读写磁头将停靠在主轴附近的一个特殊区域，此时，这个空气间隙被除去。磁头停放的这个区域被称为着陆区域。着陆区域涂有润滑剂，以减小头部和盘片之间的摩擦，磁盘逻辑会确保磁头在移动到着陆区之前不会接触盘片的表面。如果驱动器故障或者读写磁头不慎接触到着陆区外的盘片表面，就会发生磁头碰撞。如果发生了磁头碰撞，盘片上的磁性涂层将会被刮伤，也可能会损坏读写磁头。磁头碰撞通常会导致数据丢失。读写磁头被安装在磁头臂的顶端，磁头臂会带动磁头移动到需要被写入或读出的数据的盘片位置上方。

控制电路是一个印刷电路板，安装在磁盘的底部。它由微处理器、内部存储器、电路和固件组成，由固件控制向主轴马达供电并控制主轴电机的速度。它还管理着磁盘与主机之间的通信。此外，它通过移动磁头臂控制不同读写磁头之间的切换，以获得数据访问的最优化。

2．磁盘的属性

磁盘属性如图 3-121 所示。

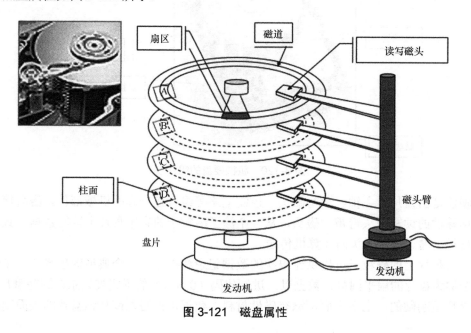

图 3-121　磁盘属性

磁盘属性主要包括磁道、扇区、柱面等。磁道是盘片上围绕在主轴周围的同心环，数据被记录在磁道上。磁道的编号从 0 开始，从盘片的外边缘向内编号。我们用盘片上每英寸的磁道数（也称为磁道密度）来衡量盘片上磁道排列的紧密程度。每个磁道被分成更小的单位，被称为扇区，扇区是磁盘中可以单独寻址的最小存储单元。磁道和扇区结构是由硬盘制造商使用格式化硬盘的工具写在盘片上的，不同硬盘磁道的扇区数可以不同。根据物理磁盘的尺寸和盘片的记录密度不同，盘片上的磁道可能有数千个。通常情况下，一个扇区可以保存 512 字节的用户数据，但也有一些磁盘可以被格式化为更大的扇区，如 4kB 扇区。同一个磁盘中所有盘片（包含上下两个盘面）具有相同编号的磁道形成一个圆柱，被称为磁盘的柱面，显然，磁盘的柱面数与一个盘面上的磁道数是相等的，不过，磁盘中磁头的位置是用柱面号来说明的，而不是用磁道号来说明的。

3. 磁盘的类型

在企业应用中，主要有 SAS[Serial Attached SCSI（Small Computer System Interface，小型计算机系统接口），串行连接 SCSI]硬盘、NL-SAS 硬盘、SATA[Serial ATA（Advanced Technology Attachment，高级技术附件规格），串口]硬盘、SSD（Solid State Disk，固态硬盘）等。SAS 硬盘为企业级数据中心提供了一种高效、高可靠、可扩展、易操作的解决方案。在保持对并行 SCSI 逻辑兼容的同时，SAS 磁盘在物理连接接口上提供了对 SATA 的统一支持，这就为服务器和网络存储等应用提供了很大的选择空间。

NL-SAS 硬盘采用了 SAS 接口和 SATA 盘体的综合体，即具有 SAS 接口、接近 SAS 性能的 SATA 盘。NL 是 Near Line 的缩写，意为近线存储，主要定位于客户在线存储和离线存储之间的应用，是指将那些不经常用到的数据或访问量不大的数据存放在性能较低的存储设备上，但同时对这些设备的要求是寻址迅速、传输率高，例如客户一些长期保存的不常用的文件的归档，因此，近线存储仅对访问性能要求较高。同时，大多数情况下由于不常用的数据占总数据量的比重较大，这也就要求近线存储设备的容量相对较大。

基于闪存的 SSD 采用 FLASH 芯片作为存储介质，它的外观可以被制作成多种模样，例如笔记本硬盘、微硬盘、存储卡、U 盘等样式。SSD 最大的优点是可以移动，而且数据保护不受电源控制，能适应各种环境，适合个人用户使用。SSD 寿命较长，不同的闪存介质寿命有所不同，SLC（Single Level Cell，单层单元）闪存普遍达到上万次的 PE，MLC（Malti-Level Cell，多层单元）可达到 3000 次以上，TLC（Triple Level Cell，三层单元）也达到了 1000 次左右，最新的 QLC 闪存也能确保 300 次的寿命，普通用户一年的写入量不超过硬盘的 50 倍总尺寸，即便是 QLC（Quadruple Level Cell，四层单元）闪存，也能提供六年的写入寿命。所以 SSD 可靠性高，故障率低。图 3-122 所示为 SSD 的结构。

SSD 并不像传统硬盘那样采用磁性材料来存储数据，而是采用基础单位被称为存储单元的 NAND 闪存来存储数据。NAND FLASH 是一种非易失性随机访问存储介质，其特点是断电后数据不消失，这种技术可以很快很紧凑地存储数字信息。SSD 的另一大优势是，它们不会产生噪声，也不会像机械硬盘那样产生大量的热量。SSD 还支持多通道并发，通道内 FLASH 颗粒复用时序，并且支持标记命令队列和原生命令队列，一次响应多个 I/O 请求，典型响应时间低于 0.1ms。

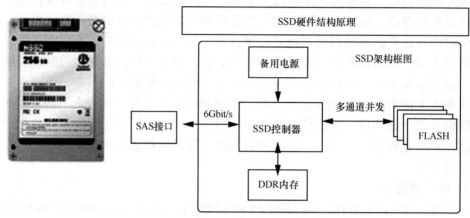

图 3-122　SSD 的结构

SSD 没有内部机械部件，但是，这并不意味着它们的生命周期是无限的。由于 NAND 闪存是非易失性介质，在写入新数据之前必须保证 Block 被擦除过，否则可能会出现数据误码。但是 NAND 闪存的擦写次数是有限的，即每个存储单元的内容可以改变的次数是有限的，一旦被擦写的数目达到极限，则该存储单元就不能保证能继续使用。不过，这种磨损容易被监控和预测，因此我们可以准备可更换的硬盘，以便及时替换，而机械硬盘的故障通常是没有任何预兆的，这意味着替换磁盘必须随时准备好。图 3-123 描述了 SLC-MLC-TLC 不同存储介质间的区别。

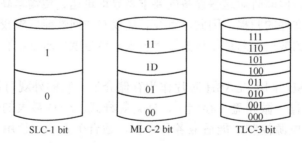

图 3-123　SLC-MLC-TLC

在 SSD 中每个存储单元包括被称为 NAND 电路的小型晶体管成分。每个 NAND 电路传统上可以存储一位数据，即 1 或 0。新一代固态硬盘驱动器使用一种特殊的技术可以在一个存储单元中存储更多的信息。

在 SLC 闪存中，每个存储单元只存储一位数据，即 0 或 1；在 MLC 闪存中，一个存储单元能够存储两位数据；在 TLC 闪存中，一个存储单位可以存储三位数据。存储两位数据时有四种不同的数据模式，即 00、01、10 和 11。TLC 闪存的存储单元可以存储三位数据，则有八个不同的数据模式。三种不同类型的存储单元，虽然存储的数据量不同，但是其物理大小却是相同的，这也是 SSD 容量不断增大的原因之一。最初的 SSD 只有

64GB 甚至更小的容量，而现在最大 TLC 型的 SSD 可以存储多达 2TB 的数据。但是，不同类型的 SSD 的抗磨损能力不同，导致硬盘的可靠性不同，因此，SSD 的抗磨损能力也是选择 SSD 的一个重要参数。

4．磁盘的关键指标

硬盘容量：容量的单位为兆字节（MB）或千兆字节（GB）。影响硬盘容量的因素有单碟容量和碟片数量。

转速：硬盘的转速指硬盘盘片每分钟转过的圈数，单位为 r/min。一般硬盘的转速可达 5400～7200r/min。SCSI 硬盘的转速可达 10000～15000r/min。

平均访问时间：平均访问时间＝平均寻道时间＋平均等待时间。

数据传输率：指硬盘读写数据的速度，单位为 MB/s。硬盘数据传输率包括内部传输率和外部传输率两个指标。

IOPS（Input/Output Per Second）：每秒的输入/输出量（或读写次数），是衡量磁盘性能的主要指标之一。

随机读写频繁的应用，如联机事务处理过程，IOPS 是其关键衡量指标，另一个重要指标是数据吞吐量，指单位时间内可以成功传输的数据量。对于大量顺序读写的应用，如电视台的视频编辑、视频点播等则更关注吞吐量指标。

3.4.2　Linux 操作系统中磁盘设备的识别

在 Linux 操作系统中，各种设备驱动通过设备控制器来管理各种设备，如图 3-124 所示。

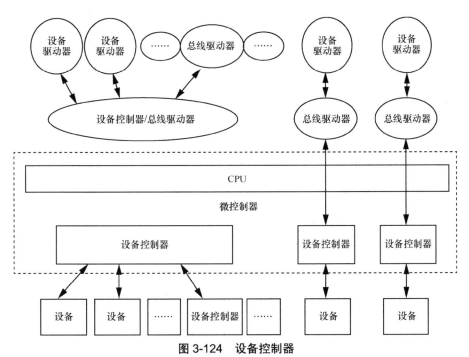

图 3-124　设备控制器

这些设备中，受同一个设备驱动管理的设备都有相同的主设备号，这个数字可以看作设备的类别号码，被内核用于识别一类设备。受同一个设备驱动管理的同一类设备中的每一个设备都有不同的次设备号，这个数字可以看作设备编号，被设备驱动用来识别每个设备。设备驱动主要有三大类。

① 面向包的网络设备驱动。

② 面向块的存储设备驱动，提供缓冲式的设备访问。

③ 字符设备驱动，有时也称为裸设备，提供非缓冲的直接的设备访问，比如串口设备、摄像头、声音设备等。实际上，除了网络设备和存储设备的其他设备都是某种字符设备。

另外，还有一类设备，被称为伪设备，它们是软件设备。Linux 操作系统上的设备不一定要有硬件设备，比如/dev/null、/dev/zero 等。

在 Linux 操作系统中，这些设备文件一般存储于/dev/目录下，常见的硬件设备的文件名称见表 3-35。

表 3-35 常见的硬件设备的文件名称

硬件设备	对应名称
IDE（Integrated Drive Electronics，电子集成驱动器）设备	/dev/hd
SCSI/SATA/SSD 设备	/dev/sd
软驱	/dev/fd[0-1]
打印机	/dev/lp[0-15]
光驱	/dev/cdrom
鼠标	/dev/mouse
磁带机	/dev/st0 或/dev/ht0
终端	tty
virtio 磁盘	vd

在 Linux 操作系统中，硬盘、分区等设备均表示为文件，以/dev/sd 设备为例，如图 3-125 所示。

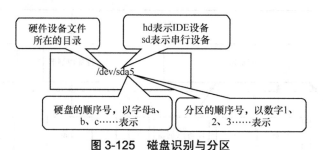

图 3-125 磁盘识别与分区

目前 IDE 设备已经被淘汰，常见的硬盘接口都是串口的，所以设备名称一般会以"/dev/sd"开头。硬盘分区的编号规则是：主分区或扩展分区的编号为 1～4；逻辑分区的编号从 5 开始，如/dev/sda5，表示系统中第一块被识别到的硬件设备中分区编号为 5 的逻辑分区的设备文件。

图 3-126 所示为 MBR（Master Boot Record，主引导记录）格式的磁盘分区。

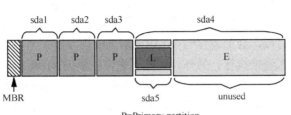

图 3-126　MBR 格式的磁盘分区

一块磁盘的分区包括主分区、拓展分区、逻辑分区。一块磁盘最多允许四个主分区存在，当然一块磁盘允许三个主分区和一个扩展分区存在，在扩展分区上创建逻辑分区。在图 3-126 所示磁盘中的四个主分区可表示为 sda1 至 sda4，扩展分区只用于容纳逻辑分区，并不建立文件系统，因此不能直接在扩展分区中保存文件和目录，逻辑分区的编号始终从 5 开始，因为 1～4 已经预留给主分区和扩展分区使用。

一台计算机允许同时安装多个操作系统，不同的操作系统可能会使用不同的文件系统来存储文件数据，但是每一个磁盘空间，只能使用同一种文件系统，如此，便无法在同一个磁盘上安装多个操作系统了。为了让同一个磁盘能安装多个操作系统，可以在硬盘中建立若干个分区，每一个分区在逻辑上都可以视为一个磁盘，因此，可以为不同的分区建立不同的文件系统，这样就能在同一块磁盘中安装多个操作系统了。

每一个磁盘都可以存储若干条分区信息，每一条分区信息代表磁盘中的分区是从第几号的磁柱开始的。

① 所有磁柱数量：分区一共占用多少个磁柱。

② 分区系统标识符：分区上的文件结构或者操作系统的标识符。

分区信息可以存储在 MBR 扇区中或者其他位置，存储在不同位置的分区信息代表不同类型的分区，目前共定义以下 3 种类型的分区。

（1）主分区

分区信息如果存储在 MBR 扇区的分区表中，则被称为主分区。MBR 扇区的分区数据表的大小为 64 字节，而每一个分区信息都会占用 16 字节的空间，因此，一块磁盘最多只能拥有四个主分区。而对于全局唯一标识的分区表而言，GPT（GUID Partition Table，全局唯一标识分区表）磁盘对分区数量几乎没有限制，但实际上限制的分区数量为 128 个，GPT 磁盘中分区项的保留空间大小会限制分区数量，因为主分区的数量足够使用，所以扩展分区或逻辑分区对于 GPT 来说并没有多大意义。GPT 磁盘的缺点是需要操作系统支持,比如 Windows7、Windows10 和比较新的 Linux 发行版支持 GPT 分区的硬盘。而且,如果没有可扩展固件接口的支持,以上操作系统也只能将 GPT 分区的硬盘当成数据盘,不能从 GPT 分区的硬盘启动系统。

需要注意的是,整个磁盘的第 0 号磁柱的第 0 号磁面的第 1 个扇区,就是我们常说的"主引导记录"。主引导记录扇区存储着下列信息。

① 初始化程序加载器:占用 446 字节的空间,用来存储操作系统的内核。

② 分区表:占用 64 字节的空间,存储磁盘的分区信息。

③ 验证码:占用 2 字节的空间,用来存放初始化程序加载器的检查码。

当计算机启动的时候,会加载存储在 MRB 扇区的前 446 字节,也就是初始化引导区的操作由计算机的操作系统来执行。另外,计算机也可以根据 MBR 扇区中的分区数据表,判断磁盘有多少个分区、某一个分区的大小,甚至分区是给哪个操作系统使用的等信息。

所以,MBR 扇区是磁盘中最重要的扇区。如果计算机无法读取 MBR 扇区,就无法顺利启动操作系统或者无法取得分区的信息,当然也就无法使用这块磁盘。随着硬盘容量增大,对于那些扇区为 512 字节的磁盘,MBR 分区表不支持容量大于 2.2TB 的分区,然而,一些硬盘制造商(比如希捷和西部数据)注意到了这个局限性,并将它们容量较大的磁盘升级到了 4kB 的扇区,这意味着 MBR 分区表的有效容量上限提升到了 16TB。这个看似正确的解决方案,在临时地降低了人们对改进磁盘分配表的需求的同时,也给市场带来了关于在有较大的块的设备上从 BIOS(Basic Input Output System,基本输入输出系统)启动时,如何最佳划分磁盘分区的困惑。

为了解决以上困惑,GPT 应运而生。GPT 是实体硬盘分区表结构布局的标准,它是可扩展固件接口(Extensible Firmware Interface,EFI)标准(被 Intel 用于替代个人计算机的 BIOS)的一部分,被用于替代 BIOS 系统中的早期使用 32bit 来存储逻辑块地址和大小信息的主引导记录分区表。

GPT 分配 64bit 给逻辑块地址,使最大分区大小在 $2^{64}-1$ 个扇区成为可能。每个扇区大小为 512 字节的磁盘,意味着可以有 9.4ZB(9.4×10^{21} 字节)。

(2)扩展分区

由于 MBR 扇区空间的限制,一块磁盘最多只能有四个主分区。如果需要更多的分区该怎么办?有一种特殊的分区,专门用来存储更多的分区,这种分区被称为扩展分区。扩展分区具备的特性有:只能存储分区,无法存储文件的数据;信息必须存储在主引导记录扇区的分区数据表中,换句话说,扩展分区可以被视为一种特殊的主分区。因此,我们可以把某一个主分区修改为扩展分区,这样就可以在这个扩展分区中存储更多的分区信息,突破分区的限制。一块磁盘只能有一个扩展分区,因此一个磁盘最多只能有三个主分区+一个扩展分区。

(3)逻辑分区

存储在扩展分区中的分区称为逻辑分区。每一个逻辑分区都可以存储一个文件系统。至于一个磁盘能够建立多少个逻辑分区,则视其扩展分区的种类而定。不同种类的扩展分区,可建立的逻辑分区数量也是不一样的。系统标识符为 5 - Extended 的扩展分区,最多只能存储 12 个逻辑分区的信息;系统标识符为 85 -LinuxExtended 的扩展分区,因磁盘种类的不同会有不同的数量；IDE 磁盘最多有 60 个逻辑分区；SCSI 磁盘最多有 12 个逻辑分区。与硬盘一样，每一个分区也会有象征该分区的设备文件，指定硬盘的设备文件后，再根据分区的识别号码命名，主分区与扩展分区使用 1～4 的识别号码，逻辑分区一律使用 5～63 的识别号码。例如，/dev/sda 的第一个主分区，其设备文件名为/dev/sda1；而/dev/sdb 硬盘的第一个逻辑分区，则会使用/dev/sdb5 的设备文件名。

3.4.3 建立和管理文件系统

文件系统是操作系统用来存储和管理文件的系统。当在磁盘存储一个文件时，Linux 操作系统除了会在磁盘存储文件的内容，还会存储一些与文件相关的信息，例如文件的权限模式、文件的拥有者等，这样，Linux 操作系统才能提供与文件相关的功能。

为了让操作系统能够在磁盘中有效地调用文件内容与文件信息，文件系统应运而生。操作系统通过文件系统来决定哪些扇区要存放文件的信息，哪些扇区要存储文件的内容。

目前计算机世界中有多种文件系统，几乎每一种操作系统都有其专属的文件系统。例如，Microsoft 在 DOS 操作系统中提供了一个名为 FAT 的文件系统，而在 Windows NT、Windows 2000、Windows XP 等操作系统中则提供了 NTFS 文件系统。

Linux 操作系统专属的文件系统为 Ext（Extended file system，扩展文件系统）。虽然目前计算机世界中有许多种不同的文件系统，但每一种文件系统的运行原理大同小异。设计人员在设计文件系统的时候，为了能够更快速地调用文件的信息，一般会将磁盘空间规划为块和索引节点，用于记录存放文件空间和文件的权限等信息。如果磁盘没有提供文件系统，则 Linux 操作系统就无法通过文件系统使用磁盘空间。因此，如果希望 Linux 操作系统能使用磁盘空间，就必须在该磁盘空间上建立文件系统，创建文件系统命令为 mkfs。

目前主流的文件系统是 Ext4。Ext4 是第四代扩展文件系统，是 Linux 操作系统下的日志文件系统，是 Ext3 文件系统的后继版本。Ext4 文件系统有以下特点。

（1）编辑大的文件系统和更大的文件

Ext3 文件系统最多支持 32TB 的文件系统和 2TB 的文件，根据使用的具体架构和系统设置，实际容量上限可能比这个数字还要低，即只能容纳 2TB 的文件和 16GB 的文件系统。Ext4 的文件系统容量能达到 1EB，文件容量能达到 16TB，容量很大。这对于大型磁盘阵列的用户而言，非常有用。Ext3 目前只支持 32000 个子目录，而 Ext4 取消了这一限制，理论上支持无限数量的子目录。

（2）多块分配

当数据写入 Ext3 文件系统中时，Ext3 的数据块分配器每次只能分配一个 4kB 的块，如写一个 100MB 的文件就要调用 25600 次数据块分配器，而 Ext4 的多块分配器支持一次调用分配多个数据块。

（3）延迟分配

Ext3 的数据块分配策略是尽快分配，而 Ext4 的数据块分配策略是尽可能延迟分配，当文件在缓冲中写完时，才开始分配数据块并写入磁盘，这样就能优化整个文件的数据块分配，提升性能。

（4）盘区结构

Ext3 文件系统采用间接映射地址，当操作大文件时，效率极其低下。例如，一个 100MB 大小的文件，在 Ext3 中要建立 25600 个数据块（以每个数据块大小为 4kB 为例）的映射表，而 Ext4 引入了盘区概念，每个盘区为一组连续的数据块，上述文件可以通过盘区的方式表示为"该文件数据保存在接下来的 25600 个数据块中"，提高了访问效率。

（5）日志校验功能

日志是文件系统最常用的结构，日志很容易被损坏，而从损坏的日志中恢复数据会导致更多的数据损坏。Ext4 给日志数据添加了校验功能，该功能可以很方便地判断日志数据是否损坏，而且 Ext4 将 Ext3 的两个阶段日志机制合并成一个阶段，在增加安全性的同时提高了性能。

（6）支持"无日志"模式

日志总归会占用一些空间，Ext4 允许关闭日志，以便某些有特殊需求的用户可以借此提升性能。

除 Ext4 文件系统，还有 XFS（X File System，新一代文件系统）。XFS 是美国硅图公司开发的高级日志文件系统，并且被移植到了 Linux 操作系统上。XFS 的主要特性包括以下 4 点。

（1）数据完全性

当用户采用 XFS 时，由于文件系统开启了日志功能，因此磁盘上的文件不会因意外宕机而遭到破坏。无论目前文件系统上存储的文件与数据有多少，文件系统都可以根据其所记录的日志在很短的时间内迅速恢复磁盘文件内容。

（2）传输特性

XFS 采用优化算法，日志记录对整体文件操作影响非常小。XFS 查询与分配存储空间非常快，能连续快速地反应。经对 XFS、JFS（Journal File System，日志文件系统）、Ext3、ReiserFS 进行测试，发现 XFS 的性能表现相当出众。

（3）可扩展性

XFS 是一个全 64bit 的文件系统，可以支持上百万 T 字节的存储空间，支持存储特大文件及小尺寸文件，最大可支持的文件大小为 9EB，最大文件系统尺寸为 18EB。XFS 使用的是 B+树的树数据结构，保证了文件系统可以快速搜索并快速分配空间。XFS 能够持续提供高速操作，文件系统的性能不受目录及文件数量的限制。

（4）传输带宽

XFS 能以接近裸设备 I/O 的性能存储数据，在单个文件系统的测试中，其吞吐量最高可达 7GB/s；在对单个文件进行读写操作时，其吞吐量可达 4GB/s。

交换分区也是一种文件系统。交换分区在系统的物理内存不够用的时候，会把硬盘中的一部分空间释放出来，以供当前运行的程序使用。被释放的空间可能来自长时间未被操作的程序，这些被释放的空间被临时保存到交换分区中，等到这些程序要运行时，再从交换分区中恢复保存的数据。

我们使用 fdisk 命令进行磁盘分区。fdisk 是一种强大的磁盘分区工具，不仅适用于 Linux

操作系统，在 Windows 操作系统中也被广泛使用，其语法格式为"fdisk [必要参数] [选择参数]"。

fdisk 命令的必要参数如下。

① -l：列出所有分区表。

② -u：与"-l"搭配使用，用于显示分区数据。

fdisk 选择参数如下。

① -s<分区编号>：指定分区。

② -v：版本信息。

fdisk 的常用交互式命令的参数及其说明见表 3-36。

表 3-36　fdisk 的常用交互式命令的参数及其说明

命令	说明
a	切换分区是否为启动分区
d	删除分区
F	列出未分区的空闲区
l	打印某个分区的相关信息
n	创建新的分区
p	显示当前磁盘的分区信息
t	更改分区类型
i	显示所有支持的分区类型
m	获取帮助信息
w	将分区表写入磁盘并退出
q	退出并不保存

识别磁盘，在已购买服务器中新增两块磁盘，容量大小自定义，方式如图 3-127 所示。

图 3-127　华为云添加磁盘

添加完成后通过 fdisk -l 命令查看，如图 3-128 所示。

```
[root@techhost ~]# fdisk -l
Disk /dev/vda: 40 GiB, 42949672960 bytes, 83886080 sectors
Units: sectors of 1 * 512 = 512 bytes
Sector size (logical/physical): 512 bytes / 512 bytes
I/O size (minimum/optimal): 512 bytes / 512 bytes
Disklabel type: gpt
Disk identifier: E4391D6A-9819-45CA-BDE4-52285BCE52A7

Device      Start       End  Sectors Size Type
/dev/vda1    2048   2099199  2097152   1G EFI System
/dev/vda2 2099200  83884031 81784832  39G Linux filesystem

Disk /dev/vdb: 10 GiB, 10737418240 bytes, 20971520 sectors
Units: sectors of 1 * 512 = 512 bytes
Sector size (logical/physical): 512 bytes / 512 bytes
I/O size (minimum/optimal): 512 bytes / 512 bytes

Disk /dev/vdc: 10 GiB, 10737418240 bytes, 20971520 sectors
Units: sectors of 1 * 512 = 512 bytes
Sector size (logical/physical): 512 bytes / 512 bytes
I/O size (minimum/optimal): 512 bytes / 512 bytes
[root@techhost ~]#
```

图 3-128 示例效果

也可以通过 lsblk 命令进行查看，如图 3-129 所示。

```
[root@techhost ~]# lsblk
NAME    MAJ:MIN  RM  SIZE  RO  TYPE  MOUNTPOINT
vda     253:0     0   40G   0  disk
├─vda1  253:1     0    1G   0  part  /boot/efi
└─vda2  253:2     0   39G   0  part  /
vdb     253:16    0   10G   0  disk
vdc     253:32    0   10G   0  disk
[root@techhost ~]#
```

```
[root@techhost ~]# lsblk
NAME    MAJ:MIN RM SIZE RO TYPE MOUNTPOINT
vda     253:0    0  40G  0 disk
├─vda1  253:1    0   1G  0 part /boot/efi
└─vda2  253:2    0  39G  0 part /
vdb     253:16   0  10G  0 disk
vdc     253:32   0  10G  0 disk
[root@techhost ~]#
```

图 3-129 示例效果

使用 fdisk 工具对 /dev/vdb 磁盘分区进行规划。

[root@techhost ~]# fdisk /dev/vdb

Welcome to fdisk (util-Linux 2.34).
Changes will remain in memory only, until you decide to write them.
Be careful before using the write command.

Device does not contain a recognized partition table.
Created a new DOS disklabel with disk identifier 0xd0509dca.

#执行 p 命令进行分区查看，发现暂无分区
#也可以执行 m 命令查看帮助信息
Command (m for help): p

Disk /dev/vdb: 10 GiB, 10737418240 bytes, 20971520 sectors
Units: sectors of 1 * 512 = 512 bytes
Sector size (logical/physical): 512 bytes / 512 bytes
I/O size (minimum/optimal): 512 bytes / 512 bytes
Disklabel type: dos
Disk identifier: 0xd0509dca
#执行 n 命令，新建一个分区，提示选择分区类型为主分区还是扩展分区
Command (m for help): n
Partition type
  p primary (0 primary, 0 extended, 4 free)
  e extended (container for logical partitions)
#执行 p 命令，代表创建一个主分区，默认也是主分区
Select (default p): p
#分区编号，默认为 1，不用操作
Partition number (1-4, default 1):
#分区起始扇区位置，默认即可
First sector (2048-20971519, default 2048):
#分区结束扇区位置，我们写为+2G，代表创建一个 2G 空间大小的分区
Last sector, +/-sectors or +/-size{K,M,G,T,P} (2048-20971519, default 20971519): +2G

Created a new partition 1 of type 'Linux' and of size 2 GiB.

#执行 p 命令发现多了一个 2G 大小的/dev/vdb1 分区
Command (m for help): p
Disk /dev/vdb: 10 GiB, 10737418240 bytes, 20971520 sectors
Units: sectors of 1 * 512 = 512 bytes
Sector size (logical/physical): 512 bytes / 512 bytes
I/O size (minimum/optimal): 512 bytes / 512 bytes
Disklabel type: dos
Disk identifier: 0xd6a01adf

Device	Boot	Start	End	Sectors	Size	Id	Type
/dev/vdb1		2048	4196351	4194304	2G	83	Linux

#继续创建新的分区，如下指令
Command (m for help): n
Partition type
  p primary (1 primary, 0 extended, 3 free)
  e extended (container for logical partitions)
Select (default p):

Using default response p.
Partition number (2-4, default 2):
First sector (4196352-20971519, default 4196352):
#创建第二个大小为 2G 的主分区
Last sector, +/-sectors or +/-size{K,M,G,T,P} (4196352-20971519, default 20971519): +2G

Created a new partition 2 of type 'Linux' and of size 2 GiB.
#创建第三个大小为 2G 的主分区
Command (m for help): n

```
Partition type
   p   primary (2 primary, 0 extended, 2 free)
   e   extended (container for logical partitions)
Select (default p):

Using default response p.
Partition number (3,4, default 3):
First sector (8390656-20971519, default 8390656):
Last sector, +/-sectors or +/-size{K,M,G,T,P} (8390656-20971519, default 20971519): +2G

Created a new partition 3 of type 'Linux' and of size 2 GiB.
#创建扩展分区，然后在扩展分区之上创建逻辑分区
Command (m for help): n
Partition type
   p   primary (3 primary, 0 extended, 1 free)
   e   extended (container for logical partitions)
Select (default e):

Using default response e.
Selected partition 4
First sector (12584960-20971519, default 12584960):
#此处默认将所有空间给扩展分区
Last sector, +/-sectors or +/-size{K,M,G,T,P} (12584960-20971519, default 20971519):

Created a new partition 4 of type 'Extended' and of size 4 GiB.

Command (m for help): p
Disk /dev/vdb: 10 GiB, 10737418240 bytes, 20971520 sectors
Units: sectors of 1 * 512 = 512 bytes
Sector size (logical/physical): 512 bytes / 512 bytes
I/O size (minimum/optimal): 512 bytes / 512 bytes
Disklabel type: dos
Disk identifier: 0xd6a01adf

Device      Boot    Start   End Sectors   Size  Id  Type
/dev/vdb1           2048    4196351       4194304  2G  83  Linux
/dev/vdb2           4196352 8390655       4194304  2G  83  Linux
/dev/vdb3           8390656 12584959      4194304  2G  83  Linux
/dev/vdb4           12584960 20971519     8386560  4G   5  Extended
#创建逻辑分区，并将所有扩展分区的空间给逻辑分区
Command (m for help): n
All primary partitions are in use.
Adding logical partition 5
First sector (12587008-20971519, default 12587008):
Last sector, +/-sectors or +/-size{K,M,G,T,P} (12587008-20971519, default 20971519):

Created a new partition 5 of type 'Linux' and of size 4 GiB.
#查看当前已经创建的分区
Command (m for help): p
```

Disk /dev/vdb: 10 GiB, 10737418240 bytes, 20971520 sectors
Units: sectors of 1 * 512 = 512 bytes
Sector size (logical/physical): 512 bytes / 512 bytes
I/O size (minimum/optimal): 512 bytes / 512 bytes
Disklabel type: dos
Disk identifier: 0xd6a01adf
#此时可以观察到主分区有三个，分别为/dev/下的 vdb1/vdb2/vdb3，逻辑分区为 vdb5

Device	Boot	Start	End	Sectors	Size	Id	Type
/dev/vdb1		2048	4196351	4194304	2G	83	Linux
/dev/vdb2		4196352	8390655	4194304	2G	83	Linux
/dev/vdb3		8390656	12584959	4194304	2G	83	Linux
/dev/vdb4		12584960	20971519	8386560	4G	5	Extended
/dev/vdb5		12587008	20971519	8384512	4G	83	Linux

#执行 w 命令保存退出
Command (m for help): w
The partition table has been altered.
Callingioctl() to re-read partition table.
Syncing disks.

[root@techhost ~]#
#执行 lsblk 命令或者 fdisk 命令进行查看验证
[root@techhost ~]# lsblk
NAME   MAJ:MIN RM SIZE RO TYPE MOUNTPOINT
vda   253:0   0 40G 0 disk
├─vda1   253:1   0   1G 0 part /boot/efi
└─vda2   253:2   0 39G 0 part /
vdb   253:16   0 10G 0 disk
├─vdb1   253:17   0   2G 0 part
├─vdb2   253:18   0   2G 0 part
├─vdb3   253:19   0   2G 0 part
├─vdb4   253:20   0   1K 0 part
└─vdb5   253:21   0   4G 0 part
vdc   253:32   0 10G 0 disk
[root@techhost ~]#
[root@techhost ~]# fdisk -l /dev/vdb
Disk /dev/vdb: 10 GiB, 10737418240 bytes, 20971520 sectors
Units: sectors of 1 * 512 = 512 bytes
Sector size (logical/physical): 512 bytes / 512 bytes
I/O size (minimum/optimal): 512 bytes / 512 bytes
Disklabel type: dos
Disk identifier: 0xd6a01adf

Device	Boot	Start	End	Sectors	Size	Id	Type
/dev/vdb1		2048	4196351	4194304	2G	83	Linux
/dev/vdb2		4196352	8390655	4194304	2G	83	Linux
/dev/vdb3		8390656	12584959	4194304	2G	83	Linux
/dev/vdb4		12584960	20971519	8386560	4G	5	Extended
/dev/vdb5		12587008	20971519	8384512	4G	83	Linux

[root@techhost ~]#

分区创建成功后，如果需要使用磁盘，就必须创建文件系统，创建文件系统命令格式为"mkfs[选项]分区设备"。

mkfs 命令的常用选项及其作用见表 3-37。

表 3-37 mkfs 命令的常用选项及其作用

选项	说明
-t	指定常见的文件系统类型
-c	创建文件系统前先检查坏块
-v	显示创建文件系统的详细信息

示例如下。

```
#针对/dev/vdb1 分区创建 ext4 分区
[root@techhost ~]# mkfs -t ext4 /dev/vdb1
mke2fs 1.45.3 (14-Jul-2019)
Creating filesystem with 524288 4k blocks and 131072 inodes
Filesystem UUID: d4545b32-4197-456a-aef9-fed754acc156
Superblock backups stored on blocks:
     32768, 98304, 163840, 229376, 294912


Allocatinggroup tables: done
Writing inode tables: done
Creating journal (16384 blocks): done
Writing superblocks and filesystem accounting information: done


[root@techhost ~]#
#针对/dev/vdb2 分区创建 xfs 分区
[root@techhost ~]# mkfs -t xfs /dev/vdb2
meta-data=/dev/vdb2               isize=512agcount=4, agsize=131072 blks
         =                        sectsz=512attr=2, projid32bit=1
         =                        crc=1        finobt=1, sparse=1, rmapbt=0
         =                        reflink=0
data     =                        bsize=4096   blocks=524288, imaxpct=25
         =                        sunit=0      swidth=0 blks
naming   =version 2               bsize=4096   ascii-ci=0, ftype=1
log      =internal log            bsize=4096   blocks=2560, version=2
         =                        sectsz=512sunit=0 blks, lazy-count=1
realtime =noneextsz=4096          blocks=0, rtextents=0
[root@techhost ~]#
#针对/dev/vdb3 分区创建交换分区
#首先使用 mkswap 命令格式化 vdb3 分区为交换分区
[root@techhost ~]# mkswap /dev/vdb3
Setting up swapspace version 1, size = 2 GiB (2147418112 bytes)
no label, UUID=cfa9a20f-a380-4602-84be-a64b5ed56726
[root@techhost ~]#
#执行命令 swapon 启动 swap 交换分区
[root@techhost ~]# swapon -s
```

```
[root@techhost ~]#
[root@techhost ~]# swapon /dev/vdb3
#执行命令 swapon-s 查看交换分区
[root@techhost ~]# swapon -s
Filename        Type        Size        Used        Priority
/dev/vdb3       partition   2097088     0           -2
[root@techhost ~]#
#执行 free 命令查看交换分区状态
[root@techhost ~]# free -m
        total       used        free        shared      buff/cacheav        ailable
Mem:    2977        461         1940        17          575                 2180
Swap:   2047        0           2047
[root@techhost ~]#
```

上面使用 fdisk 命令创建了 MBR 格式的分区，但是对于大于 2TB 的磁盘，则需要用 parted 命令创建 GPT 格式的分区。parted 命令的格式为“parted[选项] [设备] [命令]”。

对于/dev/vdc 设备，则使用 parted 命令进行分区，如图 3-130 所示。

```
[root@techhost ~]# parted /dev/vdc
GNU Parted 3.3
Using /dev/vdc
Welcome to GNU Parted! Type 'help' to view a list of commands.
#执行 help 查看帮助信息
(parted) help
```

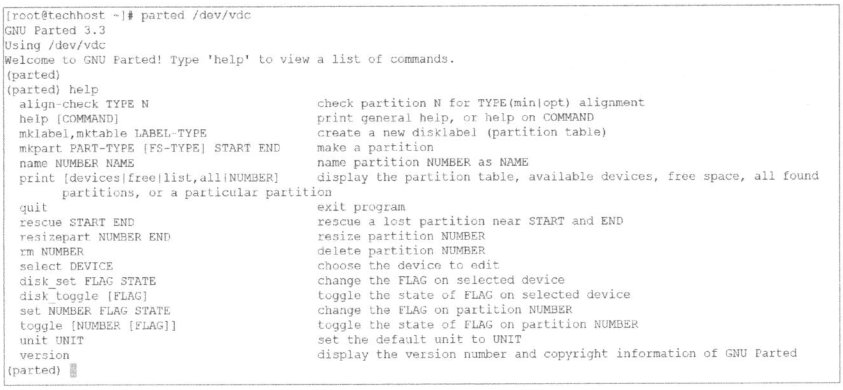

```
[root@techhost ~]# parted /dev/vdc
GNU Parted 3.3
Using /dev/vdc
Welcome to GNU Parted! Type 'help' to view a list of commands.
(parted)
(parted) help
  align-check TYPE N                       check partition N for TYPE(min|opt) alignment
  help [COMMAND]                           print general help, or help on COMMAND
  mklabel,mktable LABEL-TYPE               create a new disklabel (partition table)
  mkpart PART-TYPE [FS-TYPE] START END     make a partition
  name NUMBER NAME                         name partition NUMBER as NAME
  print [devices|free|list,all|NUMBER]     display the partition table, available devices, free space, all found
        partitions, or a particular partition
  quit                                     exit program
  rescue START END                         rescue a lost partition near START and END
  resizepart NUMBER END                    resize partition NUMBER
  rm NUMBER                                delete partition NUMBER
  select DEVICE                            choose the device to edit
  disk_set FLAG STATE                      change the FLAG on selected device
  disk_toggle [FLAG]                       toggle the state of FLAG on selected device
  set NUMBER FLAG STATE                    change the FLAG on partition NUMBER
  toggle [NUMBER [FLAG]]                   toggle the state of FLAG on partition NUMBER
  unit UNIT                                set the default unit to UNIT
  version                                  display the version number and copyright information of GNU Parted
(parted)
```

图 3-130　使用 parted 命令进行分区

创建新的分区，类型为 gpt，如图 3-131 所示。

```
#创建 gpt 格式分区
(parted) mklabel gpt
#查看分区列表信息
(parted) print
Model: Virtio Block Device (virtblk)
Disk /dev/vdc: 10.7GB
Sector size (logical/physical): 512B/512B
Partition Table: gpt
Disk Flags:
```

Number	Start	End	Size	File system	Name	Flags

(parted)

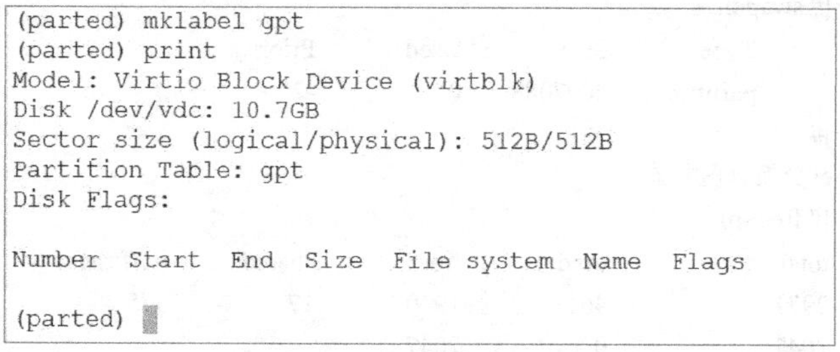

```
(parted) mklabel gpt
(parted) print
Model: Virtio Block Device (virtblk)
Disk /dev/vdc: 10.7GB
Sector size (logical/physical): 512B/512B
Partition Table: gpt
Disk Flags:

Number  Start  End  Size  File system  Name  Flags

(parted)
```

图 3-131 创建新的分区

使用 mkpart 命令创建第一个分区 first，如图 3-132 所示。文件系统类型为 XFS，起始点通常是可用空间的开始位置，first 分区为第一个分区，建议从 2048s 开始，避免出现警告提示，结束点可以使用空间的计量单位进行计算，如 2048M。

(parted) mkpart
Partition name? []? first
File system type? [ext2]? ext4
Start? 2048s
End? 2048M
(parted) print
Model: Virtio Block Device (virtblk)
Disk /dev/vdc: 10.7GB
Sector size (logical/physical): 512B/512B
Partition Table: gpt
Disk Flags:

Number	Start	End	Size	File system	Name	Flags
1	1049kB	2048MB	2047MB	ext4	first	

(parted)

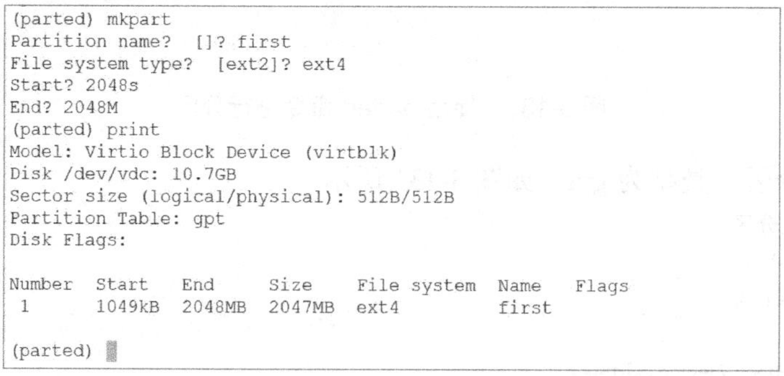

```
(parted) mkpart
Partition name?  []? first
File system type?  [ext2]? ext4
Start? 2048s
End? 2048M
(parted) print
Model: Virtio Block Device (virtblk)
Disk /dev/vdc: 10.7GB
Sector size (logical/physical): 512B/512B
Partition Table: gpt
Disk Flags:

Number  Start   End     Size    File system  Name   Flags
 1      1049kB  2048MB  2047MB  ext4         first

(parted)
```

图 3-132 示例效果

继续使用 mkpart 命令创建第二个分区 second，文件系统类型为 XFS，如图 3-133 所示。

(parted) mkpart
Partition name? []? second

```
File system type?  [ext2]? xfs
Start? 2048M
End? 4096M
(parted) print
Model: Virtio Block Device (virtblk)
Disk /dev/vdc: 10.7GB
Sector size (logical/physical): 512B/512B
Partition Table: gpt
Disk Flags:

Number   Start       End        Size       File system   Name      Flags
 1       1049kB      2048MB     2047MB     ext4          first
 2       2048MB      4096MB     2048MB     xfs           second

(parted)
```

```
(parted) mkpart
Partition name?  []? second
File system type?  [ext2]? xfs
Start? 2048M
End? 4096M
(parted) print
Model: Virtio Block Device (virtblk)
Disk /dev/vdc: 10.7GB
Sector size (logical/physical): 512B/512B
Partition Table: gpt
Disk Flags:

Number   Start       End        Size       File system   Name      Flags
 1       1049kB      2048MB     2047MB     ext4          first
 2       2048MB      4096MB     2048MB     xfs           second

(parted)
```

图 3-133 示例效果

创建分区完成，接下来我们使用 rm 命令删除 first 分区，如图 3-134 所示。

```
(parted) rm
Partition number? 1
(parted) print
Model: Virtio Block Device (virtblk)
Disk /dev/vdc: 10.7GB
Sector size (logical/physical): 512B/512B
Partition Table: gpt
Disk Flags:

Number   Start       End        Size       File system   Name      Flags
 2       2048MB      4096MB     2048MB     xfs           second

(parted)
```

```
(parted) rm
Partition number? 1
(parted) print
Model: Virtio Block Device (virtblk)
Disk /dev/vdc: 10.7GB
Sector size (logical/physical): 512B/512B
Partition Table: gpt
Disk Flags:

Number  Start   End     Size    File system  Name    Flags
 2      2048MB  4096MB  2048MB  xfs          second

(parted)
```

图 3-134　示例效果

针对/dev/vdc2 创建文件系统，示例如下。

```
#查看分区列表
[root@techhost ~]# lsblk /dev/vdc
NAME   MAJ:MIN RM  SIZE RO TYPE MOUNTPOINT
vdc    253:32   0   10G  0 disk
└─vdc2 253:34   0  1.9G  0 part
[root@techhost ~]#
#创建文件系统
[root@techhost ~]# mkfs -t xfs /dev/vdc2
meta-data=/dev/vdc2              isize=512    agcount=4, agsize=124992 blks
         =                       sectsz=512   attr=2, projid32bit=1
         =                       crc=1        finobt=1, sparse=1, rmapbt=0
         =                       reflink=0
data     =                       bsize=4096   blocks=499968, imaxpct=25
         =                       sunit=0      swidth=0 blks
naming   =version 2              bsize=4096   ascii-ci=0, ftype=1
log      =internal log           bsize=4096   blocks=2560, version=2
         =                       sectsz=512   sunit=0 blks, lazy-count=1
realtime =none                   extsz=4096   blocks=0, rtextents=0
[root@techhost ~]#
```

至此，分区与文件系统实验结束。

3.4.4　文件系统的挂载

Linux 操作系统的所有文件都放置在以目录为树根的树形结构中。在 Linux 操作系统中，任何硬件设备都是文件，它们各有一套自己的文件系统（文件目录结构），因此产生的问题是，当用户在 Linux 操作系统中使用这些硬件设备时，只有将 Linux 操作系统中本身的文件目录与硬件设备的文件目录合二为一，硬件设备才能为我们所用，合二为一的过程被称为"挂载"。

挂载指的是将设备文件中的顶级目录连接到 Linux 操作系统中根目录下的某一个目录，最好是空目录，访问此目录就等于访问设备文件。

最好是空目录的原因在于，并不是根目录下的任何一个目录都可以作为挂载点，挂载操作会使原有目录中的文件被隐藏，因此根目录以及系统原有目录都不要作为挂载点，否则可能会造成系统异常甚至崩溃，挂载点最好是新建的空目录。

挂载点的目录要求有以下 3 点。

① 目录事先存在，可以用 mkdir 命令新建目录。

② 挂载点目录不可被其他进程使用。

③ 挂载点下原有文件将被隐藏。

mount 命令的格式如下。

mount [-hV]
mount -a [-fFnrsvw] [-t vfstype]
mount [-fnrsvw] [-o options [,...]] device | dir
mount [-fnrsvw] [-t vfstype] [-o options] device dir

其参数说明如下。

-V：显示程序版本。

-h：显示辅助信息。

-a：将 /etc/fstab 中定义的所有档案系统挂上。

-F：通常和 -a 一起使用，它会为每一个 mount 命令的动作产生一个行程，在系统需要挂上大量 NFS 档案时可以加快速度。

-f：通常用来除错，它会使 mount 命令并不执行实际挂上的动作，而是模拟整个挂上的过程，一般和 -v 一起使用。

-n：一般而言，mount 命令被挂上后会在 /etc/mtab 中写入一笔资料，但在系统中没有可写入档案系统的情况下可以用这个选项取消写入动作。

-s-r：等于 -o ro。

-w：等于 -o rw。

-L：将含有特定标签的硬盘分割挂上。

-t：指定档案系统的形态，通常不必指定，mount 命令会自动选择正确的形态。

-o async：打开非同步模式，所有的档案读写动作都会用非同步模式执行。

-o sync：在同步模式下执行。

-o atime、-o noatime：当 atime 打开时，系统会在每次读取档案时更新档案的"上一次调用时间"。当我们使用 flash 档案系统时，可能会把这个选项关闭以减少写入的次数。

-o auto、-o noauto：打开/关闭自动挂上模式。

-o defaults：使用预设的选项 rw、suid、dev、exec、auto、nouser、and async。

-o dev、-o nodev-o exec、-o noexec：允许执行档被执行。

-o suid、-o nosuid：允许执行档在 root 权限下执行。

-o user、-o nouser：使用者可以执行 mount/umount 的操作。

-o remount：将一个已经挂下的档案系统重新用不同的方式挂上，例如原来是只读的系统，现在用读写模式重新挂上。

-o ro：用只读模式挂上。

-o rw：用读写模式挂上。

-o loop=：使用 loop 模式将一个档案当成硬盘分割挂上系统。

例如，要将/dev/vdb1 挂载到/mnt/vdb1，只需要在 mount 命令中填写设备与挂载目录参数，系统会自动判断要挂载文件的类型，命令如图 3-135 所示。

```
[root@techhost ~]# lsblk
NAME    MAJ:MIN  RM   SIZE   RO   TYPE   MOUNTPOINT
vda     253:0    0    40G    0    disk
├─vda1  253:1    0    1G     0    part   /boot/efi
└─vda2  253:2    0    39G    0    part   /
vdb     253:16   0    10G    0    disk
├─vdb1  253:17   0    2G     0    part
├─vdb2  253:18   0    2G     0    part
├─vdb3  253:19   0    2G     0    part   [SWAP]
├─vdb4  253:20   0    1K     0    part
└─vdb5  253:21   0    4G     0    part
vdc     253:32   0    10G    0    disk
└─vdc2  253:34   0    1.9G   0    part
[root@techhost ~]# mkdir /mnt/vdb1
[root@techhost ~]# mount /dev/vdb1 /mnt/vdb1
[root@techhost ~]#
```

```
[root@techhost ~]# lsblk
NAME    MAJ:MIN RM  SIZE RO TYPE MOUNTPOINT
vda     253:0   0   40G  0  disk
 ├─vda1 253:1   0    1G  0  part /boot/efi
 └─vda2 253:2   0   39G  0  part /
vdb     253:16  0   10G  0  disk
 ├─vdb1 253:17  0    2G  0  part
 ├─vdb2 253:18  0    2G  0  part
 ├─vdb3 253:19  0    2G  0  part [SWAP]
 ├─vdb4 253:20  0    1K  0  part
 └─vdb5 253:21  0    4G  0  part
vdc     253:32  0   10G  0  disk
 └─vdc2 253:34  0   1.9G 0  part
[root@techhost ~]# mkdir /mnt/vdb1
[root@techhost ~]# mount /dev/vdb1 /mnt/vdb1
[root@techhost ~]#
```

图 3-135 示例效果

如果想查看当前系统中设备的挂载情况，使用 df 命令即可，如图 3-136 所示。

```
[root@techhost ~]# df -hT
Filesystem    Type       Size   Used   Avail   Use%   Mounted on
devtmpfs      devtmpfs   1.2G   0      1.2G    0%     /dev
tmpfs         tmpfs      1.5G   0      1.5G    0%     /dev/shm
tmpfs         tmpfs      1.5G   15M    1.5G    1%     /run
tmpfs         tmpfs      1.5G   0      1.5G    0%     /sys/fs/cgroup
/dev/vda2     ext4       39G    4.7G   32G     13%    /
```

tmpfs	tmpfs	1.5G	64K	1.5G	1%	/tmp	
/dev/vda1	vfat	1022M	5.8M	1017M	1%	/boot/efi	
tmpfs	tmpfs	298M	0	298M	0%	/run/user/0	
/dev/vdb1	ext4	2.0G	6.0M	1.8G	1%	/mnt/vdb1	

[root@techhost ~]#

```
[root@techhost ~]# df -hT
Filesystem     Type       Size   Used  Avail Use% Mounted on
devtmpfs       devtmpfs   1.2G      0   1.2G   0% /dev
tmpfs          tmpfs      1.5G      0   1.5G   0% /dev/shm
tmpfs          tmpfs      1.5G    15M   1.5G   1% /run
tmpfs          tmpfs      1.5G      0   1.5G   0% /sys/fs/cgroup
/dev/vda2      ext4        39G   4.7G    32G  13% /
tmpfs          tmpfs      1.5G    64K   1.5G   1% /tmp
/dev/vda1      vfat      1022M   5.8M  1017M   1% /boot/efi
tmpfs          tmpfs      298M      0   298M   0% /run/user/0
/dev/vdb1      ext4       2.0G   6.0M   1.8G   1% /mnt/vdb1
[root@techhost ~]#
```

图 3-136　示例效果

挂载文件系统是为了使用硬件资源，而卸载文件系统就意味着不再使用硬件的设备资源。挂载操作是把硬件设备与目录进行关联的动作，因此卸载操作只需要说明想要取消关联的设备文件或挂载目录的其中一项即可，一般不需要加额外的参数。

umount（un mount）命令用于卸载设备或文件系统，其语法格式为"umount [设备文件/挂载目录]"，如，卸载/dev/vdb1 的操作如下（两者选其一）。

[root@techhost ~]# umount　/dev/vdb1

[root@techhost ~]# umount　/mnt/vdb1

3.4.5　开机自动挂载

对于很多文件系统来说，当在开机状态下将其挂载到文件夹后，可以正常使用，可是当重启计算机后，计算机挂载的文件系统就会自动解除挂载状态，之后就需要重新执行挂载操作，因此相当不方便。如果要解决这一问题，就需要用到开机自动挂载这一功能。

图 3-137 是一个 fstab 文件，系统中的"/etc/fstab"文件可以视为 mount 命令的配置文件，每行共有 6 个字段，前 3 个字段分别为设备位置、挂载点、文件系统类型；第 4 个字段为挂载参数，即 mount 命令"-o"选项后可使用的参数，如 defaults、rw 等；第 5 个字段为文件系统是否需要 dump 备份，一般设为 1 时表示需要备份，设为 0 时将被 dump 忽略；第 6 个字段用于决定在系统启动时进行磁盘检查的顺序，0 代表不进行检查，1 代表优先检查，2 代表其次，一般将根分区设为 1，将其他分区设为 2。

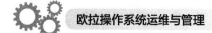

```
[root@techhost ~]# vim /etc/fstab
/dev/vdb1              /mnt/vdb1         ext4     defaults       1   1
设备位置  oot            挂载点            ex  文件系统类型       1   2
devpts                 /dev/pts          devpts   gid=5,mode=620 0   0
tmpfs                  /dev/shm          tmpfs    defaults       0   0
proc                   /proc             proc     defaults       0   0
sysfs                  /sys              sysfs    defaults       0   0
/dev/VolGroup00/LogVol01 swap            swap     defaults       0   0
```

图 3-137　fstab 文件

在开机自动挂载设备的时候，一般选择设备的 UUID（Universally Unique Identifier，通用唯一识别码）进行挂载。查看设备的 UUID 使用 blkid 命令，如图 3-138 所示。

[root@techhost ~]# blkid
/dev/vda2: UUID="6eb9dc1c-cd38-4c03-84a5-178b7431f7c1" TYPE="ext4" PARTUUID="8f345fdd-b2ee-4ea6-a26e-de7e141d079e"
/dev/vda1: UUID="3B7F-01BD" TYPE="vfat" PARTLABEL="EFI System Partition" PARTUUID="c654ba4b-7612-4e28-b9d3-3fd7bb95f63f"
/dev/vdb1: UUID="d4545b32-4197-456a-aef9-fed754acc156" TYPE="ext4" PARTUUID="d6a01adf-01"
/dev/vdb2: UUID="d76c4711-0041-423c-b1de-73b2472eaef9" TYPE="xfs" PARTUUID="d6a01adf-02"
/dev/vdb3: UUID="cfa9a20f-a380-4602-84be-a64b5ed56726" TYPE="swap" PARTUUID="d6a01adf-03"
/dev/vdb5: PARTUUID="d6a01adf-05"
/dev/vdc2: UUID="bb7f7a8f-6504-4f97-b360-48ec7fd63355" TYPE="xfs" PARTLABEL="second" PARTUUID="5b1f5e53-f38d-4862-b0e3-3a278d4c92a4"
[root@techhost ~]#

```
[root@techhost ~]# blkid
/dev/vda2: UUID="6eb9dc1c-cd38-4c03-84a5-178b7431f7c1" TYPE="ext4" PARTUUID="8f345fdd-b2ee-4ea6-a26e-de7e141d079e"
/dev/vda1: UUID="3B7F-01BD" TYPE="vfat" PARTLABEL="EFI System Partition" PARTUUID="c654ba4b-7612-4e28-b9d3-3fd7bb95
/dev/vdb1: UUID="d4545b32-4197-456a-aef9-fed754acc156" TYPE="ext4" PARTUUID="d6a01adf-01"
/dev/vdb2: UUID="d76c4711-0041-423c-b1de-73b2472eaef9" TYPE="xfs" PARTUUID="d6a01adf-02"
/dev/vdb3: UUID="cfa9a20f-a380-4602-84be-a64b5ed56726" TYPE="swap" PARTUUID="d6a01adf-03"
/dev/vdb5: PARTUUID="d6a01adf-05"
/dev/vdc2: UUID="bb7f7a8f-6504-4f97-b360-48ec7fd63355" TYPE="xfs" PARTLABEL="second" PARTUUID="5b1f5e53-f38d-4862-b
78d4c92a4"
[root@techhost ~]#
```

图 3-138　示例效果

使用 fstab 文件开机自动挂载设备，如图 3-139 所示。

#创建 vdb2 挂载目录，并记住 vdb2 的 UUID
[root@techhost ~]# mkdir /mnt/vdb2
[root@techhost ~]# vim /etc/fstab
[root@techhost ~]# cat /etc/fstab

#
/etc/fstab
Created by anaconda on Mon May 18 10:32:30 2020
#
Accessible filesystems, by reference, are maintained under '/dev/disk/'.
See man pages fstab(5), findfs(8), mount(8) and/or blkid(8) for more info.

units generated from this file.
#
UUID=6eb9dclc-cd38-4c03-84a5-178b7431f7c1 /   ext4   defaults   1 1
UUID=3B7F-01BD   /boot/efi   vfat   umask=0077,shortname=winnt 0 2
#使用设备名称开机自动挂载/dev/vdb1 设备
/dev/vdb1   /mnt/vdb1   ext4   defaults   0   0
#使用 UUID 自动挂载/dev/vdb2
UUID=d76c4711-0041-423c-blde-73b2472eaef9 /mnt/vdb2   xfs   defaults   0 0
#自动挂载交换分区
/dev/vdb3   swap   swap   defaults   0   0
~
~

```
# units generated from this file.
#
UUID=6eb9dclc-cd38-4c03-84a5-178b7431f7c1 /                              ext4     defaults          1 1
UUID=3B7F-01BD           /boot/efi              vfat     umask=0077,shortname=winnt 0 2
#使用设备名称开机自动挂载/dev/vdb1设备
/dev/vdb1            /mnt/vdb1          ext4       defaults      0         0
#使用UUID号自动挂载/dev/vdb2
UUID=d76c4711-0041-423c-blde-73b2472eaef9  /mnt/vdb2           xfs      defaults          0 0
#自动挂载交换分区
/dev/vdb3         swap      swap      defaults       0       0
~
~
```

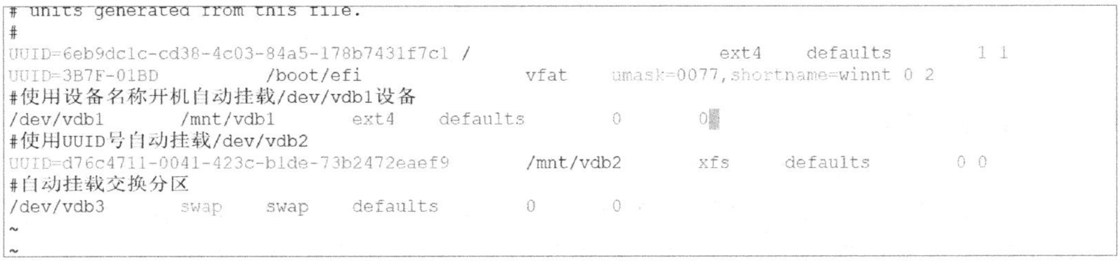

图 3-139　示例效果

验证是否成功，如图 3-140 所示。

```
#mount-a 挂载全部
[root@techhost ~]# mount -a
[root@techhost ~]# df -hT
Filesystem         Type        Size      Used       Avail     Use%    Mounted on
devtmpfs           devtmpfs    1.2G      0          1.2G      0%      /dev
tmpfs              tmpfs       1.5G      0          1.5G      0%      /dev/shm
tmpfs              tmpfs       1.5G      15M        1.5G      1%      /run
tmpfs              tmpfs       1.5G      0          1.5G      0%      /sys/fs/cgroup
/dev/vda2          ext4        39G       4.7G       32G       13%     /
tmpfs              tmpfs       1.5G      64k        1.5G      1%      /tmp
/dev/vda1          vfat        1022M     5.8M       1017M     1%      /boot/efi
tmpfs              tmpfs       298M      0          298M      0%      /run/user/0
/dev/vdb1          ext4        2.0G      6.0M       1.8G      1%      /mnt/vdb1
/dev/vdb2          xfs         2.0G      35M        2.0G      2%      /mnt/vdb2
[root@techhost ~]#
#查看交换分区
[root@techhost ~]# swapon -s
Filename           Type        Size      Used       Priority
/dev/vdb3          partition   2097088   0          -2
[root@techhost ~]#
#终极测试,重启,注意：若该文件修改失败系统无法启动
[root@techhost ~]#reboot                       //重启服务器验证是否成功
```

```
[root@techhost ~]# mount -a
[root@techhost ~]# df -hT
Filesystem     Type      Size  Used Avail Use% Mounted on
devtmpfs       devtmpfs  1.2G     0  1.2G   0% /dev
tmpfs          tmpfs     1.5G     0  1.5G   0% /dev/shm
tmpfs          tmpfs     1.5G   15M  1.5G   1% /run
tmpfs          tmpfs     1.5G     0  1.5G   0% /sys/fs/cgroup
/dev/vda2      ext4       39G  4.7G   32G  13% /
tmpfs          tmpfs     1.5G   64K  1.5G   1% /tmp
/dev/vda1      vfat     1022M  5.8M 1017M   1% /boot/efi
tmpfs          tmpfs     298M     0  298M   0% /run/user/0
/dev/vdb1      ext4      2.0G  6.0M  1.8G   1% /mnt/vdb1
/dev/vdb2      xfs       2.0G   35M  2.0G   2% /mnt/vdb2
[root@techhost ~]# swapon -s
Filename                                Type            Size    Used    Priority
/dev/vdb3                               partition       2097088 0       -2
[root@techhost ~]#
```

图 3-140　示例效果

3.4.6　磁盘配额

xfs_quota 命令是一个专门针对 XFS 来管理 quota 磁盘容量配额的命令，格式为"quota [参数] 配额文件系统"。其中，-c 参数用于以参数的形式设置要执行的命令； -x 参数是专家模式，让运维人员能够对 quota 服务进行更多复杂的配置。我们使用 xfs_quota 命令来设置用户 tom 对/tec01 目录的 quota 磁盘容量配额，如图 3-141 和图 3-142 所示。具体的限额控制包括：磁盘使用量的软限制和硬限制分别为 3MB 和 6MB；创建文件数量的软限制和硬限制分别为 3 个和 6 个。

[root@techhost ~]# useradd　　tom　　　　//新建一个用户 tom
[root@techhost ~]# id tom
uid=1000(tom) gid=1000(tom) groups=1000(tom)
[root@techhost ~]# fdisk　　/dev/vd
vda vda1 vda2 vdb vdc vdd
[root@techhost ~]# fdisk　　/dev/vdb//对添加的磁盘划分出一个分区并且格式化为 XFS 格式

Welcome to fdisk (util-linux 2.34).
Changes will remain in memory only, until you decide to write them.
Be careful before using the write command.

Device does not contain a recognized partition table.
Created a new DOS disklabel with disk identifier 0xbf144799.

Command (m for help): n
Partition type
　　p　　primary (0 primary, 0 extended, 4 free)
　　e　　extended (container for logical partitions)
Select (default p):

Using default response p.
Partition number (1-4, default 1):
First sector (2048-20971519, default 2048):

```
Last sector, +/-sectors or +/-size{K,M,G,T,P} (2048-20971519, default 20971519): +5G

Created a new partition 1 of type 'Linux' and of size 5 GiB.

Command (m for help): w
[root@techhost ~]# lsblk            //查看已经划分出来的是哪块盘
NAME   MAJ:MIN RM  SIZE RO TYPE MOUNTPOINT
vda    253:0    0   40G  0 disk
├─vda1 253:1    0    1G  0 part /boot/efi
└─vda2 253:2    0   39G  0 part /
vdb    253:16   0   10G  0 disk
├─vdb1 253:17   0    5G  0 part
└─vdb2 253:18   0    1K  0 part
vdc    253:32   0   10G  0 disk
vdd    253:48   0   10G  0 disk
[root@techhost ~]# mkfs.xfs     /dev/vdb1        //将/dev/vdb1 格式化为 XFS 格式
meta-data=/dev/vdb1          isize=512    agcount=4, agsize=327680 blks
         =                   sectsz=512   attr=2, projid32bit=1
         =                   crc=1        finobt=1, sparse=1, rmapbt=0
         =                   reflink=0
data     =                   bsize=4096   blocks=1310720, imaxpct=25
         =                   sunit=0      swidth=0 blks
naming   =version 2          bsize=4096   ascii-ci=0, ftype=1
log      =internal log       bsize=4096   blocks=2560, version=2
         =                   sectsz=512   sunit=0 blks, lazy-count=1
realtime =none extsz=4096    blocks=0, rtextents=0
[root@techhost ~]# mkdir    /tech01                //创建 tech01
[root@techhost ~]#mount -o uquota,gquota   /dev/vdb1   /tech01/   //将其挂载到目标文件，并通过参数 uquota、
gquota 开启文件系统配额
[root@techhost ~]# chmod   777   /tech01/         //配置 tech01 权限为 777
[root@techhost ~]# mount |  grep    tech01
/dev/vdb1 on /tech01 type xfs (rw,relatime,attr2,inode64,usrquota,grpquota)
[root@techhost ~]# xfs_quota -x -c 'limit bsoft=3m bhard=6m isoft=3 ihard=6tom' /tech01
xfs_quota: invalid user name: ihard=6
tom
[root@techhost ~]# xfs_quota -x -c report /tech01
User quota on /tech01 (/dev/vdb1)
                             Blocks
User ID      Used       Soft       Hard    Warn/Grace
---------- --------------------------------------------------
root           0          0          0     00 [--------]
tom            0       3072       6144     00 [--------]


Group quota on /tech01 (/dev/vdb1)
                             Blocks
Group ID     Used       Soft       Hard    Warn/Grace
---------- --------------------------------------------------
root           0          0          0     00 [--------]
```

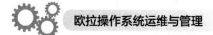

```
[root@techhost ~]# useradd tom
[root@techhost ~]# id tom
uid=1000(tom) gid=1000(tom) groups=1000(tom)
[root@techhost ~]# fdisk  /dev/vd
vda  vda1 vda2 vdb  vdc  vdd
[root@techhost ~]# fdisk  /dev/vdb

Welcome to fdisk (util-linux 2.34).
Changes will remain in memory only, until you decide to write them.
Be careful before using the write command.

Device does not contain a recognized partition table.
Created a new DOS disklabel with disk identifier 0xbf144799.

Command (m for help): n
Partition type
   p   primary (0 primary, 0 extended, 4 free)
   e   extended (container for logical partitions)
Select (default p):

Using default response p.
Partition number (1-4, default 1):
First sector (2048-20971519, default 2048):
Last sector, +/-sectors or +/-size{K,M,G,T,P} (2048-20971519, default 20971519): +5G

Created a new partition 1 of type 'Linux' and of size 5 GiB.

Command (m for help): w
```

图 3-141　示例效果

```
[root@techhost ~]# lsblk
NAME    MAJ:MIN RM  SIZE RO TYPE MOUNTPOINT
vda     253:0    0   40G  0 disk
├─vda1  253:1    0    1G  0 part /boot/efi
└─vda2  253:2    0   39G  0 part /
vdb     253:16   0   10G  0 disk
├─vdb1  253:17   0    5G  0 part
└─vdb2  253:18   0    1K  0 part
vdc     253:32   0   10G  0 disk
vdd     253:48   0   10G  0 disk
[root@techhost ~]# mkfs.xfs  /dev/vdb1
meta-data=/dev/vdb1             isize=512    agcount=4, agsize=327680 blks
         =                      sectsz=512   attr=2, projid32bit=1
         =                      crc=1        finobt=1, sparse=1, rmapbt=0
         =                      reflink=0
data     =                      bsize=4096   blocks=1310720, imaxpct=25
         =                      sunit=0      swidth=0 blks
naming   =version 2             bsize=4096   ascii-ci=0, ftype=1
log      =internal log          bsize=4096   blocks=2560, version=2
         =                      sectsz=512   sunit=0 blks, lazy-count=1
realtime =none                  extsz=4096   blocks=0, rtextents=0
[root@techhost ~]# mkdir  /tech01
[root@techhost ~]# mount -o uquota,gquota  /dev/vdb1  /tech01/
[root@techhost ~]# chmod  777  /tech01/
[root@techhost ~]# mount  | grep  tech01
/dev/vdb1 on /tech01 type xfs (rw,relatime,attr2,inode64,usrquota,grpquota)
```

图 3-142　示例效果

图 3-142 示例效果（续）

当配置好各种软硬限制后，尝试切换到普通用户，然后尝试创建容量分别为 5MB 和 8MB 的文件。可以发现，在创建 8MB 的文件时受到了系统的限制，如图 3-143 所示。

```
[root@techhost ~]# su - tom              //切换到 tom 用户
[tom@techhost ~]$ pwd                    //查看当前是否在 tom 用户中
/home/tom
[tom@techhost ~]$ dd if=/dev/zero of=/tech01/tom    bs=5M count=1
1+0 records in
1+0 records out
5242880 bytes (5.2 MB, 5.0 MiB) copied, 0.00176958 s, 3.0 GB/s
[tom@techhost ~]$ dd if=/dev/zero of=/tech01/tom    bs=8M count=1
dd: error writing '/tech01/tom': Disk quota exceeded
1+0 records in
0+0 records out
0 bytes copied, 0.0013013 s, 0.0 kB/s
```

图 3-143 示例效果

edquota 命令用于编辑用户的 quota 配额限制，格式为"edquota [参数] [用户]"。在为用户设置了 quota 磁盘容量配额限制后，可以使用 edquota 命令按需修改限额的数值，其中，-u 参数表示要针对哪个用户进行设置，-g 参数表示要针对哪个用户组进行设置。edquota 命令会调用 vi 或 Vim 编辑器来让 root 修改要限制的具体细节。例如，把用户 tom 的硬盘使用量的硬限额从 5MB 提升到 8MB，如图 3-144 和图 3-145 所示。

[tom@techhost ~]$ exit   //该操作只能在 root 中执行，退出当前 tom 用户
注意：默认情况下，OpenEuler 操作系统没有安装 edquota，需要配置 yum 源进行安装，可以去华为镜像官网

查找 OpenEuler 镜像以及鲲鹏镜像源配置方法。

[root@techhost～]#wget -O /etc/yum.repos.d/OpenEulerOS.repo https://repo.huaweicloud.com/repository/ conf/openeuler_aarch64.repo

[root@techhost ～]#echo -e "[kunpeng]\nname=CentOS-kunpeng - Base - repo.huaweicloud.com\ nbaseurl=https://repo.huaweicloud.com/kunpeng/yum/el/7/aarch64/\ngpgcheck=0\nenabled=1"> /etc/yum.repos.d/CentOS-Base-kunpeng.repo

[root@techhost ～]#yum   clean   all

[root@techhost ～]#yum   repolist

[root@techhost ～]# yum makecache

[root@techhost ～]#yum -y install   quota   //安装 quota 工具之后便可以使用 edquota

[root@techhost ～]# edquota   -u   tom

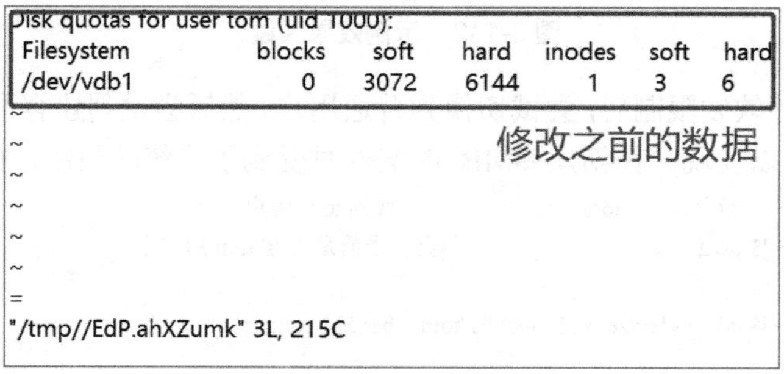

```
Disk quotas for user tom (uid 1000):
  Filesystem        blocks       soft        hard      inodes     soft      hard
  /dev/vdb1              0       3072        6144           1        3         6
~
~                                              修改之前的数据
~
~
~
~
~
=
"/tmp//EdP.ahXZumk" 3L, 215C
```

图 3-144　示例效果

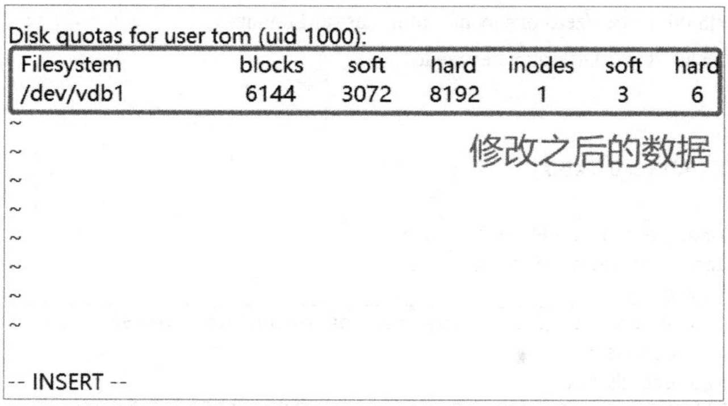

```
Disk quotas for user tom (uid 1000):
  Filesystem        blocks       soft        hard      inodes     soft      hard
  /dev/vdb1           6144       3072        8192           1        3         6
~
~                                              修改之后的数据
~
~
~
~
~
~
~
~
-- INSERT --
```

图 3-145　示例效果

[root@techhost ～]# edquota   -u   tom

edquota: WARNING - /dev/vdb1: cannot change current block allocation   //修改完成之后保存并退出，会出现更改成功的提示

[root@techhost～]# su - tom   //切换到 tom 用户

Last login: Sat May 8 14:15:17 CST 2021 on pts/0

Welcome to 4.19.90-2003.4.0.0036.oe1.aarch64

System information as of time: Sat May 8 14:58:13 CST 2021

System load: 0.00
Processes: 125
Memory used: 11.5%

Swap used: 0.0%
Usage On: 9%
IP address: 192.168.0.24
Users online: 1

```
[tom@techhost ~]$ dd if=/dev/zero of=/tech01/tom bs=8M count=1      //这时分配 8MB 的内存不会报错
1+0 records in
1+0 records out
8388608 bytes (8.4 MB, 8.0 MiB) copied, 0.00278592 s, 3.0 GB/s
[tom@techhost ~]$ dd if=/dev/zero of=/tech01/tom bs=15M count=1     //分配 12MB 的内存则会报错
dd: error writing '/tech01/tom': Disk quota exceeded
1+0 records in
0+0 records out
0 bytes copied, 0.00234281 s, 0.0 kB/s
[tom@techhost ~]$
```

执行结果如图 3-146 所示。

```
[root@techhost ~]# edquota  -u  tom
edquota: WARNING - /dev/vdb1: cannot change current block allocation
[root@techhost~]# su - tom
Last login: Sat May  8 14:15:17 CST 2021 on pts/0


Welcome to 4.19.90-2003.4.0.0036.oe1.aarch64

System information as of time:          Sat May  8 14:58:13 CST 2021

System load:    0.00
Processes:      125
Memory used:    11.5%
Swap used:      0.0%
Usage On:       9%
IP address:     192.168.0.24
Users online:   1


[tom@techhost ~]$ dd if=/dev/zero of=/tech01/tom bs=8M count=1
1+0 records in
1+0 records out
8388608 bytes (8.4 MB, 8.0 MiB) copied, 0.00278592 s, 3.0 GB/s
[tom@techhost ~]$ dd if=/dev/zero of=/tech01/tom bs=15M count=1
dd: error writing '/tech01/tom': Disk quota exceeded
1+0 records in
0+0 records out
0 bytes copied, 0.00234281 s, 0.0 kB/s
[tom@techhost ~]$
```

图 3-146　执行结果

课后习题

1. /home 目录与/root 目录中存放的文件有何相同点和不同点？

答：这两个目录都是用来存放用户的家目录数据的，但是，/root 目录存放的是管理员的家目录数据。

2. 假如一个设备的文件名称为/dev/sdb，可以确认它是主板第二个插槽上的设备吗？

答：不一定，因为设备的文件名称是由系统的识别顺序来决定的。

3. 如果硬盘中需要 5 个分区，至少需要几个逻辑分区？

答：可以选用创建 3 个主分区+1 个扩展分区的方法，然后把扩展分区再分成 2 个逻辑分区，即有了 5 个分区。

4. /dev/sda5 是主分区还是逻辑分区？

答：逻辑分区。

5. 哪个服务决定了设备在/dev 目录中的名称？

答：udev 设备管理器服务。

6. 用一句话来描述挂载操作。

答：当用户需要使用硬盘设备或分区中的数据时，需要先将其与一个已存在的目录文件进行关联，而这个关联动作就是"挂载"。

7. 在配置 quota 磁盘容量配额服务时，软限制数值必须小于硬限制数值吗？

答：不一定，软限制数值可以小于等于硬限制数值。

8. 若原始文件被改名，那么之前创建的硬链接还能访问这个原始文件吗？

答：可以。

3.5 RAID 与逻辑卷管理

本节将深入讲解各个常用 RAID（Redundant Arrays of Independent Disks，独立磁盘冗余阵列）技术方案的特性，并通过实际部署 RAID 组方案来更直观地查看 RAID 的强大效果，以便进一步满足生产环境对硬盘设备的 I/O 读写速度和数据冗余备份机制的需求。同时，考虑到用户可能会动态调整存储资源，本节还将介绍 LVM（Logical Volume Manager，逻辑卷管理）的部署、扩容、缩小、快照以及卸载删除的相关知识。

3.5.1 RAID 技术介绍

随着阵列技术的发展，RAID 的类型越来越多，但现在只有少数几种 RAID 在使用。本小节我们将讨论最常用的 RAID 类型，也会学习 RAID 的其他相关功能，比如数据保护等。存储设备中可以通过两种方式实现 RAID 的功能，即硬件 RAID 和软件 RAID。

RAID 技术出现的初衷是把多个小容量的硬盘组合起来，以获得更大的存储容量。目前我们所说的 RAID 技术更多与数据保护相关，换言之，当物理设备失效时，RAID 能够用来防止数据的丢失。RAID 技术的主要功能有以下 3 点。

① 通过对硬盘上的数据进行条带化处理，实现对数据成块存取，减少硬盘的机械寻道时间，提高了数据存取速度。

② 通过对一个阵列中的几块硬盘同时读取，即并行访问，减少了硬盘的机械寻道时间，提高了数据存取速度。

③ 镜像或者存储奇偶校验信息的方式，实现了对数据的冗余保护。

硬件 RAID 使用专用的 RAID 适配器、硬盘控制器或存储处理器。RAID 控制器有自己的处理器、I/O 处理芯片和内存，以提高资源利用率和数据传输速度。RAID 控制器管理路由、缓冲区，控制主机与 RAID 间的数据流。硬件 RAID 通常在服务器中使用。

软件 RAID 没有自己的处理器或 I/O 处理芯片，完全依赖于主机处理器，因此，低速 CPU 不能满足 RAID 实施的要求。软件 RAID 通常在企业级存储设备上使用。

RAID 组以条带化的方式进行数据组织，其数据组织形式如图 3-147 所示。

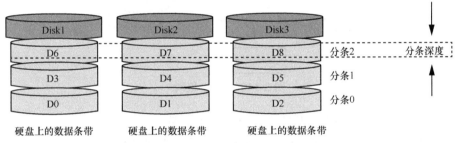

图 3-147　RAID 的数据组织形式

RAID 的数据组织形式中包含的概念如下。

① 条带：硬盘中单个或者多个连续的扇区构成一个条带，它是一块硬盘上进行一次数据读写的最小单元，也是组成分条的元素。

② 分条：同一硬盘阵列中的多个硬盘驱动器上的相同位置（或者说是相同编号）的条带。

③ 分条宽度：指在一个分条中数据成员盘的个数。

④ 分条深度：指一个条带的容量大小。

当前，RAID 技术在用来进行数据保护时，通常有两种不同的方式：一种是在另一块冗余的硬盘上保存数据的副本；另一种是使用奇偶校验算法，奇偶校验码是使用用户数据计算出的额外信息。使用奇偶校验算法需要额外的校验硬盘。奇偶校验采用的是异或（exclusive OR，XOR）算法。XOR 算法的核心为"相同为假，相异为真，计算可逆"，计算法符号为 ⊕。XOR 算法如图 3-148 所示。

RAID 技术将多个单独的物理硬盘以不同的方式组合成一个逻辑盘，提高了硬盘的读写性能和数据安全性。RAID 技术根据不同的组合方式可以分为不同的级别，RAID 级别如图 3-149 所示。

- XOR运算被广泛地使用在数字电子和计算机学科中。
- XOR校验的算法——相同为假，相异为真。
- $0\oplus0=0$；$0\oplus1=0$；$1\oplus0=1$；$1\oplus1=0$。

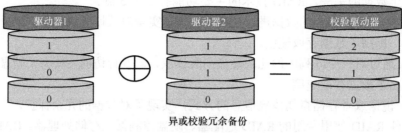

图 3-148　XOR 算法

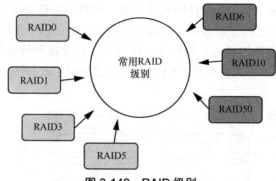

图 3-149　RAID 级别

总体来说，RAID 技术的优势体现在以下 3 个方面：
① 把多个硬盘组合成一个逻辑盘组，以提供更大容量的存储；
② 将数据分割成数据块，对多个硬盘并行写入或读出，以提高硬盘访问速度；
③ 通过运用镜像或奇偶校验算法来提供容错。

（1）RAID 0

在所有 RAID 级别中，RAID 0 被称为条带化 RAID，它具有最高的存储性能。RAID 0 使用条带化技术将数据分布存储在 RAID 组的所有硬盘中，工作原理如图 3-150 所示。

一个 RAID 0 包含至少两个成员盘。RAID 0 将数据分为大小不等的从 512 个字节至兆字节（通常是 512 字节的倍数）的数据块，并将其写入不同的硬盘中。图 3-150 所示的两个硬盘（驱动器）构成的 RAID 中：前两个数据块被写入分条 0 上，其中，第一个数据块被写在硬盘 1 的条带 0 上，第二个数据块被并行存放在硬盘 2 的条带 0 上；下一个数据块被写到硬盘 1 上的下一个条带（条带 1）上，依次类推。这种方式让 I/O 的负载平衡分布在 RAID 中的所有硬盘上，因为数据传输总线上的速度远大于硬盘读写速度，所以，我们可以认为 RAID 组上的硬盘在同时进行读写。

当 RAID 0 接收数据读取请求时，它会在所有硬盘上搜索目标数据块并读取数据。阵列先收到读取数据块 D0、D1、D2、D3、D4、D5 的请求，并行从硬盘 1 读取 D0，从硬盘 2 读取 D1，其他数据块也按此方式被读取。所有的数据块从 RAID 被读取后，集成到 RAID 控制器中，再发送到主机。同写入数据一样，RAID 0 的读取性能与硬盘的数量成正比。

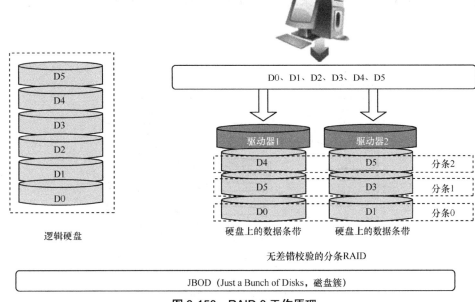

图 3-150 RAID 0 工作原理

一个 RAID 0 中的硬盘必须具有相同的大小、转速。如果一个 RAID 0 由四个硬盘组成，则其读写速率理论上可达单个硬盘的 4 倍（实际上可能有系统损耗），容量为单个硬盘的 4 倍。在 RAID 0 中，硬盘的容量大小不同，RAID 0 的可用容量是最小硬盘容量的 4 倍，速度也是最小硬盘速度的 4 倍。

RAID 0 就像是提供了一个单一的大容量的硬盘，同时具有 I/O 读写速度快的特点。在 RAID 0 技术被使用之前，有一种类似 RAID 0 的技术，被称为 JBOD。JBOD 是一组硬盘组合成的虚拟大硬盘，与 RAID 0 最大的区别是，一个 JBOD 的数据块不是同时被写入不同硬盘的。在 JBOD 中，用户只有将第一块硬盘的存储空间使用完，才会使用第二块硬盘，所以 JBOD 总的可用容量是所有硬盘容量的总和，但性能是单个硬盘的性能。

（2）RAID 1

RAID 1 被称为镜像结构的硬盘阵列，旨在建立一个高安全性的 RAID 级别。RAID 1 使用两个相同的硬盘系统，并设置了镜像。当数据被写入一个硬盘上时，数据的副本会同时被存储在镜像硬盘上。当源硬盘（物理）失败时，镜像硬盘从源硬盘接管服务，保证服务的连续性。镜像硬盘作为备份硬盘，提高了数据的可靠性。RAID 1 的工作原理如图 3-151 所示。

一个 RAID 1 存储的数据量只是单个硬盘的容量，因为另一个硬盘保存的是数据的副本，相当于 1GB 的数据存储占用了 2GB 的硬盘空间，所以由两个硬盘组成的 RAID 1 的空间利用率是 50%。RAID 1 的两个硬盘必须具有相同的大小，如果两个硬盘的容量大小不同，可用容量是最小硬盘的容量。

RAID 0 采用条带化技术将不同数据并行写入硬盘中，而 RAID 1 则是同时将相同的数据写入每个硬盘，数据在所有成员硬盘中都是相同的。在图 3-151 中，数据块 D0、D1 和 D2，等待被写入硬盘。D0 和 D0 的副本同时被写入硬盘 1 和硬盘 2 中，其他数据块也以相同的方式（镜像）写入 RAID 1 中。通常来说，一个 RAID 1 的写性能是单个硬盘的写性能。

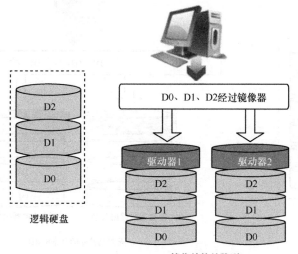

图 3-151　RAID 1 的工作原理

RAID 1 在读取数据时，会同时读取数据盘和镜像盘，以提高读取性能，如果读取其中一个硬盘失败，则可以从另一个硬盘读取数据。RAID 1 系统的读取性能等于两个硬盘的性能之和。RAID 组在降级的情况下，性能下降一半。

（3）RAID 5

在 RAID 5 中，数据以分条的形式被写入硬盘组中。硬盘组中的每个硬盘都存储数据块和校验信息，数据块写一个分条时，奇偶信息被写入相应的校验硬盘。在 RAID 5 进行连续写入的时候，不同分条用来存储奇偶校验的硬盘是不同的。因此，RAID 5 中不同分条的奇偶校验数据不是单独存放在一个固定的校验盘里的，而是按一定规律分散存放的。RAID 5 的工作原理如图 3-152 所示。

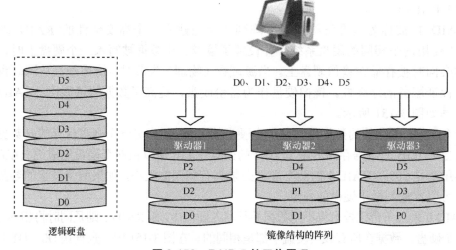

图 3-152　RAID 5 的工作原理

RAID 5 的写入性能取决于所写的数据量和 RAID 5 中硬盘的数量。假定一个 RAID 5 的硬盘数为 N，当所有成员盘的转速相同时，在不考虑写惩罚、满分条写的情况下，RAID 5 的顺序 I/O 写性能理论上略小于 N–1 倍单个硬盘的性能（计算冗余校验需要额外的计算时间）。

RAID 5 的数据以分条的形式存储在硬盘上，因此，只需 N–1 个硬盘的数据就可以恢复全部数据。

（4）RAID 6

前面讨论的 RAID 数据保护考虑的大多是单一硬盘失效的场景（除了 RAID 0），现在，硬盘的容量已经增加了很多，同时重构时间也不断增加，很多大容量硬盘组合起来形成的 RAID 5 重建失效硬盘可能需要几天。在重建过程中，系统处于降级状态，在这种情况下，任何额外的硬盘故障都会导致硬盘组失效和数据丢失。这就是一些组织或单位需要一个双冗余系统的原因。换句话说，在一个 RAID 组的两个硬盘发生故障时，允许所有的数据可以被访问。这种双重冗余数据保护类型的实现有以下两种方式。

① 多重镜像。多重镜像是指数据块存储在主盘时，同步存储多个副本到多余的硬盘，这种方式会产生大量的开销。

② RAID 6 硬盘阵列。RAID 6 对两个失效硬盘提供保护，这两个硬盘甚至可以在同一时间失效。

RAID 6 的正式名称是分布式双校验 RAID，它本质上是对 RAID 5 的改进，也具有条带化和分布式奇偶校验的特点。RAID 6 有双校验，意味着：

① RAID 6 写入用户数据时，必须同时进行附加的双校验计算，因此，在所有 RAID 类型中，RAID 6 的速度是"最慢"的；

② 额外的校验信息需要占用两个硬盘的存储空间，因此我们把 RAID 6 看作一个 N+2 类型的 RAID。

目前，RAID 6 没有一个统一的标准，不同公司以不同的方式实施 RAID 6。最主要的两个实现方式为 P+Q 校验和 DP 校验。虽然这两种方式获得校验数据的方法不同，但是，在 RAID 6 有两块硬盘故障的情况下，都可以确保数据的完整性，并支持数据访问。

1）P+Q 校验

RAID 6 采用 P+Q 校验时，P 和 Q 是两个彼此独立的校验值。它们使用不同的算法，让用户数据和校验数据分布在同一分条的所有硬盘上。P+Q 校验的工作原理如图 3-153 所示。

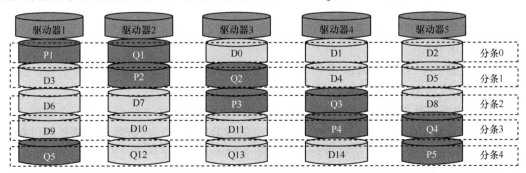

图 3-153　P+Q 校验的工作原理

P+Q 需要计算出两个校验数据 P 和 Q，当有两个数据丢失时，根据 P 和 Q 恢复丢失的数据。校验数据 P 和 Q 是由以下公式计算得来的：

$$P = D0 \oplus D1 \oplus D2 \cdots\cdots$$
$$Q = (\alpha \oplus D0) \oplus (\beta \oplus D1) \oplus (\gamma \oplus D2) \cdots\cdots$$

P 是使用异或运算得到的。Q 是对用户数据进行 GF（Galois Field，伽罗华域）变换后再进行异或运算得到的，α、β 和 γ 为常量，由此产生的值是一个所谓的"芦苇码"，该算法将数据硬盘相同分条的所有数据进行转换和异或运算。

在图 3-153 中，P1 是通过对所在的分条 0 的 D0、D1、D2 进行异或运算获得的，P2 是通过对 D3、D4、D5 所在的分条 1 进行异或运算得到的，P3 则是通过对 D6、D7、D8 所在的分条 2 进行异或运算得到的。

Q1 是通过对所在的分条 0 的 D0、D1、D2 进行 GF 变换后再进行异或运算得到的，Q2 是通过对 D3、D4、D5 所在的分条 1 进行 GF 变换后再进行异或运算得到的，Q3 是通过对 D6、D7、D8 所在的分条 2 进行 GF 变换后再进行异或运算得到的。

如果一个硬盘中的一个分条失效，只需有 P 这个校验值即可恢复失效硬盘上的数据，异或运算在校验值 P 和其他数据硬盘间执行。如果同一个分条上有两个硬盘同时发生故障，不同的场景则有不同的处理方法。如果校验值 Q 不在失效的硬盘上，数据可以被恢复到数据盘上，然后重新计算校验信息。如果 Q 在其中一个失效的硬盘上，需要使用两个公式才能恢复两个失效硬盘上的数据。

2）DP 校验

DP（Double Parity，双奇偶）校验在 RAID 4 所使用的 XOR 校验硬盘的基础上又增加了一个硬盘，用于存放斜向的 XOR 校验信息。DP 的工作原理如图 3-154 所示。

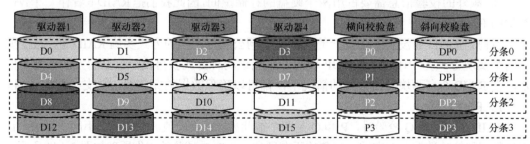

图 3-154　DP 的工作原理

横向校验盘中 P0~P3 为各个数据盘中横向数据的校验信息，例如 P0=D0 XOR D1 XOR D2 XOR D3。

斜向校验盘中 DP0~DP3 为各个数据盘及横向校验盘的斜向数据校验信息，例如 DP0=D0 XOR D5 XOR D10 XOR D15。

DP 也有两个独立的校验数据块。第一个校验信息与 RAID 6 P+Q 的第一个校验值相同，校验信息采用斜向异或运算得到行对角奇偶校验数据块。行奇偶校验值是通过对同一分条的用户数据进行异或运算得到的，在图 3-154 中，P0 是通过对分条 0 上的 D0、D1、D2 和 D3 进行异或运算得到的，P1 是通过对分条 1 上的 D4、D5、D6、D7 进行异或运算得到的。所以，P0 = D0 ⊕ D1 ⊕ D2 ⊕ D3，P1 = D4 ⊕ D5 ⊕ D6 ⊕ D7，依此类推。

第二个校验数据块是由阵列的对角线数据块进行异或运算的。数据块的选择过程比较复杂。DP0 是通过对硬盘 1 的分条 0 上的 D0、硬盘 2 的分条 1 上的 D5、硬盘 3 的分条 2 上的 D10 和硬盘 4 分条 3 上的 D15 进行异或运算得到的。DP1 是通过对硬盘 2 的分条 0 上的 D1、硬盘 3 的分条 1 上的 D6、硬盘 4 的分条 2 上的 D11 和第一块校验硬盘上分条 3 上的 P3 进行异或运算得到的。DP2 是通过对硬盘 3 的分条 0 上的 D2、硬盘 4 的分条 1 上的 D7、奇偶硬盘的分条 2 上的 P2 和硬盘 1 的分条 3 上的 D12 进行异或运算得到的。所以，DP0 = D0 ⊕ D5 ⊕ D10 ⊕ D15，DP1 = D1 ⊕ D6 ⊕ D11 ⊕ P3，依此类推。

一个 RAID 6 能够容忍双硬盘失效。在图 3-154 中，若硬盘 1 和 2 失效，则上面的所有数据丢失，但其他硬盘上的数据和奇偶校验信息是有效的。恢复 D12 采用 DP2 和斜向校验（D12 = D2 ⊕ D7 ⊕ P2 ⊕ DP2）；恢复 D13 采用 P3 和横向校验（D13 = D12 ⊕ D14 ⊕ D15 ⊕ P3），恢复 D8 采用 DP3 和斜向校验（D8 = D3 ⊕ P1 ⊕ DP3 ⊕ D13），恢复 D9 采用 P2 和横向校验（D9 = D8 ⊕ D10 ⊕ D11 ⊕ P2）；恢复 D4 采用 DP4 和斜向校验，恢复 D5 采用 P1 和横向校验等。这些操作是重复的，直到所有数据在故障盘中被恢复。

无论算法是 DP 还是 P+Q，RAID 6 的性能都相对较慢。因此，RAID 6 适用以下两种场景。

① 数据非常重要，需要在尽可能长的时间内处于在线和可使用状态。

② 使用的硬盘容量非常大（通常超过 2TB）。大容量硬盘的重建时间较长，两个硬盘都失效会造成数据不能被长时间访问。在 RAID 6 中，可以实现一个硬盘重构时另一个硬盘失效。一些企业希望在使用大容量硬盘后，存储阵列的供应商使用双重保护的 RAID。

（5）RAID 10

对于大多数企业客户而言，RAID 0 不能被真正操作，RAID 1 受限于硬盘容量利用率。RAID 10 组合了 RAID 1 和 RAID 0，提供了最好的解决方案，特别是在随机写入时，不存在写惩罚，因此性能优势比较明显。RAID 10 将镜像和条带进行组合的 RAID 级别进行镜像，然后做条带。RAID 10 是一种应用比较广泛的 RAID 级别。RAID 10 的工作原理如图 3-155 所示。

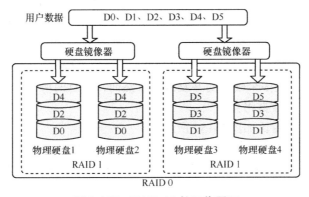

图 3-155　RAID 10 的工作原理

RAID 10 的硬盘数量总是偶数。硬盘一半进行用户数据写入，另一半保存用户数据的镜像副本，镜像基于分条执行。在图 3-155 中，物理硬盘 1 和物理硬盘 2 构成一个 RAID 1，物理硬盘 3 和物理硬盘 4 构成另一个 RAID 1。这两个 RAID 1 子组再构成 RAID 0。当 RAID 10 写入数据时，子组间采用并行的方式写入数据块，子组内数据采用镜像的方式写入。D0 将被写入物理硬盘 1，副本将被写入物理硬盘 2。当硬盘在不同的 RAID 1 组发生故障（例如硬盘 2 和 4）时，RAID 10 的数据访问不受影响，这是因为其他两个硬盘（硬盘 3 和 1）上有故障盘 2 和 4 上数据的完整副本。但是，如果同一个 RAID 1 子组的硬盘（例如硬盘 1 和 2）在同一时间失效，数据将不能被访问。从理论上讲，RAID 10 可以忍受总数一半的物理硬盘失效，然而，从最坏的情况来看，当同一个子组的两个硬盘发生故障时，RAID 10 也可能出现数据丢失的情况。通常，RAID 10 被用来解决单一的硬盘失效问题。

（6）RAID 50

RAID 50 是将 RAID 5 和 RAID 0 进行两级组合的 RAID 级别，第一级为 RAID 5，第二级为 RAID 0。RAID 50 工作原理如图 3-156 所示。

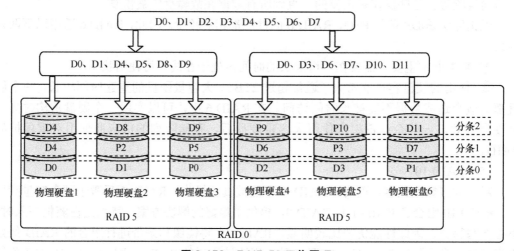

图 3-156　RAID 50 工作原理

RAID 50 是 RAID 0 和 RAID 5 的组合。两个子组被配置成 RAID 5，这两个子组再形成 RAID 0。每个 RAID 5 子组完全独立于对方。RAID 50 至少需要 6 个硬盘，因为一个 RAID 5 最少需要 3 个硬盘。在图 3-156 中，物理硬盘 1、2 和 3 形成一个 RAID 5，物理硬盘 4、5、6 形成另一个 RAID 5，两个 RAID 5 子组间再构成一个 RAID 0。在 RAID 50 中，RAID 可以同时接受多个硬盘的并发故障。然而，一旦两块硬盘在同一 RAID 5 组中同时失败，RAID 50 的数据将会丢失。

常见 RAID 级别的对比如图 3-157 所示。

从图 3-157 中我们可以得出结论：理想的 RAID 类型，或者满足所有需求的 RAID 类型并不存在。用户选择 RAID 的类型取决于用户对速度的要求、安全性或成本的综合考虑。

RAID级别	RAID 0	RAID 1	RAID 3	RAID 5	RAID 6	RAID 10	RAID 50
容错性	无	有	有	★有	★有	★有	有
冗余类型	无	复制	奇偶校验	奇偶校验	奇偶校验	复制	奇偶校验
热备盘选项	无	有	有	有	有	有	有
读性能	高	低	高	高	高	一般	高
随机写性能	高	低	最低	低	低	一般	低
连续写性能	高	低	低	低	低	一般	低
最小硬盘数	2块	2块	3块	3块	4块	4块	6块
可用容量	N×单块硬盘容量	(1/N)×单块硬盘容量	(N−1)×单块硬盘容量	(N−1)×单块硬盘容量	(N−2)×单块硬盘容量	(N/2)×单块硬盘容量	(N−2)×单块硬盘容量

图 3-157 常见 RAID 级别的对比

每个 RAID 组不应该包含太多的物理硬盘，因为从统计角度来说，随着 RAID 组变大（硬盘数变多），硬盘失效次数也会相应增加。一个 RAID 5 硬盘数的最大值通常为 12 或更小，一个 RAID 6 组最多支持 42 个硬盘。

接下来，RAID 组的典型应用场景如图 3-158 所示。

RAID级别	应用场景
RAID 0	迅速读写，安全性要求不高，如图形工作站等
RAID 1	随机数据写入，安全性要求高，如服务、数据库存储领域
RAID 5	连续数据传输，安全性要求高，如视频编辑、大型数据库等
RAID 6	随机数据传输，安全性要求高，如邮件服务器、文件服务器等
RAID 10	数据量大，安全性要求高，如金融领域等
RAID 50	随机数据传输，安全性要求高，并发能力要求高，如邮件服务器、www服务器等

图 3-158 RAID 组的典型应用场景

尽管大多数厂商的存储设备管理可以创建多个 LUN（Logical Unit Number，逻辑单元号）与相应的保护系统，但选择 RAID 类型仍然非常重要，不同 RAID 类型有不同的属性，大多数存储设备供应商支持更改 RAID 类型，即使该 RAID 组的空间已经分配给一个 LUN，这意味着 LUN 在被用户访问时，可以完成底层 RAID 类型的转变。

3.5.2 部署磁盘阵列

部署磁盘阵列的步骤如下。

步骤 1：进入华为云首页单击"控制台"，如图 3-159 所示。

步骤 2：在控制台左侧选择"服务列表"，找到弹性云服务器 ECS，单击"弹性云服务器 ECS"，找到要添加磁盘的服务器，如图 3-160 所示。

步骤 3：单击"更多"，然后单击"新增磁盘"，如图 3-161 所示。

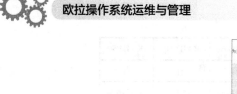

图 3-159　华为云首页

图 3-160　弹性云服务器

图 3-161　新增磁盘

步骤 4：选择需要新加的磁盘类型，如图 3-162 所示。

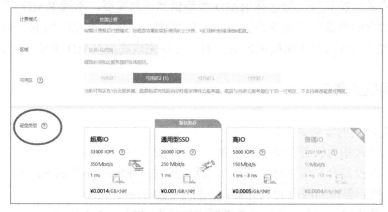

图 3-162　选择磁盘类型

步骤 5：选择需要购买多少块磁盘以及每块磁盘的大小，同时可以对添加的磁盘命名，以区分每块磁盘的作用，如图 3-163 所示。

图 3-163　磁盘配置选择

mdadm 命令用于创建、调整、监控和管理 RAID 设备，全称为"multiple devices admin"，语法格式为"mdadm 参数硬盘名称"。mdadm 命令的常用参数及其作用见表 3-38。

表 3-38　mdadm 命令的常用参数及其作用

参数	作用
-a	检测设备名称
-n	指定设备数量
-l	指定 RAID 级别
-C	创建
-v	显示过程
-f	模拟设备损坏
-r	移除设备
-Q	查看摘要信息
-D	查看详细信息
-S	停止 RAID 磁盘阵列

接下来，我们使用 mdadm 命令创建 RAID 10，名称为"/dev/md0"。此时，需要使用 mdadm 中的参数。

[root@techhost～]# mdadm -Cv /dev/md0 -n 4 -l 10 /dev/sdb /dev/sdc /dev/sdd /dev/sde
mdadm: layout defaults to n2
mdadm: layout defaults to n2
mdadm: chunk size defaults to 512K
mdadm: size set to 20954112K

mdadm: Defaulting to version 1.2 metadata
mdadm: array /dev/md0 started.

其中,"-C"代表创建一个RAID阵列卡;"-v"代表显示创建的过程,同时在后面追加一个设备名称/dev/md0,这样/dev/md0就是创建后的RAID磁盘阵列的名称;"-n 4"代表使用4块硬盘来部署该RAID;而"-l 10"则代表RAID 10方案,最后再加上4块硬盘设备的名称。

初始化过程可以用-D进行查看,大约需要1分钟,也可以用-Q查看简要信息。用-Q查看简要信息的操作如下。

[root@techhost~]# mdadm -Q /dev/md0
/dev/md0: 39.97GiB raid10 4 devices, 0 spares. Use mdadm --detail for more detail.

可以看到,4块20GB容量的硬盘组成的磁盘阵列组,可用空间只有39.97GB。

RAID 10的工作原理是通过两两一组的硬盘组成的RAID 1保证数据的可靠性,每一份数据都会被保存两次,使用率占50%,冗余率占50%。因此80GB的容量只显示一半可用空间。

创建成功后,把制作好的RAID格式化为ext4格式。

[root@techhost~]# mkfs.ext4 /dev/md0
mke2fs 1.44.3 (10-July-2018)
Creating filesystem with 10477056 4k blocks and 2621440 inodes
Filesystem UUID: d1c68318-a919-4211-b4dc-c4437bcfe9da
Superblock backups stored on blocks:
　　32768, 98304, 163840, 229376, 294912, 819200, 884736, 1605632, 2654208,
　　4096000, 7962624
Allocatinggroup tables: done
Writing inode tables: done
Creating journal (65536 blocks): done
Writing superblocks and filesystem accounting information: done

创建挂载点后,将RAID组设备进行挂载操作。

[root@techhost~]# mkdir /RAID
[root@techhost~]# mount /dev/md0 /RAID
[root@techhost~]# df –h

查看/dev/md0磁盘阵列组设备的详细信息,确认RAID级别、大小和总硬盘数是否正确。

[root@techhost~]# mdadm -D /dev/md0

如果想让创建好的RAID组能够一直为我们服务,不会因每次的重启操作而取消,相关人员一定要将信息添加到/etc/fstab文件中,这样每次重启后,RAID组还都是有效的。

[root@techhost~]# echo "/dev/md0 /RAID ext4 defaults 0 0">> /etc/fstab
[root@techhost~]# cat /etc/fstab

3.5.3 损坏磁盘阵列及修复

RAID 10可以提高存储设备的I/O读写速度及数据的安全性,但因为本次是在计算机上模拟出来的硬盘设备，所以 RAID 10 对读写速度的改善可能并不直观。接下来，我们讲解 RAID 组在损坏后的处理方法。

我们确认有一块物理硬盘设备出现损坏而不能继续正常使用后，相关人员应该使用 mdadm 命令将其移除，然后查看 RAID 磁盘阵列的状态，可以发现状态已经改变。

```
[root@techhost~]# mdadm /dev/md0 -f /dev/sdb
mdadm: set /dev/sdbfaulty in /dev/md0
[root@techhost~]# mdadm -D /dev/md0
/dev/md0:
              Version : 1.2
        Creation Time : Thu Jan 14 05:12:20 2021
           Raid Level : raid10
           Array Size : 41908224 (39.97 GiB 42.91 GB)
        Used Dev Size : 20954112 (19.98 GiB 21.46 GB)
         Raid Devices : 4
        Total Devices : 4
          Persistence : Superblock is persistent

          Update Time : Thu Jan 14 05:33:06 2021
                State : clean, degraded
       Active Devices : 3
      Working Devices : 3
       Failed Devices : 1
        Spare Devices : 0

               Layout : near=2
           Chunk Size : 512K

   Consistency Policy : resync

                 Name : localhost.localdomain:0   (local to host localhost.localdomain)
                 UUID : 81ee0668:7627c733:0b170c41:cd12f376
               Events : 19

    Number   Major   Minor   Raid Device   State
       -       0       0        0          removed
       1       8       32       1          active sync set-B   /dev/sdc
       2       8       48       2          active sync set-A   /dev/sdd
       3       8       64       3          active sync set-B   /dev/sde
       0       8       16       -          faulty    /dev/sdb
```

上面使用的参数-f 是模拟硬盘损坏的情况，确保能够彻底将故障盘移除，再进行下一步操作。

```
[root@techhost~]# mdadm /dev/md0 -r /dev/sdb
mdadm: hot removed /dev/sdb from /dev/md0
```

在 RAID 10 中，RAID 1 中存在一个故障盘，但并不影响 RAID 10 的使用，当购买了新的硬盘设备后，再使用 mdadm 命令将故障盘替换即可，在此期间，我们可以在/RAID

目录中正常创建或删除文件。因为是在虚拟机中模拟硬盘,所以应重启系统,再把新的硬盘添加到 RAID 10 中。

更换硬盘后再次使用参数-a 进行添加操作,RAID 10 会默认自动开始数据的同步工作,使用参数-D 即可看到整个同步工作过程和进度。

```
[root@techhost~]# mdadm /dev/md0 -a /dev/sdb
mdadm: added /dev/sdb
[root@techhost~]# mdadm -D /dev/md0
/dev/md0:
           Version : 1.2
     Creation Time : Thu Jan 14 05:12:20 2021
        Raid Level : raid10
        Array Size : 41908224 (39.97 GiB 42.91 GB)
     Used Dev Size : 20954112 (19.98 GiB 21.46 GB)
      Raid Devices : 4
     Total Devices : 4
       Persistence : Superblock is persistent

       Update Time : Thu Jan 14 05:37:32 2021
             State : clean, degraded, recovering
    Active Devices : 3
   Working Devices : 4
    Failed Devices : 0
     Spare Devices : 1

            Layout : near=2
        Chunk Size : 512K

Consistency Policy : resync

    Rebuild Status : 77% complete

              Name : localhost.localdomain:0  (local to host localhost.localdomain)
              UUID : 81ee0668:7627c733:0b170c41:cd12f376
            Events : 34

    Number   Major   Minor   RaidDevice State
       4       8       16        0      spare rebuilding   /dev/sdb
       1       8       32        1      active sync set-B  /dev/sdc
       2       8       48        2      active sync set-A  /dev/sdd
       3       8       64        3      active sync set-B  /dev/sde
```

3.5.4 删除磁盘阵列

RAID 组被部署后一般不会轻易被停用,但还是要知道如何删除它。首先需要将所有磁盘都设置成停用状态,具体操作如下。

```
[root@techhost~]# umount /RAID
```

```
[root@techhost~]# mdadm /dev/md0 -f /dev/sdc
mdadm: set /dev/sdcfaulty in /dev/md0
[root@techhost~]# mdadm /dev/md0 -f /dev/sdd
mdadm: set /dev/sddfaulty in /dev/md0
[root@techhost~]# mdadm /dev/md0 -f /dev/sde
mdadm: set /dev/sdefaulty in /dev/md0
```

然后再逐一移除，具体操作如下。

```
[root@techhost~]# mdadm /dev/md0 -r /dev/sdb
mdadm: hot removed /dev/sdb from /dev/md0
[root@techhost~]# mdadm /dev/md0 -r /dev/sdc
mdadm: hot removed /dev/sdc from /dev/md0
[root@techhost~]# mdadm /dev/md0 -r /dev/sdd
mdadm: hot removed /dev/sdd from /dev/md0
[root@techhost~]# mdadm /dev/md0 -r /dev/sde
mdadm: hot removed /dev/sde from /dev/md0
```

将所有硬盘移除后，再来看磁盘阵列组的状态。

```
[root@techhost~]# mdadm -D /dev/md0
/dev/md0:
            Version : 1.2
      Creation Time : Fri Jan 15 08:53:41 2021
         Raid Level : raid5
         Array Size : 41908224 (39.97 GiB 42.91 GB)
      Used Dev Size : 20954112 (19.98 GiB 21.46 GB)
       Raid Devices : 3
      Total Devices : 0
        Persistence : Superblock is persistent

        Update Time : Fri Jan 15 09:00:57 2021
              State : clean, FAILED
     Active Devices : 0
     Failed Devices : 0
      Spare Devices : 0

             Layout : left-symmetric
         Chunk Size : 512K

   Consistency Policy : resync

    Number   Major   Minor   RaidDevice State
       -       0       0        0      removed
       -       0       0        1      removed
       -       0       0        2      removed
```

最后再停用整个 RAID 组，具体操作如下。

```
[root@techhost~]# mdadm --stop /dev/md0
mdadm: stopped /dev/md0
[root@techhost~]# ls /dev/md0
ls: cannot access '/dev/md0': No such file or directory
```

3.5.5　LVM 概述

硬盘设备管理技术虽然能够有效地提高硬盘设备的读写速度及数据的安全性，但是在硬盘分好区或者部署为 RAID 之后，用户再想修改硬盘分区大小就不容易了。也就是说，当用户想要随着实际需求的变化调整硬盘分区的大小时，会受到硬盘"灵活性"的限制。这时就需要用到另外一项非常普及的硬盘设备资源管理技术——LVM（Logical Volume Manager，逻辑卷管理）。LVM 允许用户对硬盘资源进行动态调整。

LVM 是 Linux 操作系统对硬盘分区进行管理的一种机制，理论性较强，创建初衷是解决硬盘设备在创建分区后不易修改分区大小的问题。对传统的硬盘分区进行强制扩容或缩容虽然从理论上来讲是可行的，但是可能会造成数据的丢失。而 LVM 技术是在硬盘分区和文件系统之间添加了一个逻辑层，提供了一个抽象的卷组，可以把多块硬盘进行卷组合并。这样一来，用户不必关心物理硬盘设备的底层架构和布局，就可以实现对硬盘分区的动态调整。LVM 的技术架构如图 3-164 所示。

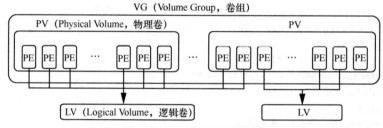

图 3-164　LVM 的技术结构

LVM 的术语有以下 4 个。

① PV
- 整个硬盘，或使用 fdisk 等工具建立的普通分区。
- 包括许多默认 4MB 大小的 PE（Physical Extent，基本单元）。

② VG
由一个或多个物理卷组合而成的整体。

③ LV
从卷组中分割出的一块空间，用于建立文件系统。

④ LE（Logical Extent，逻辑区域）
逻辑卷被划分为称为 LE 的可被寻址的基本单位。在同一个卷组中，LE 的大小和 PE 相同，并且一一对应。

3.5.6　逻辑卷管理

一般而言，我们无法在最初时就精确地评估每个硬盘分区在日后的使用情况，因此会导致原来分配的硬盘分区不够用。比如，伴随着业务量的增加，用于存放交易记录的

第 3 章 管理员操作管理

数据库目录的体积也随之增加，分析并记录用户的行为导致日志目录的体积不断变大，这些都会导致原有的硬盘分区在使用上捉襟见肘，并且还存在对较大的硬盘分区进行精简缩容的情况。

我们可以通过部署 LVM 来解决上述问题。部署时需要逐个配置物理卷、卷组和逻辑卷。常用的 LVM 部署命令见表 3-39。

表 3-39　常用的 LVM 部署命令

命令	物理卷管理	卷组管理	逻辑卷管理
扫描	pvscan	vgscan	lvscan
建立	pvcreate	vgcreate	lvcreate
显示	pvdisplay	vgdisplay	lvdisplay
删除	pvremove	vgremove	lvremove
扩展	—	vgextend	lvextend
缩小	—	vgreduce	lvreduce

为了避免实验之间发生冲突，我们需要再购买一台 ECS 主机，配置时需另行添加两块 20GB 的磁盘。

步骤 1：安装 LVM 软件，具体操作如下。

```
[root@techhost ~]# dnf install lvm2 -y
[root@techhost ~]# rpm -qa | grep lvm2
lvm2-2.02.181-8.oe1.aarch64
[root@techhost ~]#
```

步骤 2：对两块磁盘创建分区/dev/vdb1 与/dev/vdc1，将磁盘的所有空间全部给两个分区，具体操作如下。

```
[root@techhost ~]# fdisk /dev/vdb
[root@techhost ~]# fdisk /dev/vdc
[root@techhost ~]# lsblk
NAME   MAJ:MIN RM  SIZE RO TYPE MOUNTPOINT
vda      253:0   0   40G  0 disk
├─vda1   253:1   0    1G  0 part /boot/efi
└─vda2   253:2   0   39G  0 part /
vdb      253:16  0   20G  0 disk
└─vdb1   253:17  0   20G  0 part
vdc      253:32  0   20G  0 disk
└─vdc1   253:33  0   20G  0 part
[root@techhost ~]#
```

步骤 3：使用/dev/vdb1 与/dev/vdc1 创建 pv，格式为"pvcreate [选项] 物理卷"，具体操作如图 3-165 所示。

```
[root@techhost ~]# pvcreate /dev/vdb1 /dev/vdc1
Physical volume "/dev/vdb1" successfully created.
Physical volume "/dev/vdc1" successfully created.
```

```
[root@techhost ~]#
#查看pv, pvdisplay 列出当前所有pv
[root@techhost ~]# pvdisplay
```

```
[root@techhost ~]# pvcreate /dev/vdb1 /dev/vdc1
  Physical volume "/dev/vdb1" successfully created.
  Physical volume "/dev/vdc1" successfully created.
[root@techhost ~]# pvdisplay
  "/dev/vdc1" is a new physical volume of "<20.00 GiB"
  --- NEW Physical volume ---
  PV Name               /dev/vdc1
  VG Name
  PV Size               <20.00 GiB
  Allocatable           NO
  PE Size               0
  Total PE              0
  Free PE               0
  Allocated PE          0
  PV UUID               F5D81J-OXGE-nttx-sQEz-OVrF-BUF0-UpX456

  "/dev/vdb1" is a new physical volume of "<20.00 GiB"
  --- NEW Physical volume ---
  PV Name               /dev/vdb1
  VG Name
  PV Size               <20.00 GiB
  Allocatable           NO
  PE Size               0
  Total PE              0
  Free PE               0
  Allocated PE          0
  PV UUID               bs0YE1-xGTT-5M3s-wFdM-N0XC-Fuj7-LFFHhF

[root@techhost ~]#
```

图 3-165　示例效果

步骤4：创建 VG，格式为"vgcreate [option] vgnamepvname"。

说明如下。

① option：命令参数选项。

常用的参数选项如下：

- -l——卷组上允许创建的最大逻辑卷数；
- -p——卷组中允许添加的最大物理卷数；
- -s——卷组上的物理卷的 PE 大小。

② vgname：要创建的卷组名称。

③ pvname：要加入卷组中的物理卷名称。

创建卷组 vg1，并且将物理卷/dev/sdb 和/dev/sdc 添加到卷组中，具体操作如下。

vgcreate vg1 /dev/sdb /dev/sdc

创建名称为 vgtech 的卷组，将扩展块大小设置为 8MB，具体操作如图 3-166 所示。

```
[root@techhost ~]# vgcreate -s 8M vgtech /dev/vdb1 /dev/vdc1
Volumegroup"vgtech" successfully created
[root@techhost ~]# 查看vg
[root@techhost ~]# vgdisplayvgtech
```

```
[root@techhost ~]# vgcreate -s 8M vgtech /dev/vdb1 /dev/vdc1
  Volume group "vgtech" successfully created
[root@techhost ~]# vgdisplay vgtech
  --- Volume group ---
  VG Name               vgtech
  System ID
  Format                lvm2
  Metadata Areas        2
  Metadata Sequence No  1
  VG Access             read/write
  VG Status             resizable
  MAX LV                0
  Cur LV                0
  Open LV               0
  Max PV                0
  Cur PV                2
  Act PV                2
  VG Size               39.98 GiB
  PE Size               8.00 MiB      默认为4M
  Total PE              5118
  Alloc PE / Size       0 / 0
  Free  PE / Size       5118 / 39.98 GiB
  VG UUID               bfa5Wf-lfuZ-dWKc-JUTI-azRC-F6j0-H1TPKu

[root@techhost ~]#
```

图 3-166 示例效果

步骤 5：创建 LV，格式为 "lvcreate [option] vgname"。

说明如下。

① option：命令参数选项。

常用的参数选项如下：

- -L——指定逻辑卷的大小，单位为 "kKmMgGtT" 字节；
- -l——指定逻辑卷的大小（LE 数）；
- -n——指定要创建的逻辑卷名称；
- -s——创建快照。

② vgname：要创建逻辑卷的卷组名称。

示例 1：在卷组 vg1 中创建 10GB 大小的逻辑卷。

lvcreate -L 10G vg1

示例 2：在卷组 vg1 中创建 200MB 的逻辑卷，并命名为 lv1。

lvcreate -L 200M -n lv1 vg1

使用 1000 个 PE 块创建逻辑卷 lvtech，具体操作如图 3-167 所示。

[root@techhost ~]# lvcreate -l 1000 -n lvtech vgtech
Logicalvolume"lvtech" created.
[root@techhost ~]# lvdisplay

```
[root@techhost ~]# lvdisplay
  --- Logical volume ---
  LV Path                /dev/vgtech/lvtech
  LV Name                lvtech
  VG Name                vgtech
  LV UUID                AZ5Mg1-sfh6-UVie-7iSO-zWAf-AOOV-Yjc2PG
  LV Write Access        read/write
  LV Creation host, time techhost, 2021-05-12 17:03:34 +0800
  LV Status              available
  # open                 0
  LV Size                7.81 GiB
  Current LE             1000
  Segments               1
  Allocation             inherit
  Read ahead sectors     auto
  - currently set to     8192
  Block device           252:0

[root@techhost ~]#
```

图 3-167　示例效果

步骤 6：创建文件系统并挂载，具体操作如图 3-168 所示。

```
[root@techhost ~]# mkfs -t ext4 /dev/mapper/vgtech-lvtech
#上述语句等价于 mkfs -t ext4 /dev/vgtech/lvtech
#创建挂载点
[root@techhost ~]# mkdir /mnt/lvmtest
[root@techhost ~]# mount /dev/vgtech/lvtech /mnt/lvmtest/
[root@techhost ~]# df -hT
#写入测试文件
[root@techhost ~]# echo "hellolvm">> /mnt/lvmtest/lvm.txt
[root@techhost ~]# cat /mnt/lvmtest/lvm.txt
Hello  lvm
[root@techhost ~]#
```

```
[root@techhost ~]# mkdir /mnt/lvmtest
[root@techhost ~]# mount /dev/vgtech/lvtech /mnt/lvmtest/
[root@techhost ~]# df -hT
Filesystem              Type     Size  Used Avail Use% Mounted on
devtmpfs                devtmpfs 1.2G     0  1.2G   0% /dev
tmpfs                   tmpfs    1.5G     0  1.5G   0% /dev/shm
tmpfs                   tmpfs    1.5G   14M  1.5G   1% /run
tmpfs                   tmpfs    1.5G     0  1.5G   0% /sys/fs/cgroup
/dev/vda2               ext4      39G  3.2G   34G   9% /
tmpfs                   tmpfs    1.5G   64K  1.5G   1% /tmp
/dev/vda1               vfat    1022M  5.8M 1017M   1% /boot/efi
tmpfs                   tmpfs    298M     0  298M   0% /run/user/0
/dev/mapper/vgtech-lvtech ext4   7.7G   36M  7.2G   1% /mnt/lvmtest
[root@techhost ~]# echo "hello lvm" >> /mnt/lvmtest/lvm.txt
[root@techhost ~]# cat /mnt/lvmtest/lvm.txt
hello lvm
[root@techhost ~]#
```

图 3-168　示例效果

步骤 7：扩展 LV，格式为"lvextend [option] lvname"。

说明如下。

① option：命令参数选项。

常用的参数选项如下：
- -L——指定逻辑卷的大小，单位为"kKmMgGtT"字节；
- -l——指定逻辑卷的大小（LE 数）；
- -f——强制调整逻辑卷大小，不需要用户确认。

② lvname：指定要扩展空间的逻辑卷的设备文件。

示例：为逻辑卷/dev/vg1/lv1 增加 100MB 空间。

lvextend -L +100M /dev/vg1/lv1

将 lvtech 逻辑卷扩展 1024MB，具体操作如图 3-169 所示。

[root@techhost ~]# lvextend -L 1024M /dev/mapper/vgtech-lvtech
New size given (128 extents) not larger than existing size (1000 extents)
[root@techhost ~]#
#扩完逻辑卷后，需要紧接着扩展文件系统，方能生效
[root@techhost ~]# resize2fs -p /dev/mapper/vgtech-lvtech
resize2fs 1.45.3 (14-Jul-2019)
The filesystem is already 2048000 (4k) blocks long.   Nothing to do!

[root@techhost ~]# df –hT

```
[root@techhost ~]# lvextend -L 1024M /dev/mapper/vgtech-lvtech
  New size given (128 extents) not larger than existing size (1000 extents)
[root@techhost ~]# resize2fs -p /dev/mapper/vgtech-lvtech
resize2fs 1.45.3 (14-Jul-2019)
The filesystem is already 2048000 (4k) blocks long.  Nothing to do!

[root@techhost ~]# df -hT
Filesystem              Type     Size  Used Avail Use% Mounted on
devtmpfs                devtmpfs 1.2G     0  1.2G   0% /dev
tmpfs                   tmpfs    1.5G     0  1.5G   0% /dev/shm
tmpfs                   tmpfs    1.5G   14M  1.5G   1% /run
tmpfs                   tmpfs    1.5G     0  1.5G   0% /sys/fs/cgroup
/dev/vda2               ext4      39G  3.2G   34G   9% /
tmpfs                   tmpfs    1.5G   64K  1.5G   1% /tmp
/dev/vda1               vfat    1022M  5.8M 1017M   1% /boot/efi
tmpfs                   tmpfs    298M     0  298M   0% /run/user/0
/dev/mapper/vgtech-lvtech ext4   7.7G   36M  7.2G   1% /mnt/lvmtest
[root@techhost ~]#
```

图 3-169　示例效果

步骤 8：扩展 VG，格式为"vgextend [option] vgnamepvname"。

说明如下。

① option：命令参数选项。

常用的参数选项如下：

-d——调试模式；

-t——仅测试。

② vgname：要扩展容量的卷组名称。

③ pvname：要加入卷组中的物理卷名称。

示例：在卷组 vg1 中添加物理卷/dev/sdb。

vgextend vg1 /dev/sdb

接下来，将硬盘/dev/vdd 设备添加到卷组 vgtech 中，具体操作如下：

欧拉操作系统运维与管理

```
[root@techhost ~]# fdisk /dev/vdd
[root@techhost ~]# lsblk
NAME          MAJ: MIN RM   SIZE  RO  TYPE  MOUNTPOINT
vda           253:0      0   40G   0  disk
├─vda1        253:1      0    1G   0  part  /boot/efi
└─vda2        253:2      0   39G   0  part  /
vdb           253:16     0   20G   0  disk
└─vdb1        253:17     0   20G   0  part
  └─vgtech-lvtech  252:0  0  7.8G  0  lvm   /mnt/lvmtest
vdc           253:32     0   20G   0  disk
└─vdc1        253:33     0   20G   0  part
vdd           253:48     0   10G   0  disk
└─vdd1        253:49     0   10G   0  part
[root@techhost ~]#
[root@techhost ~]# pvcreate /dev/vdd1
Physicalvolume"/dev/vdd1" successfully created.
[root@techhost ~]# vgdisplayvgtech
```

步骤 9：删除 LV。

如果已经使用 mount 命令加载逻辑卷，则不能使用 lvremove 命令删除逻辑卷。必须使用 umount 命令卸载逻辑卷后，方可删除逻辑卷。

格式为 "lvremove [option] vgname"。

说明如下。

① option：命令参数选项。

常用的参数选项为 -f，表示强制删除逻辑卷，不需要用户确认。

② vgname：指定要删除的逻辑卷。

示例：删除逻辑卷 /dev/vg1/lv1。

```
# lvremove /dev/vg1/lv1
```

删除逻辑 lvtech，具体操作如下。

```
#卸载挂载点
[root@techhost ~]# umount /mnt/lvmtest/
[root@techhost ~]# umount /mnt/lvmtest/
umount: /mnt/lvmtest/: not mounted.
#移出 lv
[root@techhost ~]# lvremove /dev/mapper/vgtech-lvtech
Do you really want to remove active logicalvolumevgtech/lvtech? [y/n]: y
Logicalvolume"lvtech" successfully removed
#移出 vg
[root@techhost ~]# vgremovevgtech
Volumegroup"vgtech" successfully removed
#移出 pv
[root@techhost ~]# pvremove /dev/vdb1 /dev/vdc1 /dev/vdd1
  Labels on physicalvolume"/dev/vdb1" successfully wiped.
  Labels on physicalvolume"/dev/vdc1" successfully wiped.
  Labels on physicalvolume"/dev/vdd1" successfully wiped.
#查看 pv、vg、lv 均为空
```

```
[root@techhost ~]# lvdisplay
[root@techhost ~]# vgdisplay
[root@techhost ~]# pvdisplay
[root@techhost ~]#
```

课后习题

1. RAID 技术主要是为了解决什么问题？

答：RAID 技术可以解决存储设备的读写速度问题及数据的冗余备份问题。

2. RAID 0 和 RAID 5 哪个更安全？

答：RAID 0 没有数据冗余功能，因此 RAID 5 更安全。

3. 假设使用 4 块硬盘来部署 RAID 10 方案，外加一块备份盘，最多可以允许几块硬盘同时损坏？

答：最多允许 5 块硬盘设备中的 3 块硬盘设备同时损坏。

4. 位于 LVM 最底层的是物理卷还是卷组？

答：最底层的是物理卷，然后通过物理卷组成卷组。

5. LVM 对逻辑卷的扩容和缩容操作有何异同点？

答：相同点：扩容和缩容操作都需要先取消逻辑卷与目录的挂载关联。不同点：扩容操作是先扩容后再检查文件系统的完整性，而缩容操作为了保证数据的安全，需要先检查文件系统的完整性再缩容。

6. LVM 的删除顺序是怎么样的？

答：依次移除逻辑卷、卷组和物理卷。

3.6 进程管理

Linux 是一种动态系统，能够适应不断变化的计算需求。Linux 计算需求的表现是以进程的通用抽象为中心的。进程可以是短期的（从命令行执行一个命令），也可以是长期的（一种网络服务）。因此，对进程及其调度进行一般管理就显得极为重要。本节将学习进程管理的相关知识。

3.6.1 什么是进程

Linux 是一个多用户、多任务的操作系统，多用户是指多个用户可以在同一个时间使用计算机，多任务是指 Linux 可以同时执行多个任务，它可以在还未执行完一个任务时又执行另一个任务。每当运行一个任务，系统就会启动一个进程，进程是程序在计算机中的一次运动活动，也是系统进行资源分配和调度的基本单位。只要运行程序就会启动进程，Linux 创建新的进程时，会为其创建一个唯一的编号即进程号（Process Identofier，PID）。

在用户空间，进程是由 PID 来表示的。从用户的角度来看，一个 PID 是一个数字值，可唯一标识一个进程。一个 PID 在进程的整个生命期间不会被更改，可以在进程销毁后被重新使用。

Linux 中进程的特点总结为以下 4 点。

① 在 Linux 中，每个执行的程序（代码）都被称为一个进程。每一个进程都会分配一个 ID 号。

② 每一个进程都会对应一个父进程，这个父进程可以复制多个子进程。

③ 每个进程都可能以两种方式存在，即前台与后台。前台进程指用户在目前的屏幕上可以进行的操作进程。后台进程则是实际在操作，但屏幕上无法看到的进程。

④ 一般系统的服务都是以后台进程的方式存在的，而且会常驻在系统中。直到关机才结束。

通常，操作系统将进程分为 3 种基本状态，分别为运行状态、就绪状态和阻塞状态，具体含义如下。

① 运行状态是指当前进程已分配到 CPU，它的程序正在处理器上执行时的状态。处于这种状态的进程个数由 CPU 核数决定，任何时刻处于运行状态的进程至多有一个。

② 就绪状态是指进程已具备 CPU 外的运行条件，但因为其他进程正占用 CPU，所以暂时不能运行而是要等待分配 CPU 的状态。只要分到 CPU 进程就会立即运行。在操作系统中，处于就绪状态的进程数目可以是多个的，通常它们排成一个队列，即就绪队列。

③ 阻塞状态是指进程因等待某种事件发生（例如等待某一输入、输出操作完成，等待其他进程发来的信号等）而暂时不能运行的状态。此时即使 CPU 空闲，等待状态的进程也不能运行。系统中处于这种状态的进程也可以是多个的。

在 Linux 操作系统中，随着时间的推移及执行环境的变化，进程对 CPU、内存等资源的需求会不断变化。因此 Linux 将进程在执行过程中的不同状态进一步分类，分为运行状态、就绪状态、等待状态、停止状态、僵死状态等。

① 运行状态：此时，进程正在运行或准备运行（即就绪状态）。

② 就绪状态：进程具备运行条件，等待系统分配处理器以便运行。

③ 等待状态：此时进程在等待一个事件的发生或某种系统资源，系统一般分为可中断的和不可中断的两种等待进程。可中断的等待进程可以被某一信号中断，而不可中断的等待进程不受信号的打扰，将一直等待硬件状态的改变。

④ 停止状态：进程被停止，通常通过接收一个信号来停止，正在被调试的进程可能处于停止状态。

⑤ 僵死状态：由于某种原因进程被终止，但是该进程的控制结构仍然保留。

在 OpenEuler 中，我们也可以通过使用 ps 命令进行进程状态的展示，除了上述描述，还有其他详细描述，如：

<——优先级高的进程；

N——优先级低的进程；

L——有些页面锁定在内存；

s——进程的领导者，表示包含子进程；

l——多线程；
+——位于前台的进程组。

3.6.2 进程管理相关命令

1. ps 命令

ps 命令用于查看系统中的进程状态，格式为"ps [参数]"。

ps 命令的参数及其作用见表 3-40。

表 3-40 ps 命令的参数及其作用

参数	作用
-a	显示所有进程（包括其他用户的进程）
-u	用户及其他详细信息
-x	显示没有控制终端的进程
-e	显示所有进程
-f	全格式
-h	不显示标题
-l	使用长格式
-w	宽行输出
-r	只显示正在运行的进程

Linux 操作系统中时刻运行着许多进程，如果能够合理地管理它们，就可以优化系统的性能。在 Linux 操作系统中，有 5 种常见的进程状态，分别为运行状态、中断状态、不可中断状态、僵死状态与停止状态，其各自含义如下。

① 运行状态：进程正在运行或在运行队列中等待。

② 中断状态：进程休眠中，某个条件形成后或者进程接收到信号时，则脱离该状态。

③ 不可中断状态：进程不响应系统异步信号，即使用 kill 命令也不能将其中断。

④ 僵死状态：进程已经终止，但进程描述符依然存在，直到父进程调用 wait4（）系统函数后才会将进程释放。

⑤ 停止状态：进程收到停止信号后停止运行。

使用 ps 命令查看当前进程执行的情况，具体操作如下。

```
#使用 ps 命令查看当前进程执行的情况
[root@techhost ~]# ps
    PID TTY          TIME CMD
   2218 pts/0    00:00:00 bash
   2397 pts/0    00:00:00 ps
[root@techhost ~]#
```

使用 ps -a 显示系统终端上的所有进行进程，具体操作如下。

```
[root@techhost ~]# ps -a
    PID TTY          TIME CMD
```

```
          2421 pts/0      00:00:00 ps
[root@techhost ~]#
```

使用 ps -l 显示当前进程的详细信息，具体操作如图 3-170 所示。

```
[root@techhost ~]# ps -l
F S   UID   PID   PPID  C  PRI  NI ADDR SZ WCHAN    TTY        TIME CMD
0 S    0    2218  2217  0   80   0 -  3357 do_wai   pts/0   00:00:00 bash
0 R    0    2434  2218  0   80   0 -  3399 -        pts/0   00:00:00 ps
[root@techhost ~]#
```

```
[root@techhost ~]# ps -l
F S   UID   PID   PPID  C  PRI  NI ADDR SZ WCHAN    TTY        TIME CMD
0 S    0    2218  2217  0   80   0 -  3357 do_wai   pts/0   00:00:00 bash
0 R    0    2434  2218  0   80   0 -  3399 -        pts/0   00:00:00 ps
```

图 3-170　示例效果

其中各项含义如下。

① S：进程状态，其中，R 表示运行状态，S 表示休眠状态，T 表示暂停或终止状态，Z 表示僵死状态。

② UID：进程启动者的用户 ID。

③ PID：进程的 ID。

④ PPID：父进程的 ID。

⑤ C：进程最近使用 CPU 的估算。

⑥ PRI：进程的优先级。

⑦ NI：标准 UNIX 的优先级。

⑧ ADDR：指出该程序在内存的地址，如果是一个 running 程序，一般用"-"表示。

⑨ SZ：进程占用内存空间的大小，以 kB 为单位。

⑩ WCHAN：正在等待的进程资源。

⑪ TTY：进程所在终端的终端号，其中桌面环境的终端窗口表示为 pts/0，字符界面的终端号为 ttyl-tyy6，"？"表示该进程不占用终端。

⑫ TIME：进程从启动以来占用 CPU 的总时间。尽管有的命令（如 sh）已经运转了很长时间，但它们真正使用 CPU 的时间往往很短，所以该字段的值通常是 00:00:00。

⑬ CMD：启动该进程的命令名称。

使用 ps -u 显示当前进程的详细信息，具体操作如图 3-171 所示。

```
[root@techhost ~]# ps -u
USER      PID %CPU %MEM   VSZ   RSS TTY     STAT  START  TIME COMMAND
root     1971  0.0  0.0  213376 2048 tty1    Ss+   20:50  0:00 /sbin/agetty -o -p -- \u --noclear tty1 linux
root     1972  0.0  0.0  212928 2496 ttyAMA0 Ss+   20:50  0:00 /sbin/agetty -o -p -- \u --keep-baud 115200,38400,9600
root     2218  0.0  0.1  214848 4672 pts/0   Ss    21:00  0:00 -bash
root     2451  0.0  0.1  217728 5312 pts/0   R+    21:06  0:00 ps -u
[root@techhost ~]#
```

```
[root@techhost ~]# ps -u
USER        PID %CPU %MEM    VSZ   RSS TTY      STAT START   TIME COMMAND
root       1971  0.0  0.0 213376  2048 tty1     Ss+  20:50   0:00 /sbin/agetty -o -p -- \u --noclear tty1 linux
root       1972  0.0  0.0 212928  2496 ttyAMA0  Ss+  20:50   0:00 /sbin/agetty -o -p -- \u --keep-baud 115200,38400,9600
root       2218  0.0  0.1 214848  4672 pts/0    Ss   21:00   0:00 -bash
root       2451  0.0  0.1 217728  5312 pts/0    R+   21:06   0:00 ps -u
[root@techhost ~]#
```

图 3-171　示例效果

主要输出项说明如下。

① USER：用户名。

② %CPU：占用 CPU 时间与总时间的百分比。

③ %MEM：占用内存与系统内存总量的百分比。

④ VSZ：进程占用的虚拟内存空间，单位为 kB。

⑤ RSS：进程占用的内存空间，单位为 kB。

⑥ STAT：进程的状态。

⑦ START：进程的开始时间。

使用 ps -ef 显示系统中所有进程的全面信息，具体操作如图 3-172 所示。

[root@techhost ～]# ps -ef | less

```
UID         PID    PPID  C STIME TTY          TIME CMD
root          1       0  0 20:50 ?        00:00:01 /usr/lib/systemd/systemd --switched-root --system --deserialize 16
root          2       0  0 20:50 ?        00:00:00 [kthreadd]
root          3       2  0 20:50 ?        00:00:00 [rcu_gp]
root          4       2  0 20:50 ?        00:00:00 [rcu_par_gp]
root          6       2  0 20:50 ?        00:00:00 [kworker/0:0H-kblockd]
root          7       2  0 20:50 ?        00:00:00 [kworker/u4:0-events_unbound]
root          8       2  0 20:50 ?        00:00:00 [mm_percpu_wq]
root          9       2  0 20:50 ?        00:00:00 [ksoftirqd/0]
root         10       2  0 20:50 ?        00:00:00 [rcu_sched]
root         11       2  0 20:50 ?        00:00:00 [rcu_bh]
root         12       2  0 20:50 ?        00:00:00 [migration/0]
root         13       2  0 20:50 ?        00:00:00 [cpuhp/0]
root         14       2  0 20:50 ?        00:00:00 [cpuhp/1]
```

图 3-172　示例效果

使用 psaux 命令显示详细信息，具体操作如图 3-173 所示。

[root@techhost ～]# ps aux

```
USER        PID %CPU %MEM    VSZ   RSS TTY      STAT START   TIME COMMAND
root          1  0.1  0.3 107648 16512 ?        Ss   20:50   0:01 /usr/lib/systemd/systemd --switched-root --system --des
erialize 16
root          2  0.0  0.0      0     0 ?        S    20:50   0:00 [kthreadd]
root          3  0.0  0.0      0     0 ?        I<   20:50   0:00 [rcu_gp]
root          4  0.0  0.0      0     0 ?        I<   20:50   0:00 [rcu_par_gp]
root          6  0.0  0.0      0     0 ?        I<   20:50   0:00 [kworker/0:0H-kblockd]
root          7  0.0  0.0      0     0 ?        I    20:50   0:00 [kworker/u4:0-events_unbound]
root          8  0.0  0.0      0     0 ?        I<   20:50   0:00 [mm_percpu_wq]
root          9  0.0  0.0      0     0 ?        S    20:50   0:00 [ksoftirqd/0]
root         10  0.0  0.0      0     0 ?        I    20:50   0:00 [rcu_sched]
root         11  0.0  0.0      0     0 ?        I    20:50   0:00 [rcu_bh]
root         12  0.0  0.0      0     0 ?        S    20:50   0:00 [migration/0]
root         13  0.0  0.0      0     0 ?        S    20:50   0:00 [cpuhp/0]
root         14  0.0  0.0      0     0 ?        S    20:50   0:00 [cpuhp/1]
root         15  0.0  0.0      0     0 ?        S    20:50   0:00 [migration/1]
root         16  0.0  0.0      0     0 ?        S    20:50   0:00 [ksoftirqd/1]
root         18  0.0  0.0      0     0 ?        I<   20:50   0:00 [kworker/1:0H-kblockd]
root         19  0.0  0.0      0     0 ?        S    20:50   0:00 [kdevtmpfs]
root         20  0.0  0.0      0     0 ?        I<   20:50   0:00 [netns]
root         21  0.0  0.0      0     0 ?        S    20:50   0:00 [kauditd]
root         22  0.0  0.0      0     0 ?        I    20:50   0:00 [kworker/0:1-mm_percpu_wq]
root         23  0.0  0.0      0     0 ?        S    20:50   0:00 [khungtaskd]
root         24  0.0  0.0      0     0 ?        S    20:50   0:00 [oom_reaper]
root         25  0.0  0.0      0     0 ?        I<   20:50   0:00 [writeback]
root         26  0.0  0.0      0     0 ?        S    20:50   0:00 [kcompactd0]
root         27  0.0  0.0      0     0 ?        SN   20:50   0:00 [ksmd]
root         28  0.0  0.0      0     0 ?        SN   20:50   0:00 [khugepaged]
root         29  0.0  0.0      0     0 ?        I<   20:50   0:00 [crypto]
root         30  0.0  0.0      0     0 ?        I<   20:50   0:00 [kintegrityd]
root         31  0.0  0.0      0     0 ?        I<   20:50   0:00 [kblockd]
--More--
```

图 3-173　示例效果

2. top 命令

top 命令用于动态地监视进程活动与系统负载等信息，其格式为“top”。

top 命令相当强大，能够动态地查看系统运维状态，用户可将它看作 Linux 中“强化版的 Windows 任务管理器”。top 命令的运行界面如图 3-174 所示。

```
[root@techhost ~]# top
top - 16:47:09 up  7:17,  2 users,  load average: 0.07, 0.06, 0.04
Tasks: 141 total,   1 running, 140 sleeping,   0 stopped,   0 zombie
%Cpu(s):  1.7 us,  1.7 sy,  0.0 ni, 96.3 id,  0.2 wa,  0.2 hi,  0.0 si,  0.0 st
MiB Mem :   2977.4 total,    335.0 free,   1661.8 used,    980.7 buff/cache
MiB Swap:      0.0 total,      0.0 free,      0.0 used.    970.9 avail Mem

    PID USER      PR  NI    VIRT    RES    SHR S  %CPU  %MEM     TIME+ COMMAND
   1224 dbus      20   0    9664   6720   3520 S   1.0   0.2   1:01.34 dbus-daemon
      1 root      20   0  107776  16704   8896 S   0.7   0.5   0:32.81 systemd
   1240 polkitd   20   0 1523712  22464  13696 S   0.3   0.7   0:13.51 polkitd
   1402 root      20   0   22464  12672   7232 S   0.3   0.4   0:20.18 systemd-logind
   1433 malluma   20   0  780672  59520  11072 S   0.3   2.0   1:43.99 python
   1434 malluma   20   0  555264  50304  11392 S   0.3   1.6   0:01.84 python
   2277 root      20   0 1138624  23232   9536 S   0.3   0.8   0:27.55 hostguard
      2 root      20   0       0      0      0 S   0.0   0.0   0:00.00 kthreadd
      3 root       0 -20       0      0      0 I   0.0   0.0   0:00.00 rcu_gp
      4 root       0 -20       0      0      0 I   0.0   0.0   0:00.00 rcu_par_gp
      6 root       0 -20       0      0      0 I   0.0   0.0   0:00.00 kworker/0:0H-kblockd
      8 root       0 -20       0      0      0 I   0.0   0.0   0:00.00 mm_percpu_wq
      9 root      20   0       0      0      0 S   0.0   0.0   0:01.69 ksoftirqd/0
     10 root      20   0       0      0      0 I   0.0   0.0   0:01.16 rcu_sched
     11 root      20   0       0      0      0 I   0.0   0.0   0:00.00 rcu_bh
     12 root      rt   0       0      0      0 S   0.0   0.0   0:00.02 migration/0
     13 root      20   0       0      0      0 S   0.0   0.0   0:00.00 cpuhp/0
     14 root      20   0       0      0      0 S   0.0   0.0   0:00.00 cpuhp/1
     15 root      rt   0       0      0      0 S   0.0   0.0   0:00.01 migration/1
     16 root      20   0       0      0      0 S   0.0   0.0   0:01.63 ksoftirqd/1
     18 root       0 -20       0      0      0 I   0.0   0.0   0:00.00 kworker/1:0H-kblockd
     19 root      20   0       0      0      0 S   0.0   0.0   0:00.00 kdevtmpfs
     20 root       0 -20       0      0      0 I   0.0   0.0   0:00.00 netns
     21 root      20   0       0      0      0 S   0.0   0.0   0:00.75 kauditd
     23 root      20   0       0      0      0 S   0.0   0.0   0:00.00 khungtaskd
```

图 3-174　top 命令的运行界面

top 命令执行结果的前五行为系统整体的统计信息，其所代表的含义如下。

① 第 1 行：系统时间、运行时间、登录终端数、系统负载（load average 后面的 3 个数值分别为 1 分钟、5 分钟、15 分钟内的平均值，数值越小意味着负载越低）。

② 第 2 行：进程总数、运行中的进程数、睡眠中的进程数、停止的进程数、僵死的进程数。

③ 第 3 行：用户占用资源百分比、系统内核占用资源百分比、改变过优先级的进程资源百分比、空闲的资源百分比等，其中，数据均为 CPU 数据并以百分比格式显示，例如“97.1 id”意味着有 97.1%的 CPU 处理器资源处于空闲状态。

④ 第 4 行：物理内存总量、内存使用量、内存空闲量、作为内核缓存的内存量。

⑤ 第 5 行：虚拟内存总量、虚拟内存使用量、虚拟内存空闲量、已被提前加载的内存量。

3. pidof 命令

pidof 命令用于查询某个指定服务进程的 PID 值，格式为“pidof [参数] [服务名称]”。

每个进程的 PID 是唯一的，因此可以通过 PID 来区分不同的进程。例如，我们可以使用如下命令来查询本机上 httpd 服务程序的 PID。

```
[root@techhost ~]# dnf install httpd -y
[root@techhost ~]# systemctl start httpd
[root@techhost ~]# pidof httpd
2911 2908 2905 2904 2903
[root@techhost ~]#
```

第 3 章 管理员操作管理

4．kill 命令

kill 命令用于终止某个指定 PID 的服务进程，格式为"kill [参数] [进程 PID]"。

使用 kill 命令将前文中用 pidof 命令查询到的 PID 所代表的进程终止，其命令如下。这种操作的效果等同于强制停止 httpd 服务，具体如图 3-175 所示。

[root@techhost ~]# pidof httpd
2911 2908 2905 2904 2903
[root@techhost ~]# kill 2903
[root@techhost ~]# pidof httpd
[root@techhost ~]#

```
[root@techhost ~]# pidof httpd
2911 2908 2905 2904 2903
[root@techhost ~]# kill 2903
[root@techhost ~]# pidof httpd
[root@techhost ~]#
```

图 3-175　示例效果

从上面的例子我们可以看出，kill 命令是根据 PID 识别进程的，Linux 定义了几十种不同类型的信号，使用"kill -l"命令可以查看所有信息，具体操作如图 3-176 所示。

```
[root@techhost ~]# kill -l
 1) SIGHUP       2) SIGINT       3) SIGQUIT      4) SIGILL       5) SIGTRAP
 6) SIGABRT     7) SIGBUS       8) SIGFPE       9) SIGKILL     10) SIGUSR1
11) SIGSEGV    12) SIGUSR2     13) SIGPIPE    14) SIGALRM    15) SIGTERM
16) SIGSTKFLT  17) SIGCHLD     18) SIGCONT    19) SIGSTOP    20) SIGTSTP
21) SIGTTIN    22) SIGTTOU     23) SIGURG     24) SIGXCPU    25) SIGXFSZ
26) SIGVTALRM  27) SIGPROF     28) SIGWINCH   29) SIGIO      30) SIGPWR
31) SIGSYS     34) SIGRTMIN    35) SIGRTMIN+1 36) SIGRTMIN+2 37) SIGRTMIN+3
38) SIGRTMIN+4 39) SIGRTMIN+5  40) SIGRTMIN+6 41) SIGRTMIN+7 42) SIGRTMIN+8
43) SIGRTMIN+9 44) SIGRTMIN+10 45) SIGRTMIN+11 46) SIGRTMIN+12 47) SIGRTMIN+13
48) SIGRTMIN+14 49) SIGRTMIN+15 50) SIGRTMAX-14 51) SIGRTMAX-13 52) SIGRTMAX-12
53) SIGRTMAX-11 54) SIGRTMAX-10 55) SIGRTMAX-9 56) SIGRTMAX-8 57) SIGRTMAX-7
58) SIGRTMAX-6 59) SIGRTMAX-5  60) SIGRTMAX-4 61) SIGRTMAX-3 62) SIGRTMAX-2
63) SIGRTMAX-1 64) SIGRTMAX
[root@techhost ~]#
```

图 3-176　示例效果

kill 命令发送的常用信号见表 3-41。

表 3-41　kill 命令发送的常用信号

信号编号	信号名	说明
1	HUP	挂起信号，进程在接收到 HUP 信号时将重新读取配置文件
2	INT	结束进程，与按快捷键"Ctrl+C"的效果一样
3	QUIT	退出
9	KILL	强制终止进程，不对当前工作进行保存
15	TERM	正常结束进程，为 kill 命令的默认信号

kill 命令如图 3-177 所示。

[root@techhost ~]# systemctl restart httpd
[root@techhost ~]# ps aux | grep httpd
[root@techhost ~]# kill -9 3813
[root@techhost ~]# ps aux | grep httpd

```
[root@techhost ~]# systemctl restart httpd
[root@techhost ~]# ps aux | grep httpd
root        3813  1.0  0.8  34176 27136 ?        Ss   21:42   0:00 /usr/sbin/httpd -DFOREGROUND
apache      3815  0.0  0.8  34432 25728 ?        S    21:42   0:00 /usr/sbin/httpd -DFOREGROUND
apache      3816  0.0  1.0 1554880 31040 ?       Sl   21:42   0:00 /usr/sbin/httpd -DFOREGROUND
apache      3817  0.0  1.0 1554880 31040 ?       Sl   21:42   0:00 /usr/sbin/httpd -DFOREGROUND
apache      3818  0.0  1.0 1686976 30976 ?       Sl   21:42   0:00 /usr/sbin/httpd -DFOREGROUND
root        4043  0.0  0.0 214016  1536 pts/1    S+   21:42   0:00 grep --color=auto httpd
[root@techhost ~]# kill -9 3813
[root@techhost ~]# ps aux | grep httpd
root        4072  0.0  0.0 214016  1536 pts/1    S+   21:42   0:00 grep --color=auto httpd
[root@techhost ~]#
```

图 3-177　示例效果

5．killall 命令

killall 命令用于终止某个指定名称的服务所对应的全部进程,格式为"killall [参数] [服务名称]"。

通常来讲,复杂软件的服务程序会有多个进程协同为用户提供服务,如果逐个去结束这些进程会比较麻烦,此时可以使用 killall 命令来批量结束某个服务程序带有的全部进程。下面以 httpd 服务程序为例,来讲解结束其全部进程的操作。

```
#安装 killall 命令
[root@techhost ~]# dnf installpsmisc -y
[root@techhost ~]# systemctl restart httpd
[root@techhost ~]# killall httpd
```

如果我们在系统终端中执行一个命令后想立即停止它,可以按"Ctrl + C"组合键。如果有些命令在执行时不断地在屏幕上输出信息,影响到后续命令的输入,则可以在执行命令时在末尾添加一个"&"符号,让命令进入系统后台执行。

6．nice 命令

nice 命令用来调整进程的优先级,优先级的数值被称为 niceness 值,共有从-20(最高优先级)到 19(最低优先级)40 个等级。数值越小,优先级越高,数值越大,优先级越低。需要注意的是,只有 root 用户才有权调整-20~19 的优先级,普通用户只能调整 0~19 的优先级。nice 命令语法格式为"nice【选项】【执行命令】",其中,"-n"选项表示将原有优先级增加 nice 值,"--version"选项表示显示进程的版本信息。当 nice 命令没有选项时,输出系统进程默认的 niceness 值,一般为 0。当 nice 命令中没有给出具体的 niceness 值时,niceness 默认为 10。

执行 nice 命令的具体操作如下。

```
[root@techhost ~]# nice
0
[root@techhost ~]# nice nice
10
[root@techhost ~]# nice nice nice
19
[root@techhost ~]# nice nice nice nice
19
[root@techhost ~]#
```

执行"nice"命令,显示当前进程的优先级为 0,说明系统默认的进程优先级为 0;执行"nicenice"命令,即在第一个 nice 命令的基础上对优先级 0 进行调整,得到优先级

第 3 章 管理员操作管理

10，说明在当前优先级的基础上增加 10；执行"nicenicenice"命令，在第二个 nice 命令得到的优先级 10 的基础上再增加 10，得到优先级 19。

比如，设置 vim 进程的 niceness 值为-10，提高优先级；通过 ps -l 命令查看进程，在输出结果中，NI 字段表示进程的 niceness 值，PRI 字段表示进程当前的总优先级，可见 NI 字段为刚刚设置的-10，PRI 字段由默认的 80 变为 70，数值越小，优先级越高。具体操作如图 3-178 所示。

```
[root@techhost ~]# nice -n -10 vim&
[root@techhost ~]# ps -l
```

```
[root@techhost ~]# nice -n -10 vim&
[1] 4683
[root@techhost ~]# ps -l
F S   UID    PID   PPID  C PRI  NI ADDR SZ WCHAN  TTY          TIME CMD
0 S     0   2650   2649  0  80   0 -  3359 do_wai pts/1    00:00:00 bash
4 T     0   4683   2650  0  70 -10 -  3454 do_sig pts/1    00:00:00 vim
0 R     0   4696   2650  0  80   0 -  3399 -      pts/1    00:00:00 ps

[1]+  Stopped                 nice -n -10 vim
[root@techhost ~]#
```

图 3-178　示例效果

7．renice 命令

renice 命令与 nice 命令一样，都用于改变进程的 niceness 值，它们之间的区别为 nice 命令修改的是即将执行的进程，而 renice 命令修改的是正在执行的进程，renice 命令的格式为"renice　[优先级值] [参数]"。

功能：修改运行中进程的优先级，设定指定用户或组群的进程优先级，注意，优先级值前无"-"符号。

常用选项说明如下：

-p——修改进程号所标识进程的优先级；

-u——修改指定用户所启动进程的优先级；

-g——修改指定组群中所有用户所启动进程的优先级。

比如，将进程号为 4683 的进程优先级改为 8，具体操作如图 3-179 所示。

```
[root@techhost ~]# ps -l
[root@techhost ~]# renice 8 -p 4683
[root@techhost ~]# ps -l
```

```
[root@techhost ~]# ps -l
F S   UID    PID   PPID  C PRI  NI ADDR SZ WCHAN  TTY          TIME CMD
0 S     0   2650   2649  0  80   0 -  3359 do_wai pts/1    00:00:00 bash
4 T     0   4683   2650  0  70 -10 -  3454 do_sig pts/1    00:00:00 vim
0 R     0   4767   2650  0  80   0 -  3399 -      pts/1    00:00:00 ps
[root@techhost ~]# renice 8 -p 4683
4683 (process ID) old priority -10, new priority 8
[root@techhost ~]# ps -l
F S   UID    PID   PPID  C PRI  NI ADDR SZ WCHAN  TTY          TIME CMD
0 S     0   2650   2649  0  80   0 -  3359 do_wai pts/1    00:00:00 bash
4 T     0   4683   2650  0  88   8 -  3454 do_sig pts/1    00:00:00 vim
0 R     0   4793   2650  0  80   0 -  3399 -      pts/1    00:00:00 ps
[root@techhost ~]#
```

图 3-179　示例效果

3.6.3 系统监视工具

Linux 的系统监控工具较多，总的来说可以分为以下 5 类。
① 命令行工具。
② 网络相关监控工具。
③ 与系统有关的监控工具。
④ 日志监控工具。
⑤ 系统与基础架构监控工具。
下面对以上各种监控工具进行简单的介绍。
（1）八大系统监控工具
1）top 工具

top 是一个被预装在许多 UNIX 系统的小工具。用户想要查看系统目前运行的进程或线程时，使用 top 是一个很好的选择。我们可以对系统中的进程以不同的方式进行排序，默认是以 CPU 进行排序的。

2）htop 工具

htop 实质上是 top 的增强版本，是完全交互式的。它更容易对进程排序且更容易被人理解，并且已经内建了许多通用操作。

3）atop 工具

atop、top 和 htop 非常相似，能监控所有进程，但不同于 top 和 htop 的是，它可以按日记录进程供以后分析，能显示所有进程的资源消耗，还会高亮显示已经达到临界负载的资源。

4）apachetop 工具

apachetop 会监控网络服务器的整体性能，主要是基于 mytop。它会显示当前读取进程、写入进程的数量以及请求进程的总数。

5）ftptop 工具

ftptop 提供了当前所有连接到 FTP 服务器的基本信息，如会话总数、正在上传和下载的客户端数量以及客户端是谁。

6）mytop 工具

mytop 是一个很简洁的工具，被用于监控 mysql 的线程和性能。它能实时查看数据库和当前正在处理的查询。

7）powertop 工具

powertop 可以帮助用户诊断与电量消耗和电源管理相关的问题，也可以帮用户进行电源管理设置，以实现对服务器进行最有效的配置。进入工具管理界面后可以使用"tab"键切换选项卡。

8）iotop 工具

iotop 用于检查 I/O 的使用情况，并提供一个类似 top 的界面来显示。它按列显示读和写的速率，每行代表一个进程。当发生内存交换或 I/O 等待时，它会显示进程消耗时间的百分比。

（2）与网络相关的监控工具

1）ntopng 工具

ntopng 是 ntop 的升级版，它提供了一个能通过浏览器进行网络监控的图形用户界面。ntopng 有其他用途，如地理定位主机，显示网络流量和 IP 流量分布并能进行分析。

2）iftop 工具

iftop 类似 top，但它主要不是检查 CPU 的使用率，而是监听所选择网络接口的流量，并以表格的形式显示当前的使用量。像"网速慢"这样的问题就能用 iftop 解释。

3）jnettop 工具

Jnettop 用来监测网络流量，与 iftop 工具类似，但比 iftop 更形象。它支持自定义的文本输出，并能以友好的交互方式来深度分析日志。

4）bandwidthd 工具

bandwidthd 可以跟踪 TCP/IP 网络子网的使用情况，并能在浏览器中通过图片形象化地构建 HTML 页面。它有一个数据库系统，支持搜索、过滤、多传感器和自定义报表。

5）EtherApe 工具

EtherApe 以图形化显示网络流量，可以支持更多的节点。它可以捕获实时流量信息，也可以从 tcpdump 中进行读取，还可以使用 pcap 格式的网络过滤器来显示特定信息。

6）ethtool 工具

ethtool 用于显示和修改网络接口控制器的一些参数，也可以用来诊断以太网设备，并获得更多的统计数据。

7）NetHogs 工具

NetHogs 打破了网络流量按协议或子网进行统计的惯例，以进程来分组。所以，当网络流量猛增时，我们可以使用 NetHogs 查看这种现象是由哪个进程造成的。

8）Iptraf 工具

Iptraf 被用来收集各种指标，如 TCP 连接数据包和字节数、端口统计和活动指标、TCP/UDP 通信故障、站内数据包和字节数。

9）ngrep 工具

ngrep 就是网络层的 grep 命令。它使用过程特性分析软件包，允许通过指定扩展正则表达式或十六进制表达式来匹配数据包。

10）MRTG 工具

MRTG（Multi Router Traffil Grapher，监控网络链路流量负载的工具软件）最初被开发用来监控路由器的流量，但现在也能够监控与网络相关的东西。它每五分钟收集一次，然后产生一个 HTML 页面。它还具有发送邮件报警的能力。

11）bmon 工具

bmon 能监控并帮助调试网络。它能捕获与网络相关的统计数据，并以友好的方式进行展示，还可以与 bmon 通过脚本进行交互。

12）traceroute 工具

traceroute 是一个内置工具，能显示路由和测量数据包在网络中的延迟时间。

13）IPTState 工具

IPTState 可以让用户观察流量是如何通过 iptables 的，并通过指定的条件来进行排序。该工具还允许从用户 iptables 的表中删除状态信息。

14）darkstat 工具

darkstat 能捕获网络流量并计算使用情况，使用情况的统计报告被保存在一个简单的 HTTP 服务器中。此外，darkstat 也提供了一个非常棒的图形用户界面。

15）vnStat 工具

vnStat 是一个网络流量监控工具，消耗的系统资源非常少，它的数据统计是由内核提供的，系统重新启动后，它收集的数据仍然存在。系统管理员可以使用它的颜色选项进行设置。

16）netstat 工具

netstat 是一个内置的工具，它能显示 TCP 网络连接、路由表和网络接口数量，被用来在网络中查找问题。

17）ss 工具

ss 命令能够显示的信息比 netstat 更多，速度也更快。如果想查看统计结果的总信息，我们可以使用命令 ss -s。

(3) 与系统有关的监控工具

1）Nmon 工具

Nmon 可将数据输出到屏幕上，或将数据保存在一个以逗号分隔的文件中，可以查看 CPU、内存、网络、文件系统。

2）conky 工具

conky 能监视很多操作系统的数据，它支持 IMAP（Internet Message Access Protocol，交互邮件访问协议）、POP3（Post Office Protocol-Version 3，邮局协议版本 3），甚至许多音乐播放器。

3）Glances 工具

Glances 监控系统旨在使用最小的空间呈现最多的信息，它可以在客户端或服务器模式下运行，有远程监控的能力，并且也有一个 Web 界面。

4）saidar 工具

saidar 是一个非常小的工具，提供有关系统资源的基础信息，它将系统资源以简化的方式用全屏显示。

5）RRDtool 工具

RRDtool 是用来处理 RRD 数据库的工具。RRDtool 旨在处理时间序列数据，如 CPU 负载、温度等。该工具提供了一种方法来提取 RRD 数据并以图形界面显示。

6）monit 工具

monit 是一个跨平台的用来监控 Unix/Linux 操作系统（比如 Linux、BSD、OSX、Solaris）的工具。monit 可以监控服务器进程状态、HTTP/TCP 状态码、服务器资源变化、文件系统变动等，根据这些变化，可以设定邮件报警、重启进程或服务。

7）Linuxprocess explorer 工具

Linuxprocess explorer 是类似 OSX 或 Windows 的活动监视器。它比 top 或 ps 的

使用范围更广，可以查看每个进程的内存消耗以及 CPU 的使用情况。

（4）日志监控工具

1）GoAccess 工具

GoAccess 是一个实时的网络日志分析器，它能分析 apache、nginx 和 amazon cloudfront 的访问日志，也可以将数据输出成 HTML、JSON 或 CSV 格式。它会提供一个基本的统计信息、访问量、404 页面、访客位置和其他信息。

2）Logwatch 工具

Logwatch 是一个日志分析系统。它通过分析系统的日志，为用户所指定的部分创建一个分析报告。

3）Swatch 工具

和 Logwatch 一样，Swatch 也可以监控日志，但不会提供报告，而是会匹配用户定义的正则表达式，匹配完成后会通过邮件或控制台通知用户。Swatch 可用于检测入侵者。

4）MultiTail 工具

MultiTail 可帮助用户在多个窗口下监控日志文件，用户可以将这些日志文件合并到一个窗口。MultiTail 也可以通过正则表达式的帮助，使用不同的颜色来显示日志文件以方便用户阅读。

（5）系统与基础架构监控工具

1）acct 工具

acct 也称为 psacct（取决于用户是使用 apt-get 还是使用 yum），可以监控所有用户执行的命令，包括查看 CPU 运行的时间和内存占用情况。用户安装完 acct 后可以使用命令 sa 来查看统计。

2）whowatch 工具

whowatch 与 acct 类似，可监控系统上所有的用户，并允许用户实时查看他们正在执行的命令及运行的进程。它将所有进程以树状结构输出，这样用户可以清晰地查看进程。

3）strace 工具

strace 被用于诊断、调试和监控程序之间相互调用的过程。最常见的做法是用 strace 打印系统调用的程序列表，用户可以看出程序是否按照预期被执行。

4）stat 工具

stat 是一个内置的工具，用于显示文件和文件系统的状态信息。它会显示文件何时被修改、访问或更改。

5）ifconfig 工具

ifconfig 是一个内置工具，用于配置网络接口。大多数网络监控工具都会使用 ifconfig 将网卡设置成混乱模式来捕获所有的数据包。用户可以手动执行 ifconfig eth0 promisc 进入混乱模式，使用 ifconfig eth0 -promisc 返回正常模式。

6）Server Density 工具

Server Density 有一个 Web 界面，使用户可以进行报警设置并可以通过图表来查看所有系统的网络指标。用户还可以利用此工具设置监控的网站。Server Density 允许用户设置权限，用户可以根据插件或 API 来扩展监控。该服务也支持 Nagios 的插件。

7）OpenNMS 工具

OpenNMS 主要有 4 个功能区，即事件管理和通知、发现和配置、服务监控和数据收集，且可被在多种网络环境中定制。

8）SysUsage 工具

SysUsage 通过 Sar 和其他系统命令持续监控用户的系统。一旦达到阈值，SysUsage 进行报警通知。SysUsage 本身可以收集所有的统计信息并且有一个 Web 界面可以让用户查看所有的统计数据。

3.6.4 计划任务

计划任务的作用是做一些周期性的任务。在生产中主要用来定期备份数据，计划任务的安排方式分为两种，一种是定时性的，是例行工作，每隔一段时间就要重复来做某事；另一种是突发性的，是临时决定的，只执行一次。因此计划任务分为一次性计划任务和周期性计划任务。在 Linux 操作系统中，我们可以通过 at 和 crontab 这两种命令实现计划任务，其中，at 命令用于一次性计划任务，crontab 命令用于周期性计划任务。

1. at 命令

at 命令的使用格式："at [时间]"。

服务名：atd。

查看计划任务：at -l 或 atq。

查看计划任务内容：at -c jobid。

删除计划任务：atrmjobid。

创建计划任务：at 时间。

首先要进行准备工作，先下载 at 程序，如图 3-180 所示。

[root@techhost ~]# dnf install at -y

```
[root@techhost ~]# dnf install at -y
Last metadata expiration check: 2:10:04 ago on Wed 09 Jun 2021 12:53:37 PM CST.
Dependencies resolved.
================================================================================
 Package          Architecture        Version              Repository      Size
================================================================================
Installing:
 at               aarch64             3.1.23-5.oe1         OS              51 k

Transaction Summary
================================================================================
Install  1 Package

Total download size: 51 k
Installed size: 164 k
Downloading Packages:
at-3.1.23-5.oe1.aarch64.rpm                         596 kB/s |  51 kB    00:00
```

图 3-180 示例效果

下载完成之后可以运行 at 并设置开机自启动，如图 3-181 所示。

[root@techhost ～]# systemctl restart atd
[root@techhost ～]# systemctl enable atd

```
[root@techhost ~]# systemctl restart atd
[root@techhost ~]# systemctl enable atd
[root@techhost ~]#
```

图 3-181　示例效果

查看 at 服务状态，如图 3-182 所示。

[root@techhost ~]# systemctl status atd

```
[root@techhost ~]# systemctl status atd
● atd.service - Deferred execution scheduler
   Loaded: loaded (/usr/lib/systemd/system/atd.service; enabled; vendor preset: enabled)
   Active: active (running) since Wed 2021-06-09 15:04:43 CST; 1min 50s ago
     Docs: man:atd(8)
 Main PID: 8179 (atd)
    Tasks: 1
   Memory: 1.8M
   CGroup: /system.slice/atd.service
           └─8179 /usr/sbin/atd -f

Jun 09 15:04:43 techhost systemd[1]: Started Deferred execution scheduler.
[root@techhost ~]#
```

图 3-182　示例效果

用 at 命令创建任务计划，创建一个 test 目录，再查看计划任务，如图 3-183 所示。

#创建一次性计划任务，按"ctrl+d"组合键进行任务提交
[root@techhost ~]# at 18:00
warning: commands will be executed using /bin/sh
at> mkdir /tmp/test
at><EOT>
job 2 at Wed Jun　9 18:00:00 2021
[root@techhost ~]#
[root@techhost ~]# at -l
2　　　Wed Jun　9 18:00:00 2021 a root
1　　　Wed Jun　9 18:00:00 2021 a root
[root@techhost ~]#

```
[root@techhost ~]# at 18:00
warning: commands will be executed using /bin/sh
at> mkdir /tmp/test
at> <EOT>
job 2 at Wed Jun  9 18:00:00 2021
[root@techhost ~]#
[root@techhost ~]# at -l
2       Wed Jun  9 18:00:00 2021 a root
1       Wed Jun  9 18:00:00 2021 a root
[root@techhost ~]#
```

图 3-183　示例效果

任务执行完后，会自动删除。删除计划任务的命令格式为"atrm [任务编号]"，如图 3-184 所示。

[root@techhost ~]# at -l
2　　　Wed Jun　9 18:00:00 2021 a root
1　　　Wed Jun　9 18:00:00 2021 a root
[root@techhost ~]# atrm 2
[root@techhost ~]# at -l
1　　　Wed Jun　9 18:00:00 2021 a root
[root@techhost ~]#

```
[root@techhost ~]# at -l
2         Wed Jun  9 18:00:00 2021 a root
1         Wed Jun  9 18:00:00 2021 a root
[root@techhost ~]# atrm 2
[root@techhost ~]# at -l
1         Wed Jun  9 18:00:00 2021 a root
[root@techhost ~]#
```

图 3-184　示例效果

值得注意的是，用 at 实现计划任务有一些特殊写法，示例如下。

在当前时间 50 分钟后执行任务：at now +50min。

2021-5-17 20:00 执行任务：at 20:00 2019-5-17。

三天后的 6:00 执行任务：at 6:00 +3days。

2．crontab 命令

crontab 命令与 at 命令的使用方法类似，常用的选项有以下 4 个。

① -e：edit，编辑计划任务。

② -l：display，查看计划任务。

③ -u：user，指定用户。

④ -r：remove，删除计划任务。

编辑 crontab -e 时的语法分为 7 个字段：分、时、日、月、周、用户、命令。

① 分：取值范围为 0～59。

② 时：取值范围为 0～23（24 点即 0 点）。

③ 日：取值范围为 1～31。

④ 月：取值范围为 1～12，或者直接写月份的英文单词。

⑤ 周：取值范围为 0～6（0 或者 7 表示星期天）。

特殊符号的含义如下。

① *：任意/每。

② /：指定时间的间隔频率；*/10 表示"每隔十分钟"（位于分字段）；0-23/2 表示"每隔两小时"。

③ -：代表从某个数字到某个数字，如 8-17 表示"从 8 号到 17 号"（日字段）。

④ ,：分开几个离散的数字，如 6,10-13,20 表示"6 号，10 号到 13 号，20 号"（日字段）。

用于 crond 服务管理的命令如下。

① 查看 crond 服务状态，如图 3-185 所示。

```
[root@techhost ~]# systemctl status crond
● crond.service - Command Scheduler
   Loaded: loaded (/usr/lib/systemd/system/crond.service; enabled; vendor preset: enabled)
   Active: active (running) since Tue 2021-04-27 17:31:11 CST; 3h 24min ago
 Main PID: 2071 (crond)
    Tasks: 1
   Memory: 4.4M
   CGroup: /system.slice/crond.service
           └─2071 /usr/sbin/crond -n

Apr 27 18:00:01 techhost CROND[5727]: (root) CMDOUT (error: destination /var/log/secure-20210427 already exists, skipping rotation)
Apr 27 18:01:01 techhost CROND[5867]: (root) CMD (run-parts /etc/cron.hourly)
Apr 27 19:00:01 techhost CROND[12229]: (root) CMD   (/usr/sbin/logrotate /etc/logrotate.conf)
Apr 27 19:00:01 techhost CROND[12227]: (root) CMDOUT (error: destination /var/log/messages-20210427 already exists, skipping rotation)
Apr 27 19:00:01 techhost CROND[12227]: (root) CMDOUT (error: destination /var/log/secure-20210427 already exists, skipping rotation)
Apr 27 19:01:01 techhost CROND[12353]: (root) CMD (run-parts /etc/cron.hourly)
Apr 27 20:00:01 techhost CROND[18659]: (root) CMD   (/usr/sbin/logrotate /etc/logrotate.conf)
Apr 27 20:00:01 techhost CROND[18656]: (root) CMDOUT (error: destination /var/log/messages-20210427 already exists, skipping rotation)
Apr 27 20:00:01 techhost CROND[18656]: (root) CMDOUT (error: destination /var/log/secure-20210427 already exists, skipping rotation)
Apr 27 20:01:01 techhost CROND[18774]: (root) CMD (run-parts /etc/cron.hourly)
```

图 3-185　示例效果

② 开启或关闭 crond 服务，如图 3-186 所示。

```
[root@techhost ~]# systemctl start crond
[root@techhost ~]# systemctl stop crond
```

图 3-186　示例效果

③ 设置开机自启动或开机不启动 crond 服务，如图 3-187 所示。

```
[root@techhost ~]# systemctl enable crond
[root@techhost ~]# systemctl disable crond
Removed /etc/systemd/system/cron.service.
Removed /etc/systemd/system/multi-user.target.wants/crond.service.
```

图 3-187　示例效果

④ 查看计划任务程序是否启动，如图 3-188 所示。

```
[root@techhost ~]# ps aux | grep crond
root        2071  0.0  0.1 215872  4736 ?        Ss   17:31   0:00 /usr/sbin/crond -n
root       20172  0.0  0.0 214016  1536 pts/0    S+   20:14   0:00 grep --color=auto crond
[root@techhost ~]#
```

图 3-188　示例效果

3．编写计划任务实例

示例 1：针对 root 用户编写计划任务。
- 每天早上 7:50 自动开启 sshd 服务，22:50 关闭。
- 每隔 5 天清空一次 FTP 服务器的公共目录"/var/ftp/pub"。
- 每周六的 7:30，重新启动 httpd 服务。
- 每周一、周三、周五的 17:30，打包备份"/etc/httpd"目录。

具体操作如图 3-189 所示。

```
[root@techhost~]# crontab -e
50 07 * * * *          systemctl start sshd
50 22 * * *            systemctl stop sshd
0 * */5 * *            rm -rf /var/ftp/pub/*
30 7 * * 6             systrmctl restart httpd
30 17 * * 1,3,5        tar czvf httpd.tar.gz /etc/httpd
```

```
50 07 * * *            systemctl start sshd
50 22 * * *            systemctl stop sshd
0 * */5 * *            rm -rf /var/ftp/pub/*
30 7 * * 6             systrmctl restart httpd
30 17 * * 1,3,5        tar czvf httpd.tar.gz /etc/httpd
```

图 3-189　示例效果

示例 2：针对 tech 用户编写计划任务。

每周日的 23:55 将"/etc/passwd"文件的内容复制到宿主目录中，保存为"pwd.txt"文件。

```
[root@techhost~]# crontab -e -u tech
55 23 * * 7   cp   /etc/passwd    /home/jerry/pwd.txt
```

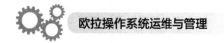

课后习题

1. 如何观察系统动态进程命令？
答：通过 top 命令查看。
2. 如何用 crontable 命令，在每个星期三的下午 6 点和 8 点的第 5～15 分钟备份 mysql 数据库的内容到/opt 文件。
答：5-15 18,20 3 /usr/bin/cp -r   /var/lib/mysql /opt/。
3. crontable 命令中每个*号代表的含义是什么？
答：第一个*表示的是 minute，第二个*表示的是 hour，第三个*表示的是 day，第四个*表示的是 week，第五个*表示的是 command。

3.7 软件管理

3.7.1 RPM 软件包管理

RPM（Red-Hat Package Manager，红帽软件包管理器）是由 Red Hat 公司开发出来的，但有其他套件也有类似的套件管理程序，由于 RPM 使用方便，已成为目前最热门的套件管理程序。RPM 是以一种数据库记录的方式将用户需要的套件安装到 Linux 主机的一套管理程序，其最大的特点是将用户要安装的套件先包装好，通过包装好的套件中默认的数据库，记录套件被安装时必需的相依属性模块。当将套件安装在用户的 Linux 主机时，RPM 会先依照套件中的记录数据查询 Linux 主机的相依属性套件是否满足条件，若满足条件则予以安装，若不满足条件则不予安装。安装时可以将该套件的整个信息写入 RPM 的数据库中，以便日后查询、验证和反安装。这样做的优点如下。

① 因为已经编译完成并且打包完毕，所以安装很方便。
② 由于套件的信息已经记录在 Linux 主机的数据库上，很方便查询、升级与反安装。
但这也有一定的缺点，RPM 程序是已经包装好的数据，里面的数据已经完成编译，因此在安装时需要初始安装时的主机环境，也就是说最初建立这个套件的安装环境必须在主机上出现。通常，不同的版本发布的 RPM 文件并不能用在其他版本中，例如，Red Hat 发布的 RPM 文件通常无法直接在 Mandrake 上进行安装。不同版本之间也无法互通，例如，Mandrake 9.0 版本的 RPM 文件无法直接套用在 Mandrake 8.2 版本上。

RPM 在安装套件时会先读取套件内的参数设定，即/usr/src/RPM/SPEC 中的相关信息，然后将该数据和 Linux 操作系统的环境进行比对，这些环境包括欲安装套件的前驱套件，例如，当前 postfix 套件中大多支持 cyrus-sasl 套件的身份认证功能，要安装 postfix 套件就必须先安装 cyrus-sasl 套件。除了对前驱套件的要求，还有对版本信息等的要求，如果环境相符就予以安装，如果环境不符就会显示不符合的提示内容。

安装完毕之后，RPM 会将套件的信息写入/varlib/RPM 目录，用户在进行查询或预计升级时，相关的信息可从/var/lib/RPM 目录的内容数据中获得。此外，在安装 RPM 的套件时，这些套件通常会用到下面的目录。

/etc：一些配置文件放置的目录，例如/etc/samba。

/usr/bin：一些可执行文件。

/usr/lib：一些程序使用的动态函数库。

/usr/share/doc：一些基本的软件使用手册与说明文件。

/usr/share/man：一些 man page 文件。

RPM 提供了安装、升级与更新、查询、验证、卸载等功能，下面我们逐个进行说明。

1．安装

RPM 使用 ivh 进行安装，具体操作如图 3-190 所示。

```
#下载 httpdrpm 软件包
[root@techhost ~]# wgethttps://mirrors.tuna.tsinghua.edu.cn/centos/8/Devel/aarch64/os/Packages/quota-devel-4.04-10.el8.aarch64.rpm
[root@techhost ~]# rpm -ivh quota-devel-4.04-10.el8.aarch64.rpm
warning: quota-devel-4.04-10.el8.aarch64.rpm: Header V3 RSA/SHA256 Signature, key ID 8483c65d: NOKEY
Verifying...                          ################################# [100%]
Preparing...                          ################################# [100%]
Updating / installing...
   1:quota-devel-1:4.04-10.el8        ################################# [100%]
[root@techhost ~]#
```

```
[root@techhost ~]# rpm -ivh quota-devel-4.04-10.el8.aarch64.rpm
warning: quota-devel-4.04-10.el8.aarch64.rpm: Header V3 RSA/SHA256 Signature, key ID 8483c
65d: NOKEY
Verifying...                          ################################# [100%]
Preparing...                          ################################# [100%]
Updating / installing...
   1:quota-devel-1:4.04-10.el8        ################################# [100%]
[root@techhost ~]#
```

图 3-190　示例效果

-ivh 用来安装 RPM 的参数。在这个参数下，会有一些相依属性问题，或者是曾经安装过的文件的问题，所以可以加以下的参数来强制安装。

① >-nodeps：不考虑相依属性的关系，强制安装。

② >-replacepkgs：如果之前安装过这个套件，但想覆盖这个套件，那么不需要反安装后再安装，可以直接加-replacepkgs 强制覆盖。

③ >--replacefiles：如果这个套件安装完毕，但曾经被修改过文件，即安装过程中出现 confilctingfiles，则可以直接用--replacefiles 覆盖掉这个文件。

2．升级与更新

使用 RPM 升级非常简单，用 Uvh 升级即可，具体操作如图 3-191 所示。

```
[root@techhost ~]# rpm -Uvh quota-devel-4.04-10.el8.aarch64.rpm
```

```
[root@techhost ~]# rpm -Uvh quota-devel-4.04-10.el8.aarch64.rpm
warning: quota-devel-4.04-10.el8.aarch64.rpm: Header V3 RSA/SHA256 Signature, key ID 8483c
65d: NOKEY
Verifying...                           ################################# [100%]
Preparing...                           ################################# [100%]
        package quota-devel-1:4.04-10.el8.aarch64 is already installed
[root@techhost ~]#
```

图 3-191　示例效果

3. 查询

查看软件包被安装的格式是否为"rpm [-q] [包名]"，其中，-q 表示查询，如图 3-192 所示。

[root@techhost ~]# rpm -q httpd
httpd-2.4.34-15.oe1.aarch64
[root@techhost ~]#

```
[root@techhost ~]# rpm -q httpd
httpd-2.4.34-15.oe1.aarch64
[root@techhost ~]#
```

图 3-192　示例效果

查询所有已经安装的软件包的命令格式为"rpm [-qa]"，a 表示所有，具体操作如图 3-193 所示（由于内容太多已省略部分输出信息）。

[root@techhost ~]# rpm -qa | grep httpd

```
[root@techhost ~]# rpm -qa | grep httpd
httpd-tools-2.4.34-15.oe1.aarch64
httpd-filesystem-2.4.34-15.oe1.noarch
httpd-2.4.34-15.oe1.aarch64
[root@techhost ~]#
```

图 3-193　示例效果

查询软件包详细信息的语法格式为"rpm [-qi] [包名]"，其中，-i 表示查询软件信息，-q 表示查询一个包是否被安装，例如，查看 python 的版本等信息的命令如图 3-194 所示。

[root@techhost ~]# rpm -qi httpd

```
[root@techhost ~]# rpm -qi httpd
Name         : httpd
Version      : 2.4.34
Release      : 15.oe1
Architecture : aarch64
Install Date : Mon 18 May 2020 11:26:30 AM CST
Group        : Unspecified
Size         : 9176105
License      : ASL 2.0
Signature    : RSA/SHA1, Tue 24 Mar 2020 03:17:12 AM CST, Key ID d557065eb25e7f66
Source RPM   : httpd-2.4.34-15.oe1.src.rpm
Build Date   : Tue 24 Mar 2020 03:13:09 AM CST
Build Host   : obs-worker-0010
Packager     : http://openeuler.org
Vendor       : http://openeuler.org
URL          : https://httpd.apache.org/
Summary      : Apache HTTP Server
Description  :
Apache HTTP Server is a powerful and flexible HTTP/1.1 compliant web server.
[root@techhost ~]#
```

图 3-194　示例效果

查询软件包中有哪些文件的语法格式为 "rpm [-ql] [包名]",其中,-l 表示列出包中的文件,具体操作如图 3-195 所示。

[root@techhost ~]# rpm -ql httpd

```
[root@techhost ~]# rpm -ql httpd
Name        : httpd
Version     : 2.4.34
Release     : 15.oe1
Architecture: aarch64
Install Date: Mon 18 May 2020 11:26:30 AM CST
Group       : Unspecified
Size        : 9176105
License     : ASL 2.0
Signature   : RSA/SHA1, Tue 24 Mar 2020 03:17:12 AM CST, Key ID d557065eb25e7f66
Source RPM  : httpd-2.4.34-15.oe1.src.rpm
Build Date  : Tue 24 Mar 2020 03:13:09 AM CST
Build Host  : obs-worker-0010
Packager    : http://openeuler.org
Vendor      : http://openeuler.org
URL         : https://httpd.apache.org/
Summary     : Apache HTTP Server
Description :
Apache HTTP Server is a powerful and flexible HTTP/1.1 compliant web server.
[root@techhost ~]#
```

图 3-195 示例效果

查询软件包的依赖性的语法格式为 "rpm [-qR] [包名]",其中,-R 表示查询依赖性,具体操作如图 3-196 所示。

[root@techhost ~]# rpm -qR httpd

```
[root@techhost ~]# rpm -qR httpd
/bin/sh
/bin/sh
/bin/sh
/bin/sh
/bin/sh
/bin/sh
config(httpd) = 2.4.34-15.oe1
httpd-filesystem
httpd-filesystem = 2.4.34-15.oe1
httpd-tools = 2.4.34-15.oe1
ld-linux-aarch64.so.1()(64bit)
ld-linux-aarch64.so.1(GLIBC_2.17)(64bit)
```

图 3-196 示例效果

4.验证

前文中执行 rpm -qa 命令的时候,我们可以发现 Linux 操作系统中装有大量的 RPM 包,且每个包都含有大量的安装文件。因此,为了能够及时发现文件误删、误修改文件数据、恶意篡改文件内容等问题,Linux 操作系统提供了 RPM 包检测验证方式,将已安装文件和 /var/lib/rpm/目录下的数据库内容进行比较,查看文件内容是否被修改。

RPM 包校验可用来判断已安装的软件包(或文件)是否被修改,此方式可使用的命令格式分为以下 3 种。

① rpm [-Va]:校验系统中已安装的所有软件包。

② rpm [-V] [已安装的包名]:校验指定 RPM 包中的文件。

③ rpm [-Vf] [系统文件名]:校验某个系统文件是否被修改。

5. 卸载

卸载 RPM 包的基本语法为"rpm [-e] [RPM 包的名称]"。例如，删除 firefox 软件包的命令如下。

```
#若未安装，请先安装
[root@techhost ~]# dnf install firefox -y
[root@techhost ~]# rpm -e firefox
```

值得注意的是，如果其他软件包依赖于要卸载的软件包，卸载时则会产生错误信息。但是如果要删除某个 RPM 包，可以增加参数--nodeps，进行强制删除，一般不推荐这样做，因为依赖于该软件包的程序可能无法运行，具体操作如下。

```
[root@techhost ~]# rpm -e httpd
error: Failed dependencies:
        httpd is needed by (installed) subversion-1.10.6-2.oe1.aarch64
        httpd = 2.4.34-15.oe1 is needed by (installed) httpd-help-2.4.34-15.oe1.noarch
        httpd-mmn = 20120211aarch64 is needed by (installed) mod_http2-1.10.20-4.oe1.aarch64
[root@techhost ~]# rpm -e --nodeps httpd
```

3.7.2 Yum 软件源管理

Yum（Yellow dog Updater, Modified，Shell 前端软件包管理器）基于 RPM 包管理，能够从指定的服务器（源）自动下载软件并且安装，可以自动处理依赖性关系，并且一次性安装所有依赖的软件包，无须频繁下载、安装。Yum 提供了查找、安装、删除某一个、一组甚至全部软件包的命令，命令简洁且易记。

Yum 的宗旨是自动化地升级、安装、移除 RPM 包，收集 RPM 包的相关信息，检查依赖性并自动提示用户解决。Yum 软件源管理的关键是要有可靠的软件仓库，它可以是 http 或 ftp 站点，也可以是本地软件源，但必须包含软件包的 header，header 包括了软件包的各种信息，例如描述、功能、提供的文件、依赖性等。Yum 正是收集了 header 并加以分析，才能自动化地完成余下的任务。

Yum 的基本工作机制包括以下两点。

① 服务器：在服务器上面存放所有的 RPM 软件包，然后以相关的功能去分析每个 RPM 文件的依赖性关系，并将这些数据记录成文件存放在服务器的某特定目录内。

② 客户端：若要安装某个软件，需先下载服务器上面记录的依赖性关系文件（可通过 WWW 或 FTP 方式），对服务器端下载的记录数据进行分析，然后取得所有相关的软件，一次性全部下载后再进行安装。

Yum 的一切配置信息都储存在/etc 目录下的 yum.conf 配置文件中，如图 3-197 所示，这是整个 Yum 系统最重要的部分。

```
[root@techhost ~]# cat /etc/yum.conf
[main]
gpgcheck=1
installonly_limit=3
clean_requirements_on_remove=True
best=True
```

skip_if_unavailable=False

```
[root@techhost ~]# cat /etc/yum.conf
[main]
gpgcheck=1
installonly_limit=3
clean_requirements_on_remove=True
best=True
skip_if_unavailable=False
[root@techhost ~]#
```

图 3-197　示例效果

下面，我们对 yum.conf 文件做简要的说明。

gpgcheck：是否校验 GPG（GNU Private Guard，GNU 隐私卫士），如果 gpgcheck 等于 1 就代表检验，如果 gpgcheck 等于 0 就代表不检验。

installonly_limit：允许保留多少个内核包。

clean_requirements_on_remove：是否在卸载的时候同时卸载相对依赖模块。

OpenEuler 默认的 Yum 源配置文件，在 yum.repos.d 目录下存放的是 Yum 源的设定文件，如图 3-198 所示。

[root@techhost ～]# cd /etc/yum.repos.d/
[root@techhost yum.repos.d]# ls
openEuler_aarch64.repo
[root@techhost yum.repos.d]# more openEuler_aarch64.repo

```
[root@techhost ~]# cd /etc/yum.repos.d/
[root@techhost yum.repos.d]# ls
openEuler_aarch64.repo
[root@techhost yum.repos.d]# more openEuler_aarch64.repo
#generic-repos is licensed under the Mulan PSL v2.
#You can use this software according to the terms and conditions of the Mulan PSL v2.
#You may obtain a copy of Mulan PSL v2 at:
#        http://license.coscl.org.cn/MulanPSL2
#THIS SOFTWARE IS PROVIDED ON AN "AS IS" BASIS, WITHOUT WARRANTIES OF ANY KIND, EITHER EXPRESS OR
#IMPLIED, INCLUDING BUT NOT LIMITED TO NON-INFRINGEMENT, MERCHANTABILITY OR FIT FOR A PARTICULAR
#PURPOSE.
#See the Mulan PSL v2 for more details.

[OS]
name=OS
baseurl=http://repo.huaweicloud.com/openeuler/openEuler-20.03-LTS/OS/$basearch/
enabled=1
gpgcheck=1
gpgkey=http://repo.huaweicloud.com/openeuler/openEuler-20.03-LTS/OS/$basearch/RPM-GPG-KEY-openEuler
```

图 3-198　示例效果

例如，使用"yum repolist"命令查看 Yum 源列表，具体操作如图 3-199 所示。

[root@ techhost ～]# yum repolist

```
[root@techhost ~]# yum repolist
repo id                                                        repo name
EPOL                                                           EPOL
OS                                                             OS
debuginfo                                                      debuginfo
everything                                                     everything
source                                                         source
[root@techhost ~]#
```

图 3-199　示例效果

为了更加熟练地使用 Yum，我们对一些常见的 Yum 命令进行详解。

1. 安装

安装的命令格式为"yum install [包名]",如图 3-200 所示。

[root@ techhost ~]# yum install httpd

```
[root@techhost ~]# yum install httpd
Last metadata expiration check: 2:03:42 ago on Thu 20 May 2021 12:55:06 PM CST.
Package httpd-2.4.34-15.oe1.aarch64 is already installed.
Dependencies resolved.
Nothing to do.
Complete!
[root@techhost ~]#
```

图 3-200　示例效果

2. 更新和升级

全部更新的命令为"yum update",如图 3-201 所示。

[root@ techhost ~]# yum update

```
[root@techhost ~]# yum update
Last metadata expiration check: 2:04:00 ago on Thu 20 May 2021 12:55:06 PM CST.
Dependencies resolved.
Nothing to do.
Complete!
[root@techhost ~]#
```

图 3-201　示例效果

更新指定程序包的命令格式为"yum update [包名]",如图 3-202 所示。

[root@ techhost ~]# yum update httpd

```
[root@techhost ~]# yum update httpd
Last metadata expiration check: 2:03:16 ago on Thu 20 May 2021 12:55:06 PM CST.
Dependencies resolved.
Nothing to do.
Complete!
[root@techhost ~]#
```

图 3-202　示例效果

检查可更新的程序的命令为"yum check-update",如图 3-203 所示。

[root@ techhost ~]# yum check-update

```
[root@techhost ~]# yum check-update
Last metadata expiration check: 2:04:29 ago on Thu 20 May 2021 12:55:06 PM CST.
Obsoleting Packages
linux-firmware.noarch             20190815-4.oe1          @anaconda
    linux-firmware.noarch         20190815-4.oe1          @anaconda
linux-firmware.noarch             20190815-4.oe1          OS
    linux-firmware.noarch         20190815-4.oe1          @anaconda
linux-firmware.noarch             20190815-4.oe1          everything
    linux-firmware.noarch         20190815-4.oe1          @anaconda
[root@techhost ~]#
```

图 3-203　示例效果

升级指定程序包的命令格式为"yum upgrade [包名]",如图 3-204 所示。

[root@ techhost ~]# yum upgrade httpd

```
[root@techhost ~]# yum upgrade httpd
Last metadata expiration check: 1:21:17 ago on Thu 29 Apr 2021 08:03:42 PM CST.
Package httpd available, but not installed.
No match for argument: httpd
Error: No packages marked for upgrade.
```

图 3-204　示例效果

3．查找和显示

显示安装包信息的命令格式为"yum info [包名]"，具体如下。

[root@ techhost ～]# yum info httpd

具体操作如图 3-205 所示。

```
[root@techhost ~]# yum info httpd
Last metadata expiration check: 2:05:19 ago on Thu 20 May 2021 12:55:06 PM CST.
Installed Packages
Name         : httpd
Version      : 2.4.34
Release      : 15.oe1
Architecture : aarch64
Size         : 8.8 M
Source       : httpd-2.4.34-15.oe1.src.rpm
Repository   : @System
From repo    : OS
Summary      : Apache HTTP Server
URL          : https://httpd.apache.org/
License      : ASL 2.0
Description  : Apache HTTP Server is a powerful and flexible HTTP/1.1 compliant web server.

Available Packages
Name         : httpd
Version      : 2.4.34
Release      : 15.oe1
Architecture : src
Size         : 6.7 M
Source       : None
Repository   : source
Summary      : Apache HTTP Server
URL          : https://httpd.apache.org/
License      : ASL 2.0
Description  : Apache HTTP Server is a powerful and flexible HTTP/1.1 compliant web server.

[root@techhost ~]#
```

图 3-205　示例效果

显示所有可安装的程序，具体如下。

[root@ techhost ～]# yum listall

显示所有可更新的程序包，具体如下。

[root@ techhost ～]# yum list upgrades

执行效果如图 3-206 所示。

```
[root@techhost ~]# yum list upgrades
Last metadata expiration check: 1:44:21 ago on Thu 29 Apr 2021 08:03:42 PM CST.
[root@techhost ~]#
```

图 3-206　示例效果

显示所有已经安装的程序包，具体如下。

[root@ techhost ～]# yum list installed

显示指定程序包的安装情况，格式为"yum list [包名]"，具体如下。

[root@ techhost ～]# yum list httpd

执行效果如图 3-207 所示。

```
[root@techhost ~]# yum list httpd
Last metadata expiration check: 1:32:57 ago on Thu 29 Apr 2021 08:03:42 PM CST.
Available Packages
httpd.aarch64                              2.4.34-15.oe1
httpd.aarch64                              2.4.34-15.oe1
httpd.src                                  2.4.34-15.oe1
[root@techhost ~]#
```

图 3-207　示例效果

根据关键字查找包的命令格式为"yum search [keyword]"，具体如下。

[root@ techhost ～]# yum search htt

执行效果如图 3-208 所示。

```
[root@techhost ~]# yum search htt
Last metadata expiration check: 1:35:58 ago on Thu 29 Apr 2021 08:03:42 PM CST.
======================================== Name & Summary Matched: htt ========================================
httpd.aarch64 : Apache HTTP Server
httpd.src : Apache HTTP Server
perl-HTTP-Cookies.noarch : HTTP cookie jars
nghttp2-help.noarch : Documents for nghttp2
perl-HTTP-Cookies.src : HTTP cookie jars
perl-HTTP-Message.noarch : HTTP style message
perl-HTTP-Message.src : HTTP style message
libnghttp2.aarch64 : nghttp2 - HTTP/2 C Library
mod_http2-help.noarch : Documents for mod_http2
httpd-devel.aarch64 : Development files for httpd
http-parser-help.noarch : Documents for http-parser
```

图 3-208　示例效果

4．删除程序

删除程序包的命令格式为"yum remove [包名]"或者"yum erase [包名]"，具体如下。

[root@ techhost ～]# yum remove httpd

查看程序包依赖情况命令格式为"yum deplist [包名]"，具体如下。

[root@ techhost ～]# yum deplist httpd

执行效果如图 3-209 所示。

```
[root@techhost ~]# yum deplist httpd
Last metadata expiration check: 1:40:19 ago on Thu 29 Apr 2021 08:03:42 PM CST.
package: httpd-2.4.34-15.oe1.aarch64
  dependency: /bin/sh
   provider: bash-5.0-12.oe1.aarch64
   provider: coreutils-8.31-4.oe1.aarch64
   provider: bash-5.0-12.oe1.aarch64
   provider: coreutils-8.31-4.oe1.aarch64
  dependency: httpd-filesystem
   provider: httpd-filesystem-2.4.34-15.oe1.noarch
   provider: httpd-filesystem-2.4.34-15.oe1.noarch
  dependency: httpd-filesystem = 2.4.34-15.oe1
   provider: httpd-filesystem-2.4.34-15.oe1.noarch
   provider: httpd-filesystem-2.4.34-15.oe1.noarch
  dependency: httpd-tools = 2.4.34-15.oe1
   provider: httpd-tools-2.4.34-15.oe1.aarch64
   provider: httpd-tools-2.4.34-15.oe1.aarch64
  dependency: ld-linux-aarch64.so.1()(64bit)
   provider: glibc-2.28-36.oe1.aarch64
   provider: glibc-2.28-36.oe1.aarch64
  dependency: ld-linux-aarch64.so.1(GLIBC_2.17)(64bit)
```

图 3-209　示例效果

3.7.3　DNF 软件包管理

DNF 即 Dandified YUM，是基于 RPM 的 Linux 发行版的下一代软件包管理工具。它首先出现在 Fedora 18 这个发行版中。而如今，它取代了 Yum，正式成为 Fedora 22 的包管理器。DNF 包管理器克服了 Yum 包管理器的一些瓶颈，提升了用户体验、内存占用、依赖分析、运行速度等多方面的性能。DNF 使用 RPM、libsolv 和 hawkey 库进行包管理操作，用户可以在使用 Yum 的同时使用 DNF。

DNF 的主要配置文件是 /etc/dnf/dnf.conf，该文件包含以下两部分：

① "main"部分保存着 DNF 的全局设置；

② "repository"部分保存着软件源的设置，可以有一个或多个"repository"。

另外，/etc/yum.repos.d 目录中保存着一个或多个 repo 源相关文件，可以定义不同的"repository"。所以 OpenEuler 软件源的配置一般有两种方式，一种是直接配置/etc/dnf/dnf.conf 文件中的"repository"部分，另一种是在/etc/yum.repos.d 目录下增加.repo 文件。

1. 配置"main"部分

配置/etc/dnf/dnf.conf 文件包含的"main"部分,示例如下。

```
[root@techhost ~]# vim /etc/dnf/dnf.conf
[root@techhost ~]# cat /etc/dnf/dnf.conf
[main]
gpgcheck=1
installonly_limit=3
clean_requirements_on_remove=True
best=True
skip_if_unavailable=False
[root@techhost ~]#
```

常用参数说明如图 3-210 所示。

参数	说明
cachedir	缓存目录,该目录用于存储RPM包和数据库文件
keepcache	可选值是1和0,表示是否要缓存已安装成功的那些RPM包及头文件,默认值为0,即不缓存
debuglevel	设置dnf生成的debug信息。取值范围:[0~10],数值越大会输出越详细的debug信息,默认值为2,设置为0表示不输出debug信息
clean_requirements_om_remove	删除在dnf remove期间不再使用的依赖项,如果软件包是通过DNF安装的,而不是通过显式用户请求安装的,则只能通过clean_requirements_on_remove删除软件包,即它是作为依赖项引入的,默认值为True
best	升级包时,总是尝试安装其最高版本,如果最高版本无法安装,则提示无法安装的原因并停止安装,默认值为True
obsoletes	可选值1和0,设置是否允许更新陈旧的RPM包,默认值为1,表示允许更新
gpgcheck	可选值1和0,设置是否进行gpg校验,默认值为1,表示需要进行校验
plugins	可选值1和0,表示启用或禁用dnf插件,默认值为1,表示启用dnf插件
installinly_limit	设置可以同时安装"installonlypkgs"指令列出包的数量,默认值为3,不建议降低此值

图 3-210 软件源配置参数

2. 配置"repository"部分

"repository"部分允许自定义定制化的 OpenEuler 软件源仓库,各个仓库的名称不能相同,否则会引起冲突。配置"repository"部分有两种方式,一种是直接配置/etc/dnf/dnf.conf 文件中的"repository"部分,另一种是配置/etc/yum.repos.d 目录下的.repo 文件。

(1)直接配置/etc/dnf/dnf.conf 文件中的"repository"部分

下面是"repository"部分的一个最小配置示例,OpenEuler 操作系统提供在线的镜像源,以 OpenEuler 20.03 的 aarch64 版本为例,baseurl 可配置为 https://repo.openeuler.org/openEuler-20.03-LTS-SP1/OS/aarch64/。

```
[repository]
name=repository_name
baseurl=repository_url
```

repository 参数说明如图 3-211 所示。

参数	说明
name=repository_name	软件仓库（repository）描述的字符串
baseurl=repository_url	软件仓库（repository）的地址 • 使用http的网络位置，如 http://path/to/repo • 使用ftp的网络位置，如 ftp://path/to/repo • 本地位置，如 file:///path/to/local/repo

图 3-211　repository 参数

（2）配置/etc/yum.repos.d 目录下的.repo 文件

OpenEuler 操作系统提供了多种 repo 源供用户在线使用，使用管理员权限添加 OpenEuler repo 源，示例如下。

```
# vim /etc/yum.repos.d/openEuler.repo
[OS]
name=openEuler-$releasever - OS
baseurl=https://repo.openeuler.org/openEuler-20.03-LTS-SP1/OS/$basearch/
enabled=1
gpgcheck=1
gpgkey=https://repo.openeuler.org/openEuler-20.09/OS/$basearch/RPM-GPG-KEY-openEuler
```

显示当前配置，示例如下。

```
#要显示当前的配置信息：
dnf config-manager --dump
#要显示相应软件源的配置，首先查询 repo id：
dnf repolist
#然后执行如下命令显示对应 id 的软件源配置，其 repository 为查询得到的 repo id：
dnf config-manager --dump repository
#也可以使用一个全局正则表达式，来显示所有匹配部分的配置：
dnf config-manager --dump glob_expression
```

建立本地软件源仓库，请按照下列步骤操作。

步骤 1：安装 createrepo 软件包，在 root 权限下执行如下命令。
　　　dnf installcreaterepo
步骤 2：将需要的软件包复制到一个目录下，如/mnt/local_repo/。
步骤 3：创建软件源，执行以下命令。
　　　createrepo --database /mnt/local_repo

下面通过"dnf config-manager"命令进行软件源的相关操作。

步骤 1：添加软件源。

我们要定义一个新的软件源仓库，可以在 /etc/dnf/dnf.conf 文件中添加"repository"部分，或者在/etc/yum.repos.d/目录下添加".repo"文件。建议通过添加".repo"文件的方式添加软件源，让每个软件源都有自己对应的".repo"文件。要在系统中添加一个这样的源，请在 root 权限下执行命令，命令格式为"dnf config-manager --add-repo repository_url"，其中 repository_url 为 repo 源地址，执行完成后会在/etc/yum.repos.d/目录下生成对应的 repo 文件，示例如下。

```
#添加 openEuler 21.03 版本的网络源，当然此处使用本地文件亦可
[root@techhost ~]# dnf config-manager --add-repo https://repo.openeuler.org/openEuler-21.03/OS/aarch64/
```

步骤 2：启用软件源。

要启用软件源，请在 root 权限下执行命令，命令格式为"dnf config-manager --set-enable repository"，其中 repository 要替换成新增的以.repo 结尾的文件中的 repo id（可通过 dnf repolist 查询）。

也可以使用一个全局正则表达式来启用所有匹配的软件源，格式为 "dnf config-manager --set-enable glob_expression"，其中，glob_expression 为对应的正则表达式，用于同时匹配多个 repo id。

示例如下。

```
#获取新添加源的repoid
[root@techhost ～]# dnf repolist
#repo id: repo.openeuler.org_openEuler-21.03_OS_aarch64_
#启动软件源
[root@techhost～]#dnf config-manager --set-enable repo.openeuler.org_openEuler-21.03_OS_aarch64_
```

当然，此处也可以禁用软件源，示例如下。

```
要禁用软件源，请在 root 权限下执行如下命令：
dnf config-manager --set-disable repository
同样的，您也可以使用一个全局正则表达式来禁用所有匹配的软件源：
dnf config-manager --set-disable glob_expression
```

步骤 3：管理软件包。

使用 DNF 能够更方便地进行查询、安装、删除软件包等操作，如下述实验操作。

① 检查 DNF 版本。

[root@ techhost ～]# dnf --version

执行效果如图 3-212 所示。

```
[root@techhost ~]# dnf --version
4.2.15
  Installed: dnf-0:4.2.15-8.oe1.noarch at Mon 18 May 2020 02:35:51 AM GMT
  Built    : http://openeuler.org at Mon 23 Mar 2020 09:22:28 PM GMT

  Installed: rpm-0:4.15.1-12.oe1.aarch64 at Mon 18 May 2020 02:33:38 AM GMT
  Built    : http://openeuler.org at Mon 23 Mar 2020 07:04:58 PM GMT
[root@techhost ~]#
```

图 3-212　示例效果

② 列出启用的 DNF 仓库。

DNF 命令中的"repolist"选项将显示系统中所有启用的仓库。

[root@ techhost ～]# dnf repolist

执行效果如图 3-213 所示。

```
[root@techhost ~]# dnf repolist
repo id                                  repo name
EPOL                                     EPOL
OS                                       OS
debuginfo                                debuginfo
everything                               everything
repo.openeuler.org_openEuler-21.03_OS_aarch64_  created by dnf config-manager from https://repo.openeuler.org/openEuler-21.03/OS/aarch64/
source                                   source
[root@techhost ~]#
```

图 3-213　示例效果

③ 列出所有启用和禁用的 DNF 仓库。

"repolist all"选项将显示系统中所有启用和禁用的仓库。

[root@ techhost ~]# dnf repolist all

执行效果如图 3-214 所示。

```
[root@techhost ~]# dnf repolist all
repo id                                              repo name                                              status
EPOL                                                 EPOL                                                   enabled
OS                                                   OS                                                     enabled
debuginfo                                            debuginfo                                              enabled
everything                                           everything                                             enabled
repo.openeuler.org_openEuler-21.03_OS_aarch64_       created by dnf config-manager from https://repo.openeuler.org/open enabled
source                                               source                                                 enabled
update                                               update                                                 disabled
[root@techhost ~]#
```

图 3-214 示例效果

④ 用 DNF 列出所有可用的且已安装的软件包。

"dnf list"命令将列出所有仓库中可用的软件包和已安装的软件包。

[root@ techhost ~]# dnf list

⑤ 用 DNF 列出所有已安装的软件包。

[root@ techhost ~]# dnf listinstalled

⑥ 用 DNF 列出所有可用的软件包。

[root@ techhost ~]# dnf listavailable

⑦ 使用 DNF 查找软件包。

如果不清楚想安装的软件包的名字，可以使用"search"选项来搜索匹配该字符和字符串的软件包。

[root@ techhost ~]# dnf search nano

执行效果如图 3-215 所示。

```
[root@techhost ~]# dnf search nano
Last metadata expiration check: 2:12:31 ago on Thu 29 Apr 2021 08:03:42 PM CST.
========================================= Name & Summary Matched: nano =========================================
nano.aarch64 : Nano is now part of Apache CouchDB
nano.src : Nano is now part of Apache CouchDB
nano-help.noarch : Documents for nano
nano-debugsource.aarch64 : Debug sources for package nano
nano-debuginfo.aarch64 : Debug information for package nano
============================================= Summary Matched: nano =============================================
texlive-beilstein.noarch : Support for submissions to the "Beilstein Journal of Nanotechnology"
[root@techhost ~]#
```

图 3-215 示例效果

⑧ 查看哪个软件包提供了某个文件或子软件包。

DNF 的选项"provides"能查找提供了某个文件或子软件包的软件包名。例如，如果想找提供了系统中的"/bin/bash"文件的软件包，可以使用下面的命令。

[root@ techhost ~]# dnf provides /bin/bash

执行效果如图 3-216 所示。

第 3 章　管理员操作管理

```
[root@techhost ~]# dnf provides /bin/bash
Last metadata expiration check: 2:13:43 ago on Thu 29 Apr 2021 08:03:42 PM CST.
bash-5.0-12.oe1.aarch64 : It is the Bourne Again Shell
Repo         : @System
Matched from:
Provide      : /bin/bash

bash-5.0-12.oe1.aarch64 : It is the Bourne Again Shell
Repo         : OS
Matched from:
Provide      : /bin/bash

bash-5.0-12.oe1.aarch64 : It is the Bourne Again Shell
Repo         : everything
Matched from:
Provide      : /bin/bash
```

图 3-216　示例效果

⑨ 使用 DNF 获得一个软件包的详细信息。

如果想在安装一个软件包之前知道它的详细信息，可以使用"info"来获得。

[root@ techhost ～]# dnf info nano

执行效果如图 3-217 所示。

```
[root@techhost ~]# dnf info nano
Last metadata expiration check: 2:14:39 ago on Thu 29 Apr 2021 08:03:42 PM CST.
Available Packages
Name         : nano
Version      : 4.5
Release      : 2.oe1
Architecture : aarch64
Size         : 499 k
Source       : nano-4.5-2.oe1.src.rpm
Repository   : OS
Summary      : Nano is now part of Apache CouchDB
URL          : https://www.nano-editor.org
License      : GPLv3+
Description  : Nano is now part of Apache CouchDB.
```

图 3-217　示例效果

⑩ 使用 DNF 安装软件包。

如果想安装一个叫 nano 的软件包，只需运行下面的命令，它会为 nano 自动地解决和安装所有的依赖。

[root@ techhost ～]# dnf install nano

执行效果如图 3-218 所示。

```
[root@techhost ~]# dnf install nano
Last metadata expiration check: 2:25:03 ago on Thu 29 Apr 2021 08:03:42 PM CST.
Dependencies resolved.
================================================================================
 Package              Architecture          Version              Reposit
================================================================================
Installing:
 nano                 aarch64               4.5-2.oe1            OS

Transaction Summary
================================================================================
Install  1 Package
```

图 3-218　示例效果

⑪ 使用 DNF 更新一个软件包。

如果只想更新一个特定的包（例如 systemd），并且让系统内剩余软件包保持不变，可使用以下命令。

[root@ techhost ～]# dnf update httpd

⑫ 使用 DNF 检查系统更新。

检查系统中安装的所有软件包的更新情况，可以使用以下命令。

[root@ techhost ~]# dnf check-update

⑬ 使用 DNF 更新系统中所有的软件包。

使用下面的命令来更新整个系统中所有已安装的软件包。

[root@ techhost ~]# dnf update

⑭ 使用 DNF 来移除软件包。

在 DNF 命令中使用"remove"或"erase"选项来移除任何不想要的软件包。

[root@ techhost ~]# dnf remove nano
[root@ techhost ~]# dnf erase nano

⑮ 使用 DNF 移除无用的软件包。

一些为了满足依赖而安装的软件包在相应的程序删除后便不再被需要了，用户可以通过下面的命令来删除它们。

[root@ techhost ~]# dnf autoremove

执行效果如图 3-219 所示。

```
[root@techhost ~]# dnf autoremove
Last metadata expiration check: 12:22:08 ago on Thu 29 Apr 2021 11:03:50 PM CST.
Dependencies resolved.
================================================================================
 Package               Architecture         Version
================================================================================
Removing:
 httpd-filesystem      noarch               2.4.34-15.oe1
 httpd-tools           aarch64              2.4.34-15.oe1
 libaio                aarch64              0.3.111-5.oe1
 mailcap               noarch               2.1.48-6.oe1
 mod_http2             aarch64              1.10.20-4.oe1
 openEuler-logos       noarch               1.0-6.oe1

Transaction Summary
================================================================================
Remove  6 Packages
```

图 3-219　示例效果

⑯ 使用 DNF 移除缓存的软件包。

我们在使用 DNF 时经常会碰到过期的头部信息和不完整的事务，它们会发生错误。我们可以使用下面的语句清理缓存的软件包和包含远程包信息的头部信息。

[root@ techhost ~]# dnf clean all

执行效果如图 3-220 所示。

```
[root@techhost ~]#
[root@techhost ~]# dnf clean all
43 files removed
[root@techhost ~]#
```

图 3-220　示例效果

⑰ 获得特定 DNF 命令的帮助。

如果需要特定的 DNF 命令的帮助（例如 clean），可以通过下面的命令来得到。

[root@ techhost ~]# dnf help clean

执行效果如图 3-221 所示。

```
[root@techhost ~]# dnf help clean
usage: dnf clean [-c [config file]] [-q] [-v] [--version]
                 [--installroot [path]] [--nodocs] [--noplugins]
                 [--enableplugin [plugin]] [--disableplugin [plugin]]
                 [--releasever RELEASEVER] [--setopt SETOPTS] [--skip-broken]
                 [-h] [--allowerasing] [-b | --nobest] [-C] [-R [minutes]]
                 [-d [debug level]] [--debugsolver] [--showduplicates]
                 [-e ERRORLEVEL] [--obsoletes]
                 [--rpmverbosity [debug level name]] [-y] [--assumeno]
                 [--enablerepo [repo]] [--disablerepo [repo] | --repo [repo]]
                 [--enable | --disable] [-x [package]]
                 [--disableexcludes [repo]] [--repofrompath [repo,path]]
                 [--noautoremove] [--nogpgcheck] [--color COLOR] [--refresh]
                 [-4] [-6] [--destdir DESTDIR] [--downloadonly]
                 [--comment COMMENT] [--bugfix] [--enhancement] [--newpackage]
                 [--security] [--advisory ADVISORY] [--bz BUGZILLA]
                 [--cve CVES]
                 [--sec-severity {Critical,Important,Moderate,Low}]
                 [--forcearch ARCH]
                 {metadata,packages,dbcache,expire-cache,all}
                 [{metadata,packages,dbcache,expire-cache,all} ...]

remove cached data

General DNF options:
  -c [config file], --config [config file]
```

图 3-221　示例效果

⑱ 列出所有 DNF 的命令和选项。

要显示所有 DNF 的命令和选项，只需要使用下面的命令。

[root@ techhost ～]# dnf help

执行效果如图 3-222 所示。

```
[root@techhost ~]# dnf help
usage: dnf [options] COMMAND

List of Main Commands:

alias                     List or create command aliases
autoremove                remove all unneeded packages that were originally installed as dependencies
check                     check for problems in the packagedb
check-update              check for available package upgrades
clean                     remove cached data
deplist                   List package's dependencies and what packages provide them
distro-sync               synchronize installed packages to the latest available versions
downgrade                 Downgrade a package
group                     display, or use, the groups information
help                      display a helpful usage message
history                   display, or use, the transaction history
info                      display details about a package or group of packages
install                   install a package or packages on your system
```

图 3-222　示例效果

⑲ 查看 DNF 的历史记录。

用户可以调用"dnf history"来查看已经执行过的 DNF 命令的列表。这样便可以看到软件包被安装或移除的记录及其时间戳。

[root@ techhost ～]# dnf history

执行效果如图 3-223 所示。

```
[root@techhost ~]# dnf history
ID     | Command line              | Date and time      | Action(s) | Altered
-------------------------------------------------------------------------------
    27 | -y install ntpdate        | 2021-04-28 11:44   | Install   |    2
    26 | install at -y             | 2021-04-27 17:57   | Install   |    1 EE
    25 | -y install zlib-devel xz  | 2021-04-26 04:32   | Install   |    2
    24 | -y install ncurses-devel  | 2021-04-26 03:32   | Install   |    1
    23 | -y install apr apr-devel  | 2021-04-26 03:27   | Install   |    7 <
    22 | install mdadm             | 2021-04-25 05:51   | Install   |    1 >E
    21 | install mysql-community-  | 2021-04-25 05:00   | Install   |    6 <
    20 | install -y smartmontools  | 2021-04-25 16:20   | Install   |    1 >E
    19 | install -y psmisc         | 2021-04-25 16:20   | Install   |    1
    18 | install -y graphviz       | 2021-04-25 16:20   | Install   |   32
    17 | install -y openssl-devel  | 2021-04-25 16:19   | Install   |    8
    16 | install -y libunwind      | 2021-04-25 16:19   | Install   |    1
    15 | install -y zlib-devel     | 2021-04-25 16:19   | Install   |    1
    14 | install -y pcre-devel     | 2021-04-25 16:19   | Install   |    1
    13 | install -y libffi-devel   | 2021-04-25 16:19   | Install   |    1
    12 | install -y numactl        | 2021-04-25 16:19   | Install   |    1
    11 | install -y sysstat        | 2021-04-25 16:19   | Install   |    2 EE
    10 | install -y perf           | 2021-04-25 16:19   | Install   |    2
     9 | install -y expect         | 2021-04-25 16:19   | Install   |    1 <
```

图 3-223　示例效果

⑳ 显示所有软件包组。

"dnf grouplist"命令可以显示所有可用的或已安装的软件包，如果没有输出，则它会列出所有已知的软件包组。

[root@ techhost ～]# dnf grouplist

执行效果如图 3-224 所示。

```
[root@techhost ~]# dnf grouplist
Last metadata expiration check: 0:22:46 ago on Wed 09 Jun 2021 03:54:43 PM CST.
Available Environment Groups:
   Server
   Virtualization Host
Installed Environment Groups:
   Minimal Install
Available Groups:
   Container Management
   Development Tools
   Headless Management
   Legacy UNIX Compatibility
   Network Servers
   Scientific Support
   Security Tools
   System Tools
   Smart Card Support
[root@techhost ~]#
```

图 3-224　示例效果

㉑ 使用 DNF 安装一个软件包组。

要安装一组由许多软件打包在一起的软件包组，只需要执行以下命令。

[root@ techhost ～]# dnf groupinstall 'Educational Software'

执行效果如图 3-225 所示。

[root@techhost ～]# dnf groupinstall"Development Tools"

```
[root@techhost ~]# # dnf group install 'Development Tools'
[root@techhost ~]# dnf groupinstall 'Development Tools'
Last metadata expiration check: 1:13:31 ago on Wed 15 Dec 2021 08:50:09 PM CST.
No match for group package "pkgconf-pkg-config"
No match for group package "huaweijdk-8"
No match for group package "pkgconf-m4"
No match for group package "rpm-sign"
Dependencies resolved.
```

图 3-225　示例效果

㉒ 更新一个软件包组。

可以通过下面的命令来更新一个软件包组。

[root@ techhost ～]# dnf groupupdate 'Educational Software'

执行效果如图 3-226 所示。

```
[root@techhost ~]# dnf groupupdate 'Educational Software'
Last metadata expiration check: 0:03:13 ago on Fri 30 Apr 2021 11:32:41 AM CST.
Module or Group 'Educational Software' is not available.
```

图 3-226　示例效果

㉓ 移除一个软件包组。

可以使用下面的命令来移除一个软件包组。

[root@ techhost ～]# dnf groupremove 'Development Tools'

执行效果如图 3-227 所示。

```
[root@techhost ~]# dnf groupremove 'Development Tools'
Dependencies resolved.
================================================================================
 Package              Architecture    Version                  Repository   Size
================================================================================
Removing:
 asciidoc                noarch       8.6.10-3.oe1                 @OS     975 k
 autoconf                noarch       2.69-30.oe1                  @OS     2.9 M
 automake                noarch       1.16.1-6.oe1                 @OS     1.4 M
 bison                   aarch64      3.5-2.oe1                    @OS     1.1 M
 byacc                   aarch64      1.9.20170709-9.oe1           @OS     155 k
 ctags                   aarch64      5.8-27.oe1                   @OS     367 k
 diffstat                aarch64      1.62-3.oe1                   @OS      81 k
 flex                    aarch64      2.6.1-13.oe1                 @OS     963 k
 gcc-gfortran            aarch64      7.3.0-20190804.h31.oe1       @OS      18 M
 gdb                     aarch64      8.3.1-11.oe1                 @OS     359 k
 intltool                noarch       0.51.0-14.oe1                @OS     164 k
 libtool                 aarch64      2.4.6-32.oe1                 @OS     2.5 M
 ltrace                  aarch64      0.7.91-29.oe1                @OS     355 k
```

图 3-227　示例效果

㉔ 重新安装一个软件包。

使用 "dnf reinstall nano" 命令可以重新安装一个已经安装的软件包。

[root@ techhost ～]# dnf reinstall httpd -y

执行效果如图 3-228 所示。

```
[root@techhost ~]# dnf reinstall httpd -y
Last metadata expiration check: 1:24:00 ago on Wed 15 Dec 2021 08:50:09 PM CST.
Dependencies resolved.
================================================================================
 Package        Architecture      Version              Repository          Size
================================================================================
Reinstalling:
 httpd          aarch64           2.4.34-15.oe1        everything          1.2 M

Transaction Summary
================================================================================

Total download size: 1.2 M
Installed size: 8.8 M
Downloading Packages:
httpd-2.4.34-15.oe1.aarch64.rpm                     12 MB/s | 1.2 MB    00:00
```

图 3-228　示例效果

利用本地 OpenEuler ISO 镜像文件创建本地源。

步骤 1：创建目录，下载镜像，如图 3-229 所示。

[root@techhost ～]#mkdir /data

[root@techhost ～]#cd /data

[root@techhost data]# wgethttps://repo.huaweicloud.com/openeuler/openEuler-20.03-LTS-SP1/ISO/aarch64/ ope-nEuler-20.03-LTS-SP1-aarch64-dvd.iso

```
[root@techhost ~]# cd /data/
[root@techhost data]# ls
openEuler-20.03-LTS-SP1-x86_64-dvd.iso
[root@techhost data]# wget https://repo.huaweicloud.com/openeuler/openEuler-20.03-LTS-SP1/ISO/aarch64/openEuler-20.03-LTS-SP1-aarch64-dvd.iso
--2021-05-20 15:17:08--  https://repo.huaweicloud.com/openeuler/openEuler-20.03-LTS-SP1/ISO/aarch64/openEuler-20.03-LTS-SP1-aarch64-dvd.iso
Resolving repo.huaweicloud.com (repo.huaweicloud.com)... 103.254.188.48, 124.236.26.54
Connecting to repo.huaweicloud.com (repo.huaweicloud.com)|103.254.188.48|:443... connected.
HTTP request sent, awaiting response... 200 OK
Length: 4206772224 (3.9G) [application/octet-stream]
Saving to: 'openEuler-20.03-LTS-SP1-aarch64-dvd.iso'

openEuler-20.03-LTS-SP1-aarch64- 100%[===================================================>]   3.92G  6.16MB/s    in 11m 33s

2021-05-20 15:28:41 (5.79 MB/s) - 'openEuler-20.03-LTS-SP1-aarch64-dvd.iso' saved [4206772224/4206772224]

[root@techhost data]# ls
openEuler-20.03-LTS-SP1-aarch64-dvd.iso
[root@techhost data]#
```

图 3-229　示例效果

步骤 2：挂载镜像，如图 3-230 所示。

```
#创建镜像挂载目录
[root@techhost data]# mkdir /mnt/cdrom
#本地挂载 iso 镜像文件
[root@techhost data]# mount -o loop /data/openEuler-20.03-LTS-SP1-aarch64-dvd.iso /mnt/cdrom/
mount: /mnt/cdrom: WARNING: source write-protected, mounted read-only.
[root@techhost data]#
```

```
[root@techhost data]# mkdir /mnt/cdrom
[root@techhost data]# mount -o loop /data/openEuler-20.03-LTS-SP1-aarch64-dvd.iso /mnt/cdrom/
mount: /mnt/cdrom: WARNING: source write-protected, mounted read-only.
[root@techhost data]#
```

图 3-230　示例效果

步骤 3：配置 Yum 源，如图 3-231 所示。

```
[root@techhost data]# cd /etc/yum.repos.d/
[root@techhost yum.repos.d]# ls
openEuler_aarch64.repo
[root@techhost yum.repos.d]# vim tech.repo
[root@techhost yum.repos.d]# cat tech.repo
[tech]                          #yum 标识
name=tech                       #yum 名称
baseurl=file:///mnt/cdrom       #yum 镜像源位置
enabled=1                       #开机启动
gpgcheck=1                      #对软件包签名信息进行校验
#校验文件位置
gpgkey=file:///mnt/cdrom/RPM-GPG-KEY-openEuler
[root@techhost yum.repos.d]#
```

```
[root@techhost yum.repos.d]# cat tech.repo
[tech]
name=tech
baseurl=file:///mnt/cdrom
enabled=1
gpgcheck=1
gpgkey=file:///mnt/cdrom/RPM-GPG-KEY-openEuler
[root@techhost yum.repos.d]#
```

图 3-231　示例效果

步骤 4：测试 Yum 源，如图 3-232 所示。

```
[root@techhost yum.repos.d]# dnf clean all
34 files removed
[root@techhost yum.repos.d]# dnf makecache
OS                              11 MB/s | 3.2 MB       00:00
everything                      20 MB/s | 9.0 MB       00:00
EPOL                            5.8 MB/s | 891 kB      00:00
debuginfo                       23 MB/s | 2.7 MB       00:00
source                          21 MB/s | 816 kB       00:00
tech                            405 MB/s | 3.4 MB      00:00
Metadata cache created.
[root@techhost yum.repos.d]#
```

#安装 cockpit 软件，可观察到部分软件包从我们自建的 tech 源下载
[root@techhost yum.repos.d]# dnf install Cockpit -y

```
[root@techhost yum.repos.d]# dnf makecache
OS                                              7.1 MB/s | 3.2 MB     00:00
everything                                       21 MB/s | 9.0 MB     00:00
EPOL                                            5.4 MB/s | 891 kB     00:00
debuginfo                                        28 MB/s | 2.7 MB     00:00
source                                           12 MB/s | 816 kB     00:00
tech                                            428 MB/s | 3.4 MB     00:00
Metadata cache created.
[root@techhost yum.repos.d]#
```

图 3-232　示例效果

3.7.4　源码包安装管理

在软件包的选择方面，如果软件包可以给大量客户提供访问，则建议使用源码包安装，因为源码包效率更高。如果软件包只给 Linux 操作系统的底层程序使用，或只给少量客户访问，则建议使用 RPM 包安装，因为 RPM 包简单。如今硬件水平不断提高，这两种软件包安装的效果差距越来越小，用户如果追求速度，可以选择 RPM 包，用户如果想要更多的扩展功能，可以选择源码包安装。源码包有自定义修改源代码、定制用户需要的相关功能、新版软件优先更新源码的优点。

源码包的编译用到了 Linux 操作系统里的编译器，通常源码包都是用 C 语言开发的，因为 C 语言是 Linux 操作系统中最标准的程序语言。Linux 操作系统上的 C 语言编译器被叫作 GCC，利用 GCC 可以把 C 语言变成可执行的二进制文件。如果机器上没有安装 GCC，就没有办法编译源码，可以使用"dnf-y install gcc"命令来安装 GCC。

源码包的安装过程如下。

① 安装 C 语言编译器。

② 下载软件包。

③ 解压缩。

④ 进入解压目录。

⑤ 查看 REDME 文件。

⑥ 执行./configure 脚本，进行编译前的环境准备，并生成 MakeFile 文件。这一步主要有以下 3 个作用。

- 在安装之前需要检测系统环境是否符合安装要求。
- 定义需要的功能选项。"./configure"支持的功能选项较多，用户可以执行"./configure -help"命令查询其支持的功能。
- 把系统环境的检测结果和定义好的功能选项写入 Makefile 文件，后续的编译和安装需要依赖 Makefile 文件的内容。需要注意的是，configure 不是系统命令，而是源码包软件自带的脚本程序，所以必须采用"./configure"的方式（"./"代表在当前目录下）。

⑦ make 编译。make 会调用 GCC，并读取 Makefile 文件中的信息进行系统软件编译。编译的目的是把源码程序转变为能被 Linux 操作系统识别的可执行文件，这些可执行文件保存在当前目录下。make 编译过程较为耗时，需要耐心等待。

⑧ 清空编译内容（非必须步骤）。如果系统在执行"./configure"或 make 编译时报错，那么我们在重新执行命令前一定要执行 make clean 命令，它会清空 Makefile 文件或编译时产生的".o"头文件。

⑨ 编译安装。我们一般会写清楚程序的安装位置，如果忘记指定安装目录，可以把这个命令的执行过程保存下来，以备将来使用。

至此，源码包安装完毕。

源码包没有卸载命令，如果需要卸载，直接删除安装目录即可，不会遗留任何垃圾文件。

如果用户在进行源码包配置的过程中不小心误删了文件，可以使用补丁文件进行恢复，使用 diff 命令，将已经修改的文件与未修改的文件进行比较，生成补丁文件。

源码编译安装 mysql 的步骤如下。

步骤1：检查 GCC 编译环境，安装依赖包并下载源码，如图 3-233 所示。本试验操作需要使用 GCC 环境为 gcc-7.3.0 以上的版本。

[root@techhost ～] # gcc –v

```
[root@techhost ~]# gcc -v
Using built-in specs.
COLLECT_GCC=gcc
COLLECT_LTO_WRAPPER=/usr/libexec/gcc/aarch64-linux-gnu/7.3.0/lto-wrapper
Target: aarch64-linux-gnu
Configured with: ../configure --prefix=/usr --mandir=/usr/share/man --infodir=/usr/share/info
 --enable-shared --enable-threads=posix --enable-checking=release --with-system-zlib --enable
-__cxa_atexit --disable-libunwind-exceptions --enable-gnu-unique-object --enable-linker-build
-id --with-linker-hash-style=gnu --enable-languages=c,c++,objc,obj-c++,fortran,lto --enable-p
lugin --enable-initfini-array --disable-libgcj --without-isl --without-cloog --enable-gnu-ind
irect-function --build=aarch64-linux-gnu --with-stage1-ldflags=' -Wl,-z,relro,-z,now' --with-
boot-ldflags=' -Wl,-z,relro,-z,now' --with-multilib-list=lp64
Thread model: posix
gcc version 7.3.0 (GCC)
[root@techhost ~]#
```

图 3-233 示例效果

安装 mysql 依赖包。

[root@techhost ～]# dnfinstall -y bzip2 wget bison* ncurses* openssl-devel cmakerpcgen

#下载所需源码包

[root@techhost ～]# cd /opt

[root@techhost opt]# wget https://sandbox-experiment-resource-north-4.obs.cn-north-4.myhuaweicloud.com/ kunpeng/mysql-5.7.27.tar.gz

[root@techhost opt]# wget https://sandbox-experiment-resource-north-4.obs.cn-north-4.myhuaweicloud.com/ kunpeng/boost_1_59_0.tar.gz

#解压安装文件

[root@techhost opt]# tar -zxvf mysql-5.7.27.tar.gz

[root@techhost opt]# tar -zxvf boost_1_59_0.tar.gz

[root@techhost opt]#

步骤2：进入 mysql 的安装目录，创建并编辑 cmake.sh 文件，代码如图 3-234 所示。

[root@techhost opt]# cd mysql-5.7.27

[root@techhost mysql-5.7.27]# vim cmake.sh

[root@techhost mysql-5.7.27]# cat cmake.sh

第 3 章 管理员操作管理

```
cmake . -DCMAKE_INSTALL_PREFIX=/usr/local/mysql \
-DMYSQL_DATADIR=/usr/local/mysql/data \
-DSYSCONFDIR=/etc \
-DWITH_INNOBASE_STORAGE_ENGINE=1 \
-DWITH_PARTITION_STORAGE_ENGINE=1 \
-DWITH_FEDERATED_STORAGE_ENGINE=1 \
-DWITH_BLACKHOLE_STORAGE_ENGINE=1 \
-DWITH_MYISAM_STORAGE_ENGINE=1 \
-DENABLED_LOCAL_INFILE=1 \
-DENABLE_DTRACE=0 \
-DDEFAULT_CHARSET=utf8mb4 \
-DDEFAULT_COLLATION=utf8mb4_general_ci \
-DWITH_EMBEDDED_SERVER=1 \
-DDOWNLOAD_BOOST=1 \
-DWITH_BOOST=/opt/boost_1_59_0
[root@techhost mysql-5.7.27]#
```

```
[root@techhost opt]# cd mysql-5.7.27
[root@techhost mysql-5.7.27]# vim cmake.sh
[root@techhost mysql-5.7.27]# cat cmake.sh
cmake . -DCMAKE_INSTALL_PREFIX=/usr/local/mysql \
-DMYSQL_DATADIR=/usr/local/mysql/data \
-DSYSCONFDIR=/etc \
-DWITH_INNOBASE_STORAGE_ENGINE=1 \
-DWITH_PARTITION_STORAGE_ENGINE=1 \
-DWITH_FEDERATED_STORAGE_ENGINE=1 \
-DWITH_BLACKHOLE_STORAGE_ENGINE=1 \
-DWITH_MYISAM_STORAGE_ENGINE=1 \
-DENABLED_LOCAL_INFILE=1 \
-DENABLE_DTRACE=0 \
-DDEFAULT_CHARSET=utf8mb4 \
-DDEFAULT_COLLATION=utf8mb4_general_ci \
-DWITH_EMBEDDED_SERVER=1 \
-DDOWNLOAD_BOOST=1 \
-DWITH_BOOST=/opt/boost_1_59_0
[root@techhost mysql-5.7.27]#
```

图 3-234　示例效果

此处需要注意，编辑 cmake.sh 文件时不能有多余的空格及空行，否则系统会报错。

步骤 3：给 cmake.sh 文件赋予权限并运行，等待运行完成，执行效果如图 3-235 所示。

[root@techhost mysql-5.7.27]# chmod +x cmake.sh
[root@techhost mysql-5.7.27]# ./cmake.sh

```
ement
-- CMAKE_CXX_FLAGS:  -Wall -Wextra -Wformat-security -Wvla -Wimplicit-fallthrough
eter
-- CMAKE_C_LINK_FLAGS:
-- CMAKE_CXX_LINK_FLAGS:
-- CMAKE_C_FLAGS_RELWITHDEBINFO: -O3 -g -fabi-version=2 -fno-omit-frame-pointer -
BUG_OFF
-- CMAKE_CXX_FLAGS_RELWITHDEBINFO: -O3 -g -fabi-version=2 -fno-omit-frame-pointer
ontract=off -DDBUG_OFF
-- Configuring done
-- Generating done
-- Build files have been written to: /opt/mysql-5.7.27
[root@techhost mysql-5.7.27]#
```

图 3-235　示例效果

步骤 4：编译安装 mysql。

在编译过程中，为了提高编译效率，可使用-j 参数，利用多核 CPU 加快编译速度，查看虚拟机核数用以下命令，如图 3-236 所示。

[root@techhost mysql-5.7.27]# cat /proc/cpuinfo| grep "processor"| wc -l

```
[root@techhost mysql-5.7.27]# cat /proc/cpuinfo| grep "processor"| wc -l
8
[root@techhost mysql-5.7.27]#
```

图 3-236 示例效果

在 mysql 源码路径下执行 make 命令，等待编译完成，代码如图 3-237 所示。

[root@techhost mysql-5.7.27]#make -j8

```
[ 97%] Building CXX object sql/CMakeFiles/sql.dir/srv_session_info_service.cc.o
[ 97%] Building CXX object sql/CMakeFiles/sql.dir/srv_session_service.cc.o
[ 98%] Building CXX object sql/CMakeFiles/sql.dir/auth/sha2_password_common.cc.o
[ 98%] Building CXX object sql/CMakeFiles/sql.dir/mysqld_daemon.cc.o
[ 98%] Linking CXX static library ../archive_output_directory/libsql.a
[100%] Built target sql
Scanning dependencies of target mysqld
Scanning dependencies of target pfs_connect_attr-t
[100%] Building CXX object sql/CMakeFiles/mysqld.dir/main.cc.o
[100%] Linking CXX executable mysqld
[100%] Building CXX object storage/perfschema/unittest/CMakeFiles/pfs_connect_attr-t.dir/pfs_connect_attr-t.cc.o
[100%] Building CXX object storage/perfschema/unittest/CMakeFiles/pfs_connect_attr-t.dir/__/__/__/sql/sql_builtin.cc.o
[100%] Building C object storage/perfschema/unittest/CMakeFiles/pfs_connect_attr-t.dir/__/__/__/mysys/string.c.o
[100%] Linking CXX executable pfs_connect_attr-t
[100%] Built target mysqld
[100%] Built target pfs_connect_attr-t
[root@techhost mysql-5.7.27]#
```

图 3-237 示例效果

运行 make install，等待安装结束，代码如图 3-238 所示。

[root@techhost mysql-5.7.27]# make install

```
-- Installing: /usr/local/mysql/./COPYING-test
-- Installing: /usr/local/mysql/./README-test
-- Up-to-date: /usr/local/mysql/mysql-test/mtr
-- Up-to-date: /usr/local/mysql/mysql-test/mysql-test-run
-- Installing: /usr/local/mysql/mysql-test/lib/My/SafeProcess/my_safe_process
-- Up-to-date: /usr/local/mysql/mysql-test/lib/My/SafeProcess/my_safe_process
-- Installing: /usr/local/mysql/mysql-test/lib/My/SafeProcess/Base.pm
-- Installing: /usr/local/mysql/support-files/mysqld_multi.server
-- Installing: /usr/local/mysql/support-files/mysql-log-rotate
-- Installing: /usr/local/mysql/support-files/magic
-- Installing: /usr/local/mysql/share/aclocal/mysql.m4
-- Installing: /usr/local/mysql/support-files/mysql.server
[root@techhost mysql-5.7.27]#
```

图 3-238 示例效果

步骤 5：mysql 基础配置操作。

创建 mysql 用户及用户组，用于后续 mysql 配置文件。

[root@techhost mysql-5.7.27]# groupadd mysql
[root@techhost mysql-5.7.27]# useradd -g mysql mysql

进入安装路径，创建 data、log、run 文件夹，赋予对应的文件权限，执行初始化配置脚本，生成初始的数据库和表，代码如图 3-239 所示。

```
[root@techhost mysql-5.7.27]# chown -R mysql:mysql /usr/local/mysql
[root@techhost mysql-5.7.27]# cd /usr/local/mysql
#创建对应文件夹
[root@techhost mysql]# mkdir -p /data/log /data/data /data/run
[root@techhost mysql]# touch /data/log/mysql.log
[root@techhost mysql]# touch /data/run/mysql.pid
[root@techhost mysql]# chown -R mysql:mysql /data
[root@techhost mysql]# bin/mysqld --initialize --basedir=/usr/local/mysql --datadir=/data/data --user=mysql
```

```
[root@techhost mysql-5.7.27]# groupadd mysql
[root@techhost mysql-5.7.27]# useradd -g mysql mysql
[root@techhost mysql-5.7.27]# chown -R mysql:mysql /usr/local/mysql
[root@techhost mysql-5.7.27]# cd /usr/local/mysql
[root@techhost mysql]# mkdir -p /data/log /data/data /data/run
[root@techhost mysql]# touch /data/log/mysql.log
[root@techhost mysql]# touch /data/run/mysql.pid
[root@techhost mysql]# chown -R mysql:mysql /data
[root@techhost mysql]# bin/mysqld --initialize --basedir=/usr/local/mysql --datadir=/data/data --user=mysql
2021-05-18T13:49:53.853871Z 0 [Warning] TIMESTAMP with implicit DEFAULT value is deprecated. Please use --explicit_default
s_for_timestamp server option (see documentation for more details).
2021-05-18T13:49:54.003700Z 0 [Warning] InnoDB: New log files created, LSN=45790
2021-05-18T13:49:54.041032Z 0 [Warning] InnoDB: Creating foreign key constraint system tables.
2021-05-18T13:49:54.105848Z 0 [Warning] No existing UUID has been found, so we assume that this is the first time that thi
s server has been started. Generating a new UUID: eca9936f-b7df-11eb-aadd-fa163e84a282.
2021-05-18T13:49:54.109014Z 0 [Warning] Gtid table is not ready to be used. Table 'mysql.gtid_executed' cannot be opened.
2021-05-18T13:49:54.109438Z 1 [Note] A temporary password is generated for root@localhost: MaYpppCiS9&S
[root@techhost mysql]#
```

图 3-239　示例效果

此处需要注意，界面上会产生数据库初始密码，如下所示，此案例数据库初始密码为"MaYpppCiS9&S"，需要将其记录下来，方便登录数据库。

A temporary password is generated for root@localhost: MaYpppCiS9&S

步骤 6：修改数据库 my.cnf 文件，并启动数据库。

修改 my.cnf 中的文件路径，代码如下。

```
[root@techhost mysql]# vim /etc/my.cnf
#在文件中加入如下内容
[root@techhost mysql]# cat /etc/my.cnf
[mysqld]
datadir=/data/data
socket=/data/data/mysql.sock



[mysqld_safe]
log-error=/data/log/mysql.log
pid-file=/data/run/mysql.pid
[root@techhost mysql]#
```

启动 mysql 服务，并让数据库在开机时自启，代码如图 3-240 所示。

```
[root@techhost mysql]# cp support-files/mysql.server /etc/init.d/mysql
[root@techhost mysql]# chkconfig mysql on
[root@techhost mysql]# service mysql start
```

```
Starting MySQL. SUCCESS!
[root@techhost mysql]# service mysql status
 SUCCESS! MySQL running (19387)
[root@techhost mysql]#
```

```
[root@techhost mysql]# cp support-files/mysql.server /etc/init.d/mysql
[root@techhost mysql]# chkconfig mysql on
[root@techhost mysql]# service mysql start
Starting MySQL. SUCCESS!
[root@techhost mysql]# service mysql status
 SUCCESS! MySQL running (19387)
[root@techhost mysql]#
```

图 3-240　示例效果

添加 mysql 数据库环境变量，如图 3-241 所示。

```
[root@techhost mysql]# echo "export PATH=/usr/local/mysql/bin:$PATH" >> ~/.bash_profile
[root@techhost mysql]# source ~/.bash_profile
[root@techhost mysql]#
```

```
[root@techhost mysql]# echo "export PATH=/usr/local/mysql/bin:$PATH " >> ~/.bash_profile
[root@techhost mysql]# source ~/.bash_profile
[root@techhost mysql]#
```

图 3-241　示例效果

建立套接字链接，接入 mysql 环境。需要输入的密码为配置 mysql 时产生的初始密码（请留意，初始密码包含了特殊字符），代码如下。

```
[root@techhost mysql]# ln -s /data/data/mysql.sock /tmp/mysql.sock
[root@techhost mysql]# mysql -uroot -p
Enter password: MaYpppCiS9&S
```

进入数据库，执行以下命令修改数据库密码，将密码修改为"Techhost@123"，如图 3-242 所示。

```
mysql> SET PASSWORD = PASSWORD('Techhost@123');
```

```
[root@techhost mysql]# ln -s /data/data/mysql.sock /tmp/mysql.sock
[root@techhost mysql]# mysql -uroot -p
Enter password:
Welcome to the MySQL monitor.  Commands end with ; or \g.
Your MySQL connection id is 2
Server version: 5.7.27

Copyright (c) 2000, 2019, Oracle and/or its affiliates. All rights reserved.

Oracle is a registered trademark of Oracle Corporation and/or its
affiliates. Other names may be trademarks of their respective
owners.

Type 'help;' or '\h' for help. Type '\c' to clear the current input statement.

mysql> SET PASSWORD = PASSWORD('Techhost@123');
Query OK, 0 rows affected, 1 warning (0.00 sec)

mysql>
```

图 3-242　示例效果

使用新密码进行数据库登录测试，如图 3-243 所示。

```
[root@techhost mysql]# mysql -uroot -pTechhost@123;
```

第 3 章 管理员操作管理

```
[root@techhost mysql]# mysql -uroot -pTechhost@123;
mysql: [Warning] Using a password on the command line interface can be insecure.
Welcome to the MySQL monitor.  Commands end with ; or \g.
Your MySQL connection id is 3
Server version: 5.7.27 Source distribution

Copyright (c) 2000, 2019, Oracle and/or its affiliates. All rights reserved.

Oracle is a registered trademark of Oracle Corporation and/or its
affiliates. Other names may be trademarks of their respective
owners.

Type 'help;' or '\h' for help. Type '\c' to clear the current input statement.

mysql>
```

图 3-243 示例效果

至此,数据库安装成功,此数据库可用于后续实验使用,如 LAMP(Linux,Apache,Myse,PHP)、LNMP(Linux,Nginx,Mysql,PHP)实验。

如果相关人员在使用数据库时忘记初始密码,可以使用以下命令以不检查权限的方式启动 mysql,然后重新设置密码,重新登录。

[root@techhost mysql]# service mysql stop
Shutting down MySQL.. SUCCESS!
[root@techhost mysql]# service mysql start --skip-grant-tables
Starting MySQL. SUCCESS!
[root@techhost mysql]# mysql -uroot -p
Enter password:(注意:此处密码为空,可回车直接登录)
Welcome to the MySQL monitor. Commands end with ; or \g.
Your MySQL connection id is 2
Server version: 5.7.27 Source distribution

Copyright (c) 2000, 2019, Oracle and/or its affiliates. Allrights reserved.

Oracle is a registered trademark of Oracle Corporation and/or its
affiliates. Othernames may be trademarks of their respective
owners.

Type 'help;' or '\h' for help. Type '\c' to clear the current inputstatement.

mysql>

使用以下方式进行用户密码更改,password 设置为需要配置的密码,如图 3-244 所示。
//在此处更改密码,password 设置为实际要配置的密码
mysql> UPDATE mysql.user SET authentication_string=PASSWORD('password') where USER='root';
//刷新权限
　　mysql> flush privileges;
　　//退出 mysql
mysql> exit

```
mysql> UPDATE mysql.user SET authentication_string=PASSWORD('password') where USER='root';
Query OK, 1 row affected, 1 warning (0.00 sec)
Rows matched: 1  Changed: 1  Warnings: 1

mysql> flush privileges;
Query OK, 0 rows affected (0.00 sec)

mysql> exit
Bye
```

图 3-244 示例效果

使用新设置的密码进行登录验证，如图 3-245 所示。
[root@techhost mysql]# mysql -uroot –ppassword

图 3-245　示例效果

3.7.5　Systemd 服务管理

　　Systemd 即 System daemon，是 Linux 操作系统下的一种 init 软件，由 Lennart Poettering 带头开发，并在 LGPL 2.1 及其后续版本下开源发布，其开发目标是提供更优秀的框架以表示系统服务间的依赖关系，并以此实现系统初始化时服务的并行启动，同时达到降低 Shell 系统开销的效果，最终代替常用的 System V 与 BSD 风格的 init 程序。
　　也就是说 Systemd 是一个系统管理守护进程、工具和库的集合，用于取代 System V 初始进程。Systemd 的功能是集中管理和配置类 UNIX 系统，如启动操作系统和接管后台服务、结束、状态查询，以及日志归档、设备管理、电源管理、定时任务等。Systemd 支持通过特定事件和特定端口数据触发的按需任务。
　　Systemd 的后台服务有一个特殊的身份，即系统中 PID 值为 1 的进程（可用 ps ax | grep systemd 命令查看）。Systemd 有以下 4 个特点。
　　① 更少的进程。
　　Systemd 提供了按需启动服务的能力，使得特定的服务只有在真正被请求时才启动。
　　② 允许更多的进程并行启动。
　　Systemd 通过套接字缓存、消息总线系统缓存和建立临时挂载点等方法进一步解决启动进程之间相互依赖的问题，做到了所有系统服务并发启动。对于用户自定义的服务，Systemd 允许其配置并启动依赖项目，从而确保服务按必要的顺序运行。
　　③ 使用 CGroup（Control Groups，控制组群）跟踪和管理进程的生命周期。
　　在 Systemd 之间的主流应用管理服务都是使用进程树来跟踪应用的继承关系的，而进程的父子关系很容易通过两次复刻的方法脱离，Systemd 通过 CGroup 跟踪进程关系，弥补了这个缺漏。CGroup 跟踪进程关系不仅能够实现服务之间的访问隔离，限制特定应用程序对系统资源的访问配额，还能更精确地管理服务的生命周期。
　　④ 统一管理服务日志。
　　Systemd 是一系列工具的集合，包括专用的系统日志管理服务 Journald。Journald 的设计初衷是解决现有 Syslog 服务的日志内容被伪造和日志格式不统一等问题，Journald 用二进制格式保存所有的日志信息，因而日志内容很难被伪造。Journald 还提供了 journalctl 命令来查看日志信息，使不同服务输出的日志具有相同的排版格式，便于数据的二次处理。

Systemd 可以管理所有系统资源，不同的资源统称为 Unit（单位）。在 Systemd 的生态圈中，Unit 文件统一了过去各种不同系统资源的配置格式，例如服务的启停、定时任务、设备自动挂载、网络配置、虚拟内存配置等，Systemd 通过不同的文件后缀来区分这些配置文件。

Systemd 用 target 替代了运行级别的概念，提供了更大的灵活性，Systemd 服务查询表如图 3-246 所示。

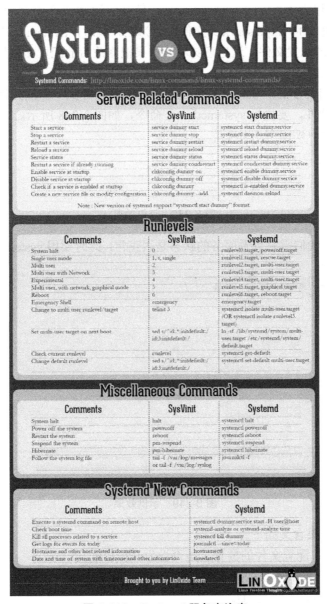

图 3-246　Systemd 服务查询表

对于那些支持 Systemd 的软件，系统在安装时，会自动在/usr/lib/systemd/system 目录中添加一个配置文件。如果想让该软件开机启动，可执行下面的命令（以 httpd.service 为例），执行效果如图 3-247 所示。

[root@techhost ~]# systemctl enable httpd

```
[root@techhost ~]# systemctl enable httpd
Created symlink /etc/systemd/system/multi-user.target.wants/httpd.service → /usr/lib/systemd/system/httpd.service.
[root@techhost ~]#
```

图 3-247　示例效果

上面的命令相当于在/etc/systemd/system 目录中添加一个符号链接，指向/usr/lib/systemd/system 里面的 httpd.service 文件，因为在开机时，Systemd 只执行/etc/systemd/system 目录里面的配置文件，这也意味着，如果把修改后的配置文件放在该目录，就可以覆盖原始配置文件。

设置开机自启动以后，软件并不会立即启动，而是等到下一次开机时才会启动。如果想立即运行该软件，要执行 systemctl start 命令，如图 3-248 所示。

[root@localhost ~]# systemctl start httpd

```
[root@techhost ~]#
[root@techhost ~]# systemctl start httpd
[root@techhost ~]#
```

图 3-248　示例效果

启动完成后，我们需要查看服务的状态是否正常，此时要用 systemctl status 命令，如图 3-249 所示。

[root@localhost ~]# systemctl status httpd

```
[root@techhost ~]#
[root@techhost ~]# systemctl status httpd
● httpd.service - The Apache HTTP Server
   Loaded: loaded (/usr/lib/systemd/system/httpd.service; enabled; vendor preset: disabled)
   Active: active (running) since Thu 2021-05-13 23:08:01 CST; 1min 0s ago
     Docs: man:httpd.service(8)
 Main PID: 15515 (httpd)
   Status: "Running, listening on: port 80"
    Tasks: 213
   Memory: 55.6M
   CGroup: /system.slice/httpd.service
           ├─15515 /usr/sbin/httpd -DFOREGROUND
           ├─15516 /usr/sbin/httpd -DFOREGROUND
           ├─15517 /usr/sbin/httpd -DFOREGROUND
           ├─15518 /usr/sbin/httpd -DFOREGROUND
           └─15519 /usr/sbin/httpd -DFOREGROUND

May 13 23:08:01 techhost systemd[1]: Starting The Apache HTTP Server...
May 13 23:08:01 techhost httpd[15515]: AH00558: httpd: Could not reliably determine the server's fully qualified domain n
May 13 23:08:01 techhost httpd[15515]: Server configured, listening on: port 80
May 13 23:08:01 techhost systemd[1]: Started The Apache HTTP Server.
lines 1-19/19 (END)
```

图 3-249　示例效果

上面的输出结果含义如下。

① Loaded 行：配置文件的位置，是否设为开机启动。

② Active 行：表示正在运行。

③ Main PID 行：主进程 ID。

④ Status 行：由应用本身（这里是 httpd）提供软件的当前状态。
⑤ CGroup 块：应用的所有子进程。
⑥ 日志块：应用的日志。

终止正在运行的服务，需要执行 systemctl stop 命令。

[root@techhost ~]# systemctl stop httpd

执行效果如图 3-250 所示。

```
[root@techhost ~]#
[root@techhost ~]# systemctl stop httpd
[root@techhost ~]#
[root@techhost ~]#
```

图 3-250　执行效果

此外，重启服务要执行 systemctl restart 命令。

[root@localhost ~]# systemctl restart httpd

执行效果如图 3-251 所示。

```
[root@techhost ~]#
[root@techhost ~]# systemctl restart httpd
[root@techhost ~]#
```

图 3-251　执行效果

有时命令可能没有响应，服务并未终止，这时需要"杀进程"，即向正在运行的进程发出 kill 信号，如图 3-252 所示。

[root@techhost ~]# systemctl restart httpd
[root@techhost ~]# ps ax | grep httpd
[root@techhost ~]# systemctl kill httpd
[root@techhost ~]# ps ax | grep httpd

```
[root@techhost ~]# systemctl restart httpd
[root@techhost ~]# ps ax | grep httpd
 16549 ?        Ss     0:00 /usr/sbin/httpd -DFOREGROUND
 16550 ?        S      0:00 /usr/sbin/httpd -DFOREGROUND
 16551 ?        Sl     0:00 /usr/sbin/httpd -DFOREGROUND
 16552 ?        Sl     0:00 /usr/sbin/httpd -DFOREGROUND
 16553 ?        Sl     0:00 /usr/sbin/httpd -DFOREGROUND
 16778 pts/0    S+     0:00 grep --color=auto httpd
[root@techhost ~]# systemctl kill httpd
[root@techhost ~]# ps ax | grep httpd
 16809 pts/0    S+     0:00 grep --color=auto httpd
[root@techhost ~]#
```

图 3-252　执行效果

除了上述方法，systemctl 针对服务还有以下常用方式（以 httpd 服务为例）。
①禁止 httpd 服务开机自启。
[root@techhost ~]# systemctl disable httpd
②显示所有已安装的单元文件及其状态（单元是服务或者任务的术语）。
[root@techhost ~]# systemctl list-unit-files
#显示所有已经安装的服务
[root@techhost ~]# systemctl list-unit-files-t service -all
③列出所有单元。
[root@techhost ~]# systemctl list-units

④列出所有已加载的单元及其状态。
[root@techhost ~]# systemctl
⑤显示启动过程中哪些服务出现故障。
[root@techhost ~]# systemctl --failed
⑥类型过滤器，类型可以是服务、挂载点、设备、套接字和自动启动。
[root@techhost ~]# systemctl --type=service
#切换运行级别
⑦切换到运行级别5，X 服务器在该级别中运行（图形界面）。
[root@techhost ~]# systemct lioslate graphical.target
⑧切换到运行级别3（命令行模式或单用户模式）。
[root@techhost ~]# systemctl ioslate multi-user.target
⑨重启系统。
[root@techhost ~]# systemctl reboot
⑩关闭系统。
[root@techhost ~]# systemctl poweroff
⑪检查服务是否已开机自启。
[root@techhost ~]# systemctl is-enabled httpd
⑫检查系统资源使用情况。
[root@techhost ~]# systemd-cgtop

课后习题

1. 简述 RPM 与 Yum 软件源的区别。

答：RPM 是为了简化安装，而 Yum 软件源是为了解决软件包之间的依赖关系。

2. RPM 如何查看有没有安装此软件？

答：rpm [-qa] [软件名]

3. 如何安装一个 RPM 软件包？

答：rpm [-ivh] [包名]

4. Yum 软件源的配置文件在什么位置？

答：/etc/yum.repos.d/

5. 在编写 DNF 的配置文件时应该填写哪些内容？

答：[localmedia]
　　name=
　　baseurl=
　　enabled=
　　gpgcheck =

6. 如何使用 DNF 安装一个 mysql 数据库？

答：dnf install mariadb -y

3.8 本章小结

本章主要介绍 Linux 操作系统中涉及的管理员用户的一些指令操作不同指令的概念及使用方法。经过本章的学习，我们应掌握不同指令的使用方法及 Linux 操作系统管理的相关内容，对于 OpenEuler 操作系统的使用更加熟练。

本章习题

1. 存放用户账号的文件是（　　）。
   A. shadow　　　　B. group　　　　C. passwd　　　　D. gshadow
2. 如何删除一个非空子目录/tmp？（　　）。
   A. del/tmp/*　　　B. rm-rf/tmp　　C. rm-Ra/tmp/*　　D. rm-rf/tmpy*
3. 如果执行命令# chmod 746file.txt，那么该文件的权限是（　　）。
   A. rwxr-rw-　　　B. rw-r-r-　　　C. --xr-rwx　　　　D. rwxr--r-
4. WWW 服务器在 Internet 上使用最为广泛，它采用的是（　　）结构。
   A. 服务器/工作站　B. B/S　　　　C. 集中式　　　　D. 分布式
5. 文件权限读、写、执行的 3 种标志符号依次是（　　）。
   A. rwx　　　　　B. xrw　　　　　C. rdx　　　　　　D. srw
6. Linux 文件系统的文件按其作用分门别类地放在相关的目录中，外部设备文件应放在（　　）目录中。
   A. /bin　　　　　B. /etc　　　　　C. /dev　　　　　D. lib
7. 下列不属于 ifconfig 命令作用范围的是（　　）。
   A. 配置本地回环地址　　　　　　B. 配置网卡的 IP 地址
   C. 激活网络适配器　　　　　　　D. 加载网卡到内核中
8. Linux 操作系统通过（　　）命令给其他用户发送消息。
   A. less　　　　　B. mesgy　　　　C. write　　　　　D. echo to
9. Linux 操作系统的联机帮助命令是（　　）。
   A. tar　　　　　B. Cd　　　　　C. ldir　　　　　　D. Man
10. 从后台启动进程，应在命令的结尾加上符号（　　）。
    A. &　　　　　B. @　　　　　C. #　　　　　　　D. $
11. 下面对 mv 命令描述错误的是（　　）。
    A. mv 命令既可以完成目录移动，也可以完成目录改名
    B. mv 命令既可以完成文件移动，也可以完成文件改名
    C. 对于目录来说，目的目录名不存在，mv 命令为目录改名
    D. 对于文件来说，目的目录名存在，mv 命令为文件改名

12. 文件/ete/passwd 中不包含的内容是（　　）。
A. 用户名　　　　B. 私有组名　　　C. 主目录　　　　D. 对用户的注释信息
13. 下面哪一个命令是用来设置用户对文件的权限的？（　　）
A. adduser　　　　B. chmon　　　　C. chmod　　　　D. addgroup
14. 下面哪一个命令可以回到当前用户主目录？（　　）
A. cd.　　　　　　B. c　　　　　　C. cd 目录名　　　D. cd

答案：1~5　CBABA　　　6~10　CDCDA　　　11~14　DBCD

第 4 章
网络服务管理

学习目标

- ♦ 了解 Linux 操作系统环境下网络管理的基本操作
- ♦ 掌握 Linux 环境下 SSH 服务的基础配置与管理
- ♦ 掌握 Linux 环境下常用文件的共享服务配置与管理
- ♦ 掌握 Linux 环境下 Web 网站的基础搭建操作
- ♦ 掌握 Linux 环境日志的管理与操作

Linux 作为服务器的首选操作系统，承载了各种不同应用的高效运行，我们能够访问不同的网站离不开 Linux 操作系统服务的支撑，这些服务包括网络服务、文件共享服务、存储服务、安全服务等。服务管理与应用是一个 Linux 管理员必须熟悉的内容，本章节主要讲解 Linux 环境下的各种服务配置与应用。

4.1 Linux 网络管理

Linux 由于稳定的性能、开放的源代码及强大的网络功能而逐渐被广大用户接受。目前，Linux 已经告别了普及阶段，进入了实用阶段，开始涉足金融、电信等领域，Linux 网络管理成为网络管理与应用中的重要力量，并且在互联网中被广泛应用。

4.1.1 网络管理协议介绍

TCP/IP 是用于因特网的通信协议，供已连接因特网的计算机之间进行通信。通信协议是计算机完成通信连接必须遵循的一些规则，它规定了计算机如何连接网络，以及数据是如何在计算机之间进行传输的。TCP/IP 是基于 TCP 和 IP 之上的不同的通信协议的大集合。

TCP 位于 TCP/IP 的传输层，是一种面向连接的端到端协议。TCP 作为传输控制协议，可以为主机提供可靠的数据传输。在图 4-1 中，两台主机在通信之前，需要利用 TCP 在它们之间建立可靠的传输通道。

图 4-1　TCP 连接

TCP 允许一个主机同时运行多个应用进程。每台主机可以拥有多个应用端口，端口号可以用来区分不同的网络服务，由端口号、源和目标 IP 地址形成的组合唯一地标识一个会话。端口分为知名端口和动态端口。有些网络服务会使用固定的端口，这类端口被称为知名端口，端口号范围为 0~1023，如 FTP、HTTP、Telnet、SMTP 服务均使用知名端口。动态端口号范围为 1024~65535，这些端口号一般不被固定分配给某个服务，也就是说许多服务都可以使用这些端口号。只要运行的程序向系统提出访问网络的申请，系统就可以分配这些端口号中的一个供该程序使用。TCP 端口号如图 4-2 所示。

TCP 通常使用 IP 作为网络层协议，这时 TCP 数据段被封装在 IP 数据包内，如图 4-3 所示，TCP 数据段由 TCP Header 和 Data 组成。TCP Header 最多可以有 60 字节，如果没有 Options 字段，TCP Header 正常的长度为 20 字节。

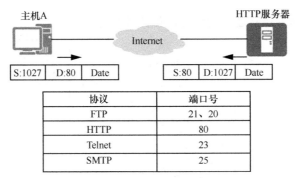

图 4-2 TCP 端口号

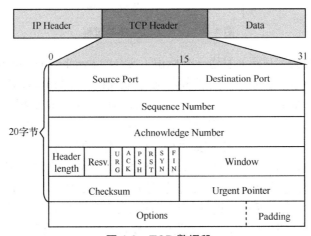

图 4-3 TCP 数据段

TCP Header 由图 4-3 中标识的一些字段组成，这里列出了以下 7 个常用字段。

① 16 位源端口号：源主机的应用程序使用的端口号。

② 16 位目的端口号：目的主机的应用程序使用的端口号，每个 TCP 头部都包含源端口号和目的端口号，这两个值加上 IP 头部中的源 IP 地址和目的 IP 地址可以确定一个 TCP 连接。

③ 32 位序列号：用于标识从发送端发出的不同的 TCP 数据段的序号。数据段在网络中传输时，它们的顺序可能会发生变化，接收端依据此序列号，便可按照正确的顺序重组数据。

④ 32 位确认序列号：用于标识接收端确认收到的数据段，确认序列号为成功收到的数据序列号加 1。

⑤ 4 位头部长度：表示头部占 32 比特字的数目，它能表达的 TCP 头部最大长度为 60 字节。

⑥ 16 位窗口大小：表示接收端期望通过单次确认而收到的数据的大小，由于该字段为 16 位，所以窗口的最大值为 65535 字节，该机制通常用来进行流量控制。

⑦ 16 位校验和：校验整个 TCP 报文段，包括 TCP Header 和 Data，该值由发送端计算和记录，并由接收端进行验证。

TCP 通过三次握手建立连接的过程,如图 4-4 所示。

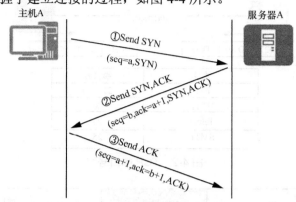

图 4-4　TCP 建立连接的过程

主机 A（也被称为客户端）发送一个标识了 SYN（Synchronize Sequence Numbers,同步序列编号）的数据段,表示期望与服务器 A 建立连接,此数据段的序列号为 a。服务器 A 回复标识了 SYN+ACK（Acknowledge character,确认字符）的数据段,此数据段的序列号为 b,确认序列号为主机 A 的序列号加 1,即 a+1,以此作为对主机 A 的 SYN 报文的确认。主机 A 发送一个标识了 ACK 的数据段,此数据段的序列号为 a+1,确认序列号为服务器 A 的序列号加 1,即 b+1,以此作为对服务器 A 的 SYN 报文的确认。

TCP 连接成功后便开始传输,TCP 传输过程如图 4-5 所示。TCP 的可靠传输体现在 TCP 使用了确认技术来确保目的设备收到了从源设备发来的数据,并且数据是准确无误的。确认技术的工作原理为目的设备接收到源设备发送的数据段时,会向源设备发送确认报文;源设备收到确认报文后,继续发送数据段,如此重复。在图 4-5 中,主机 A 向服务器 A 发送 TCP 数据段,为描述方便,假定每个数据段的长度都是 500 字节。当服务器 A 成功收到序列号是 M+1499 的字节及之前的所有字节时,会以序列号 M+1499+1=M+1500 进行确认。另外,由于数据段 N+3 传输失败,所以服务器 A 未能收到序列号为 M+1500 的字节,因此服务器 A 还会再次以序列号 M+1500 进行确认。

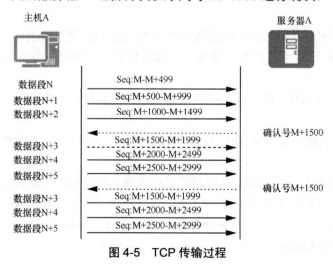

图 4-5　TCP 传输过程

TCP 支持全双工模式传输数据，这意味着同一时刻两个方向都可以进行数据的传输。在传输数据之前，TCP 建立的实际上是两个方向的连接，因此在传输完毕后，两个方向的连接必须都关闭。TCP 连接的建立是一个三次握手的过程，而 TCP 连接的关闭则要经过四次握手。

在图 4-6 中，主机 A 想要关闭连接，于是发送一个标识了"FIN，ACK"的数据段，序列号为 a，确认序列号为 b。服务器 A 回应一个标识了 ACK 的数据段，序列号为 a，确认序号为 a+1，作为对主机 A 的 FIN 报文的确认。服务器 A 想要关闭连接，于是向主机 A 发送一个标识了"FIN，ACK"的数据段，序列号为 b，确认序列号为 a+1。主机 A 回应一个标识了 ACK 的数据段，序列号为 a+1，确认序号为 b+1，作为对服务器 A 的 FIN 报文的确认。以上四次交互完成了两个方向连接的关闭。

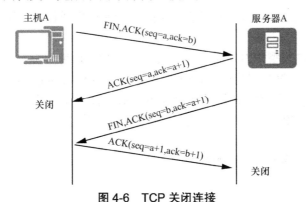

图 4-6　TCP 关闭连接

当应用程序对传输的可靠性要求不高，但是对传输速度和时延要求较高时，可以用 UDP 来替代 TCP 在传输层控制数据的转发。UDP 将数据从源端发送到目的端时，无须事先建立连接。UDP 采用了简单、易操作的机制，在应用程序间传输数据。因为没有使用 TCP 中的确认技术或滑动窗口机制，所以 UDP 不能保证数据传输的可靠性，也无法避免接收到重复数据的情况。UDP 是一种面向无连接的传输层协议，如图 4-7 所示，传输可靠性没有保障。UDP 的传输过程如图 4-8 所示。

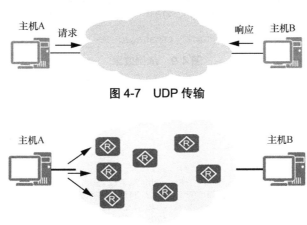

图 4-7　UDP 传输

图 4-8　UDP 传输过程

主机 A 发送数据包时，这些数据包是以有序的方式发送到网络中的，每个数据包独立地在网络中被发送，所以不同的数据包可能会通过不同的网络路径到达主机 B。在这样的情况下，先发送的数据包不一定先到达主机 B，因为 UDP 数据包没有序号，主机 B 无法通过 UDP 将数据包按照原来的顺序重新组合，此时需要应用程序提供报文的到达确认、排序和流量控制等功能。通常情况下，UDP 采用实时传输机制和时间戳来传输语音和视频数据。

ICMP 是 TCP/IP 协议簇中的一个子协议，用于在 IP 主机、路由器之间传递控制消息。控制消息是指网络通不通、主机是否可达、路由是否可用等网络本身的消息。虽然这些控制消息并不传输用户数据，但是对于用户数据的传递起着重要的作用。

ICMP 对于网络安全具有极其重要的意义，属于网络层协议，主要用于在主机与路由器之间传递控制信息，如报告错误、交换受限控制和状态信息等。当遇到 IP 数据无法访问目标、IP 路由器无法按当前的传输速率转发数据包等情况时，ICMP 会自动发送消息。

ICMP 是 TCP/IP 模型中网络层的重要成员，与 IP、地址解析协议、反向地址转换协议及 Internet 组管理协议共同构成 TCP/IP 模型中的网络层。ping 和 tracert 是两个常用的网络管理命令，ping 用来测试网络可达性，tracert 用来显示到达目的主机的路径。ping 和 tracert 都利用 ICMP 来实现网络功能，是把网络协议应用到日常网络管理的典型实例。

4.1.2 基于 nmcli 命令管理网络

nmcli 的全称为 network manager cli，是 Network Manager 的一个命令行工具，提供了使用命令行配置网络连接的方法。该命令可以完成网卡上所有的配置工作，并且可以写入配置文件，永久生效。

1. 查看

① 查看网卡接口信息，如图 4-9 所示。

[root@techhost ~]# nmcli device status

```
[root@techhost ~]# nmcli device status
DEVICE  TYPE      STATE      CONNECTION
eth0    ethernet  connected  System eth0
lo      loopback  unmanaged  --
```

图 4-9 示例效果

② 查看所有连接信息，如图 4-10 所示。

[root@techhost ~]# nmcli c show

```
[root@techhost ~]# nmcli c show
NAME         UUID                                  TYPE      DEVICE
System eth0  5fb06bd0-0bb0-7ffb-45f1-d6edd65f3e03  ethernet  eth0
System eth1  9c92fad9-6ecb-3e6c-eb4d-8a47c6f50c04  ethernet  --
System eth2  3a73717e-65ab-93e8-b518-24f5af32dc0d  ethernet  --
System eth3  c5ca8081-6db2-4602-4b46-d771f4330a6d  ethernet  --
System eth4  84d43311-57c8-8986-f205-9c78cd6ef5d2  ethernet  --
```

图 4-10 示例效果

第 4 章 网络服务管理

③ 只显示当前活动连接，如图 4-11 所示。

[root@techhost ~]# nmcli c show --active

```
[root@techhost ~]# nmcli c show --active
NAME          UUID                                    TYPE      DEVICE
System eth0   5fb06bd0-0bb0-7ffb-45f1-d6edd65f3e03    ethernet  eth0
```

图 4-11 示例效果

④ 显示 Network Manager 状态，如图 4-12 所示。

[root@techhost ~]# nmcli general status

```
[root@techhost ~]# nmcli general status
STATE      CONNECTIVITY  WIFI-HW  WIFI     WWAN-HW  WWAN
connected  full          enabled  enabled  enabled  enabled
```

图 4-12 示例效果

2．创建

① 创建动态获取 IP 地址的连接，add 表示创建，type 为网络类型，con-name 为连接的名字，ifname 为网卡名字，具体示例如图 4-13 所示。

[root@techhost ~]# nmcli c add type ethernet con-name dhcp-eth0 ifname eth0

```
[root@techhost ~]# nmcli c add type ethernet con-name dhcp-eth0 ifname eth0
Connection 'dhcp-eth0' (5356ddf1-70b1-45e0-97de-eb64830ea4f5) successfully added
[root@techhost ~]# nmcli c show
NAME          UUID                                    TYPE      DEVICE
System eth0   5fb06bd0-0bb0-7ffb-45f1-d6edd65f3e03    ethernet  eth0
dhcp-eth0     5356ddf1-70b1-45e0-97de-eb64830ea4f5    ethernet  --
System eth1   9c92fad9-6ecb-3e6c-eb4d-8a47c6f50c04    ethernet  --
System eth2   3a73717e-65ab-93e8-b518-24f5af32dc0d    ethernet  --
System eth3   c5ca8081-6db2-4602-4b46-d771f4330a6d    ethernet  --
System eth4   84d43311-57c8-8986-f205-9c78cd6ef5d2    ethernet  --
```

图 4-13 示例效果

② 创建静态 IP 地址连接，ip4 为 ipv4，gw4 为网关，并查看连接的详细信息，如图 4-14 所示。

[root@techhost ~]# nmcli c add type ethernet con-name static-eth0 ifname eth0 ip4 192.168.1.66 gw4 192.168.1.245
[root@techhost ~]# nmcli c show static-eth0
Connertion 'dhcp-ens192' (96cdd479-e22d-4827-b136-4b0f19699292)successfully adde.
[root@techhost ~]#

```
[root@techhost ~]# nmcli c add type ethernet con-name static-eth0 ifname eth0 ip4 1
92.168.1.66 gw4 192.168.1.245
Connection 'static-eth0' (bcf07d27-c371-4cfe-9d6b-5fabfb7d1401) successfully added.
[root@techhost ~]# nmcli c show static-eth0
connection.id:                          static-eth0
connection.uuid:                        bcf07d27-c371-4cfe-9d6b-5fabfb7d1401
connection.stable-id:                   --
connection.type:                        802-3-ethernet
connection.interface-name:              eth0
connection.autoconnect:                 yes
connection.autoconnect-priority:        0
connection.autoconnect-retries:         -1 (default)
connection.multi-connect:               0 (default)
connection.auth-retries:                -1
connection.timestamp:                   0
```

图 4-14 示例效果

3. 修改

① 修改 IP 地址,并通过命令查看,如图 4-15 所示。

[root@techhost ~]# nmcli c modify static-eth0 ip4 192.168.1.50
[root@techhost ~]# nmcli c show static-eth0

```
ipv4.addresses:                    192.168.1.66/32, 192.168.1.50/32
ipv4.gateway:                      192.168.1.245
```

图 4-15 示例效果

修改后不会立即生效,需要激活才能使用,命令如下。

[root@techhost ~]# nmcli c up static-eth0   // 激活
[root@techhost ~]# nmcli c down static-eth0   //退出连接

如果在 Xshell 端执行此命令,会断开连接,可在云服务器进行远程连接后进行操作。
此时,IP 192.168.1.66 和 IP 192.168.1.50 均起作用,通常通过 Vim 编辑器修改/etc/sysconfig/network-scripts/ifcfg-static-eth0 文件,将图 4-16 中黑框内的 IP 信息删除后保存再重启连接。

[root@techhost ~]# vim /etc/sysconfig/network-scripts/ifcfg-static-eth0
[root@techhost ~]# systemctl restart NetworkManager   /重启网络管理服务
[root@techhost ~]#nmcli c up static-eth0
[root@techhost ~]# ifconfig
[root@techhost ~]# ping 192.168.1.66   //请求超时
[root@techhost ~]# ping 192.168.1.50   //连接成功

```
TYPE=Ethernet
PROXY_METHOD=none
BROWSER_ONLY=no
BOOTPROTO=static
IPADDR0=192.168.1.66
PREFIX0=32
GATEWAY=192.168.1.245
DEFROUTE=yes
IPV4_FAILURE_FATAL=no
IPV6INIT=yes
IPV6_AUTOCONF=yes
IPV6_DEFROUTE=yes
IPV6_FAILURE_FATAL=no
IPV6_ADDR_GEN_MODE=stable-privacy
NAME=static-eth0
UUID=bcf07d27-c371-4cfe-9d6b-5fabfb7d1401
DEVICE=eth0
ONBOOT=yes
IPADDR1=192.168.1.50
-- INSERT --
```

图 4-16 示例效果

② 修改连接为自启(默认自启),如图 4-17 所示。Network Manager 会将参数 connection.autoconnect 默认设置为 yes,对应网络配置文件/etc/sysconfig/network-scripts/ifcfg-eth0 的 ONBOOT=yes。

[root@techhost ~]# nmcli c modify static-eth0 connection.autoconnect no
[root@techhost ~]# nmcli c show static-eth0

```
connection.interface-name:             eth0
connection.autoconnect:                no
```

图 4-17 示例效果

4．删除

删除连接，如图 4-18 所示。

[root@techhost ~]# nmcli c delete dhcp-eth0
[root@techhost ~]# nmcli c delete static-eth0

```
[root@techhost ~]# nmcli c show
NAME          UUID                                   TYPE      DEVICE
System eth0   5fb06bd0-0bb0-7ffb-45f1-d6edd65f3e03   ethernet  eth0
dhcp-eth0     5356ddf1-70b1-45e0-97de-eb64830ea4f5   ethernet  --
static-eth0   bcf07d27-c371-4cfe-9d6b-5fabfb7d1401   ethernet  --
System eth1   9c92fad9-6ecb-3e6c-eb4d-8a47c6f50c04   ethernet  --
System eth2   3a73717e-65ab-93e8-b518-24f5af32dc0d   ethernet  --
System eth3   c5ca8081-6db2-4602-4b46-d771f4330a6d   ethernet  --
System eth4   84d43311-57c8-8986-f205-9c78cd6ef5d2   ethernet  --
[root@techhost ~]# nmcli c delete dhcp-eth0
Connection 'dhcp-eth0' (5356ddf1-70b1-45e0-97de-eb64830ea4f5) successfully deleted.
[root@techhost ~]# nmcli c delete static-eth0
Connection 'static-eth0' (bcf07d27-c371-4cfe-9d6b-5fabfb7d1401) successfully deleted.
[root@techhost ~]# nmcli c show
NAME          UUID                                   TYPE      DEVICE
System eth0   5fb06bd0-0bb0-7ffb-45f1-d6edd65f3e03   ethernet  eth0
System eth1   9c92fad9-6ecb-3e6c-eb4d-8a47c6f50c04   ethernet  --
System eth2   3a73717e-65ab-93e8-b518-24f5af32dc0d   ethernet  --
System eth3   c5ca8081-6db2-4602-4b46-d771f4330a6d   ethernet  --
System eth4   84d43311-57c8-8986-f205-9c78cd6ef5d2   ethernet  --
```

图 4-18　示例效果

4.1.3　配置链路聚合和软件网桥

1．配置链路聚合

一般来讲，生产环境需要提供 7×24 h 的不间断服务，为了防止网络层发生故障以影响业务，我们需要记住网卡的绑定技术，以实现网络层面的故障冗余。

链路聚合是指将多个物理端口汇聚在一起，形成一个逻辑端口，以实现出入流量在各成员端口的负荷分担，或者在一块网卡出现故障时进行故障切换，从而保证业务的连续性。

链路聚合与双网卡绑定几乎相同，可以实现多网卡绑定主从冗余，负载均衡，提高网络访问流量。但链路聚合与双网卡绑定技术的不同点在于，双网卡绑定只能使用两块网卡，而链路聚合最多可将 8 块网卡同时绑定，此聚合模式被称为 teamd 链路聚合。

teamd 是 Linux 操作系统内核驱动程序和一个用户空间的守护进程，Linux 内核通过 teamd 进程实施网络合作，高效地处理网络包，而 teamd 负责逻辑和接口处理，被称为运行程序的软件实施负载均衡和主动备份逻辑，如轮询。teamd 进程提供以下 5 种运行模式。

① broadcast（广播）：传输来自所有端口的每个包。

② roundrobin（轮询）：以轮询的方式传输来自每个端口的包。

③ activebackup（主备）：具有故障转移功能，监视链接更改并选择活动端口进行数据传输。

④ loadbalance（负载均衡）：对监控流量使用哈希函数，尝试在包传输到端口时达到完美均衡。

⑤ LACP（Link Aggregation Control Protocol，链路汇聚控制协议）：基于 IEEE802.3ad 标准的链路汇聚控制协议，可以使用与 loadbalance 运行程序相同的传输端口。

对链路聚合进行配置的步骤如下。

步骤 1：创建组接口。

使用 nmcli 命令为网络组接口创建连接，命令如下。

```
nmcli con add type team con-nameCNAMEifnameINAME [config JSON（聚合模式）]
JSON 后跟聚合模式，如下：
JSON: '{ "runner" : { "name" : "METHOD" }}'
    broadcast
    roundrobin
    activebackup
    loadbalance
    lacp
```

示例如图 4-19 所示。

```
#为主机添加两块网卡，信息如下：
[root@techhost ~]# nmcli con show
NAME          UUID                                   TYPE      DEVICE
System eth0   5fb06bd0-0bb0-7ffb-45f1-d6edd65f3e03   ethernet  eth0
System eth1   9c92fad9-6ecb-3e6c-eb4d-8a47c6f50c04   ethernet  eth1
System eth2   3a73717e-65ab-93e8-b518-24f5af32dc0d   ethernet  --
System eth3   c5ca8081-6db2-4602-4b46-d771f4330a6d   ethernet
System eth4   84d43311-57c8-8986-f205-9c78cd6ef5d2   ethernet  --
#创建组接口 team0
[root@techhost ~]# nmcli con add type team con-name team0 ifname team0 config '{"runner": {"name": "loadbalance"}}'
Connection 'team0' (d4d828e8-2106-45cc-82c7-ab1ac9136b74) successfully added.
[root@techhost ~]#
```

```
[root@techhost ~]# nmcli con show
NAME          UUID                                   TYPE      DEVICE
System eth0   5fb06bd0-0bb0-7ffb-45f1-d6edd65f3e03   ethernet  eth0
System eth1   9c92fad9-6ecb-3e6c-eb4d-8a47c6f50c04   ethernet  eth1
System eth2   3a73717e-65ab-93e8-b518-24f5af32dc0d   ethernet  --
System eth3   c5ca8081-6db2-4602-4b46-d771f4330a6d   ethernet  --
System eth4   84d43311-57c8-8986-f205-9c78cd6ef5d2   ethernet  --
[root@techhost ~]# nmcli con add type team con-name team0 ifname team0 config '{"runner":{"name":"loadbalance"}}'
Connection 'team0' (d4d828e8-2106-45cc-82c7-ab1ac9136b74) successfully added.
[root@techhost ~]#
```

图 4-19 示例效果

步骤 2：确认组接口 IP 地址属性，如图 4-20 所示。

```
#为组接口 team0 配置 ipv4 地址
[root@techhost ~]# nmcli con mod team0 ipv4.addresses 192.168.0.100/24
#设置 team0 地址属性为静态地址
[root@techhost ~]# nmcli con mod team0 ipv4.method manual
[root@techhost ~]#
```

```
[root@techhost ~]#
[root@techhost ~]# nmcli con mod team0 ipv4.addresses 192.168.0.100/24
[root@techhost ~]# nmcli con mod team0 ipv4.method manual
[root@techhost ~]#
```

图 4-20 示例效果

步骤3：分配端口接口。

使用 nmcli 命令创建每个端口接口，命令如下。

nmcli con add type team-slave con-nameCNAMEifnameINAMEmasterTEAM
其中 CNAME 为用于引用端口的名称；
INAME 为现有接口的名称；
TEAM 指定网络组接口的链接名称，可显示指定链接名称，则默认链接为 team-slave-IFACE

示例如图 4-21 所示。

[root@techhost ~]# nmcli con add type team-slave ifname eth0 master team0
Connection 'team-slave-eth0' (abcd587e-67c1-4019-86bf-832ddc62abdd) successfully added.
[root@techhost ~]# nmcli con add type team-slave ifname eth1 master team0 con-name team0-eth1
Connection 'team0-eth1' (183e3558-7f73-4f7c-845d-3b88dbdb28ca) successfully added.
[root@techhost ~]#

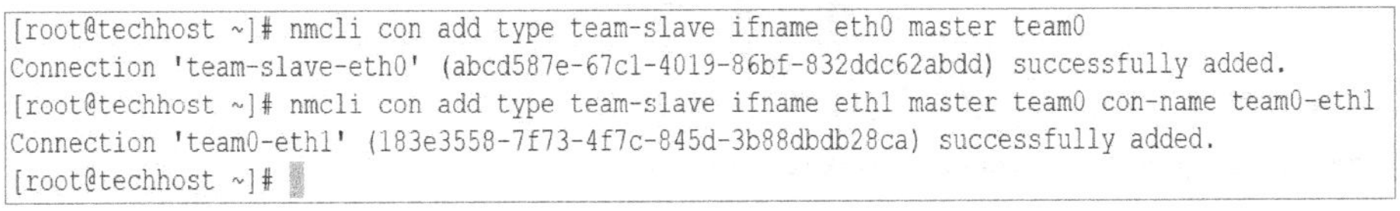

```
[root@techhost ~]# nmcli con add type team-slave ifname eth0 master team0
Connection 'team-slave-eth0' (abcd587e-67c1-4019-86bf-832ddc62abdd) successfully added.
[root@techhost ~]# nmcli con add type team-slave ifname eth1 master team0 con-name team0-eth1
Connection 'team0-eth1' (183e3558-7f73-4f7c-845d-3b88dbdb28ca) successfully added.
[root@techhost ~]#
```

图 4-21 示例效果

步骤4：启动网卡。

[root@techhost ~]#nmcli con up team0
#使用 teamdctl 命令显示链路状态
[root@techhost ~]#teamdctl team0 state

至此，链路聚合配置完成。

2．配置软件网桥

软件网桥是一个链路层设备，可基于 MAC 地址在网络之间转发流量。网桥识别出连接到每个网络的主机，构建 MAC 地址表，然后根据该表做出包转发决策。用户可以在 Linux 环境中使用软件网桥来仿真硬件网桥。软件网桥常被用于虚拟化应用程序，在一个或多个虚拟 NIC（Network Interface Controller，网络接口控制器）中共享一个硬件 NIC。

配置软件网桥的步骤如下。

步骤1：使用 nmcli 命令创建软件网桥，如图 4-22 所示。

[root@techhost ~]# nmcli con add type bridge con-name br1 ifname br1
Connection 'br1' (e2b4bcce-9d49-4003-a0c7-04127c95f191) successfully added.
[root@techhost ~]#

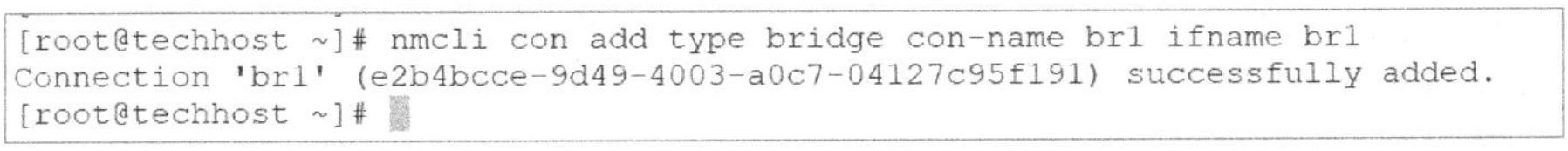

```
[root@techhost ~]# nmcli con add type bridge con-name br1 ifname br1
Connection 'br1' (e2b4bcce-9d49-4003-a0c7-04127c95f191) successfully added.
[root@techhost ~]#
```

图 4-22 示例效果

步骤2：配置接口的 IPv4 地址，如图 4-23 所示。

[root@techhost ~]# nmcli con mod br1 ipv4.addresses 192.168.0.200/24 [root@techhost ~]# nmcli con mod br1 ipv4.method manual

```
[root@techhost ~]# nmcli con mod br1 ipv4.addresses 192.168.0.200/24
[root@techhost ~]# nmcli con mod br1 ipv4.method manual
```

图 4-23　示例效果

步骤 3：将接口 eth2 绑定到 br1 网桥上，如图 4-24 所示。

[root@techhost ~]# nmcli con add type bridge-slave con-name br1-port0 ifname eth2 master br1
Connection 'br1-port0' (14a0e9dd-a774-4124-92c9-46ee52ec6d87) successfully added.
[root@techhost ~]#

```
[root@techhost ~]# nmcli con add type bridge-slave con-name br1-port0 ifname eth2 master br1
Connection 'br1-port0' (14a0e9dd-a774-4124-92c9-46ee52ec6d87) successfully added.
[root@techhost ~]#
```

图 4-24　示例效果

步骤 4：检查网桥配置文件信息，如图 4-25 所示。

[root@techhost ~]# cat /etc/sysconfig/network-scripts/ifcfg-br1

```
[root@techhost ~]# cat /etc/sysconfig/network-scripts/ifcfg-br1
STP=yes
BRIDGING_OPTS=priority=32768
TYPE=Bridge
PROXY_METHOD=none
BROWSER_ONLY=no
BOOTPROTO=none
DEFROUTE=yes
IPV4_FAILURE_FATAL=no
IPV6INIT=yes
IPV6_AUTOCONF=yes
IPV6_DEFROUTE=yes
IPV6_FAILURE_FATAL=no
IPV6_ADDR_GEN_MODE=stable-privacy
NAME=br1
UUID=e2b4bcce-9d49-4003-a0c7-04127c95f191
DEVICE=br1
ONBOOT=yes
IPADDR=192.168.0.200
PREFIX=24
RES_OPTIONS="timeout:1 single-request-reopen"
[root@techhost ~]#
```

图 4-25　示例效果

步骤 5：查看网络接口状态，如图 4-26 所示。

#显示网络接口的连接状态
[root@techhost ~]# ip link
#使用 brctl 显示有关系统上软件网桥的信息
#安装 bridge-utils
[root@techhost ~]# dnfinstall bridge-utils
[root@techhost ~]# brctl show
#发起 ping 命令测试
[root@techhost ~]# ping 192.168.0.200

```
[root@techhost ~]# ip link
1: lo: <LOOPBACK,UP,LOWER_UP> mtu 65536 qdisc noqueue state UNKNOWN mode DEFAULT group default qlen 1000
    link/loopback 00:00:00:00:00:00 brd 00:00:00:00:00:00
2: eth0: <BROADCAST,MULTICAST,UP,LOWER_UP> mtu 1500 qdisc mq state UP mode DEFAULT group default qlen 1000
    link/ether fa:16:3e:b4:dc:fd brd ff:ff:ff:ff:ff:ff
3: br1: <NO-CARRIER,BROADCAST,MULTICAST,UP> mtu 1500 qdisc noqueue state DOWN mode DEFAULT group default qlen 1000
    link/ether 0a:e1:7c:df:4e:55 brd ff:ff:ff:ff:ff:ff
[root@techhost ~]# brctl show
bridge name     bridge id               STP enabled     interfaces
br1             8000.000000000000       yes
```

图 4-26　示例效果

4.1.4　系统网络配置文件

/etc/sysconfig/network-scripts/

在上面的操作中，我们介绍了/etc/sysconfig/network-scripts/ifcfg-static-eth0 网络配置文件，即通过修改配置文件内容，可修改网络的 IP。当前 Linux 操作系统将网络配置文件存放于该目录下，通过 ls 命令（ls -l 等于 ll）查看该目录下的文件，后续创建的新的网络链接同样会放置于该目录，如图 4-27 所示。

[root@techhost ~]# ll /etc/sysconfig/network-scripts/*

```
[root@techhost ~]# ll /etc/sysconfig/network-scripts/*
-rw-------. 1 root root 86 May 18  2020 /etc/sysconfig/network-scripts/ifcfg-eth0
-rw-------. 1 root root 86 May 18  2020 /etc/sysconfig/network-scripts/ifcfg-eth1
-rw-------. 1 root root 86 May 18  2020 /etc/sysconfig/network-scripts/ifcfg-eth2
-rw-------. 1 root root 86 May 18  2020 /etc/sysconfig/network-scripts/ifcfg-eth3
-rw-------. 1 root root 86 May 18  2020 /etc/sysconfig/network-scripts/ifcfg-eth4
```

图 4-27　示例效果

基于目录内的以 ifcfg 为前缀的配置文件配置网络后并不会直接生效，还需要在 root 用户权限下重启网络服务，才能生效。

[root@techhost ~]# systemctl restart NetworkManager

1．hostname 命令

hostname 命令通常被用于显示系统的主机名称。hostname 主机名有以下 3 种类型。

① static：静态主机名，由用户自行设置，并保存在/etc/hostname 文件中。

② transient：动态主机名，由系统内核维护，可由 DHCP（Dynamic Host Configuration Protocol，动态主机配置协议）或组播 DNS（Domain Name System，域名系统）在运行时更改，默认为 localhost，但初始值一般与 static 主机名一致。

③ pretty：灵活主机名，允许使用自由形式（包括特殊字符、空白字符）进行设置，静态或动态主机名遵从域名的通用限制。

值得注意的是，static 和 transient 类型的主机名只能包含"a-z""A-Z""0-9""-""_"和"."，不能在开头或结尾处使用句点，不允许使用两个相连的句点，大小限制为 64 个字符。

hostname 命令的语法格式为"hostname[选项][参数]"。

hostname 命令选项包括以下内容。

> v：详细信息模式。
> a：显示主机别名。
> d：显示 DNS 名称。
> f：显示完全合格域名的名称。
> i：显示主机的 IP 地址。
> s：显示短主机名称，在第一个点处截断。
> y：显示 NIS（Network Information Service，网络信息服务）域名。

查看主机名，如图 4-28 所示。

[root@techhost ~]# hostname

```
[root@techhost ~]# hostname
techhost
[root@techhost ~]#
```

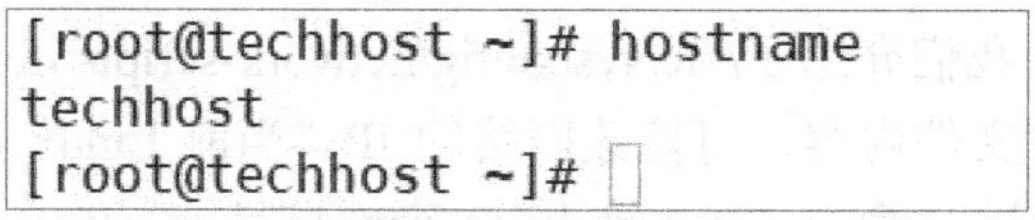

图 4-28 示例效果

此外，也可用 nmcli 设置主机名。

查询 static 主机名，如图 4-29 所示。

[root@techhost ~]# nmcli general hostname

```
[root@techhost ~]# nmcli general hostname
techhost
```

图 4-29 示例效果

设置 static 主机名为特定值，如图 4-30 所示。

[root@techhost ~]# nmcli general hostname host-techhost
[root@techhost ~]# nmcli general hostname

```
[root@techhost ~]# nmcli general hostname
host-techhost
```

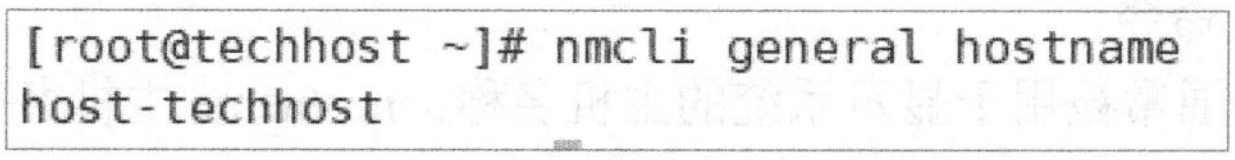

图 4-30 示例效果

也可通过 hostnamectl 命令查询与设置主机名。

2．hosts

hosts 是一个没有扩展名的系统文件，作用是在一些常用的网址域名与对应的 IP 地址之间建立一个关联关系，当用户在浏览器中输入一个需要登录的网址时，系统会首先自动从 hosts 文件中寻找对应的 IP 地址，一旦找到，系统会立即打开对应的网页，如果没有找到，系统会再对网址提交的 DNS 域名解析服务器进行 IP 地址的解析。

需要注意的是，hosts 文件配置的映射是静态的，如果网络上的计算机信息被更改，要及时更新 IP 地址，否则 IP 地址将不能被访问。

4.1.5 OpenEuler 路由管理

1．认识路由

互联网是由路由器连接的网络组合而成的，为了能让数据正确到达目标主机，路由器必须在途中进行正确转发。这种通过"正确方向"转发数据所进行的处理叫路由控制。

通俗地讲，路由是指通过网络把信息从源地点移动到目标地点的活动。

"路由"可以从动词、名词两个层面来理解：在动词层面上，路由指将需要发送的 IP 数据包发送到目的地址；在名词层面上，路由指目的地址，路由器即是根据此原理而产生作用的。

2．配置 Linux 静态路由

（1）使用 nmcli 命令配置静态路由

使用 nmcli 命令为现有以太网连接环境配置静态路由，输入以下命令（+ipv4.routes 表示指定路由信息），如图 4-31 所示。

[root@techhost ~]# nmcli connection modify static-eth0 +ipv4.routes "192.168.1.0/24 8.8.8.8"
[root@techhost ~]# nmcli c show static-eth0

```
ipv4.addresses:        192.168.1.50/32
ipv4.gateway:          192.168.1.245
ipv4.routes:           { ip = 192.168.1.0/24, nh = 8.8.8.8 }
```

图 4-31 示例效果

这样会将 192.168.1.0/24 子网的流量指向位于 8.8.8.8 的网关。

（2）使用 ip route 命令进行配置

① 查找路由列表，如图 4-32 所示。

[root@techhost ~]# ip route

```
[root@techhost ~]# ip route
default via 192.168.0.1 dev eth0 proto dhcp metric 100
169.254.169.254 via 192.168.0.254 dev eth0 proto dhcp metric 100
192.168.0.0/24 dev eth0 proto kernel scope link src 192.168.0.225 metric 100
```

图 4-32 示例效果

② 在网络中添加一个静态路由，如图 4-33 所示。

[root@techhost ~]# ip route add 192.168.1.0 via 192.168.0.1
[root@techhost ~]# ip route

```
[root@techhost ~]# ip route add 192.168.1.0 via 192.168.0.1
[root@techhost ~]# ip route
default via 192.168.0.1 dev eth0 proto dhcp metric 100
169.254.169.254 via 192.168.0.254 dev eth0 proto dhcp metric 100
192.168.0.0/24 dev eth0 proto kernel scope link src 192.168.0.225 metric 100
192.168.1.0 via 192.168.0.1 dev eth0
```

图 4-33 示例效果

其中，192.168.1.0 是 IP 地址，192.168.0.1 是下一个跳跃点，如果需要指定对应的网络接口，可在末尾指定网卡设备。

4.1.6 网络管理命令

1. hostnamectl

hostnamectl 可用于查询和更改系统主机名和相关设置，语法格式为"hostnamect[参数]"。

hostnamectl 命令参数包含以下内容。

-H: 操作远程主机。
status: 显示当前主机名设置。
set-hostname: 设置系统主机名。

① 查询主机名及详细信息，如图 4-34 所示。

[root@techhost ~]# hostnamectl status

```
[root@techhost ~]# hostnamectl status
    Static hostname: techhost
          Icon name: computer
         Machine ID: 95148c976dae4cd0bfb15a0242465b8a
            Boot ID: 26b93a1251f14c56bd3bc380d4fa9684
   Operating System: openEuler 20.03 (LTS)
             Kernel: Linux 4.19.90-2003.4.0.0036.oe1.aarch64
       Architecture: arm64
```

图 4-34 示例效果

② 将所有类型的主机名设置为一致相同。

[root@techhost ~]# hostnamectl set-hostname 主机名

③ 通过指定选项设置特定类型主机名。

[root@techhost ~]# hostnamectl set-hostname 主机名 --transient

④ 将主机名设置为""空字符串，以清除主机名。

[root@techhost ~]# hostnamectl set-hostname " " --transient

2. netstat

netstat 是一个用来查看网络状态的命令，操作简便，功能强大，用户利用 netstat 指令可得知整个系统的网络情况。netstat 命令的语法格式为"netstat[参数][-A<网络类型> [--ip]"。

netstat 命令参数包含以下内容。

-a 或--all：查看本地机器的所有开放端口，可以发现木马，可以知道机器所开的服务等信息。

-A<网络类型>或--<网络类型>：列出该网络类型连线中的相关地址。

-c 或--continuous：持续列出网络状态。

-C 或--cache：显示路由器配置的缓存信息。

-e 或--extend：显示网络的其他相关信息。

第4章 网络服务管理

-F 或--fib：显示路由缓存。

-g 或--groups：显示多重广播功能群组组员名单。

-h 或--help：在线帮助。

-i 或--interfaces：显示网络界面信息表单。

-l 或--listening：显示监控中服务器的套接字。

-M 或--masquerade：显示伪装的网络连线。

-n 或--numeric：直接使用 IP 地址，而不是通过域名服务器。

-N 或--netlink 或--symbolic：显示网络硬件外围设备的符号连接名称。

-o 或--timers：显示计时器。

-p 或--programs：显示正在使用套接字的程序识别码和程序名称。

-r 或--route：显示路由选择表。

-s 或--statistics：显示网络工作信息统计表。

-t 或--tcp：显示 TCP 的连线状况。

-u 或--udp：显示 UDP 的连线状况。

-v 或--verbose：显示指令执行过程。

-V 或--version：显示版本信息。

-w 或--raw：显示 RAW 传输协议的连线状况。

-x 或--unix：此参数的效果和指定"-A unix"参数相同。

--ip 或--inet：此参数的效果和指定"-A inet"参数相同。

下面以参数-a 为示例，显示详细的网络状况，如图 4-35 所示。

```
[root@techhost~]#   netstat   -a
```

```
[root@techhost ~]# netstat -a
Active Internet connections (servers and established)
Proto Recv-Q Send-Q Local Address        Foreign Address          State
tcp        0      0 0.0.0.0:ssh          0.0.0.0:*                LISTEN
tcp        0      0 techhost:41538       100.125.4.16:https       ESTABLISHED
tcp        0    208 techhost:ssh         183.14.134.219:26358     ESTABLISHED
tcp6       0      0 [::]:ssh             [::]:*                   LISTEN
udp        0      0 0.0.0.0:bootpc       0.0.0.0:*
udp        0      0 localhost:323        0.0.0.0:*
udp6       0      0 localhost:323        [::]:*
raw    31616      0 0.0.0.0:icmp         0.0.0.0:*                7
raw6       0      0 [::]:ipv6-icmp       [::]:*                   7
Active UNIX domain sockets (servers and established)
Proto RefCnt Flags       Type       State         I-Node   Path
unix  2      [ ACC ]     STREAM     LISTENING     39177    @/tmp/.ICE-unix/2467
```

图 4-35 示例效果

3．nslookup

nslookup 命令用来查询域名的 DNS 信息。nslookup 在系统中默认已经启用，属于 bind-utils 包下的一个命令。

nslookup 有两种工作模式，即交互模式和非交互模式。用户可在命令行中直接输入 nslookup，无须输入任何参数即可进入交互模式，由">"提示。nslookup 命令的格式为 "nslookup[参数][域名]"。

nslookup 命令参数包含以下内容。

-sil：不显示任何警告信息。
exit：退出命令。
Server：指定解析域名的服务器地址。
set type=soa：设置查询域名授权起始信息。
set type=a：设置查询域名 A 记录。
set type=mx：设置查询域名邮件交换记录。

示例，在非交互模式下查询域名的基本信息，如图 4-36 所示。
[root@techhost ~]# nslookup baidu.com

```
[root@techhost ~]# nslookup baidu.com
Server:          100.125.136.29
Address:         100.125.136.29#53

Non-authoritative answer:
Name:    baidu.com
Address: 220.181.38.148
Name:    baidu.com
Address: 39.156.69.79
```

图 4-36 示例效果

4．traceroute

traceroute 命令用于显示数据包到主机间的路径，可以追踪网络数据包的路由途径，预设数据包的大小为 40 字节，用户可另行设置。traceroute 命令的语法格式为"traceroute[参数][主机名称或 IP 地址][数据包大小]"。

traceroute 命令参数包含以下内容。

-d：使用套接字层级的排错功能。
-f<存活数值>：设置第一个检测数据包的存活数值。
-f：设置勿离断位。
-g<网关>：设置来源路由网关，最多可设置 8 个。
-i<网络界面>：使用指定的网络界面送出数据包。
-I：使用 ICMP 回应取代 UDP 资料信息。
-m<存活数值>：设置检测数据包的最大存活数值。
-n：直接使用 IP 地址而非主机名称。
-p<通信端口>：设置 UDP 的通信端口。
-r：忽略普通的路由选择表，直接将数据包送到远端主机上。
-s<来源地址>：设置本地主机送出数据包的 IP 地址。
-t<服务类型>：设置检测数据包的 TOS 数值。
-v：详细显示指令的执行过程。
-w<超时秒数>：设置等待远端主机回报的时间。
-x：开启或关闭数据包的正确性检验。

示例：显示到达目的地的数据包路由，如图 4-37 所示。

[root@techhost ~]# traceroute www.baidu.com

```
[root@techhost ~]# traceroute www.baidu.com
traceroute to www.baidu.com (14.215.177.38), 30 hops max, 60 byte packets
 1  100.108.0.1 (100.108.0.1)  8.687 ms  8.744 ms  8.838 ms
 2  11.245.20.2 (11.245.20.2)  8.089 ms  7.796 ms  7.922 ms
 3  11.245.80.31 (11.245.80.31)  15.635 ms  15.779 ms 11.245.80.33 (11.245.80.33)  7.009 ms
 4  11.88.192.92 (11.88.192.92)  8.576 ms 11.88.192.94 (11.88.192.94)  8.582 ms 11.88.64.92 (11.88.64.92)  7.437 ms
 5  11.88.192.24 (11.88.192.24)  10.534 ms * 11.88.192.20 (11.88.192.20)  14.736 ms
 6  * * *
 7  10.88.132.1 (10.88.132.1)  8.814 ms  8.511 ms  8.732 ms
 8  11.88.192.23 (11.88.192.23)  7.461 ms 11.88.64.27 (11.88.64.27)  14.133 ms 11.88.192.23 (11.88.192.23)  5.539 m
 9  11.88.64.113 (11.88.64.113)  2.408 ms 11.88.192.111 (11.88.192.111)  3.365 ms 11.88.64.113 (11.88.64.113)  2.38
10  172.16.37.26 (172.16.37.26)  3.050 ms 172.16.37.22 (172.16.37.22)  3.002 ms 172.16.37.26 (172.16.37.26)  3.196
11  121.14.60.49 (121.14.60.49)  9.530 ms 121.14.60.41 (121.14.60.41)  10.022 ms  10.181 ms
12  183.2.139.226 (183.2.139.226)  11.540 ms 183.60.190.93 (183.60.190.93)  5.392 ms 183.60.190.97 (183.60.190.97)
13  94.96.135.219.broad.fs.gd.dynamic.163data.com.cn (219.135.96.94)  4.936 ms  5.624 ms  5.441 ms
14  14.215.32.102 (14.215.32.102)  5.654 ms 14.29.117.238 (14.29.117.238)  5.627 ms 14.29.121.178 (14.29.121.178)
15  * 10.111.10.1 (10.111.10.1)  5.555 ms  6.202 ms
16  * * *
17  * * *
```

图 4-37 示例效果

注意，如果系统提示 traceroute 命令找不到，则说明服务器上没有安装 traceroute 命令，可以使用以下命令进行安装，如图 4-38 所示。

[root@techhost ~]# traceroute.www.baidu.com
-bash: traceroute: command not found
[root@techhost ~]# yum install traceroute -y

```
[root@techhost ~]# traceroute www.baidu.com
-bash: traceroute: command not found
[root@techhost ~]# yum install traceroute -y
Last metadata expiration check: 0:16:02 ago on Thu 16 Dec 2021 12:40:28 AM CST.
Dependencies resolved.
================================================================================
 Package                   Architecture              Version
================================================================================
Installing:
 traceroute                aarch64                   3:2.1.0-10.oe1

Transaction Summary
================================================================================
Install  1 Package

Total download size: 43 k
Installed size: 90 k
Downloading Packages:
traceroute-2.1.0-10.oe1.aarch64.rpm
--------------------------------------------------------------------------------
Total
Running transaction check
Transaction check succeeded.
Running transaction test
Transaction test succeeded.
Running transaction
  Preparing        :
  Installing       : traceroute-3:2.1.0-10.oe1.aarch64
  Verifying        : traceroute-3:2.1.0-10.oe1.aarch64

Installed:
  traceroute-3:2.1.0-10.oe1.aarch64

Complete!
[root@techhost ~]#
```

图 4-38 示例效果

5. wget

wget 命令被用于从指定的 URL（Uniform Resource Locator，统一资源定位器）上下载文件。wget 命令非常稳定，在带宽很窄的情况下和不稳定的网络中有很强的适应性，如果因为网络而下载失败，wget 会不断地尝试，直到整个文件下载完毕。如果因为服务器打断下载过程而下载失败，wget 会再次连到服务器上并从停止的地方继续下载。这对从那些限定了连接时间的服务器上下载大文件非常有用。

先使用以下命令安装 wget，如图 4-39 所示。我们在之前已经安装使用过，因此此处再安装不会进行其他动作。

```
[root@techhost ~]# dnf install wget   -y
```

```
[root@techhost ~]# dnf install wget -y
Last metadata expiration check: 1:19:59 ago on Fri 14 May 2021 04:24:54 PM CST.
Package wget-1.20.3-1.oe1.aarch64 is already installed.
Dependencies resolved.
Nothing to do.
Complete!
```

图 4-39　示例效果

wget 的语法格式为"wget[选项][参数]"。

wget 命令选项包含以下内容。

-a<日志文件>：在指定的日志文件中记录资料的执行过程。
-A<后缀名>：指定要下载文件的后缀名，多个后缀名之间使用逗号进行分隔。
-b：后台运行 wget。
-B<链接地址>：设置参考的链接地址的基地地址。
-c：继续执行上次终端的任务。
-C<标志>：设置服务器数据块功能标志，on 为激活，off 为关闭，默认值为 on。
-d：调试模式运行指令。
-D<域名列表>：设置顺着的域名列表，域名之间用","分隔。
-e<指令>：作为文件".wgetrc"中的一部分执行指定的指令。
-h：显示指令帮助信息。
-i<文件>：从指定文件获取要下载的 URL 地址。
-l<目录列表>：设置顺着的目录列表，多个目录用","分隔。
-L：仅顺着关联的链接。
-r：递归下载方式。
-nc：文件存在时，下载文件不覆盖原有文件。
-nv：下载时只显示更新信息和出错信息，不显示指令的详细执行过程。
-q：不显示指令执行过程。
-nh：不查询主机名称。
-v：显示详细执行过程。
-V：显示版本信息。
--passive-ftp：使用被动模式 FTP 模式连接 FTP 服务器。
--follow-ftp：从 HTML 文件中下载 FTP 连接文件。

wegt 命令参数包含以下内容。

URL：下载指定的 URL 地址，可以是 ftp://、http://、https://。

示例，使用 wget 下载单个文件，如图 4-40 所示。

[root@techhost~]#   wget http://www.linuxidc.com/wordpress-3.1-zh_CN.zip

```
[root@techhost ~]# wget http://www.linuxidc.com/wordpress-3.1-zh_CN.zip
--2021-05-14 18:01:48--  http://www.linuxidc.com/wordpress-3.1-zh_CN.zip
Resolving www.linuxidc.com (www.linuxidc.com)... 122.224.48.203, 222.186.49.69, 122.246.6.112, ...
Connecting to www.linuxidc.com (www.linuxidc.com)|122.224.48.203|:80... connected.
HTTP request sent, awaiting response... 200 OK
Length: 5437 (5.3K) [text/html]
Saving to: 'wordpress-3.1-zh_CN.zip'

wordpress-3.1-zh_CN.zip    100%[===================================================>]   5.31K  --.-KB/s    in 0.02s

2021-05-14 18:01:48 (241 KB/s) - 'wordpress-3.1-zh_CN.zip' saved [5437/5437]

[root@techhost ~]#
```

图 4-40　示例效果

6．rsync

rsync 可以理解为 remote sync（远程同步），它不仅可以远程同步数据（类似于 scp 命令），还可以本地同步数据（类似于 cp 命令）。不同于 cp 和 scp，rsync 命令备份数据，不会直接覆盖以前的数据，而是先判断已经存在的数据和新数据的差异，只有在数据不同时才会把不相同的部分覆盖。

用户使用 rsync 前，需先使用以下命令安装 rsync，如图 4-41 所示。

[root@techhost ~]# dnf install rsync   -y

```
[root@techhost ~]# dnf install rsync -y
Last metadata expiration check: 0:03:27 ago on Fri 14 May 2021 08:26:38 PM CST.
Dependencies resolved.
================================================================================
 Package        Architecture       Version           Repository          Size
================================================================================
Installing:
 rsync          aarch64            3.1.3-6.oe1       OS                  318 k

Transaction Summary
================================================================================
Install  1 Package

Total download size: 318 k
Installed size: 790 k
Downloading Packages:
rsync-3.1.3-6.oe1.aarch64.rpm                       1.1 MB/s | 318 kB    00:00
--------------------------------------------------------------------------------
Total                                               1.1 MB/s | 318 kB    00:00
Running transaction check
Transaction check succeeded.
Running transaction test
Transaction test succeeded.
Running transaction
  Preparing     :                                                            1/1
  Running scriptlet: rsync-3.1.3-6.oe1.aarch64                                1/1
  Installing    : rsync-3.1.3-6.oe1.aarch64                                   1/1
  Running scriptlet: rsync-3.1.3-6.oe1.aarch64                                1/1
  Verifying     : rsync-3.1.3-6.oe1.aarch64                                   1/1

Installed:
  rsync-3.1.3-6.oe1.aarch64

Complete!
[root@techhost ~]#
```

图 4-41　示例效果

rsync 命令的语法格式如下。

> rsync [OPTION]... 本地资源文件目标文件
> rsync [OPTION]... 本地资源文件 [远程用户名@]远程主机名:远程文件
> rsync [OPTION]... [远程用户名@]远程主机名:远程资源文件本地文件
> rsync [OPTION]... [远程用户名@]远程主机名::远程资源文件本地文件
> rsync [OPTION]... 本地资源文件 [远程用户名@]远程主机名::远程文件
> rsync [OPTION]... rsync://[远程用户名@]远程主机名[:端口]/远程资源文件

对应以上 6 种命令格式，rsync 有 6 种不同的工作模式。

① 拷贝本地文件。当 SRC（source）和 DES（destination）路径信息都不包含":"分隔符时，启动这种工作模式，如 rsync -a /data /backup。

② 使用一个远程 shell 程序（如远程外壳、安全外壳协议）将本地机器的内容拷贝到远程机器。当 DEST（destination）路径地址包含":"分隔符时启动该模式，如 rsync -avz *.c foo:src。

③ 使用一个远程 shell 程序（如远程外壳、安全外壳协议）将远程机器的内容拷贝到本地机器。当 SRC 地址路径包含":"分隔符时启动该模式，如 rsync -avzfoo:src/bar /data。

④ 从远程 rsync 服务器中拷贝文件到本地。当 SRC 路径信息包含"::"分隔符时启动该模式，如 rsync -av root@192.168.78.192::www /databack。

⑤ 从本地机器拷贝文件到远程 rsync 服务器中。当 DST 路径信息包含"::"分隔符时启动该模式；如 rsync -av /databackroot@192.168.78.192::www。

⑥ 列出远程机的文件列表。这类似于 rsync 传输，不过要在命令中省略掉本地机信息，如 rsync -v rsync://192.168.78.192/www。

rsync 命令选项包含以下内容。

> -v, --verbose：详细模式输出。
> -c, --checksum：打开校验开关，强制对文件传输进行校验。
> -a, --archive：归档模式，表示以递归方式传输文件，并保持所有文件属性，等于 -rlptgoD。
> -r, --recursive：对子目录以递归模式处理。
> -R, --relative：使用相对路径信息。
> -b, --backup：创建备份，也就是对于目的地址已经存在有同样的文件名时，将老的文件重新命名为~filename。可以使用--suffix 选项来指定不同的备份文件前缀。
> --backup-dir：将备份文件（如~filename）存放在目录下。
> -suffix：定义备份文件前缀。
> -u, --update：仅进行更新，表示同步时跳过目标目录中修改时间更新的文件，即不同步这些有更新时间戳的文件。
> -l, --links：保留软链接。

示例，本地资源同步，如图 4-42 所示。

```
[root@techhost ~]# rsync    -av /etc/passwd /tmp/rsync.txt
```

```
[root@techhost ~]# rsync -av /etc/passwd /tmp/rsync.txt
sending incremental file list
passwd

sent 1,807 bytes  received 35 bytes  3,684.00 bytes/sec
total size is 1,715  speedup is 0.93
[root@techhost ~]# cat /tmp/rsync.txt
root:x:0:0:root:/root:/bin/bash
bin:x:1:1:bin:/bin:/sbin/nologin
daemon:x:2:2:daemon:/sbin:/sbin/nologin
adm:x:3:4:adm:/var/adm:/sbin/nologin
lp:x:4:7:lp:/var/spool/lpd:/sbin/nologin
sync:x:5:0:sync:/sbin:/bin/sync
shutdown:x:6:0:shutdown:/sbin:/sbin/shutdown
halt:x:7:0:halt:/sbin:/sbin/halt
mail:x:8:12:mail:/var/spool/mail:/sbin/nologin
operator:x:11:0:operator:/root:/sbin/nologin
games:x:12:100:games:/usr/games:/sbin/nologin
ftp:x:14:50:FTP User:/var/ftp:/sbin/nologin
nobody:x:65534:65534:Kernel Overflow User:/:/sbin/nologin
systemd-coredump:x:999:997:systemd Core Dumper:/:/sbin/nologin
systemd-network:x:192:192:systemd Network Management:/:/sbin/nologin
systemd-resolve:x:193:193:systemd Resolver:/:/sbin/nologin
systemd-timesync:x:998:996:systemd Time Synchronization:/:/sbin/nologin
```

图 4-42　示例效果

此例中，通过执行 rsync 命令，实现了将 /etc/passwd 文件同步到 /tmp/ 目录下，并改名为 rsync.txt。其余工作模式可自行实践测试。

7．telnet

telnet 命令通常被用于远程登录。telnet 程序基于 Telnet 协议的远程登录客户端程序。Telnet 协议是 TCP/IP 家族中的一员，是 Internet 远程登录服务的标准协议和主要方式，为用户提供了在本地计算机上完成远程主机工作的能力。终端使用者在计算机上将 telnet 程序连接到服务器，并在 telnet 程序中输入命令。这些命令会在服务器上运行，就像直接在服务器的控制台上输入一样，可以在本地就能控制服务器。要开始一个 telnet 会话，必须输入用户名和密码来登录服务器。telnet 是常用的远程控制 Web 服务器的命令。

用户使用前需要安装 telnet 程序，如图 4-43 所示。

```
[root@techhost ~]# dnf install telnet -y
```

```
[root@techhost ~]# dnf install telnet -y
Last metadata expiration check: 0:36:19 ago on Fri 14 May 2021 08:26:38 PM CST.
Dependencies resolved.
================================================================================
 Package          Architecture      Version             Repository         Size
================================================================================
Installing:
 telnet           aarch64           1:0.17-75.oe1       OS                 62 k

Transaction Summary
================================================================================
Install  1 Package

Total download size: 62 k
Installed size: 205 k
Downloading Packages:
telnet-0.17-75.oe1.aarch64.rpm                          481 kB/s |  62 kB  00:00
--------------------------------------------------------------------------------
Total                                                   478 kB/s |  62 kB  00:00
Running transaction check
Transaction check succeeded.
Running transaction test
Transaction test succeeded.
Running transaction
  Preparing  :                                                               1/1
  Installing    : telnet-1:0.17-75.oe1.aarch64                               1/1
  Running scriptlet: telnet-1:0.17-75.oe1.aarch64                            1/1
  Verifying     : telnet-1:0.17-75.oe1.aarch64                               1/1

Installed:
  telnet-1:0.17-75.oe1.aarch64

Complete!
[root@techhost ~]#
```

图 4-43　示例效果

telnet 命令的语法格式为"telnet[参数][主机]"。

telnet 命令参数包含以下内容。

-8：允许使用 8 位字符资料，包括输入与输出。

-a：尝试自动登入远端系统。

-b<主机别名>：使用别名指定远端主机名称。

-c：不读取用户专属目录里的.telnetrc 文件。

-d：启动排错模式。

-e<脱离字符>：设置脱离字符。

-E：滤除脱离字符。

-f：此参数的效果和指定"-F"参数相同。

-F：使用 Kerberos v5 认证时，加上此参数可把本地主机的认证数据上传到远端主机。

-k<域名>：使用 Kerberos 认证时，加上此参数可让远端主机采用指定的域名，而非该主机的域名。

-K：不自动登录远端主机。

-l<用户名称>：指定要登录远端主机的用户名称。

-L：允许输出 8 位字符资料。

-n<记录文件>：指定文件记录相关信息。

-r：使用类似 rlogin 指令的用户界面。

-S<服务类型>：设置 telnet 连线所需的 IP TOS 信息。

-x：如果主机有支持数据加密的功能，则使用该功能。

-X<认证形态>：关闭指定的认证形态。

示例，查看远方服务器 SSH 端口是否开放，如图 4-44 所示。

[roo@techhost ~]# telnet 192.168.10.10

```
[root@techhost ~]# telnet 192.168.10.10
Trying 192.168.10.10...
telnet: connect to address 192.168.10.10: Connection timed out
```

图 4-44 示例效果

此处需要设置 IP 对应的服务器的防火墙、配置文件等，才能登录成功。

4.1.7 DHCP 服务管理

1．DHCP 介绍

DHCP 是一种基于 UDP 且仅限于在局域网内部使用的网络协议，主要用于大型的局域网环境或者存在较多移动办公设备的局域网环境，主要用途是为局域网内部的设备或网络供应商自动分配 IP 地址等参数。

客户端主机在被分配可用的 IP 地址后，如果在一定时间内未使用该 IP 地址，则该 IP 地址会被 DHCP 服务器自动回收，供其他客户端使用。

第 4 章 网络服务管理

以下是 DHCP 的关键词。

① 作用域：一个完整的 IP 地址段，DHCP 根据作用域来管理网络的分布、分配 IP 地址及其他配置参数。

② 超级作用域：用于管理处于同一个物理网络中的多个逻辑子网段，超级作用域中包含了可以统一管理的作用域列表。

③ 排除范围：把作用域中的某些 IP 地址排除，确保这些 IP 地址不会被分配给 DHCP 客户端。

④ 地址池：在定义了 DHCP 的作用域并应用了排除范围后，剩余的动态分配给 DHCP 客户端的 IP 地址范围。

⑤ 租约：DHCP 客户端能够使用动态分配的 IP 地址的时间。

⑥ 预约：保证网络中的特定设备总是获取到相同的 IP 地址。

在 OpenEuler 操作系统中，DHCP 应用程序已默认安装好，如图 4-45 所示。

```
[root@techhost ~]# dnf install dhcp -y
Last metadata expiration check: 2:01:42 ago on Sat 15 May 2021 10:22:12 PM CST.
Package dhcp-12:4.4.2-3.oe1.x86_64 is already installed.
Dependencies resolved.
Nothing to do.
Complete!
```

图 4-45　示例效果

启动并设置为开机自启，操作如下。

[root@techhost ~]# systemctl start dhcpd
[root@techhost ~]# systemctl enable dhcpd

查看 DHCP 配置文件/etc/dhcp/dhcpd.conf，默认只有 3 行注释，如图 4-46 所示。

[roo@techhost ~]# cat /etc/dhcp/dhcpd.conf

```
[root@techhost ~]# cat /etc/dhcp/dhcpd.conf
#
# DHCP Server Configuration file.
#   see /usr/share/doc/dhcp-server/dhcpd.conf.example
#   see dhcpd.conf(5) man page
#
```

图 4-46　示例效果

DHCP 配置文件的参数较多，现列出常用的参数。

ddns-update-style [类型]：定义 DNS 动态更新的类型，包括 none（不支持动态更新）、interim（互动更新模式）、ad-hoc（特殊更新模式）。

[ignore | allow] client-updates：允许或忽略客户端更新 DNS 记录。

default-lease-time [21600]：默认租约时间。

max-lease-time [43200]：最大租约时间。

option domain-name-servers [8.8.8.8]：定义 DNS 服务器地址。

option domain-name ["domain.org"]：定义 DNS 域名。

range：定义用于分配的 IP 地址池。

option subnet-mask：定义客户端的子网掩码。

> option routers：定义客户端的网关地址。
> broadcase-address[广播地址]：定义客户端的广播地址。
> hardware[网卡物理地址]：指定网卡接口的类型与 MAC 地址。
> server-name[主机名]：向 DHCP 客户端通知 DHCP 服务器的主机名。
> fixed-address[IP 地址]：将某个固定的 IP 地址分配给指定主机。

2. DHCP 自动管理主机地址配置

我们模拟一个教室的网络，默认教室有 50 名学生，那么，至少需要配置 50 个 IP 地址，因为手动配置较为费时费力，所以可以使用 DHCP 自动配置来实现需求。

此处，DHCP 服务器的 IP 地址需指定为 192.168.1.1，其余主机则通过 DHCP 服务器自动获取 IP 网络。在操作前，需要先将虚拟机自带的 DHCP 服务关闭，以防冲突。

单击虚拟机操作栏的"编辑"按钮，再单击下拉选项栏中的"虚拟网络编辑器"选项，此实验服务器与虚拟机的连接方式为仅主机模式，取消勾选"使用本地 DHCP 服务将 IP 地址分配给虚拟机"，准备工作完成，如图 4-47 所示。

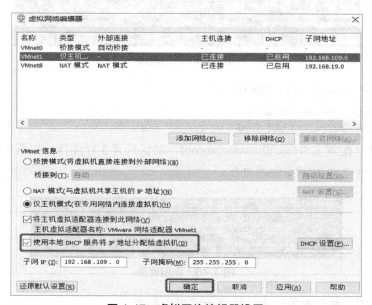

图 4-47 虚拟网络编辑器设置

DHCP 自动管理主机地址配置步骤如下。

① 配置 DHCP 服务器文件/etc/dhcp/dhcpd.conf，如图 4-48 所示。

```
[root@techhost ~]# vim /etc/dhcp/dhcpd.conf
ddns-update-style none;              //设置 DNS 服务器不支持动态更新
ignore client-updates;               //忽略客户端更新 DNS 记录
subnet 192.168.1.0 netmask 255.255.255.0 {    //作用域 192.168.1.0/24 网段
range 192.168.1.10 192.168.1.60;     //IP 地址池 10~60
option subnet-mask 255.255.255.0;    //子网掩码
option routers 192.168.1.1;          //网关
option domain-name "techhost";       //搜索区域
option domain-name-servers 192.168.1.1;   //DNS 地址
```

第 4 章 网络服务管理

```
default-lease-time 21600;              //默认租约时间
max-lease-time 21600;                  //最长租约时间
}
```

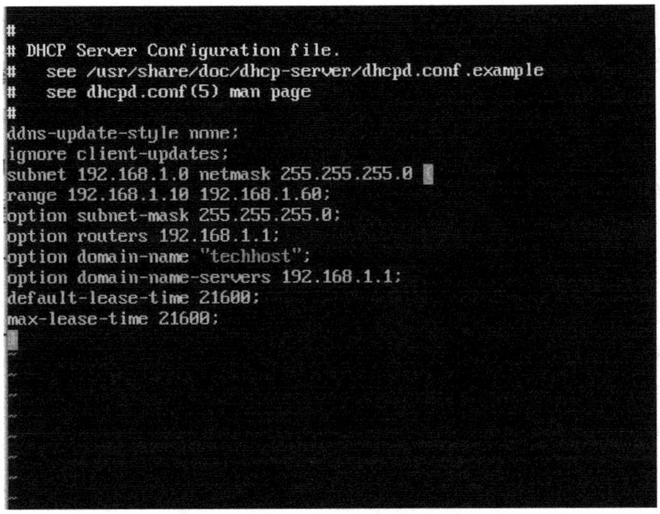

图 4-48　配置 DHCP 服务器文件

② 重启服务。

```
[root@techhost ~]# systemctl restart dhcpd
```

4.2　SSH 服务管理

4.2.1　SSH 服务介绍

SSH 是建立在应用层基础上的安全协议。SSH 是目前较可靠的专为远程登录会话和其他网络服务提供安全性保障的协议。SSH 协议可以有效防止远程管理过程中信息泄露问题的发生。

SSH 是标准的网络协议，可用于大多数 UNIX 操作系统，能够实现字符界面的远程登录管理。它默认使用 22 号端口，采用密文的形式在网络中传输数据，与通过明文形式传输数据的 Telnet 和 FTP 相比，SSH 具有更高的安全性。sshd 服务程序已经默认安装完成，其配置信息存放在/etc/ssh/sshd_config 主配置文件下，现列出部分常用的参数。

Port 22：默认的 sshd 服务端口。
ListenAddress 0.0.0.0：设定 sshd 服务器监听的 IP 地址，表明接受所有 IP。
PermitRootLogin yes：设定是否允许 root 管理员直接登录。
StrictModes yes：当远程用户的私钥改变时，直接拒绝连接。

> MaxAuthTries 6：最大密码尝试次数。
> MaxSessions 10：最大终端数。
> PasswordAuthentication yes：是否允许密码验证。
> PermitEmptyPasswords no：是否允许空密码登录（不安全）。

使用以下命令可对 SSH 服务配置文件进行编辑。

[root@techhost ~]# vim /etc/ssh/sshd_config

4.2.2 SSH 服务基础操作

在了解 SSH 服务操作之前，我们先了解一下 SSH 服务的认证方式。SSH 服务以非对称加密方式实现身份认证，主要有基于口令的安全认证方式和基于密钥的安全认证方式。

1. 基于口令的安全认证方式

基于口令的安全认证方式是指以用户的账户与密码的方式进行登录，只要知道 SSH 服务器允许的账户名和密码（当然也要知道对应服务器的 IP 及开放的 SSH 端口，默认端口为 22 号），就可以通过 SSH 客户端登录到远程主机。联机过程中所有传输的数据都是加密的。

说明：在此实验开始之前，另外配置了一台云服务器作为 SSH 服务器主机，主机名为 techhost1，IP 地址为 192.168.0.10，与先前配置的主机名为 techhost、IP 地址为 192.168.0.225 的服务器处于同一 VPC 下。

在 techhost 主机下指定目标用户的 IP 地址，远程登录到 techhost1，如图 4-49 所示。

[root@techhost ~]# ssh 192.168.0.10

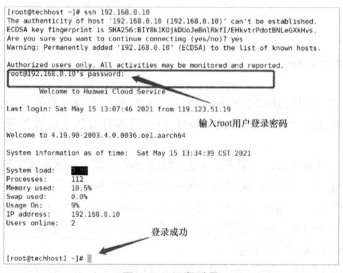

图 4-49 远程登录

输入 root 用户的登录密码后完成登录，此处未指明账户和端口，账户默认为 root 用户，端口号默认为 22 号。

退出连接命令如图 4-50 所示。

[root@techhost1 ~]# exit

```
[root@techhost1 ~]# exit
logout
Connection to 192.168.0.10 closed.
[root@techhost ~]#
```

图 4-50　退出连接

如果修改了配置文件/etc/ssh/sshd_config 中的参数，那么相应的功能就会发生变化。例如，修改 techhost1 主机的 sshd 配置文件参数，禁止 root 用户登录，即把 PermitRootLogin 参数修改为 PermitRootLogin no，并保存退出，该参数代表不允许 root 用户登录，命令如图 4-51 所示。

[root@techhost1 ~]# vim /etc/ssh/sshd_config

```
167 PermitTunnel no
168 KexAlgorithms curve25519-sha2
    ,diffie-hellman-group-exchang
169 PermitRootLogin no
170 PasswordAuthentication yes
171 UseDNS no
```

图 4-51　修改参数

修改完成后，需要重启服务文件才能生效，最好也将 SSH 服务程序加入开机自启，命令如下。

[root@techhost1 ~]# systemctl restart sshd
[root@techhost1 ~]# systemctl enable sshd

重新在 techhost 主机上进行登录测试，即使密码正确，也无法登录成功，如图 4-52 所示。

```
[root@techhost ~]# ssh 192.168.0.10
Authorized users only. All activities may be monitored and reported.
root@192.168.0.10's password:
Permission denied, please try again.
root@192.168.0.10's password:
Permission denied, please try again.
root@192.168.0.10's password:
root@192.168.0.10: Permission denied (publickey,gssapi-keyex,gssapi-with-mic,password).
[root@techhost ~]#
```

图 4-52　重新登录

2．基于密钥的安全认证方式

基于密钥的安全认证方式首先需要在客户端建立一对公私密钥，然后把公钥（锁头）放在需要访问的目标服务器上，再把私钥（钥匙）放到 SSH 的客户端。我们需要注意的是：

① 私钥不能在网络中传输——私钥可以解密公钥；
② 公钥可以在网络中传输——公钥不能解密私钥。

此时，如果想要连接带有公钥的 SSH 服务器，SSH 客户端就会向 SSH 服务器发出请求，请求用联机的用户密钥进行安全验证。SSH 服务器收到请求之后，首先在该 SSH 服务器连接的用户的家目录下查找已存在的对应用户的公钥，然后把此公钥与 SSH 客户端发来的公钥进行比较，如果两个密钥一致，SSH 服务器就会用公钥加密“质询”，并把它发送给 SSH 客户端。操作步骤如下。

① 客户端主机生成“密钥对”，如图 4-53 所示。

```
[root@techhost ~]# ssh-keygen
```

```
[root@techhost ~]# ssh-keygen
Generating public/private rsa key pair.
Enter file in which to save the key (/root/.ssh/id_rsa):     设置密钥存储路径，回车默认
Enter passphrase (empty for no passphrase):     设置密钥密码，回车则表示不设置密码
Enter same passphrase again:
Your identification has been saved in /root/.ssh/id_rsa.
Your public key has been saved in /root/.ssh/id_rsa.pub.     私钥与公钥的保存路径
The key fingerprint is:
SHA256:cFKqoZL92yrd6K4LedHyRTib9zKN+XLUTSfQ0rR7+wA root@techhost
The key's randomart image is:
+---[RSA 2048]----+
|        . .      |
|     . o  o .    |
|    + = .. +     |
| o o B +  + o .  |
|o = = o S.E= o   |
| o = o =. o.o    |
|o ..oo=.o  ...   |
| o. ooo+.    ..  |
|  o*=..o.    ..  |
+----[SHA256]-----+
[root@techhost ~]#
```

图 4-53 客户端主机生成“密钥对”

② 将客户端生成的公钥追加到服务器的 authorized_keys 文件中，完成公钥认证操作，此处是基于 root 用户进行登录的，所以在此之前需要先设置 SSH 服务器允许 root 用户登录，如图 4-54 所示。

```
[root@techhost ~]# ssh-copy-id 192.168.0.10
```

```
[root@techhost ~]# ssh-copy-id 192.168.0.10
/usr/bin/ssh-copy-id: INFO: Source of key(s) to be installed: "/root/.ssh/id_rsa.pub"
/usr/bin/ssh-copy-id: INFO: attempting to log in with the new key(s), to filter out any that are already ins
talled
/usr/bin/ssh-copy-id: INFO: 1 key(s) remain to be installed -- if you are prompted now it is to install the
new keys

Authorized users only. All activities may be monitored and reported.
root@192.168.0.10's password:

Number of key(s) added: 1

Now try logging into the machine, with:   "ssh '192.168.0.10'"
and check to make sure that only the key(s) you wanted were added.
```

图 4-54 设置登录

输入密码后，分别查看客户端与服务器的公钥文件并对比，发现密钥内容一致。

客户端命令如图 4-55 所示。

```
[root@techhost ~]# cat /root/.ssh/id_rsa.pub
```

```
[root@techhost ~]# cat /root/.ssh/id_rsa.pub
ssh-rsa AAAAB3NzaC1yc2EAAAADAQABAAABAQC0ayWeUzb4nQcgzJB9JcDNttwLrA3ilTBw5iDWgdDbp2Phm6W1r6lhrUJbkGew+PdrcyU0
JHjshHSKpwDmDrtuwzv8wMuBiT25ltS4LoiGWg7YTu98EAnsFVnjNF6RKD5908lBuc6QmiKJ/tn9TfP4m/lku3GnV/EUPUIP1NbFlKZkzYHy
VWGspTL+YhFAtO6Hk7P2ZUVA008KWnpZn9iKST/OOUhNGOy7JUcn4JVaYhKJ/6A7yGFvSt1f7bz+EoPdPYZvS7XX+cZ7MW6HRdG5ZBjoHGpM
TytDXe2+K6JDshvPTemKoB+gBkul0KGZL+fTXODRx4gvsRKcsb6nLcWv root@techhost
```

图 4-55　客户端命令

服务器命令如图 4-56 所示。

```
[root@techhost1 ~]# cat /root/.ssh/authorized_keys
```

```
[root@techhost1 ~]# cat /root/.ssh/authorized_keys
ssh-rsa AAAAB3NzaC1yc2EAAAADAQABAAABAQC0ayWeUzb4nQcgzJB9JcDNttwLrA3ilTBw5iDWgdDbp2Phm6W1r6lhrUJbkGew+PdrcyU0
JHjshHSKpwDmDrtuwzv8wMuBiT25ltS4LoiGWg7YTu98EAnsFVnjNF6RKD5908lBuc6QmiKJ/tn9TfP4m/lku3GnV/EUPUIP1NbFlKZkzYHy
VWGspTL+YhFAtO6Hk7P2ZUVA008KWnpZn9iKST/OOUhNGOy7JUcn4JVaYhKJ/6A7yGFvSt1f7bz+EoPdPYZvS7XX+cZ7MW6HRdG5ZBjoHGpM
TytDXe2+K6JDshvPTemKoB+gBkul0KGZL+fTXODRx4gvsRKcsb6nLcWv root@techhost
```

图 4-56　服务器命令

4.2.3　SSH 免密登录

如果不想每次登录时都输入密码，需将 SSH 设置为免密登录。免密登录并不是不需要密码就可以登录，而是换了一种身份认证方式。

免密登录的实现过程如图 4-57 所示。

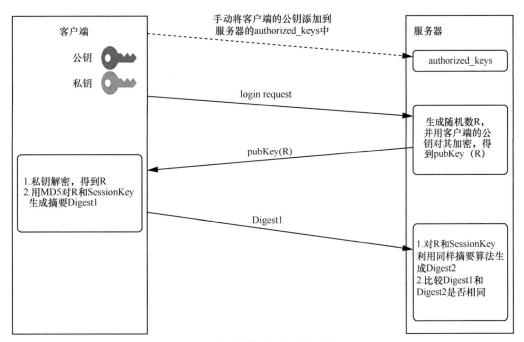

图 4-57　免密登录的实现过程

① 在客户端使用 ssh-keygen 生成一对密钥，即公钥+私钥。
② 将客户端公钥追加到服务器的 authorized_keys 文件中，完成公钥认证操作。
③ 认证完成后，客户端向服务器发起登录请求，并传递公钥到服务器。

④ 服务器检索 authorized_keys 文件，确认该公钥是否存在。如果该公钥存在，则生成随机数 R，并用客户端的公钥进行加密，生成公钥加密字符串 pubKey(R)。

⑤ 将公钥加密字符串传递给客户端。

⑥ 客户端使用私钥解密公钥加密字符串，得到 R。

⑦ 服务器和客户端通信时会产生一个会话 ID，即 SessionKey，用 MD5 对 R 和 SessionKey 进行加密，生成摘要。

⑧ 客户端将生成的 MD5 加密字符串传送给服务器。

⑨ 服务器同样生成 MD5 加密字符串。

⑩ 如果客户端传来的加密字符串等于服务器自身生成的加密字符串，则认证成功。此时不用输入密码，即可完成连接，开始远程执行 Shell 命令。

我们可以将整个过程分为 3 步。

第一步，使用 ssh-keygen 命令在客户端生成公钥和私钥，回车确认。公钥和私钥的默认名称分别为 id_rsa.pub 和（id_rsa），默认保存在 ~/.ssh 目录下。

```
[root@techhost ~]# ssh-keygen
```

第二步，将客户端公钥追加至服务器 ~/.ssh/authorized_keys 文件中，authorized_keys 是用来存放客户端公钥的文件的，对此可利用 3 种方法来操作：一是通过 ssh-copy-id 命令；二是通过 scp 命令；三是手动复制。例如，使用 ssh-copy-id 命令的操作如下。

```
[root@techhost ~]# ssh-copy-id 192.168.0.10
```

第三步，使用 SSH 进行免密登录，如图 4-58 所示。

```
[root@techhost ~]# ssh 192.168.0.10
```

```
[root@techhost ~]# ssh 192.168.0.10
Authorized users only. All activities may be monitored and reported.
         Welcome to Huawei Cloud Service
Last login: Sat May 15 16:13:33 2021 from 119.123.51.19

Welcome to 4.19.90-2003.4.0.0036.oe1.aarch64

System information as of time:  Sat May 15 16:13:37 CST 2021

System load:    0.06
Processes:      114
Memory used:    10.3%
Swap used:      0.0%
Usage On:       9%
IP address:     192.168.0.10
Users online:   2


[root@techhost1 ~]#
```

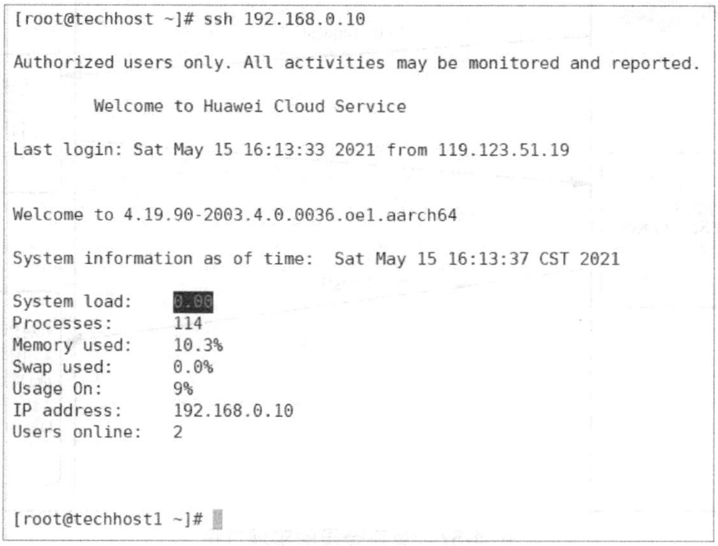

图 4-58 免密登录

4.3 FTP 服务管理

4.3.1 FTP 服务介绍

FTP 是一种用于在互联网中进行文件传输的协议，可在多种不同的操作系统之间进行文件传输，具备较强的文件传输可靠性和更高的效率，且具有搭建简单、方便管理等特点。

FTP 在 TCP/IP 协议簇中属于应用层协议，用于在远端服务器和本地客户端之间传输文件，使用 TCP 端口 20 和 TCP 端口 21 进行传输。TCP 端口 20 用于传输数据，TCP 端口 21 用于传输控制消息。FTP 服务的工作过程如图 4-59 所示。

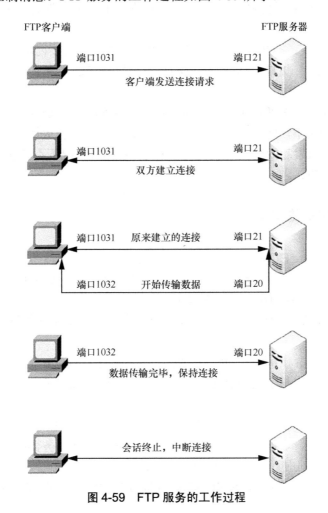

图 4-59　FTP 服务的工作过程

① FTP 客户端向 FTP 服务器发出连接请求，同时 FTP 客户端系统动态地打开一个大

于 1024 的端口，等候 FTP 服务器连接（如端口 1031）。

② 若 FTP 服务器在端口 21 中监听到该请求，则会在 FTP 客户端的端口 1031 和 FTP 服务器的端口 21 之间建立一个 FTP 会话连接。

③ 当需要传输数据时，FTP 客户端再动态地打开一个大于 1024 的端口（如端口 1032），连接到服务器的端口 20，并在这两个端口之间进行数据传输，当数据传输完毕后，这两个端口会自动关闭。

④ 当 FTP 客户端与 FTP 服务器断开连接时，FTP 客户端上动态分配的端口将自动释放。

FTP 服务的传输模式一般有两种：一种是二进制模式，用于传输程序文件，比如后缀名为.app、.bin、.btm 的文件；另一种是 ASCII 模式，用于传输文本格式的文件，比如后缀名为.txt、.bat、.cfg 的文件。

FTP 服务器按照 FTP 在互联网上提供文件访问和存储服务，FTP 则用于向服务器发送连接请求且进行数据传输。FTP 服务有两种工作模式，即主动传输模式和被动传输模式。

① 主动传输模式：FTP 服务器主动向 FTP 客户端发起连接请求。

② 被动传输模式：FTP 服务器等待 FTP 客户端发起连接请求，是 FTP 的默认工作模式。

被动传输模式的 FTP 通常用在处于防火墙之后的 FTP 客户访问外界 FTP 服务器的情况，因为在这种情况下，防火墙通常配置为不允许外界访问防火墙之后的主机，只允许让防火墙之后的主机发起的连接请求通过。因此，在这种情况下不能使用主动传输模式，而应使用被动传输模式。

4.3.2　vsftpd 的安装与配置

vsftpd（very secure FTP deamon，非常安全的 FTP 守护进程）是 Linux 操作系统中普遍使用的 FTP 服务程序，操作简单且安全性高，传输效率高，还具备虚拟用户验证功能。

vsftpd 允许用户登录的认证模式有以下 3 种。

① 匿名用户模式：任何人都可以登录 FTP 服务器，无须账户密码，因此这种认证模式是不安全的。

② 本地用户模式：用系统本地用户的账户与密码进行登录认证，配置简单，比匿名用户模式安全，但账户与密码信息是明文保存的，可能会被黑客盗取，对服务器造成威胁。

③ 虚拟用户模式：需要单独为 FTP 服务器配置数据库文件，虚拟出用于进行口令验证的账户与密码信息，虚拟出来的账户与密码信息实际上在服务器中并不存在，仅用于 FTP 服务程序登录认证使用，因此这种模式最安全。

在 OpenEuler 操作系统中，使用 vsftpd 前需要先安装 vsftpd、ftp 程序软件，安装进程如图 4-60 所示。

```
[root@techhost1 ~]# dnf install vsftpd ftp –y
```

第 4 章 网络服务管理

```
Last metadata expiration check: 0:47:20 ago on Sat 15 May 2021 04:28:46 PM CST.
Dependencies resolved.
================================================================================
 Package            Architecture      Version              Repository      Size
================================================================================
Installing:
 ftp                aarch64           0.17-79.oe1          OS              46 k

Transaction Summary
================================================================================
Install  1 Package

Total download size: 46 k
Installed size: 135 k
Downloading Packages:
ftp-0.17-79.oe1.aarch64.rpm                              2.2 MB/s |  46 kB   00:00
--------------------------------------------------------------------------------
Total                                                    2.1 MB/s |  46 kB   00:00
Running transaction check
Transaction check succeeded.
Running transaction test
Transaction test succeeded.
Running transaction
  Preparing        :                                                         1/1
  Installing       : ftp-0.17-79.oe1.aarch64                                 1/1
  Verifying        : ftp-0.17-79.oe1.aarch64                                 1/1

Installed:
  ftp-0.17-79.oe1.aarch64

Complete!
```

图 4-60　安装过程

查看 vsftpd 服务程序主配置文件。

[root@techhost1 ~]# cat /etc/vsftpd/vsftpd.conf

vsftpd 命令的常用参数如下。

listen=[YES|NO]：是否以独立运行的方式监听服务。

listen_address=IP 地址：设置要监听的 IP 地址。

listen_port=21：设置 FTP 服务的监听端口。

download_enable＝[YES|NO]：是否允许下载文件。

userlist_enable=[YES|NO]、userlist_deny=[YES|NO]：设置用户列表为"允许操作"还是"禁止操作"。

max_clients=0：最大客户端连接数，0 为不限制。

max_per_ip=0：同一 IP 地址的最大连接数，0 为不限制。

anonymous_enable=[YES|NO]：是否允许匿名用户访问。

anon_upload_enable=[YES|NO]：是否允许匿名用户上传文件。

anon_umask=022：匿名用户上传文件的 umask 值。

anon_root=/var/ftp：匿名用户的 FTP 根目录。

anon_mkdir_write_enable=[YES|NO]：是否允许匿名用户创建目录。

anon_other_write_enable=[YES|NO]：是否开放匿名用户的其他写入权限（包括修改目录名、删除目录等）。

anon_max_rate=0：匿名用户的最大传输速率，0 为不限制。

local_enable=[YES|NO]：是否允许本地用户登录 FTP。

local_umask=022：本地用户上传文件的 umask 值。

local_root=/var/ftp：本地用户的 FTP 根目录。

chroot_local_user=[YES|NO]：是否将用户权限禁锢在 FTP 目录以确保安全。

local_max_rate=0：本地用户的最大传输速率，0 为不限制。

iptables 防火墙默认禁止 FTP 端口，因此此处直接清除 iptables 防火墙策略并加以保存，如图 4-61 所示。

[root@techhost1 ~]# iptables -F
[root@techhost1 ~]# service iptables save

```
[root@techhost1 ~]# iptables -F
[root@techhost1 ~]# service iptables save
iptables: Saving firewall rules to /etc/sysconfig/iptables: [  OK  ]
```

图 4-61　示例效果

1．匿名用户模式配置

允许匿名用户访问，并具有上传文件、下载文件、创建目录、删除目录与修改目录名的权限。

匿名用户模式配置步骤如下。

① 编辑配置文件。

[root@techhost1 ~]# vim /etc/vsftpd/vsftpd.conf

修改（文件内存在的）或新增（文件内不存在的）参数，操作完成后保存退出。

anonymous_enable=YES：允许匿名用户访问。
anon_umask=022：匿名用户上传文件的 umask 值。
anon_upload_enable=YES：允许匿名用户上传文件。
anon_mkdir_write_enable=YES：允许匿名用户创建目录。
anon_other_write_enable=YES：允许开放匿名用户的其他写入权限。

② 重启服务并将服务加入开机自启，如图 4-62 所示。

[root@techhost1 ~]# systemctl restart vsftpd
[root@techhost1 ~]# systemctl enable vsftpd

```
[root@techhost1 ~]# systemctl restart vsftpd
[root@techhost1 ~]# systemctl enable vsftpd
Created symlink /etc/systemd/system/multi-user.target.wants/vsftpd.service → /usr/lib/systemd/system/vsftpd.service.
```

图 4-62　示例效果

③ 在 techhost 主机上使用 ftp 命令登录，如图 4-63 所示。

[root@techhost ~]# ftp 192.168.0.10

```
[root@techhost ~]# ftp 192.168.0.10
Connected to 192.168.0.10 (192.168.0.10).
220 (vsFTPd 3.0.3)
Name (192.168.0.10:root): ftp        ← 账户名
331 Please specify the password.
Password:                             ← 密码为空即可登录
230 Login successful.
Remote system type is UNIX.
Using binary mode to transfer files.
ftp> ls
227 Entering Passive Mode (192,168,0,10,227,52).
150 Here comes the directory listing.
drwxr-xr-x    2 0        0            4096 Mar 23  2020 pub    ← 默认生成目录
226 Directory send OK.
ftp>
```

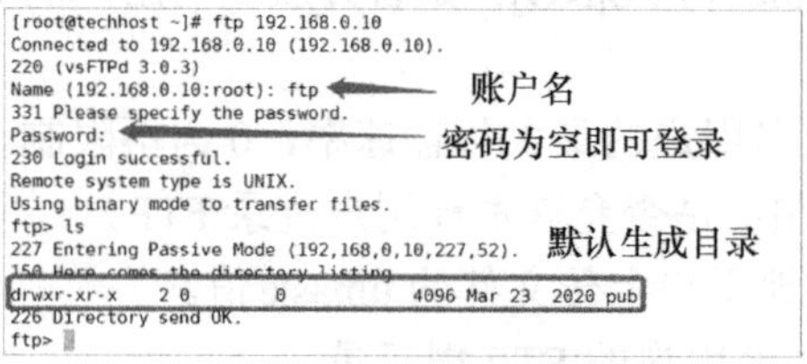

图 4-63　使用 ftp 命令登录

参数介绍中，匿名用户默认进入的是/var/ftp 目录，此目录下还生成了一个 pub 目录。

① 基于赋予匿名用户的权限，在默认目录 pub 内进行操作，如图 4-64 所示。

```
ftp> cd pub
250 Directory successfully changed.
ftp> mkdir tech_files
550 Create directory operation failed.
```

图 4-64　示例效果

通过操作发现，我们可以进入 pub 目录，但是无法创建文件。而在配置文件中，我们已经赋予匿名用户创建目录的权限，经过分析得出，产生这个问题的原因是 pub 目录权限不足。

② 在服务器查看 pub 目录权限。

其他用户没有权限，而用户所有者和所有组都是 root 用户，因此选择将所有者由 root 用户修改成 ftp 用户，如图 4-65 所示。

[root@techhost1 ~]#ls -ld /var/ftp/pub/
[root@techhost1 ~]#chown -Rf ftp /var/ftp/pub/
[root@techhost1 ~]# ls -ld /var/ftp/pub/

```
[root@techhost1 ~]# ls -ld /var/ftp/pub/
drwxr-xr-x 2 root root 4096 Mar 24  2020 /var/ftp/pub/
[root@techhost1 ~]# chown -Rf ftp /var/ftp/pub
[root@techhost1 ~]# ls /var/ftp/pub
[root@techhost1 ~]# ls -ld /var/ftp/pub/
drwxr-xr-x 2 ftp root 4096 Mar 24  2020 /var/ftp/pub/
```

图 4-65　将所有者由 root 用户修改成 ftp 用户

③ 再次进行操作，相关权限操作执行成功，如图 4-66 所示。

```
[root@techhost ftp]# ftp 192.168.0.10
Connected to 192.168.0.10 (192.168.0.10).
220 (vsFTPd 3.0.3)
Name (192.168.0.10:root): ftp
331 Please specify the password.
Password:
230 Login successful.
Remote system type is UNIX.
Using binary mode to transfer files.
ftp> cd pub
250 Directory successfully changed.
ftp> mkdir haha
257 "/pub/haha" created
ftp> rmdir haha
250 Remove directory operation successful.
ftp> exit
221 Goodbye.
```

图 4-66　相关权限操作执行成功

说明：如果仍执行失败，则需要设置 SELinux 相关访问权限或者直接关闭 SELinux 服务，此处 OpenEuler 操作系统默认关闭了 SELinux 服务，因此不再进行演示。

相关命令如下。

> setenforce 0|1：0 表示设置为 Permissive 模式；1 表示 Enforcing 模式。
> getenforce：查看 SELinux 状态。
> getsebool -a | grep ftp：查看 FTP 相关访问权限。
> setsebool -P | ftpd_full_access=on：设置并更新 FTP 访问权限且永久有效。

2. 本地用户模式配置

允许本地用户访问,并具有上传文件、下载文件、创建目录、删除目录与修改目录名的权限。

本地用户模式配置步骤如下。

① 编辑配置文件。

[root@techhost1 ~]# vim /etc/vsftpd/vsftpd.conf

修改(文件内存在的)或新增(文件内不存在的)参数,操作完成后保存退出。

> anonymous_enable=NO:禁止匿名用户访问。
> local_enable=YES:允许本地用户登录 FTP。
> write_enable=YES:设置可写权限。
> local_umask=022:本地用户上传文件的 umask 值。
> userlist_enable=YES:启用"禁止用户名单",名单文件为 ftpusers 和 user_list。
> userlist_deny=YES:开启用户名单文件功能。

② 重启服务。

[root@techhost1 ~]# systemctl restart vsftpd

③ 当 userlist_deny=YES 时,ftpusers 与 user_list 文件内存在的本地用户无法登录 FTP 服务器,查看 ftpusers、user_list 文件,如图 4-67 所示。

[root@techhost1 ~]# cat /etc/vsftpd/ftpusers
[root@techhost1 ~]# cat /etc/vsftpd/user_list

```
[root@techhost1 ~]# cat /etc/vsftpd/ftpusers
# Users that are not allowed to login via ftp
root
bin
daemon
adm
lp
sync
shutdown
halt
mail
news
uucp
operator
games
nobody
[root@techhost1 ~]# cat /etc/vsftpd/user_list
# vsftpd userlist
# If userlist_deny=NO, only allow users in this file
# If userlist_deny=YES (default), never allow users in this file, and
# do not even prompt for a password.
# Note that the default vsftpd pam config also checks /etc/vsftpd/ftpusers
# for users that are denied.
root
bin
daemon
adm
lp
sync
shutdown
halt
mail
news
uucp
operator
games
nobody
```

图 4-67 查看文件

④ 在 techhost 客户端，尝试使用 root 账户登录 FTP 服务器，如图 4-68 所示。

[root@techhost ftp]# ftp 192.168.0.10

```
[root@techhost ftp]# ftp 192.168.0.10
Connected to 192.168.0.10 (192.168.0.10).
220 (vsFTPd 3.0.3)
Name (192.168.0.10:root): root      账户root
530 Permission denied.
Login failed.    直接被拒绝登录
ftp>
```

图 4-68　使用 root 账户登录 FTP 服务器

⑤ 在 techhost1 服务器创建一个普通用户，账户为 custom1，设置密码。在 techhost 客户端使用 custom1 账户登录，如图 4-69 所示。

[root@techhost ftp]# ftp 192.168.0.10

```
[root@techhost ftp]# ftp 192.168.0.10
Connected to 192.168.0.10 (192.168.0.10).
220 (vsFTPd 3.0.3)
Name (192.168.0.10:root): custom1
331 Please specify the password.
Password:
230 Login successful.
Remote system type is UNIX.
Using binary mode to transfer files.
ftp> cd pub
550 Failed to change directory.
ftp> ls
227 Entering Passive Mode (192,168,0,10,42,239).
150 Here comes the directory listing.
226 Directory send OK.
ftp> pwd
257 "/home/custom1" is the current directory
ftp> mkdir haha
257 "/home/custom1/haha" created
ftp> rmdir haha
250 Remove directory operation successful.
```

图 4-69　使用 custom1 账户登录

测试本地用户权限，均有效，这是由于 custom1 不在被禁用的用户名单文件内。

说明：本地用户登录 FTP 服务器后，会自动进入本地用户的家目录，而不是匿名用户的 /var/ftp/pub 目录。

3．虚拟用户模式配置

相比另外两种模式，虚拟用户模式配置的步骤相对复杂。前面介绍虚拟用户模式时，大致介绍了虚拟用户配置的步骤，此处我们直接进行演示说明。

需求：配置两个虚拟用户，不同用户具有不同的权限，如 teacher 用户具有上传、创建、修改、查看、删除文件的权限，而 student 用户只允许查看文件。

虚拟用户模式配置操作步骤如下。

① 创建 /vsftpd_users 目录，在该目录下创建用户数据库文件用于存放用户登录认证信息，其中奇数行表示账户，偶数行表示账户对应的密码，如图 4-70、图 4-71 所示。

[root@techhost1 ~]# mkdir /vsftpd_users
[root@techhost1 ~]# vim /vsftpd_users/vusers.txt

```
[root@techhost1 ~]# mkdir /vsftpd_users
[root@techhost1 ~]# vim /vsftpd_users/vusers.txt
```

图 4-70　示例效果

```
teacher
123456789
student
123456789
~
```

图 4-71　示例效果

② 为了保证 vusers.txt 内容不被其他人获取，此处通过 db_load 命令且借助哈希算法将 vusers.txt 文件转换成数据库文件，再将 vusers.txt 中的明文信息文件删除，如图 4-72 所示。

```
[root@techhost1 ~]# db_load -T -t hash -f /vsftpd_users/vusers.txt /vsftpd_users/vusers.db
[root@techhost1 ~]# rm /vsftpd_users/vusers.txt
```

```
[root@techhost1 ~]# db_load -T -t hash -f /vsftpd_users/vusers.txt /vsftpd
_users/vusers.db
[root@techhost1 ~]# ls /vsftpd_users/
vusers.db  vusers.txt
[root@techhost1 ~]# rm /vsftpd_users/vusers.txt
rm: remove regular file '/vsftpd_users/vusers.txt'? y
```

图 4-72　示例效果

说明：其中"-T"表示允许转换成数据库 db 文件，"-t"表示算法类型，"-f"表示文件。

③ 创建虚拟账户并设置对应的本地用户，将用户权限设置为所属组和其他用户可写、可执行，如图 4-73 所示。

```
[root@techhost1 ~]# useradd -d /var/ftp/vuser -s /sbin/nologin virtual_user
[root@techhost1 ~]# ls -ld /var/ftp/vuser
[root@techhost1 ~]# chmod -Rf 755 /var/ftp/vuser/
```

```
[root@techhost1 ~]# useradd -d /var/ftp/vuser -s /sbin/nologin virtual_use
r
[root@techhost1 ~]# ls -ld /var/ftp/vuser
drwx------ 2 virtual_user virtual_user 4096 May 15 19:26 /var/ftp/vuser
[root@techhost1 ~]# chmod -Rf 755 /var/ftp/vuser/
```

图 4-73　示例效果

说明：/var/ftp/vuser 为虚拟用户登录 FTP 服务器后默认访问的目录，类似于用户登录系统后的家目录，如果不指定，那么 FTP 的家目录不属于任何一个用户，这是不正常的，所以需要特别指定；"-s"后面的参数指定不允许虚拟目录映射的本地用户"virtual_user"登录本地系统，以确保系统安全。

④ 配置 PAM 文件，指定数据库，使服务支持虚拟用户数据库认证，将/etc/pam.d/vsftpd 配置文件的原内容注释掉，以防干扰。

第4章 网络服务管理

```
[root@techhost1 ~]# vim /etc/pam.d/vsftpd
auth        required        pam_userdb.so    db=/vsftpd_users/vusers
account     required        pam_userdb.so    db=/vsftpd_users/vusers
```

⑤ 为虚拟用户 teacher、student 设置权限，如图 4-74 所示。

```
[root@techhost1 ~]# mkdir /etc/vsftpd/vusers        //创建虚拟用户权限目录
[root@techhost1 ~]# cd /etc/vsftpd/vusers/
[root@techhost1 vusers]# ls
[root@techhost1 vusers]# vim teacher
[root@techhost1 vusers]# cat teacher
anon_upload_enable=YES
anon_mkdir_write_enable=YES
anon_other_write_enable=YES
[root@techhost1 vusers]# touch student
```

```
[root@techhost1 ~]# mkdir /etc/vsftpd/vusers
[root@techhost1 ~]# cd /etc/vsftpd/vusers/
[root@techhost1 vusers]# ls
[root@techhost1 vusers]# vim teacher
[root@techhost1 vusers]# cat teacher
anon_upload_enable=YES
anon_mkdir_write_enable=YES
anon_other_write_enable=YES
[root@techhost1 vusers]# touch student
```

图 4-74　设置权限

⑥ 修改 vsftpd 配置，添加虚拟用户支持。

```
[root@techhost1 ~]# vim /etc/vsftpd/vsftpd.conf
```

修改（文件内存在的）或新增（文件内不存在的）参数如下，操作完成后保存退出。

> anonymous_enable=NO：禁止匿名用户登录。
> anon_upload_enable=NO：关闭匿名用户上传权限。
> anon_mkdir_write_enable=NO：关闭匿名用户可写权限。
> anon_other_write_enable=NO：关闭其他权限。
> local_enable=YES：允许本地用户登录。
> guest_enable=YES：开启虚拟用户模式。
> guest_username=virtual_user：指定虚拟用户的账户。
> pam_service_name=vsftpd：指定 PAM 文件。
> allow_writeable_chroot=YES：允许对禁锢的 FTP 根目录执行写入操作，而且不拒绝用户的登录请求。
> user_config_dir=/etc/vsftpd/vusers：指定虚拟用户权限配置文件的存放路径。

⑦ 服务器重启服务，并在客户端分别使用 teacher 用户、student 用户进行权限测试，如图 4-75、图 4-76 所示。

```
[root@techhost ~]#systemctl restart vsftpd
[root@techhost ~]# ftp 192.168.0.10
```

```
[root@techhost ~]# ftp 192.168.0.10
Connected to 192.168.0.10 (192.168.0.10).
220 (vsFTPd 3.0.3)
Name (192.168.0.10:root): teacher
331 Please specify the password.
Password:
230 Login successful.
Remote system type is UNIX.
Using binary mode to transfer files.
ftp> mkdir tech_file
257 "/tech_file" created
ftp> pwd
257 "/" is the current directory
ftp> rename tech_file my_file
350 Ready for RNTO.
250 Rename successful.
ftp> ls
227 Entering Passive Mode (192,168,0,10,247,149).
150 Here comes the directory listing.
drwxr-xr-x    2 1001     1001         4096 May 15 12:20 my_file
226 Directory send OK.
ftp> rmdir my_file
250 Remove directory operation successful.
ftp> exit
221 Goodbye.
```

图 4-75 使用 teacher 用户进行权限测试

```
[root@techhost ~]# ftp 192.168.0.10
Connected to 192.168.0.10 (192.168.0.10).
220 (vsFTPd 3.0.3)
Name (192.168.0.10:root): student
331 Please specify the password.
Password:
230 Login successful.
Remote system type is UNIX.
Using binary mode to transfer files.
ftp> mkdir tech_files
550 Permission denied.
ftp> mkdir haha
550 Permission denied.
ftp> exit
221 Goodbye.
```

图 4-76 使用 student 用户进行权限测试

说明：从测试结果可以看出，teacher 用户具备读写等权限，而 student 用户不具备读写等权限。另外使用 teacher 用户登录 FTP 服务器时，用"ls"命令可查看到一个"/"目录，此目录是虚拟用户登录的默认目录，实际上就是/var/ftp/vuser 目录，我们可以在 techhost1 主机上看到 teacher 用户创建的 haha 目录，如图 4-77 所示。

```
[root@techhost1 vusers]# ls /var/ftp/vuser/
haha
```

图 4-77 haha 目录

4.3.3 proftpd 的安装与配置

1. 下载

下载 proftpd，这里将安装包下载到/software 目录。在根目录下创建 software 文件夹，如图 4-78 所示。

[root@techhost1 ~]# mkdir software
[root@techhost1 ~]# cd software
[root@techhost1 software]# wget http://proftpd.org/md5_pgp.html

```
[root@techhost1 software]# wget http://proftpd.org/md5_pgp.html
--2021-05-15 20:40:07--  http://proftpd.org/md5_pgp.html
Resolving proftpd.org (proftpd.org)... 86.59.114.198
Connecting to proftpd.org (proftpd.org)|86.59.114.198|:80... connected.
HTTP request sent, awaiting response... 200 OK
Length: 4223 (4.1K) [text/html]
Saving to: 'md5_pgp.html'

md5_pgp.html        100%[==============>]   4.12K  --.-KB/s    in 0s

2021-05-15 20:40:09 (39.0 MB/s) - 'md5_pgp.html' saved [4223/4223]

[root@techhost1 software]# ls
md5_pgp.html
```

图 4-78　创建 software 文件夹

2．安装

安装命令如图 4-79 所示。

[root@techhost1 software]# wget ftp://ftp.proftpd.org/distrib/source/proftpd-1.3.7a.tar.gz
[root@techhost1 software]# tar zxv fproftpd-1.3.7a.tar.gz　　　//解压该压缩包
[root@techhost1 software]# cd proftpd-1.3.7a
[root@techhost1 proftpd-1.3.7a]# ./configure --prefix=/usr/local/proftpd　　　//解压后的文件根据--prefix 指定编译后文件的存放路径

```
[root@techhost1 software]# wget ftp://ftp.proftpd.org/distrib/source/proft
pd-1.3.7a.tar.gz
--2021-05-15 20:42:14--  ftp://ftp.proftpd.org/distrib/source/proftpd-1.3.
7a.tar.gz
           => 'proftpd-1.3.7a.tar.gz'
Resolving ftp.proftpd.org (ftp.proftpd.org)... 86.59.114.198, 2001:858:2:5
::5
Connecting to ftp.proftpd.org (ftp.proftpd.org)|86.59.114.198|:21... conne
cted.
Logging in as anonymous ... Logged in!
==> SYST ... done.    ==> PWD ... done.
==> TYPE I ... done.  ==> CWD (1) /distrib/source ... done.
==> SIZE proftpd-1.3.7a.tar.gz ... 20414571
==> PASV ... done.    ==> RETR proftpd-1.3.7a.tar.gz ... done.
Length: 20414571 (19M) (unauthoritative)

proftpd-1.3.7a.tar 100%[==============>]  19.47M  1.06MB/s    in 18s

2021-05-15 20:42:35 (1.08 MB/s) - 'proftpd-1.3.7a.tar.gz' saved [20414571]
```

图 4-79　安装命令

编译成功后显示"Build Summary",如图 4-80 所示。

```
config.status: creating config.h
config.status: executing libtool commands
config.status: executing default commands


--------------
Build Summary
--------------

--------------
```

图 4-80　编译成功

```
[root@techhost1 software]# make; make install; make clean
```

执行效果如图 4-81 所示。

```
make[1]: Leaving directory '/software/proftpd-1.3.7a/tests'
cd utils/    && make clean
make[1]: Entering directory '/software/proftpd-1.3.7a/utils'
rm -f *.o
make[1]: Leaving directory '/software/proftpd-1.3.7a/utils'
test -z """ || (cd tests/ && make clean)
rm -f ./proftpd.pc ./include/buildstamp.h
rm -f proftpd ftpcount ftpdctl ftpscrub ftpshut ftptop ftpwho ./module-libs.txt
[root@techhost1 proftpd-1.3.7a]#
```

图 4-81 执行效果

3. 配置

编辑配置文件 proftpd.conf，将 Group nogroup 修改为 Group nobody，如图 4-82 所示。

```
[root@techhost proftpd-1.3.7a]# vim /usr/local/proftpd/etc/proftpd.conf
```

```
# Set the user and group under which the server will run.
User                                nobody
Group                               nobody
```

图 4-82 示例效果

4. 增加 FTP 用户

指定用户的用户组且禁止其登录本地系统，如图 4-83 所示。

```
[root@techhost proftpd-1.3.7a]# groupadd techftp
[root@techhost proftpd-1.3.7a]# useradd techftp -g techftp -s /sbin/nologin
[root@techhost proftpd-1.3.7a]# passwd techftp
```

```
[root@techhost proftpd-1.3.7a]# groupadd techftp
[root@techhost proftpd-1.3.7a]# useradd techftp -g techftp -s /sbin/nologin
[root@techhost proftpd-1.3.7a]#
[root@techhost proftpd-1.3.7a]#
[root@techhost proftpd-1.3.7a]# passwd techftp
Changing password for user techftp.
New password:
Retype new password:
passwd: all authentication tokens updated successfully.
[root@techhost proftpd-1.3.7a]#
```

图 4-83 示例效果

5. 启动 FTP 服务

启动 FTP 服务，如图 4-84 所示。

```
[root@techhost1 proftpd-1.3.7a]# /usr/local/proftpd/sbin/proftpd
```

```
[root@techhost1 proftpd-1.3.7a]# /usr/local/proftpd/sbin/proftpd
[root@techhost1 proftpd-1.3.7a]#
```

图 4-84 启动 FTP 服务

4.4 Samba 服务管理

文件共享是服务器与用户之间必不可缺的功能。服务器消息块（Server Message Block，SMB）是用于微软服务器和客户端之间的标准文件共享协议。用户可以采用多种不同的方法配置 SMB 文件服务器。为什么是 Samba？原因是 Samba 最先在 Linux 操作系统和 Windows 操作系统之间架起了一座桥梁，正是由于 Samba 的出现，我们可以在 Linux 操作系统和 Windows 系统之间互相通信，比如复制文件、实现不同操作系统之间的资源共享等，我们可以将 Samba 架设成一个功能非常强大的文件服务器，也可以将其架设成打印服务器来提供本地和远程联机打印，甚至可以使用 Samba Server 完全取代 NT/2K/2K3 中的域控制器，做域管理工作。

4.4.1 Samba 服务简介

Samba 服务功能强大，这与其通信基于 SMB 协议有关。SMB 不仅可提供目录和打印机共享功能，还支持认证、权限设置。早期，SMB 运行于 NBT（NetBIOS over TCP/IP）上，使用 UDP 的 137、138 端口及 TCP 的 139 端口；后期的 SMB 经过开发，可以直接运行于 TCP/IP 上，没有额外的 NBT 层，使用 TCP 的 445 端口。

1．Samba 的工作流程

当客户端访问服务器时，信息通过 SMB 协议进行传输，工作过程可以分成以下 4 个步骤。

① 协议协商。客户端在访问 Samba 服务器时，发送 negprot 请求，告知目标计算机支持的 SMB 类型。Samba 服务器根据客户端的情况，选择最优的 SMB 类型并做出 negprot 响应，如图 4-85 所示。

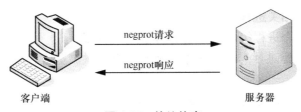

图 4-85　协议协商

② 建立连接。当确认 SMB 类型后，客户端会发送 session setup &X 请求，提交账户名和密码，与 Samba 服务器建立连接。如果客户端通过身份验证，Samba 服务器会对 session setup &X 报文做出响应，并为用户分配唯一的 UID，以供客户端与其通信时使用，如图 4-86 所示。

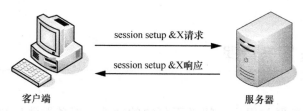

图 4-86 建立连接

③ 访问共享资源。客户端访问 Samba 共享资源时，发送 tree connect &X 请求，通知服务器需要访问的共享资源名。如果系统设置为允许，Samba 服务器会做出 tree connet &X 响应，为每个客户端与共享资源分配线程控制符，客户端便可访问需要的共享资源，如图 4-87 所示。

图 4-87 访问共享资源

④ 断开连接。共享完毕，客户端向服务器发送 tree disconnect 请求。服务器收到请求后做出 tree disconnect 响应，关闭共享，与服务器断开连接，如图 4-88 所示。

图 4-88 断开连接

2. Samba 服务相关进程

Samba 服务由两个进程组成，分别是 nmbd 和 smbd。

① nmbd 的功能是进行 NetBIOS 名称解析，并提供浏览服务，显示网络上的共享资源列表。

② smbd 的主要功能是管理 Samba 服务器上的共享目录、打印机等，主要对网络上的共享资源进行管理。当客户端需要访问服务器并查找共享文件时，系统就要依靠 smbd 进程来管理数据传输。

4.4.2　Samba 服务安装与配置

在使用 Samba 服务程序之前，需要在服务器上进行安装，安装命令如图 4-89 所示。

```
[root@techhost1 ~]# dnf install samba -y
```

第 4 章 网络服务管理

```
[root@techhost1 ~]# dnf install samba -y
Last metadata expiration check: 1:42:11 ago on Sat 15 May 2021 08:13:06 PM CST.
Dependencies resolved.
================================================================================
 Package                Architecture    Version             Repository    Size
================================================================================
Installing:
 samba                  aarch64         4.11.6-5.oe1        OS           547 k
Installing dependencies:
 libldb                 aarch64         2.0.8-2.oe1         OS           176 k
 libsmbclient           aarch64         4.11.6-5.oe1        OS            62 k
 libtalloc              aarch64         2.3.0-0.oe1         OS            40 k
 libtdb                 aarch64         1.4.2-2.oe1         OS            48 k
 libtevent              aarch64         0.10.1-1.oe1        OS            37 k
 libwbclient            aarch64         4.11.6-5.oe1        OS            37 k
 lmdb                   aarch64         0.9.22-4.oe1        OS            67 k
 samba-client           aarch64         4.11.6-5.oe1        OS           5.1 M
 samba-common           aarch64         4.11.6-5.oe1        OS            94 k
 samba-common-tools     aarch64         4.11.6-5.oe1        OS           336 k
 samba-libs             aarch64         4.11.6-5.oe1        OS            81 k

Transaction Summary
================================================================================
Install  12 Packages
```

图 4-89　安装命令

安装结果如图 4-90 所示。

```
Installed:
  samba-4.11.6-5.oe1.aarch64              libldb-2.0.8-2.oe1.aarch64
  libsmbclient-4.11.6-5.oe1.aarch64       libtalloc-2.3.0-0.oe1.aarch64
  libtdb-1.4.2-2.oe1.aarch64              libtevent-0.10.1-1.oe1.aarch64
  libwbclient-4.11.6-5.oe1.aarch64        lmdb-0.9.22-4.oe1.aarch64
  samba-client-4.11.6-5.oe1.aarch64       samba-common-4.11.6-5.oe1.aarch64
  samba-common-tools-4.11.6-5.oe1.aarch64 samba-libs-4.11.6-5.oe1.aarch64

Complete!
```

图 4-90　安装结果

查看 Samba 服务配置文件 /etc/samba/smb.conf，如图 4-91 所示。

[root@techhost1 ~]# cat /etc/samba/smb.conf

```
[root@techhost1 ~]# cat /etc/samba/smb.conf
# See smb.conf.example for a more detailed config file or
# read the smb.conf manpage.
# Run 'testparm' to verify the config is correct after
# you modified it.

[global]
        workgroup = SAMBA
        security = user

        passdb backend = tdbsam

        printing = cups
        printcap name = cups
        load printers = yes
        cups options = raw

[homes]
        comment = Home Directories
        valid users = %S, %D%w%S
        browseable = No
        read only = No
        inherit acls = Yes

[printers]
        comment = All Printers
        path = /var/tmp
        printable = Yes
        create mask = 0600
        browseable = No

[print$]
        comment = Printer Drivers
        path = /var/lib/samba/drivers
        write list = @printadmin root
        force group = @printadmin
        create mask = 0664
        directory mask = 0775
```

图 4-91　查看 Samba 服务配置文件

[global] 栏中配置的是服务器的全局参数,包括工作组、字符编码的显示、登录文件的设定、是否使用密码及使用密码验证的机制等。

[共享资源] 是针对开放的目录进行权限方面的设定,包括谁可以浏览该目录、是否可以读写等,如图 4-91 中的[homes]、[printers]、[print$]。

[global] 中关于主机名信息的参数主要包含以下内容。

> workgroup:工作组的名称,主机群要相同。
> server string:主机的简易说明,简单描述即可。

另外,还有登录文件信息的参数包括以下内容。

> log file:登录档放置的档案,文件名可能会使用变量处理。
> max log size:最大日志限制。

还有与安全程度有关的密码参数,包括以下内容。

> ① security:4 选 1,这 4 个设定值分别代表以下内容。
> share:来访主机无须验证口令,比较方便,但安全性很差。
> user:服务器需验证来访主机提供的口令后才可以被访问,提升了安全性,与 passdb backend 有关。
> domain:使用外部服务器的密码,如果设定这个参数,还需提供[password server = IP] 的设定值。
> server:使用独立的远程主机验证来访主机提供的口令(集中管理账户)。
> ② passdb backend:定义用户后台类型,分为以下 3 种。
> - smbpasswd:使用 smbpasswd 命令为系统用户设置 Samba 服务程序的密码。
> - tdbsam:创建数据库文件,并使用 pdbedit 命令建立 Samba 服务程序的用户。
> - ldapsam:基于轻型目录访问协议服务进行口令验证。
> ③ load printers:设置在 Samba 服务启动时是否共享打印机。
> ④ cups options:打印机的选项。

共享资源的相关参数包含以下内容。

> [共享名称]:此名称很重要,它是一个代号,为局部配置参数。
> comment:目录描述信息。
> path:这个分享名称实际会进入 Linux 文件系统(目录),而实际操作的文件系统则是在 path 里设定的。
> browseable:是否让所有的用户看到这个项目。
> writable:是否可以写入。
> read_only:是否只读。
> public = yes|no:是否所有人可见。
> writelist = 使用者:这个项目可以指定能够进入此资源的特定使用者。如果是@group 的格式,则加入该群组的使用者均可取得使用的权限,在设定上会比较简单。

在查看/etc/samba/smb.conf 配置文件时,发现 security 的对应参数是 user,表明默认使用的是用户口令认证模式，此模式可以确保仅让有密码且受信任的用户访问共享资源，但需要先建立账户信息数据库才能使用，且 Samba 服务程序的数据库要求账户必须在当前系统中已存在，否则会因权限不清晰而引发错误。

当 passdb backend = tdbsam 时，可使用 pdbedit 命令管理 SMB 服务程序的账户信息数据库。

pdbedit 命令的格式为"pdbedit [选项] [账户]"，常用参数包含以下内容。

-a 用户：建立 Samba 账户。
-x 用户：删除 Samba 账户。
-L：列出账户列表。
-Lv：列出账户详细信息的列表。

初次把账户信息写入数据库时需要使用-a 参数建立账户，而对于后续的其他操作（如更改密码或者删除账户等），-a 参数可省略。

配置服务器资源共享的步骤如下。

① 创建用于访问共享资源的账户信息，如图 4-92 所示。

```
[root@techhost1 ~]# useradd samba_user    //Samba 服务器创建本地账户
[root@techhost1 ~]# passwd samba_user     //修改密码
```

```
[root@techhost1 ~]# useradd samba_user
[root@techhost1 ~]# passwd samba_user
Changing password for user samba_user.
New password:
BAD PASSWORD: The password contains less than 3 character classes
Retype new password:
passwd: all authentication tokens updated successfully.
```

图 4-92　示例效果

② 使用 pdbedit 命令基于本地账户 samba_user 创建 Samba 账户，-u 指定本地账户，如图 4-93 所示。

```
[root@techhost1 ~]# pdbedit -a -u samba_user
```

```
[root@techhost1 ~]# pdbedit -a -u samba_user
new password:
retype new password:
Unix username:        samba_user
NT username:
Account Flags:        [U          ]
User SID:             S-1-5-21-4206809832-3618836893-50267573-1000
Primary Group SID:    S-1-5-21-4206809832-3618836893-50267573-513
Full Name:
Home Directory:       \\techhost1\samba_user
HomeDir Drive:
Logon Script:
Profile Path:         \\techhost1\samba_user\profile
Domain:               TECHHOST1
Account desc:
Workstations:
Munged dial:
Logon time:           0
Logoff time:          Wed, 06 Feb 2036 23:06:39 CST
Kickoff time:         Wed, 06 Feb 2036 23:06:39 CST
Password last set:    Sat, 15 May 2021 23:00:56 CST
Password can change:  Sat, 15 May 2021 23:00:56 CST
Password must change: never
Last bad password   : 0
Bad password count  : 0
Logon hours         : FFFFFFFFFFFFFFFFFFFFFFFFFFFFFFFFFFFFFFFF
```

图 4-93　示例效果

③ 编辑配置文件/etc/samba/smb.conf。

可将/etc/samba/smb.conf 配置文件中 global 外的其他域的内容删除，重新配置自己需要的文件，如图 4-94 所示。

[root@techhost1 ~]# vim /etc/samba/smb.conf

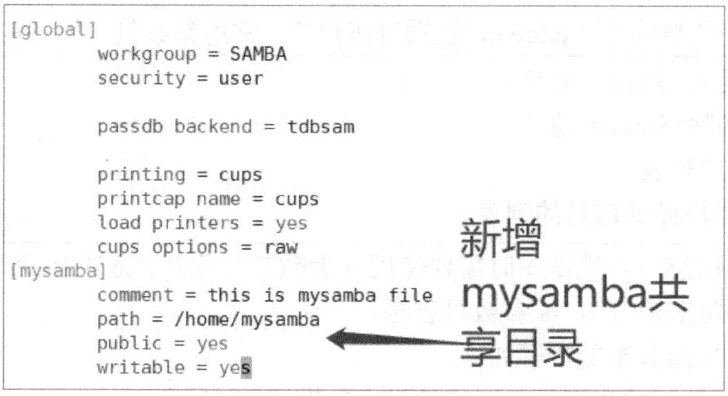

```
[global]
        workgroup = SAMBA
        security = user

        passdb backend = tdbsam

        printing = cups
        printcap name = cups
        load printers = yes
        cups options = raw
[mysamba]
        comment = this is mysamba file     ← 新增
        path = /home/mysamba                mysamba共
        public = yes                        享目录
        writable = yes
```

图 4-94 重新配置文件

④ 创建对应的共享目录/home/mysamba，并赋予 samba_user 对/home/mysamba 目录的读写权限，如图 4-95 所示。

[root@techhost1 ~]# mkdir /home/mysamba
[root@techhost1 ~]# chown -Rf samba_user:samba_user /home/mysamba
[root@techhost1 ~]# ls -ald /home/mysamba

```
[root@techhost1 ~]# ls -ald /home/mysamba/
drwx------ 2 samba_user samba_user 4096 May 15 23:04 /home/mysamba/
```

图 4-95 示例效果

说明：因为 Samba 服务没有用户家目录的访问执行权限，此次实验并未开启 SELinux 安全限制，所以就不需要设置相应的安全上下文策略及访问权限。

如果已开启 SELinux 安全限制，则相关命令如下。

[root@techhost1 ~]# semanagefcontext -a -t samba_share_t /home/mysamba
　　//-a 表示添加，-t 表示上下文类型
[root@techhost1 ~]# restorecon -Rv /home/mysamba
　　//-R 表示递归更改　　-v 表示详细过程
[root@techhost1 ~]# setsebool -P samba_enable_home_dirs=on
　　//-P 表示更新后永久有效

⑤ 更改了 Samba 服务配置文件后，重新启动服务，并且将服务加入开机自启，同时清空防火墙，如图 4-96 所示。

[root@techhost1 ~]# systemctl restart smb
[root@techhost1 ~]# systemctl enable smb
[root@techhost1 ~]# iptables -F
[root@techhost1 ~]# service iptables save

```
[root@techhost1 ~]# systemctl restart smb
[root@techhost1 ~]# systemctl enable smb
Created symlink /etc/systemd/system/multi-user.target.wants/smb.service → /usr/lib/systemd/system/smb.service
[root@techhost1 ~]# iptables -F
[root@techhost1 ~]# service iptables save
iptables: Saving firewall rules to /etc/sysconfig/iptables: [  OK  ]
```

图 4-96　示例效果

Windows 客户端访问 Samba 共享目录的步骤如下。

① 在 Windows 客户端进行访问的前提是 Windows 必须要与 Samba 服务器位于同一个网段内，输入账户 samba_user 和对应的密码后，登录结果如图 4-97、图 4-98 所示。

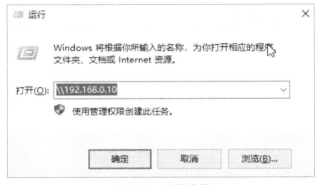

图 4-97　登录结果

图 4-98　登录结果

② 在 mysamba 目录下，新建文本文件，输入内容并保存，如图 4-99 所示。

图 4-99　示例效果

③ 在 Samba 服务器查看保存的文件，如图 4-100 所示。

```
[root@techhost1 mysamba]# ls
sss.txt
[root@techhost1 mysamba]# cat sss.txt
techhost[root@techhost1 mysamba]#
```

图 4-100 查看保存的文件

Samba 服务除了能实现 Linux 操作系统与 Windows 操作系统的文件共享，还可以实现 Linux 操作系统之间的文件共享。Linux 客户端访问 Samba 服务器共享文件的步骤如下。

① Linux 客户端需要先安装支持文件共享服务的软件包 cifs-utils，如图 4-101 所示。

[root@techhost ~]# dnf install cifs-utils -y

```
[root@techhost ~]# dnf install cifs-utils -y
Last metadata expiration check: 1:18:06 ago on Sat 15 May 2021 10:30:22 PM CST.
Dependencies resolved.
================================================================================
 Package              Architecture     Version              Repository     Size
================================================================================
Installing:
 cifs-utils           aarch64          6.8-5.oe1            OS             54 k
Installing dependencies:
 keyutils             aarch64          1.5.10-11.oe1        OS             44 k

Transaction Summary
================================================================================
Install  2 Packages

Total download size: 98 k
Installed size: 775 k
Downloading Packages:
(1/2): keyutils-1.5.10-11.oe1.aarch64.rpm         2.0 MB/s |  44 kB     00:00
(2/2): cifs-utils-6.8-5.oe1.aarch64.rpm           250 kB/s |  54 kB     00:00
--------------------------------------------------------------------------------
Total                                             448 kB/s |  98 kB     00:00
Running transaction check
Transaction check succeeded.
Running transaction test
Transaction test succeeded.
Running transaction
  Preparing        :                                                        1/1
  Installing       : keyutils-1.5.10-11.oe1.aarch64                         1/2
  Installing       : cifs-utils-6.8-5.oe1.aarch64                           2/2
  Running scriptlet: cifs-utils-6.8-5.oe1.aarch64                           2/2
  Verifying        : cifs-utils-6.8-5.oe1.aarch64                           1/2
  Verifying        : keyutils-1.5.10-11.oe1.aarch64                         2/2

Installed:
  cifs-utils-6.8-5.oe1.aarch64              keyutils-1.5.10-11.oe1.aarch64

Complete!
```

图 4-101 安装软件包 cifs-utils

② 在配置 Linux 客户端时，需要按照 Samba 服务的账户、密码及共享域的顺序，将相关信息写到认证文件中，最后再将认证文件权限设置为仅 root 可读写，以防止被窥窃，如图 4-102 所示。

[root@techhost ~]# vim samba.smb

```
username=samba_user
password=123456789
domain=SAMBA
```

图 4-102　示例效果

③ 在 Linux 客户端创建一个用于挂载 Samba 服务共享资源的目录，并将挂载信息写入/etc/fstab 文件中，确保永久生效，如图 4-103 所示。

```
[root@techhost ~]# mkdir /mysamba
[root@techhost ~]# vim /etc/fstab
#输入如下信息
192.168.0.10/mysamba    /mysambacifscredentials=/root/samba.smb 0 0
```

```
//192.168.0.10/mysamba    39G   5.3G   33G   14% /mysamba
```

图 4-103　示例效果

④ Linux 客户端重新挂载，查看是否挂载成功，然后查看共享目录下是否更新了共享文件，如图 4-104 所示。

```
[root@techhost ~]# mount -a      //将/etc/fstab 文件下所有的资源重新挂载
[root@techhost ~]# df -h         //查看挂载信息
[root@techhost ~]# cat /mysamba/sss.txt
```

```
[root@techhost mysamba]# cat /mysamba/sss.txt
techhost[root@techhost mysamba]#
```

图 4-104　示例效果

4.5　NFS 服务管理

NFS 是 UNIX 操作系统和网络附加存储设备中常用的网络文件系统，允许多个客户端通过网络共享文件访问。用户通过 NFS 可以从客户端系统访问共享目录或文件。

4.5.1　NFS 服务介绍

1．使用 NFS 的好处

使用 NFS 的好处是显而易见的。

① 本地工作站可以使用更小的磁盘空间，因为通常情况下数据可以存放在一台机器上，而且用户可以通过网络访问。

② 用户不必在网络上的每台机器中都设一个 home 目录，home 目录可以被放在 NFS 服务器上，并且在网络上处处可用。

③ 只读光盘、数字通用光盘之类的存储设备可以在网络上被其他的机器使用，这可以减少整个网络上可移动介质设备的数量。

2. NFS 服务的工作原理

NFS 服务的工作原理如图 4-105 所示。

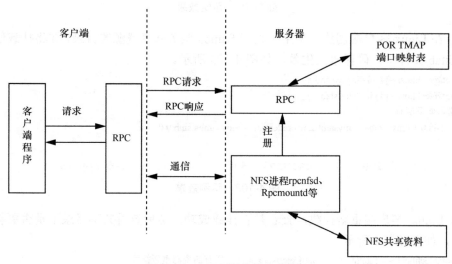

图 4-105　NFS 服务的工作原理

NFS 服务的核心是 RPC（Remote Procedure Call，远程过程调用）协议，它是一种通过网络从远程计算机程序上请求服务，而不需要了解底层网络技术的协议。RPC 协议假定某些传输协议的存在，如 TCP 或 UDP，为通信程序携带信息数据。在开放式系统互联通信参考模型中，RPC 跨越了传输层和应用层，使包括网络分布式多程序在内的应用程序开发更加容易。RPC 采用客户端/服务器模式，请求程序就是一个客户端，而提供服务程序就是一个服务器。客户端首先发送一个有进程参数的调用信息到服务进程，然后等待应答信息。在服务器，进程保持睡眠状态，直到调用信息到达为止。当一个调用信息到达后，服务器获得进程参数，便开始计算结果，发送应答信息，然后等待下一个调用信息。最后，客户端调用进程接收应答信息，获得进程结果，调用执行继续进行。

常规的 NFS 服务流程如图 4-106 所示。

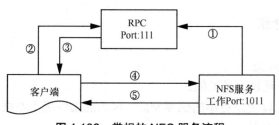

图 4-106　常规的 NFC 服务流程

① NFS 服务启动时，自动选择工作端口小于 1024 的 1011 端口，并向 RPC（工作于 111 端口）汇报，RPC 记录汇报内容。

② 客户端需要 NFS 提供服务时，首先向工作于 111 端口的 RPC 查询 NFS 工作在哪个端口。

③ RPC 回答客户端，NFS 工作在 1011 端口。
④ 客户端直接访问 NFS 的 1011 端口，请求服务。
⑤ NFS 服务经过权限认证，允许客户端访问自己的数据。

注意：因为 NFS 需要向 RPC 注册，所以 RPC 服务必须优先于 NFS 服务启用，并且 RPC 服务重新启动后，要重新启动 NFS 服务，让 NFS 重新向 RPC 服务注册，这样 NFS 服务才能正常工作。

3．NFS 服务的组件

Linux 操作系统下的 NFS 服务主要由以下 6 部分组成。其中，前面 3 个是必选的，后面 3 个是可选的。

（1）rpc.nfsd

这个守护进程的主要作用是判断、检查客户端是否具有登录主机的权限，负责处理 NFS 请求。

（2）rpc.mounted

这个守护进程的主要作用是管理 NFS 的文件系统。当客户端顺利地通过 rpc.nfsd 并登录主机后，在开始使用 NFS 主机提供的文件之前，rpc.mounted 会检查客户端的权限（根据/etc/exports 来对比客户端的权限），通过后，客户端才可以顺利地访问 NFS 服务器上的资源。

（3）rpcbind

rpcbind 的主要功能是进行端口映射。当客户端尝试连接并使用 RPC 服务器提供的服务（如 NFS 服务）时，rpcbind 会将所管理的与服务对应的端口号提供给客户端，客户端通过该端口号向服务器请求服务。在 OpenEuler 20.03 版本系统中，rpcbind 默认已安装并且已经正常启动。

注意：虽然 rpcbind 只用于 RPC，但它对 NFS 服务来说是必不可少的。如果 rpcbind 没有运行，NFS 客户端就无法查找从 NFS 服务器中共享的目录。

（4）rpc.locked

rpc.stated 守护进程使用 rpc.locked 来处理崩溃系统的锁定恢复。锁定文件的原因是 NFS 文件可以被众多用户同时使用，而当客户端同时使用一个文件时，有可能造成一些问题，此时，rpc.locked 就可以解决这些问题。

（5）rpc.stated

这个守护进程负责处理客户端与服务器之间的文件锁定问题，确定文件的一致性。当因多个客户端同时使用一个文件而造成文件破坏时，rpc.stated 可以检测该文件并尝试恢复文件。

（6）rpc.quotad

这个守护进程提供了 NFS 和配额管理程序之间的接口，不管客户端是否通过 NFS 对其数据进行处理，都会受配额限制。

4.5.2　NFS 服务配置与管理

部分操作系统默认已经安装了 NFS 服务或其相关组件，若不确定此版本的 OpenEuler

操作系统是否安装，可使用下列命令进行检查。

1. 安装 NFS 服务

① 检查系统是否已安装 NFS 服务软件包 nfs-utils，或者查询是否安装相关组件，如图 4-107 所示。

```
[root@techhost ~]# rpm -qa|grep nfs-utils
[root@techhost ~]# rpm -qa|grep rpcbind
```

```
[root@techhost ~]# rpm -qa | grep nfs-utils
[root@techhost ~]# rpm -qa | grep rpcbind
[root@techhost ~]#
```

图 4-107 示例效果

检查发现，系统未安装软件包，那么就需要自行安装。

② 使用 dnf 命令安装 NFS 服务软件包，如图 4-108 所示。

```
[root@techhost ~]# dnf install nfs-utils -y
```

```
[root@techhost ~]# dnf install nfs-utils -y
Last metadata expiration check: 0:40:17 ago on Sun 16 May 2021 09:48:57 AM CST.
Dependencies resolved.
================================================================================
 Package              Architecture      Version             Repository     Size
================================================================================
Installing:
 nfs-utils            aarch64           1:2.4.2-2.oe1       OS            310 k
Installing dependencies:
 ding-libs            aarch64           0.6.1-42.oe1        OS             93 k
 gssproxy             aarch64           0.8.0-11.oe1        OS             88 k
 krb5                 aarch64           1.17-9.oe1          OS             78 k
 quota                aarch64           1:4.05-1.oe1        OS            227 k
 rpcbind              aarch64           1.2.5-2.oe1         OS             45 k
```

图 4-108 安装 NFS 服务软件包

其中，黑色框选的就是主要的 NFS 服务软件包 nfs-utils 与 rpc 远程调用绑定组件。

再次查询，发现软件包与组件都存在，即可使用，如图 4-109 所示。

```
[root@techhost ~]# rpm -qa | grep rpcbind
[root@techhost ~]# rpm -qa | grep nfs-utils
```

```
[root@techhost ~]# rpm -qa | grep rpcbind
rpcbind-1.2.5-2.oe1.aarch64
[root@techhost ~]# rpm -qa | grep nfs-utils
nfs-utils-2.4.2-2.oe1.aarch64
```

图 4-109 示例效果

2. 启动 NFS 服务

查询 NFS 服务的各个程序是否正常运行，命令如图 4-110 所示。

```
[root@techhost ~]# rpcinfo -p
```

第 4 章 网络服务管理

```
[root@techhost ~]# rpcinfo -p
   program vers proto   port  service
    100000    4   tcp    111  portmapper
    100000    3   tcp    111  portmapper
    100000    2   tcp    111  portmapper
    100000    4   udp    111  portmapper
    100000    3   udp    111  portmapper
    100000    2   udp    111  portmapper
```

图 4-110　查询命令

此时，并没有看到 nfs 和 mounted 选项，说明 NFS 服务没有启动，需用使用以下命令启用 NFS 服务，并将其加入开机自启服务中，同时重启 RPC 服务，使得 NFS 的端口更新到 RPC 中。

```
[root@techhost ~]# systemctl start nfs-server
[root@techhost ~]# systemctl enable nfs-server
[root@techhost ~]# systemctl restart rpcbind
[root@techhost ~]# systemctl enable rpcbind
[root@techhost ~]# rpcinfo -p
```

启动后，再次查看，如图 4-111 所示。

```
[root@techhost ~]# systemctl start nfs-server
[root@techhost ~]# systemctl enable nfs-server
Created symlink /etc/systemd/system/multi-user.target.wants/nfs-server.service
service.
[root@techhost ~]# systemctl restart rpcbind
[root@techhost ~]# systemctl enable rpcbind
[root@techhost ~]#
[root@techhost ~]# rpcinfo -p
   program vers proto   port  service
    100000    4   tcp    111  portmapper
```

图 4-111　再次查看命令

3．配置 NFS 服务

NFS 服务的配置主要是编辑并维护/etc/exports 文件，这个文件定义了服务器网络上的其他计算机共享的部分，以及共享的规则。

某些 Linux 发行套件并不会主动提供/etc/exports 文件，此时需要手动创建。

```
[root@techhost ~]# vim /etc/exports
#共享目录的路径允许访问的 NFS 客户端（共享权限参数）
```

说明：①共享目录的路径是 NFS 服务器要共享的数据源目录，我们在共享之前需要先创建该目录，并且在目录内布置需要共享的数据源文件；②允许访问 NFS 客户端，即对应客户端，此处指定客户端 IP 地址或主机名（需要在/etc/hosts 内配置或者使用 DNS 服务进行解析）即可；③共享数据权限，即客户端可操作源数据的权限。

常用的共享权限参数包含以下内容。

ro：只读。

rw：读写。

root_squash：当 NFS 客户端以 root 管理员访问时，映射为 NFS 服务器的匿名用户，UID 与 GID 会转变成 nobody 或 nfsnobody。

no_root_squash：当 NFS 客户端以 root 管理员访问时，映射为 NFS 服务器的 root 管理员，此参数不安全，不建议使用。

all_squash：无论 NFS 客户端使用什么账户访问，均映射为 NFS 服务器的匿名用户，即 UID 与 GID 转变成 nobody 或 nfsnobody。

sync：同时将数据写入内存与硬盘中，保证不丢失数据。

async：优先将数据写入内存，然后再写入硬盘，这样效率更高，但可能会丢失数据。

NFS 服务器（主机名为 techhost，IP 地址为 192.168.0.225）的配置步骤如下。

① 在 NFS 服务器创建用于共享数据的目录，并在目录内创建一个模拟的共享数据文件，给予所有的用户可读、可写、可执行的权限，如图 4-112 所示。

[root@techhost ~]# mkdir /techhost_nfs
[root@techhost ~]# echo "This is a description file of techhost_nfs directory" > /techhost_nfs/readme
[root@techhost ~]# cat /techhost_nfs/readme
[root@techhost ~]# chmod -Rf 777 /techhost_nfs/

```
[root@techhost ~]# echo "This is a description file of techhost_nfs directory" > /techhost_nfs/readme
[root@techhost ~]# cat /techhost_nfs/readme
This is a description file of techhost_nfs directory
[root@techhost ~]# chmod -Rf 777 /techhost_nfs/
```

图 4-112　示例效果

② 配置/etc/exports 文件，使客户端 techhost1 能够具有可读写的功能，且将数据直接写入硬盘中以确保数据安全，再把客户端中以 root 管理员登录的用户都转换成匿名用户，如图 4-113、图 4-114 所示。

[root@techhost ~]# vim /etc/exports
#输入内容为：/techhost_nfs 192.168.0.10(rw,sync,root_squash)
[root@techhost ~]# systemctl restart nfs-server
[root@techhost ~]# systemctl restart rpcbind

```
[root@techhost ~]# vim /etc/exports
[root@techhost ~]# systemctl restart nfs-server
[root@techhost ~]# systemctl restart rpcbind
```

图 4-113　示例效果

```
/techhost_nfs 192.168.0.10(rw,sync,root_squash)
```

图 4-114　示例效果

至此，NFS 服务器的配置就完成了，接着配置客户端并进行测试。

③ 客户端 techhost1 如果想要获取 NFS 服务器的共享数据，需要知道服务器的端口信息，对此，可使用 showmount 命令查询 NFS 服务器的共享信息。

showmount 命令的语法格式为"showmount [参数] NFS 服务器 IP 地址或主机名"。

showmount 命令参数包含以下内容。

e：显示 NFS 服务器的共享列表。

a：显示本机挂载的文件资源的情况。

v：显示版本号。

```
[root@techhost1~]# showmount -e 192.168.0.225
```

执行效果如图 4-115 所示。

```
[root@techhost1 ~]# showmount -e 192.168.0.225
Export list for 192.168.0.225:
/techhost_nfs 192.168.0.10
```

图 4-115 示例效果

④ 创建一个挂载目录。使用 mount 命令结合-t 参数指定要挂载的文件系统的类型，并在命令后面写上服务器的 IP 地址、服务器上的共享目录及要挂载到本地客户端的目录。

再查看/techhost1_nfs 目录下生成的共享文件 readme。

```
[root@techhost1 ~]# mkdir /techhost1_nfs
[root@techhost1 ~]# mount -t nfs 192.168.0.225:/techhost_nfs /techhost1_nfs
[root@techhost1 ~]# df -h
[root@techhost1 ~]# cat /techhost1_nfs /readme
```

说明：通过查看挂载信息，发现服务器共享源目录 192.168.0.225:/techhost_nfs 已经映射到客户端的/techhost1_nfs 目录下，说明共享成功，如图 4-116 所示。

```
[root@techhost1 ~]# mount -t nfs 192.168.0.225:/techhost_nfs /techhost1_nfs/
[root@techhost1 ~]# df -h
Filesystem                      Size  Used Avail Use% Mounted on
devtmpfs                        1.2G     0  1.2G   0% /dev
tmpfs                           1.5G     0  1.5G   0% /dev/shm
tmpfs                           1.5G   14M  1.5G   1% /run
tmpfs                           1.5G     0  1.5G   0% /sys/fs/cgroup
/dev/vda2                        39G  3.4G   33G  10% /
tmpfs                           1.5G   64K  1.5G   1% /tmp
/dev/vda1                      1022M  5.8M 1017M   1% /boot/efi
tmpfs                           298M     0  298M   0% /run/user/0
192.168.0.225:/techhost_nfs      39G  4.3G   32G  12% /techhost1_nfs
[root@techhost1 ~]# cat /techhost1_nfs/readme
This is a description file of techhost_nfs directory
```

图 4-116 示例效果

另外，我们还可以测试一下客户端对共享文件的操作权限，如对文件内容进行修改，如图 4-117 所示。

```
[root@techhost1 ~]# cat /techhost1_nfs/readme
This is a description file of techhost_nfs directory
[root@techhost1 ~]# vim /techhost1_nfs/readme
[root@techhost1 ~]# cat /techhost1_nfs/readme
This is a description file of techhost_nfs directory
Yeah, I see.
```

图 4-117 示例效果

至此，完成 NFS 服务器与客户端的配置，且测试成功。

4.6 网络存储服务管理

网络存储是数据存储的一种方式，网络存储结构大致分为 3 种，即直连式存储（Direct

Attached Storage，DAS)、网络附加存储（Network Attached Storage，NAS）和存储区域网（Storage Area Network，SAN）。

4.6.1 服务器存储介绍

存储对于企业应用来说，分为狭义存储和广义存储。狭义存储是指具体的某种设备，比如以前的软盘、CD、DVD、硬盘和磁带。广义存储是指数据中心使用的存储设备，如存储硬件系统、存储软件系统、存储网络和存储解决方案。服务器通过存储网络才能访问存储硬件系统中的数据，存储软件系统对存储中的数据提供管理，将多种存储硬件和软件组合形成存储解决方案，可以满足企业的数据管理需求，比如数据整合的解决方案、容灾备份的解决方案。

当今的存储技术不是一个孤立的技术，实际上，完整的存储系统应该是由一系列组件构成的。目前，人们把存储系统分为硬件架构部分、软件组件部分及实际应用时的存储解决方案部分。硬件架构部分包括外置的存储系统，主要是指实际的存储设备，比如磁盘阵列、磁带库等。因为软件组件的存在，存储设备的可用性得到了大大的提高，数据的镜像、复制，自动的数据备份等操作都可以通过对存储软件的控制来完成。存储解决方案是数据存储工作的保障。一个设计优秀的存储解决方案不仅可以使存储系统在实际部署的时候更简单，还可以降低客户的总体拥有成本，使客户的投资能得到良好的保护。

1. DAS

DAS 是一种存储设备与服务器直接相连的结构。DAS 为服务器提供块级的存储服务（不是文件系统级），例如，服务器内部的硬盘、直接连接到服务器上的磁带库、直接连接到服务器上的外部硬盘盒。基于存储设备与服务器间的位置关系，DAS 分为内部 DAS 和外部 DAS 两类。

① 内部 DAS。在内部 DAS 结构中，存储设备通过服务器机箱内部的并行或串行总线连接到服务器上，但是，物理的总线有距离限制，只能支持短距离的高速数据传输。此外，很多内部总线连接的设备数量有限，并且将存储设备放在服务器机箱内部会占用大量的空间，给服务器其他部件的维护带来困难。

② 外部 DAS。在外部 DAS 结构中，服务器与外部的存储设备直接相连。在大多数情况下，它们之间通过 FC（Fibre Channel，光纤通道）协议或者 SCSI（Small Computer System Interface，小型计算机系统接口）协议进行通信。与内部 DAS 相比，外部 DAS 解决了内部 DAS 对连接设备的距离和数量有限制的问题。另外，外部 DAS 还可以提供存储设备集中化管理。

2. NAS

NAS 设备是连接到一个局域网的基于 IP 的文件共享设备。NAS 通过文件级的数据访问和共享提供存储资源，客户能够以最小的存储管理开销快速直接地共享文件，有助于消除用户访问通用服务器时的瓶颈，是首选的文件共享存储解决方案。NAS 使用网络和文件共享协议进行归档和存储，这些协议包括进行数据传输的 TCP/IP 和提供远程文件服务的 CIFS（Common Internet File System，通用网络文件系统）、NFS。

UNIX 和 Microsoft Windows 用户能够通过 NAS 无缝共享相同的数据，UNIX 用户通常使用 NFS，Windows 用户使用 CIFS。NAS 设备是专用的、高性能的、高速的、单一用途的文件服务和存储系统，可满足企业访问数据高性能和高可靠的需求。NAS 客户端和服务器之间通过 IP 通信，大多数 NAS 设备支持多种接口和网络，与传统的服务器相比，可接入更多的主机，达到了对传统服务器进行整合的目的。NAS 设备使用自己的操作系统和集成的硬件、软件组件，可满足特定的文件服务需求，并对操作系统和文件 I/O 进行了优化。

3．SAN

SAN 是一个用在服务器和存储资源之间的、专用的、高性能的网络体系。它为了实现大量原始数据的传输而进行了专门的优化。因此，可以把 FC SAN 看成是 SCSI 协议在长距离应用上的扩展。FC SAN 使用的典型协议组是 SCSI 和 FC，FC 特别适合这项应用，原因在于一方面它可以传输大块数据，另一方面它能够实现远距离传输。FC SAN 的市场主要集中在高端的、企业级的存储应用上，这些应用对于性能、冗余度和数据的可获得性都有很高的要求。

与 FC SAN 相比，IP SAN 是以 TCP/IP 为底层传输协议，采用以太网作为承载介质的存储区域网络结构。实现 IP SAN 的典型协议是 iSCSI（Internet Small Computer System Interface，Internet 小型计算机系统接口），它定义了 SCSI 指令集在 IP 中传输的封装方式。

分布式存储是将标准 x86 服务器的本地 HDD、SSD 等存储介质组织成一个大规模的存储资源池，然后将数据分散存储到多个数据存储服务器上。分布式存储目前多借鉴谷歌的经验，在众多的服务器上搭建一个分布式文件系统，通过各个分布式文件系统实现相关的数据存储业务。

软件定义存储将通用 x86 服务器的本地 HDD、SSD 等存储介质利用分布式技术组织成大规模存储资源池，为非虚拟化环境的上层应用和虚拟机提供工业界标准的 SCSI 和 iSCSI。

4.6.2　iSCSI 共享存储介绍

SCSI 协议是一个庞大协议体系，到目前为止经历了 SCSI-1、SCSI-2、SCSI-3 的变迁。SCSI 协议定义了一套不同设备（包括磁盘、磁带、处理器、光设备、网络设备等）进行信息交互的模型和必要指令集。SCSI 协议本质上同传输介质无关，可以在多种介质上实现，甚至是虚拟介质，例如，基于光纤的光纤通道协议、基于 SAS 的链路协议、基于 IP 网络的 iSCSI 协议。

图 4-118 所示为 SCSI 逻辑，SCSI 主要由 LUN、启动设备、目标设备组成。LUN 是 SCSI 目标设备中所描述的名字空间资源，一个目标设备可以包括多个 LUN，而且每个 LUN 的属性可以有所区别，比如"LUN#0"可以是磁盘，"LUN#1"可以是其他设备。SCSI 是一个 C/S（Client/Server，服务器/客户端）结构，其中客户端是启动设备，负责向 SCSI 目标器发送请求指令，一般主机系统充当了启动设备的角色。处理 SCSI 指令的服务器被称为目标设备，目标设备接收来自主机的指令并解析处理，比如磁盘阵列的角色

就是目标设备。SCSI 的启动设备与目标设备共同构成了一个典型的 C/S 结构，每个指令都是以"请求/应答"来实现的。启动设备的主要任务是发出 SCSI 请求。目标设备的主要任务是回答 SCSI 请求，通过 LUN 提供业务，并通过任务管理器提供任务管理功能。

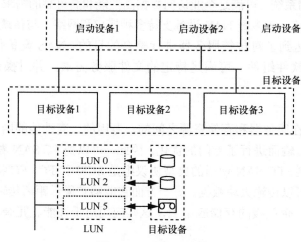

图 4-118 SCSI 逻辑

SCSI 允许连接的设备数量较少并且 SCSI 连接设备距离非常有限，所以出现了基于 IP 的 iSCSI 协议。iSCSI 协议最早由国际商业机器公司、思科、惠普发起，2004 年起作为正式的 IETF（The Internet Engineering Task Force，国际互联网工程任务组）标准，现有的 iSCSI 协议依据 SAM-2（SCSI Architecture Model-2），SCSI 结构模型-2。

iSCSI 是一种在 TCP/IP 上进行数据块传输的标准，可以理解为 SCSI over IP。iSCSI 协议栈如图 4-119 所示。

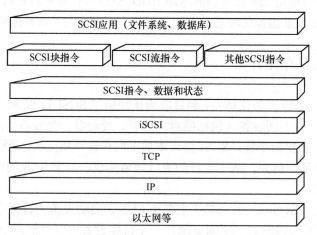

图 4-119 iSCSI 协议栈

iSCSI 可构成基于 IP 的 SAN，为用户提供高速、低价、长距离的存储解决方案。iSCSI 将 SCSI 命令封装到 TCP/IP 数据包中，使 I/O 数据块可通过 IP 网络传输。iSCSI 作为 SCSI 的传输层协议，基本出发点是利用成熟的 IP 网络技术实现和延伸 SAN。SCSI 协议层负责生成命令描述符，并将其送到 iSCSI 协议层，然后由 iSCSI 协议层进一步封装成协议数据单元，经 IP 网络进行传送。

iSCSI 的通信体系仍然继承了 SCSI 的部分特性，在 iSCSI 通信中，有一个发起 I/O 请求的启动设备和响应请求并执行实际 I/O 操作的目标设备。启动设备和目标设备建立连接后，目标设备在操作中作为主设备控制整个工作过程。iSCSI 启动设备—目标设备模型如图 4-120 所示。

- 启动设备
  - SCSI 层负责生成CDB，将CDB传给iSCSI
  - iSCSI层负责生成iSCSI PDU，并通过IP网络将PDU发给目标设备

- 目标设备
  - iSCSI层收到PDU，将CDB传给SCSI层
  - iSCSI层负责解释CDB的意义，必要时发送响应

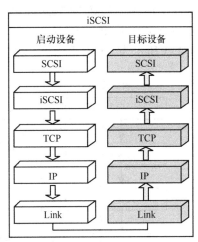

图 4-120　iSCSI 启动设备—目标设备模型

iSCSI 启动设备可分为 3 种，即软件启动设备驱动程序、硬件的 TOE（TCP Offload Engine，TCP 卸载引擎）卡及 iSCSI HBA（Host Bus Adapter，主机总线适配器）卡。就性能而言，软件启动设备驱动程序最差，硬件的 TOE 卡居中，iSCSI HBA 卡最佳。iSCSI 目标设备通常为 iSCSI 磁盘阵列、iSCSI 磁带库等。iSCSI 协议为启动设备和目标设备定义了一套命名和寻址方法，所有的 iSCSI 节点都是通过其 iSCSI 名称被标识的，这种命名方式使 iSCSI 名称不会与主机名发生混淆。iSCSI 使用 iSCSI Name 来唯一鉴别启动设备和目标设备，地址会随着启动设备和目标设备的移动而改变，但是名字始终不变。建立连接时，启动设备发出一个请求，目标设备接收到请求后，确认启动设备发起的请求中所携带的 iSCSI Name 是否与目标设备绑定的 iSCSI Name 一致，如果一致，便建立通信连接。每个 iSCSI 节点只允许有一个 iSCSI Name，一个 iSCSI Name 可以被用来建立一台启动设备到多台目标设备的连接，多个 iSCSI Name 可以被用来建立一台目标设备到多台启动设备的连接。

在支持 iSCSI 的系统中，用户在一台 SCSI 存储设备上发出存数据或取数据的命令，操作系统对该请求进行处理，并将该请求转换成一条或者多条 SCSI 指令，然后再传给目标 SCSI 控制卡。iSCSI 节点将指令和数据封装起来，形成一个 iSCSI 包传送给 TCP/IP 层，再经 TCP/IP 将 iSCSI 包封装成 IP 数据以在网络上传送，也可以对封装的 SCSI 命令进行加密处理，然后在不安全的网络上传送。

数据包可以在局域网或因特网上传送。在接收存储控制器上，数据包重新被组合，存储控制器读取 iSCSI 包中的 SCSI 控制命令和数据，发送到相应的磁盘驱动器上，磁盘驱动器再执行初始计算机或应用所需的功能。如果发送的是数据请求，那么将数据从磁

盘驱动器中取出并进行封装后，发送给发出请求的计算机，整个过程对于用户来说是透明的。虽然 SCSI 命令的执行和数据准备可以使用标准的 TCP/IP 和网络控制卡的软件来完成，但是在利用软件完成封装和解封装时，主机处理器需要很长的 CPU 运算周期来处理数据和 SCSI 命令，如果将这些事务交给专门的设备处理，可以对系统性能的影响降到最低。因此，应用专用 iSCSI 适配器是有必要的。iSCSI 适配器结合了网络接口控制器和 HBA 的功能，以块方式取得数据，利用 TCP/IP 处理引擎在适配卡上完成数据分化和处理，最后通过 IP 网络发送 IP 数据包。这些功能的完成使用户可以在不降低服务器性能的前提下创建一个基于 IP 的 SAN。

图 4-121 所示为 iSCSI 和 SCSI 以及 TCP 和 IP 之间的关系。

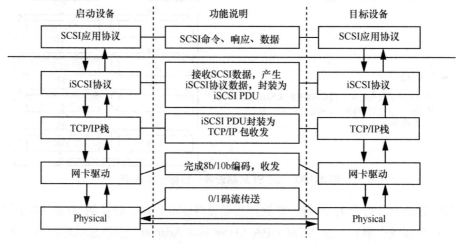

图 4-121　iSCSI 和 SCSI 以及 TCP 和 IP 之间的关系

4.6.3　iSCSI 服务器配置

本试验至少需要两台主机完成，其中一台主机为服务器，需添加一块 20GB 的磁盘，准备完成后，开始配置服务器。

步骤 1：准备共享磁盘，并创建逻辑卷。

```
[root@techhost ~]# lsblk
NAME   MAJ:MIN RM  SIZE RO TYPE MOUNTPOINT
vda    253:0    0   40G  0 disk
├─vda1 253:1    0    1G  0 part /boot/efi
└─vda2 253:2    0   39G  0 part /
vdb    253:16   0   20G  0 disk
[root@techhost ~]#
#对磁盘进行分区，创建/dev/vdb1，所有空间给 vdb1
[root@techhost ~]# fdisk /dev/vdb
[root@techhost ~]# lsblk
NAME   MAJ:MIN RM  SIZE RO TYPE MOUNTPOINT
vda    253:0    0   40G  0 disk
```

```
├─vda1 253:1    0   1G  0  part /boot/efi
└─vda2 253:2    0  39G  0  part /
vdb     253:16   0  20G  0  disk
└─vdb1 253:17   0  20G  0  part
[root@techhost ~]#
```

创建逻辑卷，用于创建 iSCSI 存储，逻辑卷大小为 10GB，名称为 lvtech，如图 4-122 所示。

```
[root@techhost ~]# pvcreate /dev/vdb1
Physical volume "/dev/vdb1" successfully created.
[root@techhost ~]# vgcreate vgtech /dev/vdb1
Volume group "vgtech" successfully created
[root@techhost ~]# lvcreate -n lvtech -L 10G vgtech
Logical volume "lvtech" created.
[root@techhost ~]# lvdisplay
---Logical volume---
  LV Path                /dev/vgtech/lvtech
  LV Name                lvtech
  VG Name                vgtech
  LV UUID                tvSydD-h1u5-VEfv-NhwJ-qUzX-825e-ddObP1
  LV Write Access        read/write
  LV Creation host, time techhost, 2021-05-14 15:34:20 +0800
  LV Status              available
  # open                 0
  LV Size                10.00 GiB
  Current LE             2560
  Segments               1
  Allocation             inherit
  Read ahead sectors     auto
  - currently set to     8192
  Block device           252:0

[root@techhost ~]#
```

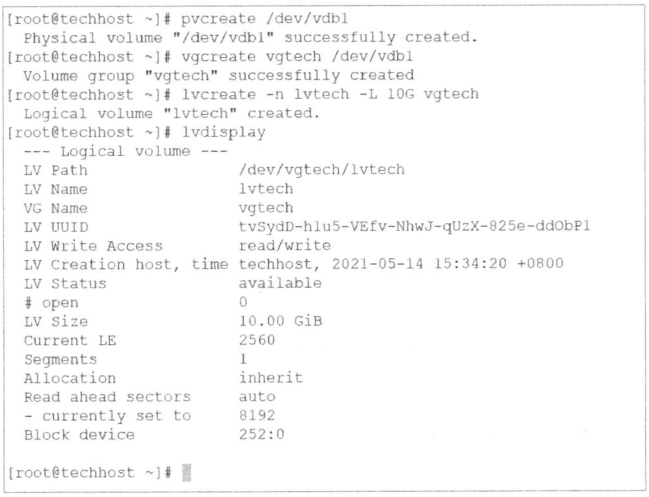

```
[root@techhost ~]# pvcreate /dev/vdb1
  Physical volume "/dev/vdb1" successfully created.
[root@techhost ~]# vgcreate vgtech /dev/vdb1
  Volume group "vgtech" successfully created
[root@techhost ~]# lvcreate -n lvtech -L 10G vgtech
  Logical volume "lvtech" created.
[root@techhost ~]# lvdisplay
  --- Logical volume ---
  LV Path                /dev/vgtech/lvtech
  LV Name                lvtech
  VG Name                vgtech
  LV UUID                tvSydD-h1u5-VEfv-NhwJ-qUzX-825e-ddObP1
  LV Write Access        read/write
  LV Creation host, time techhost, 2021-05-14 15:34:20 +0800
  LV Status              available
  # open                 0
  LV Size                10.00 GiB
  Current LE             2560
  Segments               1
  Allocation             inherit
  Read ahead sectors     auto
  - currently set to     8192
  Block device           252:0

[root@techhost ~]#
```

图 4-122　示例效果

步骤 2：安装软件包，启动服务。

[root@techhost ~]# dnf install targetcli -y
[root@techhost ~]# systemctl start target
[root@techhost ~]# systemctl enable target
#若防火墙未关闭，需允许 TCP 的 3260 端口通过
[root@techhost ~]#firewall-cmd --permanent --add-port=3260/tcp
[root@techhost ~]#firewall-cmd -reload

步骤 3：使用 targetcli 配置 iSCSI 存储，如图 4-123 所示。

[root@techhost ~]# targetcli

```
[root@techhost ~]# targetcli
Warning: Could not load preferences file /root/.targetcli/prefs.bin.
targetcli shell version 2.1.fb48
Copyright 2011-2013 by Datera, Inc and others.
For help on commands, type 'help'.

/> ls
o- / ......................................................................................... [...]
  o- backstores .............................................................................. [...]
  | o- block ............................................................... [Storage Objects: 0]
  | o- fileio .............................................................. [Storage Objects: 0]
  | o- pscsi ............................................................... [Storage Objects: 0]
  | o- ramdisk ............................................................. [Storage Objects: 0]
  o- iscsi ........................................................................ [Targets: 0]
  o- loopback ..................................................................... [Targets: 0]
  o- vhost ........................................................................ [Targets: 0]
  o- xen-pvscsi ................................................................... [Targets: 0]
/>
```

图 4-123　示例效果

根据以上结果，如果想要创建共享存储，就需要使用已经准备好的逻辑卷来创建 block 共享存储 server0，再根据图 4-123 创建 iSCSI 访问规则、共享单元等。

步骤 4：创建共享存储，如图 4-124 所示。

/> /backstores/block create server0 /dev/mapper/vgtech-lvtech

```
/> /backstores/block create server0 /dev/mapper/vgtech-lvtech
Created block storage object server0 using /dev/mapper/vgtech-lvtech.
/> ls
o- / ......................................................................................... [...]
  o- backstores .............................................................................. [...]
  | o- block ............................................................... [Storage Objects: 1]
  | | o- server0 ............................ [/dev/mapper/vgtech-lvtech (10.0GiB) write-thru deactivated]
  | |   o- alua ............................................................... [ALUA Groups: 1]
  | |     o- default_tg_pt_gp ................................... [ALUA state: Active/optimized]
  | o- fileio .............................................................. [Storage Objects: 0]
  | o- pscsi ............................................................... [Storage Objects: 0]
  | o- ramdisk ............................................................. [Storage Objects: 0]
  o- iscsi ........................................................................ [Targets: 0]
  o- loopback ..................................................................... [Targets: 0]
  o- vhost ........................................................................ [Targets: 0]
  o- xen-pvscsi ................................................................... [Targets: 0]
/>
```

图 4-124　示例效果

步骤 5：创建 TPG1 及本端 Target iqn（iSCS.i qualified name，iSCSI 限定名称）号，如图 4-125 所示。

/> /iscsi create iqn.2021-05.com.example:server0

```
/> iscsi create iqn.2021-05.com.example:server0
Created target iqn.2021-05.com.example:server0.
Created TPG 1.
Global pref auto_add_default_portal=true
Created default portal listening on all IPs (0.0.0.0), port 3260.
/> ls
o- / ......................................................................................... [...]
  o- backstores .............................................................................. [...]
  | o- block ................................................................. [Storage Objects: 1]
  | | o- server0 ................... [/dev/mapper/vgtech-lvtech (10.0GiB) write-thru deactivated]
  | |   o- alua ...................................................................... [ALUA Groups: 1]
  | |     o- default_tg_pt_gp .......................................... [ALUA state: Active/optimized]
  | o- fileio ................................................................ [Storage Objects: 0]
  | o- pscsi ................................................................. [Storage Objects: 0]
  | o- ramdisk ............................................................... [Storage Objects: 0]
  o- iscsi ............................................................................ [Targets: 1]
  | o- iqn.2021-05.com.example:server0 .............................................. [TPGs: 1]
  |   o- tpg1 ................................................. [no-gen-acls, no-auth]
  |     o- acls ................................................................... [ACLs: 0]
  |     o- luns ................................................................... [LUNs: 0]
  |     o- portals ................................................................. [Portals: 1]
  |       o- 0.0.0.0:3260 .................................................................. [OK]
  o- loopback ......................................................................... [Targets: 0]
  o- vhost ............................................................................ [Targets: 0]
  o- xen-pvscsi ....................................................................... [Targets: 0]
/>
```

图 4-125 示例效果

步骤 6：创建 LUN1 用户主机共享，如图 4-126 所示。

/>/iscsi/iqn.2021-05.com.example:server0/tpg1/luns create /backstores/block/server0 1

```
/> /iscsi/iqn.2021-05.com.example:server0/tpg1/luns create /backstores/block/server0 1
Created LUN 1.
/> ls
o- / ......................................................................................... [...]
  o- backstores .............................................................................. [...]
  | o- block ................................................................. [Storage Objects: 1]
  | | o- server0 ..................... [/dev/mapper/vgtech-lvtech (10.0GiB) write-thru activated]
  | |   o- alua ...................................................................... [ALUA Groups: 1]
  | |     o- default_tg_pt_gp .......................................... [ALUA state: Active/optimized]
  | o- fileio ................................................................ [Storage Objects: 0]
  | o- pscsi ................................................................. [Storage Objects: 0]
  | o- ramdisk ............................................................... [Storage Objects: 0]
  o- iscsi ............................................................................ [Targets: 1]
  | o- iqn.2021-05.com.example:server0 .............................................. [TPGs: 1]
  |   o- tpg1 ................................................. [no-gen-acls, no-auth]
  |     o- acls ................................................................... [ACLs: 0]
  |     o- luns ................................................................... [LUNs: 1]
  |     | o- lun1 ................. [block/server0 (/dev/mapper/vgtech-lvtech) (default_tg_pt_gp)]
  |     o- portals ................................................................. [Portals: 1]
  |       o- 0.0.0.0:3260 .................................................................. [OK]
  o- loopback ......................................................................... [Targets: 0]
  o- vhost ............................................................................ [Targets: 0]
  o- xen-pvscsi ....................................................................... [Targets: 0]
/>
```

图 4-126 示例效果

步骤 7：创建网络访问地址和端口，本机地址为 192.168.0.234，如图 4-127 所示。操作之前需删除系统已默认存储的网络访问地址。

/>/iscsi/iqn.2021-05.com.example:server0/tpg1/portals/ delete 0.0.0.0 3260

/>/iscsi/iqn.2021-05.com.example:server0/tpg1/portals/ create 192.168.0.234 3260

```
/> /iscsi/iqn.2021-05.com.example:server0/tpg1/portals/ create 192.168.0.234 3260
Using default IP port 3260
Created network portal 192.168.0.234:3260.
/> ls
o- / ......................................................................................... [...]
  o- backstores .............................................................................. [...]
  | o- block ................................................................. [Storage Objects: 1]
  | | o- server0 ..................... [/dev/mapper/vgtech-lvtech (10.0GiB) write-thru activated]
  | |   o- alua ...................................................................... [ALUA Groups: 1]
  | |     o- default_tg_pt_gp .......................................... [ALUA state: Active/optimized]
  | o- fileio ................................................................ [Storage Objects: 0]
  | o- pscsi ................................................................. [Storage Objects: 0]
  | o- ramdisk ............................................................... [Storage Objects: 0]
  o- iscsi ............................................................................ [Targets: 1]
  | o- iqn.2021-05.com.example:server0 .............................................. [TPGs: 1]
  |   o- tpg1 ................................................. [no-gen-acls, no-auth]
  |     o- acls ................................................................... [ACLs: 0]
  |     o- luns ................................................................... [LUNs: 1]
  |     | o- lun1 ................. [block/server0 (/dev/mapper/vgtech-lvtech) (default_tg_pt_gp)]
  |     o- portals ................................................................. [Portals: 1]
  |       o- 192.168.0.234:3260 ............................................................ [OK]
  o- loopback ......................................................................... [Targets: 0]
  o- vhost ............................................................................ [Targets: 0]
  o- xen-pvscsi ....................................................................... [Targets: 0]
/>
```

图 4-127 示例效果

步骤 8：创建网络访问规则。

创建网络访问规则之前需要查看客户端的 iqn 号，代表主机可以访问。

Linux 客户端地址为 192.168.0.85，查看 iqn 号的方式如图 4-128 所示。

```
1. 安装客户端软件
[root@lamp ~]# dnf install iscsi-initiator-utils
2. 查看客户端 iqn 号并做记录
[root@lamp ~]# cat /etc/iscsi/initiatorname.iscsi
InitiatorName=iqn.2012-01.com.openeuler:node
[root@lamp ~]#
```

```
Installed:
  open-iscsi-2.0.876-18.oe1.x86_64                          open-isns-0.97-12.oe1.x86_64

Complete!
[root@lamp ~]#
[root@lamp ~]#
[root@lamp ~]#
[root@lamp ~]# cat /etc/iscsi/initiatorname.iscsi
InitiatorName=iqn.2012-01.com.openeuler:node
[root@lamp ~]#
```

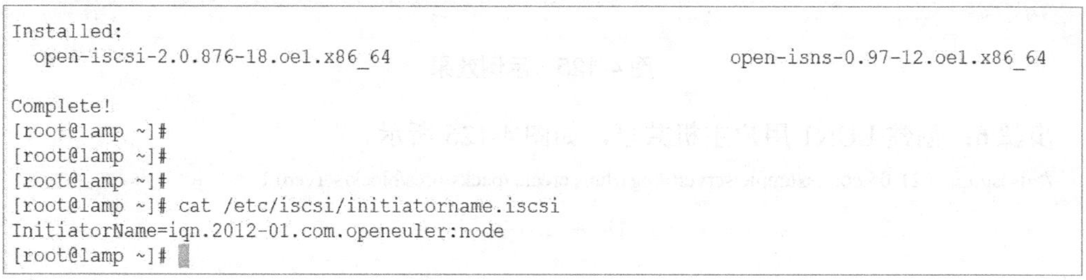

图 4-128　示例效果

Windows 客户端查看 iqn 号的方式较为简单，打开 iSCSI 发起程序，单击"配置"属性即可，如图 4-129 所示。

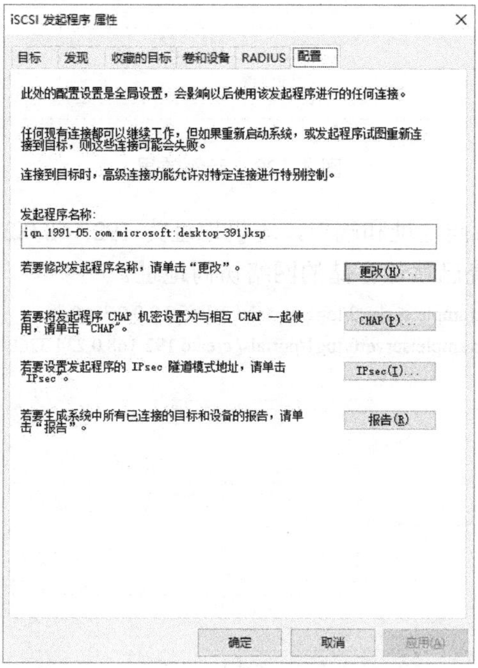

图 4-129　示例效果

准备完成后创建访问规则。

将 Windows 主机与 Linux 主机都添加到访问规则里，如图 4-130 所示。

/> /iscsi/iqn.2021-05.com.example:server0/tpg1/acls create iqn.2012-01.com.openeuler:node

/> /iscsi/iqn.2021-05.com.example:server0/tpg1/acls create iqn.1991-05.com.microsoft:desktop-391jksp

```
/> /iscsi/iqn.2021-05.com.example:server0/tpg1/acls create iqn.2012-01.com.openeuler:node
Created Node ACL for iqn.2012-01.com.openeuler:node
Created mapped LUN 1.
/> /iscsi/iqn.2021-05.com.example:server0/tpg1/acls create iqn.1991-05.com.microsoft:desktop-391jksp
Created Node ACL for iqn.1991-05.com.microsoft:desktop-391jksp
Created mapped LUN 1.
/> ls
o- / ......................................................................................... [...]
  o- backstores .............................................................................. [...]
  | o- block .................................................................. [Storage Objects: 1]
  | | o- server0 ........................................ [/dev/mapper/vgtech-lvtech (10.0GiB) write-thru activated]
  | |   o- alua ................................................................... [ALUA Groups: 1]
  | |     o- default_tg_pt_gp ....................................... [ALUA state: Active/optimized]
  | o- fileio ................................................................. [Storage Objects: 0]
  | o- pscsi .................................................................. [Storage Objects: 0]
  | o- ramdisk ................................................................ [Storage Objects: 0]
  o- iscsi ............................................................................ [Targets: 1]
  | o- iqn.2021-05.com.example:server0 ..................................................... [TPGs: 1]
  |   o- tpg1 ............................................................... [no-gen-acls, no-auth]
  |     o- acls .......................................................................... [ACLs: 2]
  |     | o- iqn.1991-05.com.microsoft:desktop-391jksp .............................. [Mapped LUNs: 1]
  |     | | o- mapped_lun1 ........................................................ [lun1 block/server0 (rw)]
  |     | o- iqn.2012-01.com.openeuler:node ......................................... [Mapped LUNs: 1]
  |     |   o- mapped_lun1 ........................................................ [lun1 block/server0 (rw)]
  |     o- luns .......................................................................... [LUNs: 1]
  |     | o- lun1 ............................ [block/server0 (/dev/mapper/vgtech-lvtech) (default_tg_pt_gp)]
  |     o- portals .................................................................... [Portals: 1]
  |       o- 192.168.0.234:3260 ................................................................ [OK]
  o- loopback ......................................................................... [Targets: 0]
  o- vhost ............................................................................ [Targets: 0]
  o- xen-pvscsi ....................................................................... [Targets: 0]
/>
```

图 4-130 示例效果

步骤 9：保存规则并退出，如图 4-131 所示。

#ls 查看所有完整配置

/> ls

#saveconfig 保存配置信息

/> saveconfig

#exit 退出服务器配置

/> exit

```
/> ls
o- / ......................................................................................... [...]
  o- backstores .............................................................................. [...]
  | o- block .................................................................. [Storage Objects: 1]
  | | o- server0 ........................................ [/dev/mapper/vgtech-lvtech (10.0GiB) write-thru activated]
  | |   o- alua ................................................................... [ALUA Groups: 1]
  | |     o- default_tg_pt_gp ....................................... [ALUA state: Active/optimized]
  | o- fileio ................................................................. [Storage Objects: 0]
  | o- pscsi .................................................................. [Storage Objects: 0]
  | o- ramdisk ................................................................ [Storage Objects: 0]
  o- iscsi ............................................................................ [Targets: 1]
  | o- iqn.2021-05.com.example:server0 ..................................................... [TPGs: 1]
  |   o- tpg1 ............................................................... [no-gen-acls, no-auth]
  |     o- acls .......................................................................... [ACLs: 2]
  |     | o- iqn.1991-05.com.microsoft:desktop-391jksp .............................. [Mapped LUNs: 1]
  |     | | o- mapped_lun1 ........................................................ [lun1 block/server0 (rw)]
  |     | o- iqn.2012-01.com.openeuler:node ......................................... [Mapped LUNs: 1]
  |     |   o- mapped_lun1 ........................................................ [lun1 block/server0 (rw)]
  |     o- luns .......................................................................... [LUNs: 1]
  |     | o- lun1 ............................ [block/server0 (/dev/mapper/vgtech-lvtech) (default_tg_pt_gp)]
  |     o- portals .................................................................... [Portals: 1]
  |       o- 192.168.0.234:3260 ................................................................ [OK]
  o- loopback ......................................................................... [Targets: 0]
  o- vhost ............................................................................ [Targets: 0]
  o- xen-pvscsi ....................................................................... [Targets: 0]
/> saveconfig
Configuration saved to /etc/target/saveconfig.json
/> exit
Global pref auto_save_on_exit=true
Last 10 configs saved in /etc/target/backup.
Configuration saved to /etc/target/saveconfig.json
[root@techhost ~]#
```

图 4-131 示例效果

步骤 10：修改完配置文件后，需要重启服务，服务才能生效，如图 4-132 所示。

[root@techhost ~]# systemctl restart target

[root@techhost ~]# systemctl status target

```
[root@techhost ~]# systemctl restart target
[root@techhost ~]# systemctl status target
* target.service - Restore LIO kernel target configuration
   Loaded: loaded (/usr/lib/systemd/system/target.service; enabled; vendor preset: disabled)
   Active: active (exited) since Fri 2021-05-14 16:09:32 CST; 55s ago
  Process: 7932 ExecStart=/usr/bin/targetctl restore (code=exited, status=0/SUCCESS)
 Main PID: 7932 (code=exited, status=0/SUCCESS)

May 14 16:09:32 techhost systemd[1]: target.service: Succeeded.
May 14 16:09:32 techhost systemd[1]: Stopped Restore LIO kernel target configuration.
May 14 16:09:32 techhost systemd[1]: Starting Restore LIO kernel target configuration...
May 14 16:09:32 techhost systemd[1]: Started Restore LIO kernel target configuration.
[root@techhost ~]#
```

图 4-132　示例效果

4.6.4　客户端配置

服务器配置完成后，用户只需要在客户端通过"发现"和"登录"，就可以使用远程存储设备，对应的操作还有"退出"和"删除"。

步骤 1：启动客户端。

[root@lamp ~]# systemctl start iscsid
[root@lamp ~]# systemctl enable iscsid

步骤 2：发现存储设备，如图 4-133 所示。

[root@lamp ~]# iscsiadm -m discovery -t st -p 192.168.0.234
192.168.0.234:3260, 1 iqn.2021-05.com.example:server0
[root@lamp ~]#

```
[root@lamp ~]# iscsiadm -m discovery -t st -p 192.168.0.234
192.168.0.234:3260,1 iqn.2021-05.com.example:server0
[root@lamp ~]#
```

图 4-133　示例效果

步骤 3：登录存储设备，如图 4-134 所示。

[root@lamp ~]# iscsiadm -m discovery -t st -p 192.168.0.234
192.168.0.234:3260, 1 iqn.2021-05.com.example:server0
[root@lamp ~]#
[root@lamp ~]#
[root@lamp ~]# iscsiadm -m node -T iqn.2021-05.com.example:server0 -p 192.168.0.234 -l
Logging in to [iface: default, target: iqn.2021-05.com.example:server0, portal: 192.168.0.234, 3260]
Login to [iface: default, target: iqn.2021-05.com.example:server0, portal: 192.168.0.234, 3260] successful.
[root@lamp ~]#

```
[root@lamp ~]# iscsiadm -m discovery -t st -p 192.168.0.234
192.168.0.234:3260,1 iqn.2021-05.com.example:server0
[root@lamp ~]#
[root@lamp ~]#
[root@lamp ~]# iscsiadm -m node -T iqn.2021-05.com.example:server0 -p 192.168.0.234 -l
Logging in to [iface: default, target: iqn.2021-05.com.example:server0, portal: 192.168.0.234,3260]
Login to [iface: default, target: iqn.2021-05.com.example:server0, portal: 192.168.0.234,3260] successful.
[root@lamp ~]#
```

图 4-134　示例效果

步骤 4：分区格式化挂载，如图 4-135 所示。

```
#登录成功后，发现有一块 10GB 大小的磁盘 SDA，对该磁盘进行格式化挂载
[root@lamp ~]# lsblk
NAME  MAJ:MIN RM  SIZE RO TYPE MOUNTPOINT
sda      8:0    0   10G  0  disk
vda    253:0    0   40G  0  disk
└─vda1 253:1    0   40G  0  part /
[root@lamp ~]# fdisk /dev/sda
[root@lamp ~]# mkfs -t ext4 /dev/sda1
[root@lamp ~]# mkdir /mnt/newwordstorage
[root@lamp ~]# mount /dev/sda
sda   sda1
[root@lamp ~]# mount /dev/sda1 /mnt/newwordstorage/
[root@lamp ~]# df -hT
```

Filesystem	Type	Size	Used	Avail	Use%	Mounted on
devtmpfs	devtmpfs	1.7G	0	1.7G	0%	/dev
tmpfs	tmpfs	1.7G	0	1.7G	0%	/dev/shm
tmpfs	tmpfs	1.7G	556K	1.7G	1%	/run
tmpfs	tmpfs	1.7G	0	1.7G	0%	/sys/fs/cgroup
/dev/vda1	ext4	40G	3.3G	34G	9%	/
tmpfs	tmpfs	1.7G	32K	1.7G	1%	/tmp
tmpfs	tmpfs	343M	0	343M	0%	/run/user/0
/dev/sda1	ext4	9.8G	37M	9.3G	1%	/mnt/newwordstorage

```
[root@lamp ~]# echo "test" >> /mnt/newwordstorage/test.txt
[root@lamp ~]# cat /mnt/newwordstorage/test.txt
test
[root@lamp ~]#
```

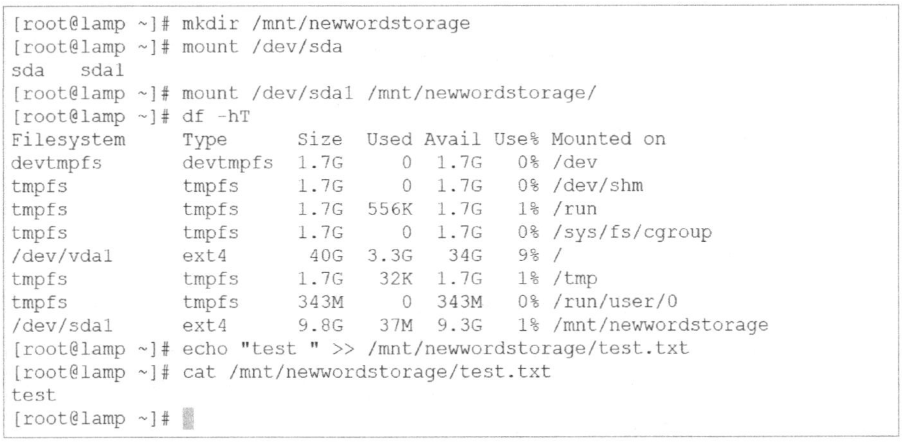

```
[root@lamp ~]# mkdir /mnt/newwordstorage
[root@lamp ~]# mount /dev/sda
sda   sda1
[root@lamp ~]# mount /dev/sda1 /mnt/newwordstorage/
[root@lamp ~]# df -hT
Filesystem      Type      Size  Used Avail Use% Mounted on
devtmpfs        devtmpfs  1.7G     0  1.7G   0% /dev
tmpfs           tmpfs     1.7G     0  1.7G   0% /dev/shm
tmpfs           tmpfs     1.7G  556K  1.7G   1% /run
tmpfs           tmpfs     1.7G     0  1.7G   0% /sys/fs/cgroup
/dev/vda1       ext4       40G  3.3G   34G   9% /
tmpfs           tmpfs     1.7G   32K  1.7G   1% /tmp
tmpfs           tmpfs     343M     0  343M   0% /run/user/0
/dev/sda1       ext4      9.8G   37M  9.3G   1% /mnt/newwordstorage
[root@lamp ~]# echo "test " >> /mnt/newwordstorage/test.txt
[root@lamp ~]# cat /mnt/newwordstorage/test.txt
test
[root@lamp ~]#
```

图 4-135　示例效果

步骤 5：实现开机自动挂载，如图 4-136、图 4-137 所示。

```
#使用 UUID 进行挂载
[root@lamp ~]# blkid
```

欧拉操作系统运维与管理

```
[root@lamp ~]# blkid
/dev/vda1: UUID="578a44d8-daaa-4a8f-9014-336283056530" TYPE="ext4" PARTUUID="64860148-01"
/dev/sda1: UUID="09e2cd9e-4737-448e-a918-18bff3b8a98d" TYPE="ext4" PARTUUID="94b37114-01"
[root@lamp ~]#
```

图 4-136 示例效果

[root@lamp ~]# vim /etc/fstab
[root@lamp ~]# cat /etc/fstab
[root@lamp ~]# mount -a
[root@lamp ~]# reboot

```
#
# After editing this file, run 'systemctl daemon-reload' to update systemd
# units generated from this file.
#
UUID=578a44d8-daaa-4a8f-9014-336283056530  /                     ext4    defaults         1 1
UUID=09e2cd9e-4737-448e-a918-18bff3b8a98d  /mnt/newwordstorage   ext4    defaults,_netdev 0 0
~
~
~
```

图 4-137 示例效果

_netdev 代表一台网络设备，重启验证，如图 4-138 所示。

```
[root@lamp ~]# vim /etc/fstab
[root@lamp ~]# cat /etc/fstab
#
# /etc/fstab
# Created by anaconda on Mon May 18 05:09:03 2020
#
# Accessible filesystems, by reference, are maintained under '/dev/disk/'.
# See man pages fstab(5), findfs(8), mount(8) and/or blkid(8) for more info.
#
# After editing this file, run 'systemctl daemon-reload' to update systemd
# units generated from this file.
#
UUID=578a44d8-daaa-4a8f-9014-336283056530  /                     ext4    defaults         1 1
UUID=09e2cd9e-4737-448e-a918-18bff3b8a98d  /mnt/newwordstorage   ext4    defaults,_netdev 0 0
[root@lamp ~]#
```

图 4-138 示例效果

4.7 GlusterFS 管理

1. GlusterFS 简介

GlusterFS 是横向扩展存储解决方案 Gluster 的核心，是一个开源的分布式文件系统，具有强大的横向扩展能力，通过扩展能够支持 PB 级的存储容量，能够处理数千个客户端。GlusterFS 借助 TCP/IP 或 InfiniBand 远程数据存储网络将物理分布的存储资源聚集在一起，使用单一全局命名空间来管理数据。

相较 GlusterFS，我们对 NFS、谷歌文件系统比较熟悉，其中 NFS 使用最为广泛且简单易于管理，但 NFS 存在单点故障，而 GlusterFS 完全不用考虑这个问题，因为它是一个完全的无中心系统。

GlusterFS 是一个可扩展的网络文件系统，相比其他分布式文件系统，具有高扩展性、高可用性、高性能、弹性卷管理等特点，并且没有元数据服务器的设计，整个服务没有单点故障的隐患。图 4-139 为 GlusterFS 架构。当客户端访问 GlusterFS 存储时，程序通过访问挂载点的形式读写数据。对于用户和程序而言，集群文件系统是透明的，用户和程序根本感觉不到文件系统在本地还是在远程服务器上。读写操作被交给 VFS（Virtual File System，虚拟文件系统）来处理，VFS 会将请求交给 FUSE（Filesystem in Userspace，用户空间文件系统）内核模块，而 FUSE 通过设备/dev/fuse 将数据交给 GlusterFS Client，经过计算，最终通过网络将请求或数据发送到 GlusterFS Server 上。

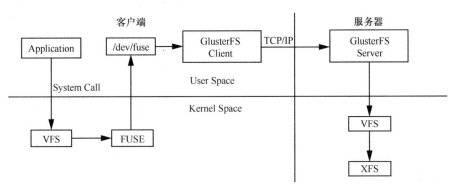

图 4-139　GlusterFS 架构

2．GlusterFS 的特点

（1）高扩展性和高性能

GlusterFS 利用双重特性来提供数 TB 至数 PB 的高扩展存储解决方案。横向扩展架构允许通过简单地增加资源来提高存储容量和性能，磁盘、计算和 I/O 资源都可以独立增加，支持 10 千兆以太网和 InfiniBand 等高速网络互联。Gluster 弹性哈希解除了 GlusterFS 对元数据服务器的需求，消除了单点故障和性能瓶颈，真正实现了并行化数据访问。

（2）高可用性

GlusterFS 可以对文件进行自动复制，如镜像或多次复制，从而确保数据总能被访问，甚至是在硬件故障的情况下也能被正常访问。GlusterFS 的自我修复功能能够把数据恢复到正确的状态，而且修复是以增量的方式在后台执行，几乎不会产生性能负载。GlusterFS 没有设计自己的私有数据文件格式，而是采用操作系统中主流标准的磁盘文件系统来存储文件，因此数据可以使用各种标准工具进行复制和访问。

（3）弹性卷管理

数据存储在逻辑卷中，逻辑卷可以从虚拟化的物理存储池中进行独立逻辑划分而得到。存储服务器可以在线进行增加或移除，不会导致应用中断。逻辑卷可以在所有配置服务器中增加或缩减，可以在不同服务器中迁移以实现容量均衡。文件系统配置更改也可以实时在线进行并应用，从而适应工作负载条件的变化或进行在线性能调优。

4.7.1　GlusterFS 集群部署安装

本案例使用两台主机部署 GlusterFS 集群系统，系统环境规划如下。

1. 主机环境规划

GlusterFS 集群主机环境规划见表 4-1。

表 4-1 GlusterFS 集群主机环境规划

主机名	IP 地址	磁盘	挂载点
node01	192.168.0.10	/dev/vdb1 /dev/vdc1 /dev/vdd1 /dev/vde1 /dev/vdf1	/mnt/vdb1 /mnt/vdc1 /mnt/vdd1 /mnt/vde1 /mnt/vdf1
node02	192.168.0.11	/dev/vdb1 /dev/vdc1 /dev/vdd1 /dev/vde1 /dev/vdf1	/mnt/vdb1 /mnt/vdc1 /mnt/vdd1 /mnt/vde1 /mnt/vdf1
techhost	192.168.0.12	—	—

2. 卷管理规划

GlusterFS 集群卷管理规划见表 4-2。

表 4-2 GlusterFS 集群卷管理规划

卷名称	卷类型	Brick
dis-volume	分布式卷	node01:/dev/vdb1;node02:/dev/vdb1
stripe-volume	条带卷	node01:/dev/vdc1;node02:/dev/vdc1
rep-volume	复制卷	node01:/dev/vdd1;node02:/dev/vdd1
dis-stripe	分布式条带卷	node01:/dev/vde1;node02:/dev/vde1
dis-rep	分布式复制卷	node01:/dev/vdf1;node02:/dev/vdf1

步骤 1：购买云主机，配置如图 4-140 所示。

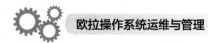

图 4-140 云主机配置

客户端云主机配置，如图 4-141 所示。

第 4 章 网络服务管理

图 4-141 客户端云主机配置

步骤 2：修改两台主机的 hosts 文件，如图 4-142 所示。

```
#node01 操作如下
[root@node-0001 ~]# hostnamectl set-hostname node01
[root@node-0001 ~]# su -

[root@node01 ~]# vim /etc/hosts
[root@node01 ~]# cat /etc/hosts
==========此处省略不相干内容==========
192.168.0.10      node01
192.168.0.11      node02
[root@node01 ~]#
```

```
[root@node-0001 ~]# hostnamectl set-hostname node01
[root@node-0001 ~]# su -
Last login: Wed Dec 15 21:14:51 CST 2021 on pts/1

Welcome to 4.19.90-2003.4.0.0036.oe1.aarch64

System information as of time:  Wed Dec 15 21:15:07 CST 2021

System load:    0.06
Processes:      145
Memory used:    15.8%
Swap used:      0.0%
Usage On:       9%
IP address:     192.168.0.7
Users online:   2


[root@node01 ~]# vim /etc/hosts
[root@node01 ~]# cat /etc/hosts
::1         localhost       localhost.localdomain   localhost6      localhost6.localdomain6

127.0.0.1       localhost       localhost.localdomain   localhost4      localhost4.localdomain4
127.0.0.1       localhost       localhost
127.0.0.1       techhost1       techhost1

192.168.0.10    node01
192.168.0.11    node02
[root@node01 ~]#
```

图 4-142 示例效果

node02 同样操作，如图 4-143 所示。

[root@node-0002 ~]# hostnamectl set-hostname node02
[root@node-0002 ~]# su -

[root@node02 ~]# vim /etc/hosts
[root@node02 ~]# cat /etc/hosts
============此处省略不相干内容============
192.168.0.10   node01
192.168.0.11   node02
[root@node02 ~]#

图 4-143　示例效果

两台主机互 ping 主机名，ping 通说明配置正确。

[root@node01 ~]# ping node02
[root@node02 ~]# ping node01

步骤 3：两个节点分别进行磁盘的格式化挂载，磁盘格式化挂载脚本如图 4-144 所示。

#查看 node01 磁盘
[root@node01 ~]# vim sh_fdisk.sh
[root@node01 ~]# cat sh_fdisk.sh
#!/bin/bash
NEWDEV=`ls /dev/vd* | grep -o 'vd[b-z]' | uniq`
for VAR in $NEWDEV
do
    echo -e "n\np\n\n\n\nw\n" | fdisk /dev/$VAR &> /dev/null
    mkfs.xfs /dev/${VAR}"1" &> /dev/null
    mkdir -p /mnt/${VAR}"1" &> /dev/null
    echo "/dev/${VAR}"1" /mnt/${VAR}"1" xfs defaults 0 0" >> /etc/fstab
done
mount -a &> /dev/null
[root@node01 ~]# chmod u+x sh_fdisk.sh
[root@node01 ~]# ./sh_fdisk.sh

[root@node01 ~]# ^c [root@node01 ~]# df -hT

```
[root@node01 ~]# vim sh_fdisk.sh
[root@node01 ~]# cat sh_fdisk.sh
#!/bin/bash
NEWDEV=`ls /dev/vd* | grep -o 'vd[b-z]' | uniq`
for VAR in $NEWDEV
do
    echo -e "n\np\n\n\n\nw\n" | fdisk /dev/$VAR &> /dev/null
    mkfs.xfs /dev/${VAR}"1" &> /dev/null
    mkdir -p /mnt/${VAR}"1" &> /dev/null
    echo "/dev/${VAR}"1" /mnt/${VAR}"1" xfs defaults 0 0" >> /etc/fstab
done
mount -a &> /dev/null
[root@node01 ~]# chmod u+x sh_fdisk.sh
[root@node01 ~]# ./sh_fdisk.sh
[root@node01 ~]# ^C
[root@node01 ~]# df -hT
Filesystem     Type       Size  Used Avail Use% Mounted on
devtmpfs       devtmpfs   1.7G     0  1.7G   0% /dev
tmpfs          tmpfs      1.7G     0  1.7G   0% /dev/shm
tmpfs          tmpfs      1.7G  612K  1.7G   1% /run
tmpfs          tmpfs      1.7G     0  1.7G   0% /sys/fs/cgroup
/dev/vda1      ext4        40G  2.6G   35G   8% /
tmpfs          tmpfs      1.7G   32K  1.7G   1% /tmp
tmpfs          tmpfs      343M     0  343M   0% /run/user/0
/dev/vdb1      xfs         10G   43M   10G   1% /mnt/vdb1
/dev/vdc1      xfs         10G   43M   10G   1% /mnt/vdc1
/dev/vdd1      xfs         10G   43M   10G   1% /mnt/vdd1
/dev/vde1      xfs         10G   43M   10G   1% /mnt/vde1
/dev/vdf1      xfs         10G   43M   10G   1% /mnt/vdf1
[root@node01 ~]#
```

图 4-144　示例效果

将脚本复制到 node02 上执行，如图 4-145 所示。

[root@node01 ~]# scp sh_fdisk.sh node02:/root/

```
[root@node01 ~]# scp sh_fdisk.sh node02:/root/
The authenticity of host 'node02 (192.168.0.11)' can't be established.
ECDSA key fingerprint is SHA256:QYni0fb2qFjsGVpmq9oQI+qTSN2tQ/Tnn55jvZ+HV58.
Are you sure you want to continue connecting (yes/no)? yes
Warning: Permanently added 'node02,192.168.0.11' (ECDSA) to the list of known hosts.

Authorized users only. All activities may be monitored and reported.
root@node02's password:
sh_fdisk.sh                                                          100%  324
[root@node01 ~]#
```

图 4-145　示例效果

node02 执行效果如图 4-146 所示。

[root@node02 ~]# ./sh_fdisk.sh
[root@node02 ~]# df -hT

```
[root@node02 ~]# ./sh_fdisk.sh
[root@node02 ~]# df -hT
Filesystem     Type       Size  Used Avail Use% Mounted on
devtmpfs       devtmpfs   1.7G     0  1.7G   0% /dev
tmpfs          tmpfs      1.7G     0  1.7G   0% /dev/shm
tmpfs          tmpfs      1.7G  596K  1.7G   1% /run
tmpfs          tmpfs      1.7G     0  1.7G   0% /sys/fs/cgroup
/dev/vda1      ext4        40G  2.6G   35G   8% /
tmpfs          tmpfs      1.7G   32K  1.7G   1% /tmp
tmpfs          tmpfs      343M     0  343M   0% /run/user/0
/dev/vdb1      xfs         10G   43M   10G   1% /mnt/vdb1
/dev/vdc1      xfs         10G   43M   10G   1% /mnt/vdc1
/dev/vdd1      xfs         10G   43M   10G   1% /mnt/vdd1
/dev/vde1      xfs         10G   43M   10G   1% /mnt/vde1
/dev/vdf1      xfs         10G   43M   10G   1% /mnt/vdf1
[root@node02 ~]#
```

图 4-146　node02 执行效果

欧拉操作系统运维与管理

步骤 4： 在两个节点上安装 GlusterFS。

```
#分别在两个节点执行以下命令
dnf install glusterfs glusterfs-server glusterfs-fuse glusterfs-rdma glusterfs-* -y
systemctl start glusterd.service
systemctl enable glusterd.service
systemctl status glusterd.service
```

安装效果如图 4-147 所示。

```
Complete!
[root@node01 ~]# systemctl start glusterd.service
[root@node01 ~]# systemctl enable glusterd.service
Created symlink /etc/systemd/system/multi-user.target.wants/glusterd.service → /usr/lib/systemd/system/gluste
[root@node01 ~]# systemctl status glusterd.service
● glusterd.service - GlusterFS, a clustered file-system server
   Loaded: loaded (/usr/lib/systemd/system/glusterd.service; enabled; vendor preset: disabled)
   Active: active (running) since Fri 2021-05-14 22:02:06 CST; 12s ago
     Docs: man:glusterd(8)
 Main PID: 11201 (glusterd)
    Tasks: 9
   Memory: 3.4M
   CGroup: /system.slice/glusterd.service
           └─11201 /usr/sbin/glusterd -p /var/run/glusterd.pid --log-level INFO

May 14 22:02:04 node01 systemd[1]: Starting GlusterFS, a clustered file-system server...
May 14 22:02:06 node01 systemd[1]: Started GlusterFS, a clustered file-system server.
May 14 22:02:13 node01 systemd[1]: /usr/lib/systemd/system/glusterd.service:10: PIDFile= references a path be
lines 1-13/13 (END)
```

图 4-147 安装效果

步骤 5： 添加节点到存储信任池，在 node01 执行图 4-148 中的命令。

```
[root@node01 ~]# gluster peer probe node01
[root@node01 ~]# gluster peer probe node02
[root@node01 ~]# gluster peer status
```

```
[root@node01 ~]# gluster peer probe node01
peer probe: success. Probe on localhost not needed
[root@node01 ~]# gluster peer probe node02
peer probe: success.
[root@node01 ~]# gluster peer status
Number of Peers: 1

Hostname: node02
Uuid: 0b72d032-1bc0-4768-bd74-0c9e11c24957
State: Peer in Cluster (Connected)
[root@node01 ~]#
```

图 4-148 示例效果

步骤 6： 创建分布式卷，在 node01 执行图 4-149 中的命令。

```
#创建分布式卷，没有指定类型，默认创建的是分布式卷
[root@node01 ~]# gluster volume create dis-volume node01:/mnt/vdb1/ node02:/mnt/vdb1/ force
[root@node01 ~]# gluster volume list
[root@node01 ~]# gluster volume start dis-volume
[root@node01 ~]# gluster volume info dis-volume
```

```
[root@node01 ~]# gluster volume create dis-volume node01:/mnt/vdb1/ node02:/mnt/vdb1/ force
volume create: dis-volume: success: please start the volume to access data
[root@node01 ~]# gluster volume list
dis-volume
[root@node01 ~]# gluster volume start dis-volume
volume start: dis-volume: success
[root@node01 ~]# gluster volume info dis-volume

Volume Name: dis-volume
Type: Distribute
Volume ID: f5098a75-2dbe-4111-843b-7810a49c7e04
Status: Started
Snapshot Count: 0
Number of Bricks: 2
Transport-type: tcp
Bricks:
Brick1: node01:/mnt/vdb1
Brick2: node02:/mnt/vdb1
Options Reconfigured:
transport.address-family: inet
storage.fips-mode-rchecksum: on
nfs.disable: on
[root@node01 ~]#
```

图 4-149　示例效果

步骤 7：创建条带卷，在 node01 执行图 4-150 中的命令。

[root@node01 ~]# gluster volume create stripe-volume node01:/mnt/vdc1/ node02:/mnt/vdc1/ force
[root@node01 ~]# gluster volume start stripe-volume
[root@node01 ~]# gluster volume info stripe-volume

```
[root@node01 ~]# gluster volume create stripe-volume node01:/mnt/vdc1/ node02:/mnt/vdc1/ force
volume create: stripe-volume: success: please start the volume to access data
[root@node01 ~]# gluster volume start stripe-volume
volume start: stripe-volume: success
[root@node01 ~]# gluster volume info stripe-volume

Volume Name: stripe-volume
Type: Distribute
Volume ID: 61d046c8-17b0-45a9-b962-2f3bd2bdd660
Status: Started
Snapshot Count: 0
Number of Bricks: 2
Transport-type: tcp
Bricks:
Brick1: node01:/mnt/vdc1
Brick2: node02:/mnt/vdc1
Options Reconfigured:
transport.address-family: inet
storage.fips-mode-rchecksum: on
nfs.disable: on
[root@node01 ~]#
```

图 4-150　示例效果

步骤 8：创建复制卷，在 node01 执行图 4-151 中的命令。

[root@node01 ~]# gluster volume create rep-volume replica 2 node01:/mnt/vdd1/ node02:/mnt/vdd1/ force
[root@node01 ~]# gluster volume start rep-volume
[root@node01 ~]# gluster volume info rep-volume

```
[root@node01 ~]# gluster volume create rep-volume replica 2 node01:/mnt/vdd1/ node02:/mnt/vdd1/ force
volume create: rep-volume: success: please start the volume to access data
[root@node01 ~]# gluster volume start rep-volume
volume start: rep-volume: success
[root@node01 ~]# gluster volume info rep-volume

Volume Name: rep-volume
Type: Replicate
Volume ID: b6bb2d0c-0484-47a7-8614-8b56d58381d8
Status: Started
Snapshot Count: 0
Number of Bricks: 1 x 2 = 2
Transport-type: tcp
Bricks:
Brick1: node01:/mnt/vdd1
Brick2: node02:/mnt/vdd1
Options Reconfigured:
transport.address-family: inet
storage.fips-mode-rchecksum: on
nfs.disable: on
performance.client-io-threads: off
[root@node01 ~]#
```

图 4-151　示例效果

步骤 9：创建分布式条带卷，在 node01 执行图 4-152 中的命令。

[root@node01 ~]# gluster volume create dis-stripe node01:/mnt/vde1/ node02:/mnt/vde1/　force
[root@node01 ~]# gluster volume start dis-stripe
[root@node01 ~]# gluster volume info dis-stripe

```
[root@node01 ~]# gluster volume create dis-stripe  node01:/mnt/vde1/ node02:/mnt/vde1/  force
volume create: dis-stripe: success: please start the volume to access data
[root@node01 ~]# gluster volume start dis-stripe
volume start: dis-stripe: success
[root@node01 ~]# gluster volume info dis-stripe

Volume Name: dis-stripe
Type: Distribute
Volume ID: 9d9d744e-69d2-42a7-8733-9b80b4faec87
Status: Started
Snapshot Count: 0
Number of Bricks: 2
Transport-type: tcp
Bricks:
Brick1: node01:/mnt/vde1
Brick2: node02:/mnt/vde1
Options Reconfigured:
transport.address-family: inet
storage.fips-mode-rchecksum: on
nfs.disable: on
[root@node01 ~]#
```

图 4-152　示例效果

步骤 10：创建分布式复制卷，在 node01 执行图 4-153 中的命令。

[root@node01 ~]# gluster volume create dis-rep replica 2 node01:/mnt/vdf1/ node02:/mnt/vdf1/　force
[root@node01 ~]# gluster volume start dis-rep
[root@node01 ~]# gluster volume info dis-rep

```
[root@node01 ~]#
[root@node01 ~]# gluster volume create dis-rep replica 2 node01:/mnt/vdf1/ node02:/mnt/vdf1/  force
volume create: dis-rep: success: please start the volume to access data
[root@node01 ~]# gluster volume start dis-rep
volume start: dis-rep: success
[root@node01 ~]# gluster volume info dis-rep

Volume Name: dis-rep
Type: Replicate
Volume ID: 15426c15-7963-4bec-aff1-271514755a05
Status: Started
Snapshot Count: 0
Number of Bricks: 1 x 2 = 2
Transport-type: tcp
Bricks:
Brick1: node01:/mnt/vdf1
Brick2: node02:/mnt/vdf1
Options Reconfigured:
transport.address-family: inet
storage.fips-mode-rchecksum: on
nfs.disable: on
performance.client-io-threads: off
[root@node01 ~]#
```

图 4-153　示例效果

步骤 11：查看 GlusterFS 创建列表，在 node01 执行图 4-154 中的命令。

[root@node01 ~]# gluster volume list

```
[root@node01 ~]# gluster volume list
dis-rep
dis-stripe
dis-volume
rep-volume
stripe-volume
[root@node01 ~]#
```

图 4-154　示例效果

4.7.2 部署 Gluster 客户端

步骤 1：安装客户端。

[root@techhost ~]# dnf install glusterfs glusterfs-fuse glusterfs-* -y

步骤 2：创建测试环境。

[root@techhost ~]# mkdir /data/{dis, stripe, rep, dis_stripe, dis_rep} -p
[root@techhost ~]#

步骤 3：创建节点映射（hosts 文件），如图 4-155 所示。

[root@techhost ~]# vim /etc/hosts
[root@techhost ~]# cat /etc/hosts
==========省略不相干内容==========
192.168.0.10   node01
192.168.0.11   node02
[root@techhost ~]#

```
[root@techhost ~]# vim /etc/hosts
[root@techhost ~]# cat /etc/hosts
::1         localhost    localhost.localdomain  localhost6   localhost6.localdomain6
127.0.0.1   localhost    localhost.localdomain  localhost4   localhost4.localdomain4
127.0.0.1   techhost     techhost

192.168.0.10    node01
192.168.0.11    node02
[root@techhost ~]#
```

图 4-155　示例效果

步骤 4：挂载分布式文件系统，如图 4-156 所示。

[root@techhost ~]# mount.glusterfs node01:dis-volume /data/dis
[root@techhost ~]# mount.glusterfs node01:stripe-volume /data/stripe/
[root@techhost ~]# mount.glusterfs node01:rep-volume /data/rep/
[root@techhost ~]# mount.glusterfs node01:rep-volume /data/dis_

[root@techhost ~]# mount.glusterfs node01:dis-stripe /data/dis_stripe/
[root@techhost ~]# mount.glusterfs node01:dis-rep /data/dis_rep/
[root@techhost ~]# df -hT

```
[root@techhost ~]# mount.glusterfs node01:dis-volume /data/dis
[root@techhost ~]# mount.glusterfs node01:stripe-volume /data/stripe/
[root@techhost ~]# mount.glusterfs node01:rep-volume /data/rep/
[root@techhost ~]# mount.glusterfs node01:rep-volume /data/dis_
dis_rep/    dis_stripe/
[root@techhost ~]# mount.glusterfs node01:dis-stripe /data/dis_stripe/
[root@techhost ~]# mount.glusterfs node01:dis-rep /data/dis_rep/
[root@techhost ~]# df -hT
Filesystem              Type            Size  Used Avail Use% Mounted on
devtmpfs                devtmpfs        1.7G     0  1.7G   0% /dev
tmpfs                   tmpfs           1.7G     0  1.7G   0% /dev/shm
tmpfs                   tmpfs           1.7G  556K  1.7G   1% /run
tmpfs                   tmpfs           1.7G     0  1.7G   0% /sys/fs/cgroup
/dev/vda1               ext4             40G  2.8G   35G   8% /
tmpfs                   tmpfs           1.7G   32K  1.7G   1% /tmp
tmpfs                   tmpfs           343M     0  343M   0% /run/user/0
node01:dis-volume       fuse.glusterfs   20G  290M   20G   2% /data/dis
node01:stripe-volume    fuse.glusterfs   20G  290M   20G   2% /data/stripe
node01:rep-volume       fuse.glusterfs   10G  145M  9.9G   2% /data/rep
node01:dis-stripe       fuse.glusterfs   20G  290M   20G   2% /data/dis_stripe
node01:dis-rep          fuse.glusterfs   10G  145M  9.9G   2% /data/dis_rep
[root@techhost ~]#
```

图 4-156　示例效果

步骤 5：创建测试文件并写入 GlusterFS。

[root@techhost ~]# cd /opt
[root@techhost opt]# dd if=/dev/zero of=/opt/demo1.log bs=1M count=40
[root@techhost opt]# dd if=/dev/zero of=/opt/demo2.log bs=1M count=40
[root@techhost opt]# dd if=/dev/zero of=/opt/demo3.log bs=1M count=40
[root@techhost opt]# dd if=/dev/zero of=/opt/demo4.log bs=1M count=40
[root@techhost opt]# dd if=/dev/zero of=/opt/demo5.log bs=1M count=40

[root@techhost opt]# cp demo* /data/dis
[root@techhost opt]# cp demo* /data/stripe
[root@techhost opt]# cp demo* /data/rep
[root@techhost opt]# cp demo* /data/dis_stripe
[root@techhost opt]# cp demo* /data/dis_rep

4.7.3 验证文件分布效果

步骤 1：查看分布式文件分布（node01:/dev/vdb1、node02:/dev/vdb1），如图 4-157 所示。

[root@node01 ~]# ll -s /mnt/vdb1/
[root@node02 ~]# ll -s /mnt/vdb1/

```
1 node01    * 2 techhost     +                                    1 node02
[root@node01 ~]#                                                  [root@node02 ~]#
[root@node01 ~]#                                                  [root@node02 ~]#
[root@node01 ~]# ll -s  /mnt/vdb1/                                [root@node02 ~]# ll -s  /mnt/vdb1/
total 160M                                                        total 40M
40M -rw------- 2 root root 40M May 14 22:37 demo1.log             40M -rw------- 2 root root 40M May 14 22:37 demo5.log
40M -rw------- 2 root root 40M May 14 22:37 demo2.log             [root@node02 ~]#
40M -rw------- 2 root root 40M May 14 22:37 demo3.log
40M -rw------- 2 root root 40M May 14 22:37 demo4.log
[root@node01 ~]#
```

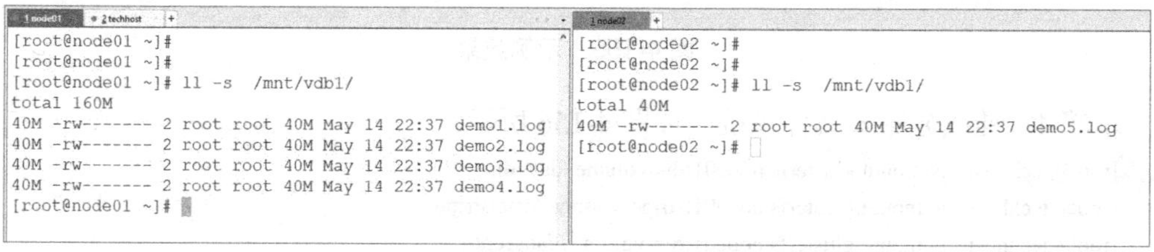

图 4-157　示例效果

步骤 2：查看条带卷文件分布，如图 4-158 所示。

[root@node01 ~]# ll -s /mnt/vdc1/
[root@node02 ~]# ll -s /mnt/vdc1/

```
1 node01    * 2 techhost     +                                    1 node02
[root@node01 ~]#                                                  [root@node02 ~]#
[root@node01 ~]#                                                  [root@node02 ~]#
[root@node01 ~]# ll -s  /mnt/vdc1/                                [root@node02 ~]# ll -s  /mnt/vdc1/
total 160M                                                        total 40M
40M -rw------- 2 root root 40M May 14 22:37 demo1.log             40M -rw------- 2 root root 40M May 14 22:37 demo5.log
40M -rw------- 2 root root 40M May 14 22:37 demo2.log             [root@node02 ~]#
40M -rw------- 2 root root 40M May 14 22:37 demo3.log
40M -rw------- 2 root root 40M May 14 22:37 demo4.log
[root@node01 ~]#
```

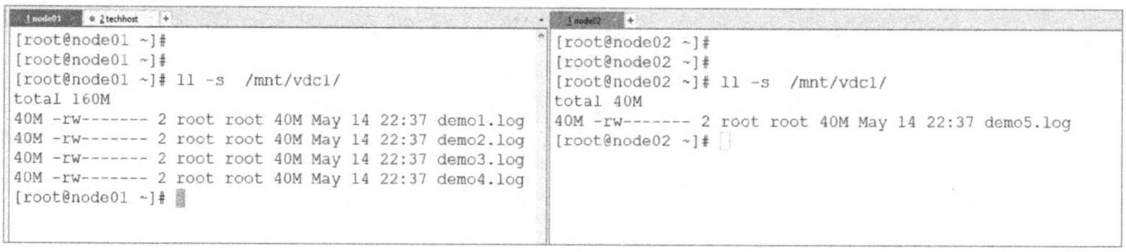

图 4-158　示例效果

步骤 3：查看复制卷文件分布，如图 4-159 所示。

[root@node01 ~]# ll -s /mnt/vdd1/
[root@node02 ~]# ll -s /mnt/vdd1/

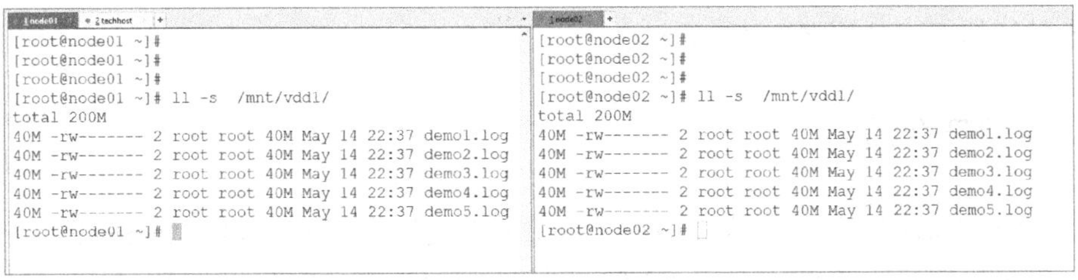

图 4-159 示例效果

步骤 4：查看分布式条带卷分布，如图 4-160 所示。

[root@node01 ~]# ll -s /mnt/vde1/
[root@node02 ~]# ll -s /mnt/vde1/

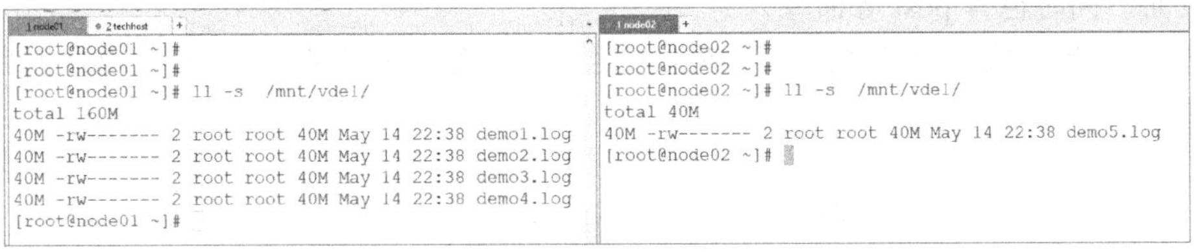

图 4-160 示例效果

步骤 5：查看分布式复制卷分布，如图 4-161 所示。

[root@node01 ~]# ll -s /mnt/vdf1/
[root@node02 ~]# ll -s /mnt/vdf1/

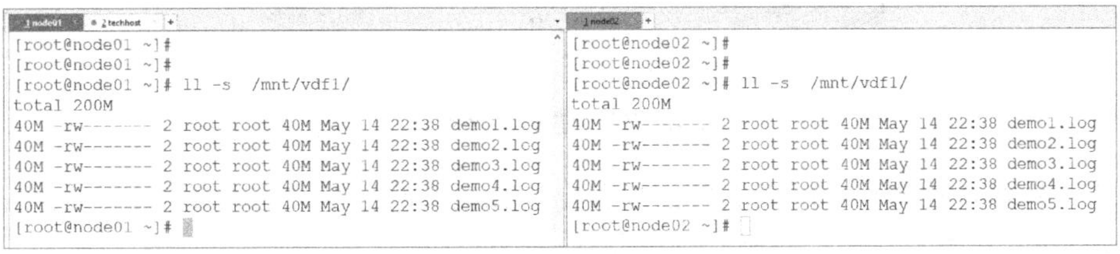

图 4-161 示例效果

4.8 Apache 服务管理

Apache HTTP Server（简称 Apache）是 Apache 软件基金会维护开发的一个开放源代码的网页服务器，可以在大多数计算机操作系统中运行，由于多平台和安全性高被广泛使用，是最流行的 Web 服务器软件之一。它快速、可靠，并且可以通过简单的 API 扩展，可将 Perl、Python 等解释器编译到服务器中。

Apache 是 Internet 上使用最多的 Web 服务器之一。Web 服务器是一个用 HTTP 或者 HTTPS 进行交流的守护进程，用于通过网络发送和接收对象。HTTP 通过线路以明文形式发送，默认情况下使用端口 80/tcp，该协议经过 SSL（Secure Sockets Layer，安全套接字协议）/TLS（Transport Layer Security，安全传输层协议）加密的版本被称为 HTTPS，

HTTPS 默认情况下使用端口 443/tcp。

4.8.1 HTTP 介绍

HTTP 是目前国际互联网基础中的一个重要组成部分。Apache、IIS（Internet Information Service，互联网信息服务）服务器是 HTTP 的服务器软件，微软的 Internet Explorer 和 Mozilla 的 Firefox 则是 HTTP 的客户端。

一般客户端访问 Web 内容要经过 3 个阶段，即在客户端和 Web 服务器之间建立连接、传输相关内容、关闭连接。

① Web 浏览器使用 HTTP 命令向服务器发出 Web 请求（一般使用 get 命令要求返回一个页面，同时也有 post 等命令）。

② 服务器接收到 Web 页面请求后，发送一个应答，并在客户端和服务器之间建立连接，图 4-162 为建立连接示意。

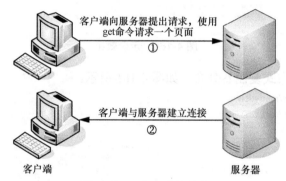

图 4-162 建立连接示意

③ 服务器查找客户端所需文档，若查找到所请求的文档，就会将该文档传送给 Web 浏览器；若该文档不存在，则服务器会发送一个相应的错误提示文档给客户端。

④ Web 浏览器接收到文档后，将它解释并显示在屏幕上，图 4-163 为数据传输示意。

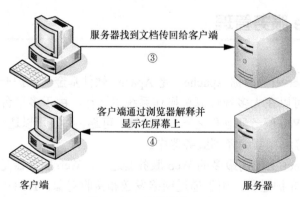

图 4-163 数据传输示意

⑤ 当客户端浏览完成后，就断开与服务器的连接，图 4-164 为关闭连接示意。

图 4-164 关闭连接示意

4.8.2 Apache 服务的安装与配置

1．Apache 服务的安装

（1）安装 Apache

使用 rpm 相关命令，查看系统是否已经安装 httpd 服务程序，如图 4-165 所示。

[root@techhost1 ~]# rpm -qa | grep httpd

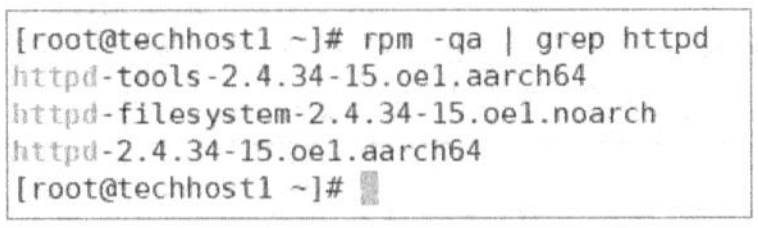

```
[root@techhost1 ~]# rpm -qa | grep httpd
httpd-tools-2.4.34-15.oe1.aarch64
httpd-filesystem-2.4.34-15.oe1.noarch
httpd-2.4.34-15.oe1.aarch64
[root@techhost1 ~]#
```

图 4-165 示例效果

若未安装，可使用以下命令进行安装，如图 4-166 所示。

[root@techhost1 ~]# dnf install httpd -y

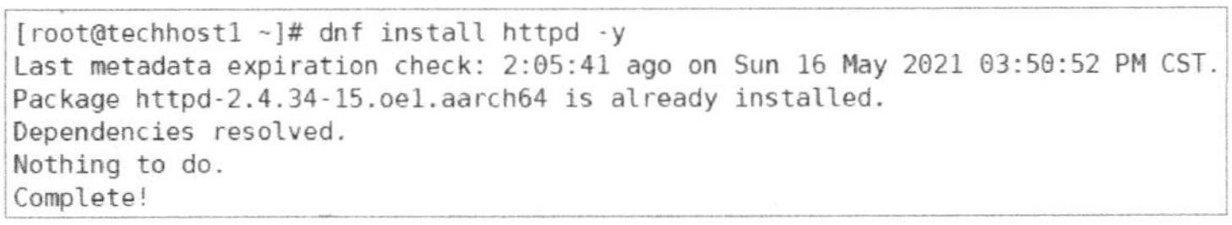

```
[root@techhost1 ~]# dnf install httpd -y
Last metadata expiration check: 2:05:41 ago on Sun 16 May 2021 03:50:52 PM CST.
Package httpd-2.4.34-15.oe1.aarch64 is already installed.
Dependencies resolved.
Nothing to do.
Complete!
```

图 4-166 示例效果

启动服务并加入开机自启，如图 4-167 所示。

[root@techhost1 ~]# systemctl start httpd
[root@techhost1 ~]# systemctl enable httpd

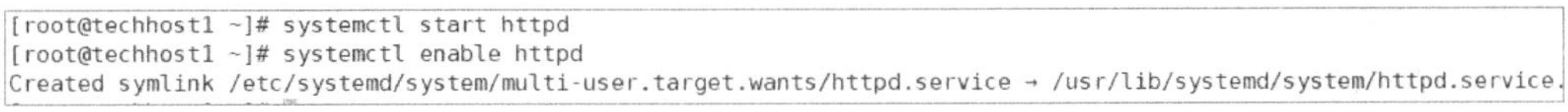

```
[root@techhost1 ~]# systemctl start httpd
[root@techhost1 ~]# systemctl enable httpd
Created symlink /etc/systemd/system/multi-user.target.wants/httpd.service → /usr/lib/systemd/system/httpd.service.
```

图 4-167 示例效果

（2）重启服务

重启服务有以下 3 种方式。

① 完全重启服务（常用）。

[root@techhost1 ~]# systemctl restart httpd

此条命令会停止运行的 httpd 服务并立即重新启动它。一般在服务安装以后或者去除一个动态加载的模块（例如 PHP）时使用这个命令。

② 重新加载配置。

```
[root@techhost1 ~]# systemctl reload httpd
```

此条命令会使运行的 httpd 服务重新加载它的配置文件，任何当前正在处理的请求将会被中断，客户端浏览器显示一个错误消息或者重新渲染部分页面。

③ 重新加载配置而不影响激活的请求。

```
[root@techhost1 ~]# apachectl graceful
```

此条命令会使运行的 httpd 服务重新加载它的配置文件，任何当前正在处理的请求将会继续使用旧的配置文件。

（3）验证服务状态

当 httpd 服务启动后，默认情况下，它会读取表 4-3 中的配置文件。

表 4-3 配置文件

文件	说明
/etc/httpd/conf/httpd.conf	主要的配置文件
/etc/httpd/conf.d	配置文件的辅助目录被包含在主配置文件中，例如配置用户个人主页功能时，会修改此目录下的 user_dir.html 配置文件

虽然默认配置适用于多数情况，但是用户需要熟悉里面的一些重要配置项。配置文件修改完成后，可以在 root 权限下使用以下命令检查配置文件可能出现的语法错误。

```
[root@techhost1 ~]# apachectl configtest
```

出现回显信息"Syntax OK"，说明配置文件语法正确，如图 4-168 所示。

```
[root@techhost1 ~]# apachectl configtest
AH00558: httpd: Could not reliably determine the server's fully qualified domain name, using 127.0.0.1. Set the 'ServerName' directive globally to suppress this message
Syntax OK
```

图 4-168 示例效果

2．Apache 服务的配置

httpd 服务是一个模块化的应用，它和许多 DSO（Dynamic Shared Objects，动态共享对象）一起分发。而 DSO 在某些必须的情况下可以在运行时被动态加载或卸载。服务器操作系统中的这些模块位于/usr/lib64/httpd/modules/目录下。本部分将介绍加载模块和加载 SSL 的步骤。

（1）加载模块

为了加载一个特殊的 DSO 模块，我们在配置文件中使用加载模块指示。独立软件包提供的模块一般在/etc/httpd/conf.modules.d 目录下有对应的配置文件。加载 asis DSO 模块的操作步骤如下。

① 编辑/etc/httpd/conf.modules.d/00-optional.conf 文件，去除#LoadModule asis_module modules/mod_asis.so 前面的"#"字符并保存退出，表示允许加载此模块，如图 4-169 所示。

```
[root@techhost1 ~]# vim /etc/httpd/conf.modules.d/00-optional.conf
```

```
1  #
2  # This file lists modules included with the Apache HTTP Server
3  # which are not enabled by default.
4  #
5
6  LoadModule asis_module modules/mod_asis.so
7  #LoadModule buffer_module modules/mod_buffer.so
8  #LoadModule heartbeat_module modules/mod_heartbeat.so
9  #LoadModule heartmonitor_module modules/mod_heartmonitor.so
10 #LoadModule usertrack_module modules/mod_usertrack.so
11 #LoadModule dialup_module modules/mod_dialup.so
12 #LoadModule charset_lite_module modules/mod_charset_lite.so
13 #LoadModule log_debug_module modules/mod_log_debug.so
14 #LoadModule log_forensic_module modules/mod_log_forensic.so
15 #LoadModule ratelimit_module modules/mod_ratelimit.so
16 #LoadModule reflector_module modules/mod_reflector.so
17 #LoadModule sed_module modules/mod_sed.so
18 #LoadModule speling_module modules/mod_speling.so
```

图 4-169　示例效果

② 修改完成后，重启 httpd 服务，重新加载配置文件。

[root@techhost1 ~]# systemctl restart httpd

③ 加载完成后，在 root 权限下使用 httpd -M 命令查看是否已经加载了 asis DSO 模块。若出现图 4-170 中的回显信息，则说明已经成功加载 asis DSO 模块。

[root@techhost1 ~]# httpd -M | grep asis

```
[root@techhost1 ~]# httpd -M | grep asis
AH00558: httpd: Could not reliably determine the server's fully qualified domain name, using 127.0.0.1. Set the 'Se
rverName' directive globally to suppress this message
 asis_module (shared)
```

图 4-170　示例效果

（2）加载 SSL

SSL 是一个允许服务器和客户端之间进行安全通信的加密协议。其中，TLS 为网络通信提供了安全性和数据完整性保障。OpenEuler 操作系统支持 Mozilla 网络安全服务作为 TLS 协议进行配置。加载 SSL 的操作步骤如下。

① 使用以下命令安装 mod_ssl 的 RPM 包，如图 4-171 所示。

[root@techhost1 ~]# dnf install mod_ssl -y

```
[root@techhost1 ~]# dnf install mod_ssl -y
Last metadata expiration check: 2:09:03 ago on Sun 16 May 2021 03:50:52 PM CST.
Dependencies resolved.
================================================================================
 Package              Architecture    Version              Repository     Size
================================================================================
Installing:
 mod_ssl              aarch64         1:2.4.34-15.oe1      OS             94 k
Installing dependencies:
 sscg                 aarch64         2.3.3-5.oe1          OS             34 k

Transaction Summary
================================================================================
Install  2 Packages

Total download size: 127 k
Installed size: 375 k
Downloading Packages:
(1/2): sscg-2.3.3-5.oe1.aarch64.rpm                1.3 MB/s |  34 kB   00:00
(2/2): mod_ssl-2.4.34-15.oe1.aarch64.rpm           2.6 MB/s |  94 kB   00:00
--------------------------------------------------------------------------------
Total                                              3.4 MB/s | 127 kB   00:00
Running transaction check
Transaction check succeeded.
Running transaction test
Transaction test succeeded.
Running transaction
  Preparing  :                                                               1/1
  Running scriptlet: sscg-2.3.3-5.oe1.aarch64                                1/2
  Installing       : sscg-2.3.3-5.oe1.aarch64                                1/2
  Running scriptlet: sscg-2.3.3-5.oe1.aarch64                                1/2
  Installing       : mod_ssl-1:2.4.34-15.oe1.aarch64                         2/2
  Running scriptlet: mod_ssl-1:2.4.34-15.oe1.aarch64                         2/2
  Verifying        : mod_ssl-1:2.4.34-15.oe1.aarch64                         1/2
  Verifying        : sscg-2.3.3-5.oe1.aarch64                                2/2

Installed:
  mod_ssl-1:2.4.34-15.oe1.aarch64        sscg-2.3.3-5.oe1.aarch64

Complete!
```

图 4-171　示例效果

② 安装完成后，重启 httpd 服务，重新加载配置文件。

[root@techhost1 ~]# systemctl restart httpd

③ 加载完成后，在 root 权限下使用 httpd -M 命令查看是否已经加载了 SSL，如果出现图 4-172 中的回显信息，则说明已经成功加载 SSL。

[root@techhost ~]# httpd -M | grep ssl

```
[root@techhost1 ~]# systemctl restart httpd
[root@techhost1 ~]# httpd -M | grep ssl
AH00558: httpd: Could not reliably determine the server's fully qualified domain name, using 127.0.0.1. Set the 'ServerName' directive globally to suppress this message
 ssl_module (shared)
```

图 4-172　示例效果

④ 验证 Web 服务是否搭建成功。

Web 服务搭建完成后，可以通过以下方式验证是否搭建成功。

使用以下命令查看服务器 IP 地址，如图 4-173 所示。

[root@techhost1 ~]# ifconfig

```
[root@techhost1 ~]# ifconfig
eth0: flags=4163<UP,BROADCAST,RUNNING,MULTICAST>  mtu 1500
        inet 192.168.0.10  netmask 255.255.255.0  broadcast 192.168.0.255
        inet6 fe80::f816:3eff:fea9:4f47  prefixlen 64  scopeid 0x20<link>
        ether fa:16:3e:a9:4f:47  txqueuelen 1000  (Ethernet)
        RX packets 19199  bytes 2593226 (2.4 MiB)
        RX errors 0  dropped 0  overruns 0  frame 0
        TX packets 15694  bytes 1576081 (1.5 MiB)
        TX errors 0  dropped 0 overruns 0  carrier 0  collisions 0

lo: flags=73<UP,LOOPBACK,RUNNING>  mtu 65536
        inet 127.0.0.1  netmask 255.0.0.0
        inet6 ::1  prefixlen 128  scopeid 0x10<host>
        loop  txqueuelen 1000  (Local Loopback)
        RX packets 725  bytes 50628 (49.4 KiB)
        RX errors 0  dropped 0  overruns 0  frame 0
        TX packets 725  bytes 50628 (49.4 KiB)
        TX errors 0  dropped 0 overruns 0  carrier 0  collisions 0
```

图 4-173　示例效果

说明：如果开启了 firewall-cmd 工具布置防火墙，需要将 httpd 服务添加到工具中以允许 httpd 服务。

使用以下命令添加 http 服务到服务列表中。

[root@techhost1 ~]# firewall-cmd --add-service=http --permanent
[root@techhost1 ~]# firewall-cmd -reload

本实验执行后，显示"firewalld is not running"，说明服务器并没有开启防火墙服务，此时使用以下命令开启防火墙服务后再执行本操作。

[root@techhost1 ~]# systemctl start firewalld

⑤ 验证 Web 服务器是否搭建成功。

执行以下命令，查看是否可以访问网页信息，若服务器搭建成功，那么可以正常访问网页。

[root@techhost1 ~]# curl http://192.168.0.10

回显类似以下信息，说明 Web 服务器搭建成功，如图 4-174 所示。

第 4 章 网络服务管理

```
[root@techhost1 ~]# curl http://192.168.0.10
<!DOCTYPE html PUBLIC "-//W3C//DTD XHTML 1.1//EN" "http://www.w3.org/TR/xhtml11/DTD/xhtml11.dtd">

<html xmlns="http://www.w3.org/1999/xhtml" xml:lang="en">
        <head>
                <title>Test Page for the Apache HTTP Server on openEuler Linux</title>
                <meta http-equiv="Content-Type" content="text/html; charset=UTF-8" />
                <style type="text/css">
                        /*<![CDATA[*/
                        body {
                                background-color: #fff;
                                color: #000;
                                font-size: 0.9em;
                                font-family: sans-serif,helvetica;
                                margin: 0;
                                padding: 0;
                        }
                        :link {
                                color: #c00;
                        }
                        :visited {
                                color: #c00;
```

图 4-174　示例效果

4.8.3　Apache 基于 IP 的虚拟主机配置

Apache 服务虚拟主机在一台 Web 服务器上，可以为多个独立的 IP 地址、域名或端口号提供不同的 Web 站点。对于访问量不大的站点来说，这样做可以降低单个站点的运营成本。

基于 IP 地址的虚拟主机的配置需要在服务器上绑定多个 IP 地址，然后配置 Apache。把多个网站绑定在不同的 IP 地址上，用户访问服务器上不同的 IP 地址，就可以看到不同的网站。

此处，我们为 eth0 网卡设置别名并配置地址。

```
#注意，此方法配置地址重启后失效
[root@techhost1 ~]# ifconfig eth0:1 192.168.0.10 netmask 255.255.255.0 up
[root@techhost1 ~]# ifconfig eth0:2 192.168.0.30 netmask 255.255.255.0 up
[root@techhost1 ~]# ifconfig eth0:3 192.168.0.40 netmask 255.255.255.0 up
```

测试新添加的 3 个 IP 地址是否连接成功，如图 4-175 所示。

```
[root@techhost1 ~]# ping 192.168.0.10
[root@techhost1 ~]# ping 192.168.0.30
[root@techhost1 ~]# ping 192.168.0.40
```

```
[root@techhost1 ~]# ping 192.168.0.10
PING 192.168.0.10 (192.168.0.10) 56(84) bytes of data.
64 bytes from 192.168.0.10: icmp_seq=1 ttl=64 time=0.029 ms
64 bytes from 192.168.0.10: icmp_seq=2 ttl=64 time=0.031 ms
^Z
[1]+  Stopped                 ping 192.168.0.10
[root@techhost1 ~]# ping 192.168.0.30
PING 192.168.0.30 (192.168.0.30) 56(84) bytes of data.
64 bytes from 192.168.0.30: icmp_seq=1 ttl=64 time=0.022 ms
64 bytes from 192.168.0.30: icmp_seq=2 ttl=64 time=0.035 ms
^Z
[2]+  Stopped                 ping 192.168.0.30
[root@techhost1 ~]# ping 192.168.0.40
PING 192.168.0.40 (192.168.0.40) 56(84) bytes of data.
64 bytes from 192.168.0.40: icmp_seq=1 ttl=64 time=0.021 ms
64 bytes from 192.168.0.40: icmp_seq=2 ttl=64 time=0.033 ms
^Z
[3]+  Stopped                 ping 192.168.0.40
```

图 4-175　示例效果

经测试，发现 3 个 IP 地址均可 ping 通，说明 3 个 IP 地址有效。

现需要使用这 3 个 IP 地址分别创建 3 个基于 IP 地址的虚拟主机，要求不同的虚拟主机对应的主目录不同，默认文档的内容也不同，配置步骤如下。

① 分别创建"/var/www/ip10""/var/www/ip30"和"/var/www/ip40"3 个主目录和默认文件，如图 4-176 所示。

```
[root@techhost1 ~]# mkdir   /var/www/ip10 /var/www/ip30 /var/www/ip40
[root@techhost1 ~]# echo "192.168.0.10's website"> /var/www/ip10/index.html
[root@techhost1 ~]# echo "192.168.0.30's website"> /var/www/ip30/index.html
[root@techhost1 ~]# echo "192.168.0.40's website"> /var/www/ip40/index.html
```

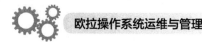

图 4-176　示例效果

② 修改 3 个主目录的目录权限，使所属组用户与其他用户具有读和执行的权限。

```
[root@techhost1 ~]# chmod -Rf   755   /var/www/ip10
[root@techhost1 ~]# chmod -Rf   755   /var/www/ip30
[root@techhost1 ~]# chmod -Rf   755   /var/www/ip40
```

③ 修改/etc/httpd/conf/httpd.conf 文件，修改内容如下。

```
[root@techhost1 ~]# vim /etc/httpd/conf/httpd.conf
//设置 IP 地址为 192.168.0.10 的虚拟主机
<VirtualHost 192.168.0.10>
DocumentRoot   /var/www/ip10           //设置该虚拟主机的主目录
<Directory /var/www/ip10 >             //指定权限目录
AllowOverrideNone
    Require all granted
</Directory>
</VirtualHost>

//设置 IP 地址为 192.168.0.30 的虚拟主机
<VirtualHost 192.168.0.30>
DocumentRoot   /var/www/ip30           //设置该虚拟主机的主目录
<Directory /var/www/ip30 >             //指定权限目录
AllowOverrideNone
    Require all granted
</Directory>
</VirtualHost>

//设置 IP 地址为 192.168.0.40 的虚拟主机
<VirtualHost 192.168.0.40>
DocumentRoot   /var/www/ip40           //设置该虚拟主机的主目录
```

```
<Directory /var/www/ip40 >              //指定权限目录
AllowOverrideNone
        Require all granted
</Directory>
</VirtualHost>
```

④ 重新启动 httpd 服务。

```
[root@techhost1 ~]# systemctl restart httpd
```

⑤ 测试，显示图 4-177 中的结果则表示测试成功。

```
[root@techhost1 ~]# curl http://192.168.0.10
[root@techhost1 ~]# curl http://192.168.0.30
[root@techhost1 ~]# curl http://192.168.0.40
```

```
[root@techhost1 ~]# curl http://192.168.0.10
192.168.0.10's website
[root@techhost1 ~]# curl http://192.168.0.30
192.168.0.30's website
[root@techhost1 ~]# curl http://192.168.0.40
192.168.0.40's website
```

图 4-177　示例效果

4.8.4　Apache 基于端口号的虚拟主机配置

基于端口号的虚拟主机配置只需服务器有一个 IP 地址即可，所有的虚拟主机共享同一个 IP 地址，各虚拟主机之间通过不同的端口号进行区分。用户配置基于端口号的虚拟主机时，需设置 Listen 参数所监听的端口。

本实验选择开启 SELinux 服务，此步骤若省略，下列 semanage 相关命令也可不执行，不影响实验。

```
[root@techhost1 ~]# vim /etc/selinux/config
#修改 SELinux=enforcing                          # 设置后需要重启系统
```

Apache 基于端口号的虚拟主机的配置步骤如下。

创建基于端口号为 6666、7777 的虚拟主机的保存文件的目录，并创建对应主页面。

```
[root@techhost1 ~]# mkdir /var/www/6666 /var/www/7777
[root@techhost1 ~]# echo "6666"> /var/www/6666/index.html
[root@techhost1 ~]# echo "7777"> /var/www/7777/index.html
```

① 编辑虚拟主机配置文件/etc/httpd/conf/httpd.conf。

```
[root@techhost1 ~]# vim /etc/httpd/conf/httpd.conf
Listen 6666                       //指定端口
Listen 7777                       //指定端口

<VirtualHost 192.168.0.10:6666>   //指定 IP 端口
DocumentRoot /var/www/6666        //指定数据目录
<Directory /var/www/6666>         //指定权限目录
AllowOverrideNone
Require all granted
```

```
</Directory>
</VirtualHost>
<VirtualHost 192.168.0.10:7777>
DocumentRoot /var/www/7777
<Directory /var/www/7777>
AllowOverrideNone
Require all granted
</Directory>
</VirtualHost>
```

② 通过 semanage 命令查看 http 允许的端口，如图 4-178 所示。

[root@techhost1 ~]# semanage port -l | grep http

```
[root@techhost1 ~]# semanage port -l | grep http
http_cache_port_t              tcp      8080, 8118, 8123, 10001-10010
http_cache_port_t              udp      3130
http_port_t                    tcp      80, 81, 443, 488, 8008, 8009, 8443, 9000
pegasus_http_port_t            tcp      5988
pegasus_https_port_t           tcp      5989
```

图 4-178　示例效果

发现 http 默认不允许 6666、7777 端口访问，因此可以自行添加所需端口，如图 4-179 所示。

[root@techhost1 ~]# semanage port -a -t http_port_t -p tcp 6666
[root@techhost1 ~]# semanage port -a -t http_port_t -p tcp 7777
[root@techhost1 ~]# semanage port -l | grep http

```
[root@techhost1 ~]# semanage port -a -t http_port_t -p tcp 6666
[root@techhost1 ~]# semanage port -a -t http_port_t -p tcp 7777
[root@techhost1 ~]# semanage port -l | grep http
http_cache_port_t              tcp      8080, 8118, 8123, 10001-10010
http_cache_port_t              udp      3130
http_port_t                    tcp      7777, 6666, 80, 81, 443, 488, 8008, 8009, 84
43, 9000
pegasus_http_port_t            tcp      5988
pegasus_https_port_t           tcp      5989
[root@techhost1 ~]#
```

图 4-179　示例效果

此处通过命令查看，发现 6666、7777 端口被允许访问。

③ 重启服务，进行测试，如图 4-180 所示。

[root@techhost1 ~]# chmod -Rf 755 /var/www/6666/
[root@techhost1 ~]# chmod -Rf 755 /var/www/7777/

[root@techhost1 ~]# systemctl restart httpd
[root@techhost1 ~]# curl http://192.168.0.10:6666
[root@techhost1 ~]# curl http://192.168.0.10:7777

```
[root@techhost1 ~]# curl http://192.168.0.10:6666
6666
[root@techhost1 ~]# curl http://192.168.0.10:7777
7777
```

图 4-180　访问 IP 时添加端口

4.8.5 Apache 基于域名的虚拟主机配置

基于域名的虚拟主机的配置只需服务器有一个 IP 地址即可，所有的虚拟主机共享同一个 IP 地址，各虚拟主机之间通过域名进行区分。

Apache 基于域名的虚拟主机配置步骤如下。

① 域名涉及 DNS 服务，但此处未对 DNS 服务进行配置，用户可以配置文件/etc/hosts，完成 IP 地址与域名的对应关系映射，配置完成后，尝试是否能 ping 通，如图 4-181 所示。

```
[root@techhost1 ~]# vim /etc/hosts
192.168.0.10   www.techhost.com    www.techhost1.com    tech.techhost.com
[root@techhost1 ~]# ping www.techhost.com
```

```
[root@techhost1 ~]# ping www.techhost.com
PING www.techhost.com (192.168.0.10) 56(84) bytes of data.
64 bytes from www.techhost.com (192.168.0.10): icmp_seq=1 ttl=64 time=0.027 ms
64 bytes from www.techhost.com (192.168.0.10): icmp_seq=2 ttl=64 time=0.038 ms
^Z
[8]+  Stopped                 ping www.techhost.com
[root@techhost1 ~]# ping www.techhost1.com
PING www.techhost.com (192.168.0.10) 56(84) bytes of data.
64 bytes from www.techhost.com (192.168.0.10): icmp_seq=1 ttl=64 time=0.025 ms
64 bytes from www.techhost.com (192.168.0.10): icmp_seq=2 ttl=64 time=0.036 ms
64 bytes from www.techhost.com (192.168.0.10): icmp_seq=3 ttl=64 time=0.039 ms
^Z
[9]+  Stopped                 ping www.techhost1.com
[root@techhost1 ~]# ping tech.techhost.com
PING www.techhost.com (192.168.0.10) 56(84) bytes of data.
64 bytes from www.techhost.com (192.168.0.10): icmp_seq=1 ttl=64 time=0.025 ms
64 bytes from www.techhost.com (192.168.0.10): icmp_seq=2 ttl=64 time=0.038 ms
64 bytes from www.techhost.com (192.168.0.10): icmp_seq=3 ttl=64 time=0.038 ms
^Z
[10]+ Stopped                 ping tech.techhost.com
```

图 4-181　示例效果

② 分别创建基于域名的端口目录及其文件，并赋予其所有权限。

```
[root@techhost1 ~]# mkdir   /var/www/wwwtech   /var/www/wwwtech1
 /var/www/techtech
[root@techhost1 ~]# echo "www.techhost.com"> /var/www/wwwtech/index.html
[root@techhost1 ~]# echo "www.techhost1.com"> /var/www/wwwtech1/index.html
[root@techhost1 ~]# echo "tech.techhost.com"> /var/www/techtech/index.html


[root@techhost1 ~]# chmod 777 -Rf   /var/www/wwwtech
[root@techhost1 ~]# chmod 777 -Rf   /var/www/wwwtech1
[root@techhost1 ~]# chmod 777 -Rf   /var/www/techtech
```

③ 编辑配置文件/etc/httpd/conf/httpd.conf。

```
[root@techhost1 ~]# vim /etc/httpd/conf/httpd.conf
```

<VirtualHost 192.168.0.10>
DocumentRoot /var/www/wwwtech
ServerName"www.techhost.com"   //指定域名
<Directory /var/www/wwwtech>
AllowOverrideNone

```
Require all granted
</Directory>
</VirtualHost>

<VirtualHost 192.168.0.10>
DocumentRoot /var/www/wwwtech1
Servername"www.techhost1.com"
<Directory /var/www/wwwtech1>
AllowOverrideNone
Require all granted
</Directory>
</VirtualHost>

<VirtualHost 192.168.0.10>
DocumentRoot /var/www/techtech
Servername"tech.techhost.com"
<Directory /var/www/techtech>
AllowOverrideNone
Require all granted
</Directory>
</VirtualHost>
```

④ 重启服务后测试，如图 4-182 所示。

```
[root@techhost1 ~]# systemctl restart httpd
[root@techhost1 ~]# curl http://www.techhost.com
[root@techhost1 ~]# curl http://www.techhost1.com
[root@techhost1 ~]# curl http://tech.techhost.com
```

```
[root@techhost1 ~]# curl http://www.techhost.com
www.techhost.com
[root@techhost1 ~]# curl http://www.techhost1.com
www.techhost1.com
[root@techhost1 ~]# curl http://tech.techhost.com
tech.techhost.com
```

图 4-182 示例效果

若得出图 4-181 中的数据，则表明实验成功。

4.8.6 Apache 安全控制与认证

Apache 可以基于源主机名、源 IP 地址或源主机上的浏览器特征等信息对网站上的资源进行访问控制。它通过 Allow 指令允许某个主机访问服务器上的网站资源，通过 Deny 指令实现禁止访问。在允许或禁止访问网站资源时，还会用到 Order 指令，Order 指令用来定义 Allow 指令或 Deny 指令的顺序，其匹配原则是按照顺序进行的，若匹配成功则执行后面的默认指令。比如"Order Allow, Deny"表示先将源主机与 Allow 指令进行匹配，若匹配成功则允许访问请求，反之则拒绝访问请求。

相关配置如下。

① 设置只允许 192.168.0.10 访问 HTTP 服务器，如图 4-183 所示。

```
[root@techhost1 ~]# vim /etc/httpd/conf/httpd.conf
<Directory"/var/www/wwwtech">
     Order allow, deny
     Allow from 192.168.0.10        //允许 192.168.0.10 访问
AllowOverrideNone
     # Allow open access:
     Require all granted
</Directory>
[root@techhost1 ~]# systemctl restart httpd
```

```
[root@techhost1 ~]# curl http://192.168.0.10
www.techhost.com
```

图 4-183　示例效果

② 设置拒绝所有 IP 访问 HTTP 服务器，如图 4-184 所示。

```
[root@techhost1 ~]# vim /etc/httpd/conf/httpd.conf
<Directory"/var/www/wwwtech">
     Order allow, deny
AllowOverrideNone
     # Allow open access:
     Require all granted
</Directory>
[root@techhost1 ~]# systemctl restart httpd
```

```
[root@techhost1 ~]# curl http://192.168.0.10
<!DOCTYPE html PUBLIC "-//W3C//DTD XHTML 1.1//EN" "http://www.w3.org/TR/xhtml11/DTD/xhtml11.dtd">
<html xmlns="http://www.w3.org/1999/xhtml" xml:lang="en">
        <head>
                <title>Test Page for the Apache HTTP Server on openEuler Linux</title>
                <meta http-equiv="Content-Type" content="text/html; charset=UTF-8" />
```

图 4-184　示例效果

说明：curl 命令访问出现图 4-183 中的内容，表示访问的是默认页面，未出现自定义内容，表明 IP 地址 192.168.0.10 被禁止访问 HTTP 服务器。

（1）htaccess 文件控制存取

htaccess 文件是一个访问控制文件，用来配置相应目录的访问方法。不过，按照默认的配置，Apache 服务器是不会读取相应目录下的.htaccess 文件来进行访问控制的，这是因为配置文件 httpd.conf 中的 AllowOverride 为 "none"，表示完全忽略了.htaccess 文件，将 "none" 改为 "AuthConfig" 就可以打开 htaccess 文件。

打开 htaccess 文件后则可以在需要进行访问控制的目录下创建一个.htaccess 文件。需要注意的是，文件前有一个 "."，说明文件是一个隐藏文件（该文件名也可以采用其他的文件名，我们只需要在 httpd.conf 中进行设置即可）。

另外，在 httpd.conf 的相应目录中，AllowOverride 主要用于控制，htaccess 主要用于控制相应目录的属性，图 4-185 是 AllowOverride 指令的说明。

指令组	可用指令	说明
AuthConfig	AuthDBMGroupFile、AuthDBMUserFile、AuthGroupFile、AuthName、AuthType、AuthUserFile、Require	进行认证、授权以及安全的相关指令
FileInfo	DefaultType、ErrorDocument、ForceType、LanguagePriority、SetHandler、SetInputFilter、SetOutputFilter	控制文件处理方式的相关指令
Indexes	AddDescription、AddIcon、AddIconByEncoding、DefaultIcon、AddIconByType、DirectoryIndex、ReadmeName、FancyIndexing、HeaderName、Indexignore、IndexOptions	控制目录列表方式的相关指令
Limit	Allow，Deny Order	进行目录访问控制的相关指令
Options	Options XBitHack	启用不能在主配置文件中使用的各种选项
All	全部指令组	可以使用以上所有指令
None	禁止使用所有指令	禁止处理.htaccess 文件

图 4-185 AllowOverride 指令

以就近原则搜寻，示例如下。

/home/.htaccess
/home/student/.htaccess
/home/student/public_html/.htaccess

假设在用户 x 的 Web 目录（public_html）下新建了一个.htaccess 文件，该文件的绝对路径为/home/x/public_html/.htaccess。此时 Apache 服务器不会直接读取该目录下的.htaccess 文件，而是从根目录下搜索.htaccess 文件。比如找到/home/x/.htaccess 文件，Apache 不会读取/home/x/public_html/.htaccess 文件，而是直接读取/home/x/.htaccess。

（2）用户身份认证

Apache 中的用户身份认证，可以采取"整体存取控制"方式或者"分布式存取控制"方式，使用最广泛的是通过.htaccess 认证。

创建用户名和密码。在/usr/local/httpd/bin 目录下，有一个 htpasswd 可执行文件，它用来创建.htaccess 文件身份认证所使用的密码，语法格式为 " [root@techhost~]# htpasswd[-bcD][-mdps]密码文件名字　用户名"。

htpasswd 具体参数包括以下内容。

-b：用批处理方式创建用户，htpasswd 不会提示输入用户密码，但由于要在命令行输入可见的密码，安全性不高。

-c：新创建一个密码文件。

-D：删除一个用户。

-m：采用 MD5 编码加密。

-d：采用 CRYPT 编码加密，这是预设的方式。

-p：采用明文格式的密码（由于安全的原因，目前不推荐使用）。

-s：采用 SHA 编码加密。

4.8.7 LAMP 环境部署

LAMP 是由 Linux、Apache、mysql/MariaDB 与 PHP 4 部分组成的，就是将 Apache 服务、数据库与 PHP 安装到 Linux 环境中，组成一个可以运行 PHP 脚本程序的环境。

以下实验关闭了 SELinux 服务与防火墙，所以配置起来会相对简单。

LAMP 环境部署步骤如下。

1．安装 httpd

安装 httpd 服务程序，如图 4-186 所示。因为之前的实验已经安装过，所以执行安装命令不会重新安装，除非版本更新。

[root@techhost ~]# dnf install httpd
[root@techhost ~]# systemctl restart httpd

```
[root@techhost ~]# dnf install httpd
Last metadata expiration check: 1:27:02 ago on Sun 16 May 2021 09:50:
31 PM CST.
Package httpd-2.4.34-15.oe1.aarch64 is already installed.
Dependencies resolved.
Nothing to do.
Complete!
[root@techhost ~]# systemctl restart httpd
```

图 4-186　示例效果

如果在配置服务的时候，开启了防火墙工具，需要将 httpd 服务添加到策略中。

使用浏览器访问服务器公网 IP 地址或使用域名访问 httpd 服务，出现以下页面表明 httpd 安装完成，如图 4-187 所示。

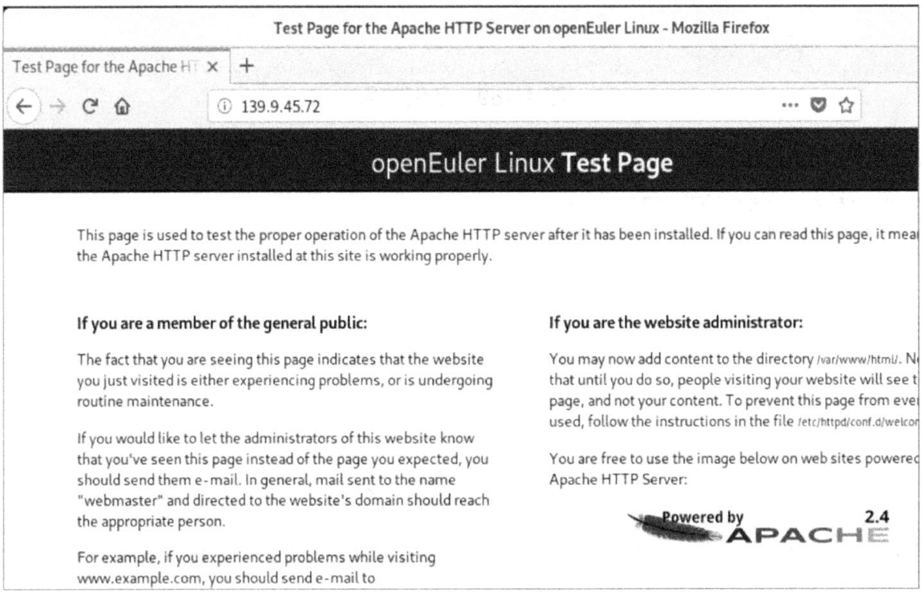

图 4-187　示例效果

2. 安装 MariaDB 数据库

① 安装 MariaDB 数据库，如图 4-188、图 4-189 所示。

```
[root@techhost ~]# dnf install mariadb-server mariadb   -y
```

```
[root@techhost ~]# dnf install mariadb-server mariadb -y
Last metadata expiration check: 1:33:49 ago on Sun 16 May 2021 09:50:
31 PM CST.
Dependencies resolved.
======================================================================
 Package                Arch        Version              Repo    Size
======================================================================
Installing:
 mariadb                aarch64     3:10.3.9-8.oe1       OS     6.0 M
 mariadb-server         aarch64     3:10.3.9-8.oe1       OS      17 M
Installing dependencies:
 mariadb-common         aarch64     3:10.3.9-8.oe1       OS      28 k
 mariadb-errmessage     aarch64     3:10.3.9-8.oe1       OS     196 k
 perl-DBD-MySQL         aarch64     4.046-6.oe1          OS     113 k
 perl-DBI               aarch64     1.642-2.oe1          OS     447 k
Installing weak dependencies:
 mariadb-backup         aarch64     3:10.3.9-8.oe1       OS     5.9 M
 mariadb-gssapi-server  aarch64     3:10.3.9-8.oe1       OS      14 k

Transaction Summary
======================================================================
```

图 4-188　示例效果

```
Installed:
  mariadb-3:10.3.9-8.oe1.aarch64
  mariadb-server-3:10.3.9-8.oe1.aarch64
  mariadb-backup-3:10.3.9-8.oe1.aarch64
  mariadb-gssapi-server-3:10.3.9-8.oe1.aarch64
  mariadb-common-3:10.3.9-8.oe1.aarch64
  mariadb-errmessage-3:10.3.9-8.oe1.aarch64
  perl-DBD-MySQL-4.046-6.oe1.aarch64
  perl-DBI-1.642-2.oe1.aarch64

Complete!
```

图 4-189　示例效果

② 开启 MariaDB 数据库服务并将其设置为开机自启，如图 4-190 所示。

```
[root@techhost ~]# systemctl start mariadb
[root@techhost ~]# systemctl enable mariadb
```

```
[root@techhost ~]# systemctl start mariadb
[root@techhost ~]# systemctl enable mariadb
Created symlink /etc/systemd/system/mysql.service → /usr/lib/systemd/system/mariadb.se
rvice.
Created symlink /etc/systemd/system/mysqld.service → /usr/lib/systemd/system/mariadb.s
ervice.
Created symlink /etc/systemd/system/multi-user.target.wants/mariadb.service → /usr/lib
/systemd/system/mariadb.service.
```

图 4-190　示例效果

开启数据库服务之后，有必要设置数据库的账户与密码，以提高数据库服务器的安全性，使用命令执行交互式脚本。

```
[root@techhost ~]# mysql_secure_installation
```
下面针对每一个输入行进行解释。

① Enter current password for root：输入当前 root 账户的密码，回车即可。
② Set root password?[Y/N]：是否设置 root 密码。
③ New password：输入新密码。
④ Re-enter new password：再次输入密码。
⑤ Remove anonymous users[Y/N]：删除匿名用户，直接回车。
⑥ Disallow root login remotely?[Y/N]：是否不允许 root 远程登录，回车即可。
⑦ Remove test database and access to it? [Y/N]：删除测试数据库并访问它，回车。
⑧ Reload privilege tables now? [Y/N]：重新加载权限列表，回车。

至此，显示图 4-191 中的信息，则表示数据库初始化成功。

```
All done!  If you've completed all of the above steps, your MariaDB
installation should now be secure.

Thanks for using MariaDB!
```

图 4-191　数据库初始化成功

3．安装 PHP

（1）安装 PHP

安装 PHP 需要将数据库和 PHP 进行关联，所以需要安装 php-mysql 或 php-mysqlnd。与 php-mysql 相比，php-mysqlnd 可使 mysql 与 PHP 更加紧密地集成，更好地兼容 PHP。php-mysqlnd 使用 PHP 内部的 C 基础架构无缝集成到 PHP 中。此外，它还使用了 PHP 内存管理、PHP Streams 和 PHP 字符串处理例程，可以说 php-mysqlnd 是专为配合 PHP 而定制的，如图 4-192 所示。

```
[root@techhost ~]# dnf install php php-mysqlnd -y
```

```
Installed:
  php-7.2.10-3.oe1.aarch64           php-mysqlnd-7.2.10-3.oe1.aarch64
  php-cli-7.2.10-3.oe1.aarch64       php-common-7.2.10-3.oe1.aarch64
  php-pdo-7.2.10-3.oe1.aarch64

Complete!
```

图 4-192　安装 PHP

PHP 安装完成后，需要重启 httpd 服务，才能顺利启动 PHP。

```
[root@techhost~]# systemctl restart httpd
```

（2）测试 PHP 是否安装成功

创建 index.php 文件并在文件内写入以下值，保存退出，赋予文件权限，重启 httpd 服务。

```
[root@techhost ~]# vim /var/www/html/index.php
<?php
phpinfo();      //默认显示信息
```

```
?>
[root@techhost ~]# chmod -Rf 777 /var/www/html/index.php
[root@techhost ~]# systemctl restart httpd
```

使用公网 IP 地址，加上 index.php 文件，测试 PHP 是否安装成功，如图 4-193 所示。

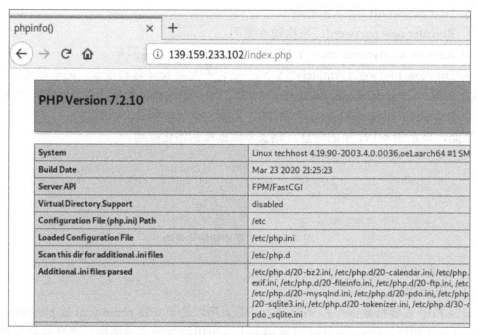

图 4-193　示例效果

4.9　Nginx 服务管理

Nginx 是一款由俄罗斯的程序设计师 Igor Sysoev 开发的高性能的 Web 和反向代理服务器，也是一个 IMAP/POP3/SMTP 代理服务器，其特点是占用内存少，并发能力强，支持 FastCGI、SSL、Virtual Host、URL Rewrite、Gzip 等功能，并且支持很多第三方的模块扩展。在高连接并发的情况下，Nginx 是替代 Apache 服务器的最佳选择。

4.9.1　Nginx 的安装与配置

我们选择用源码安装 Nginx，分为安装依赖环境、编译安装和解决问题 3 个步骤。
步骤 1：安装依赖环境，下载软件包。

```
[root@techhost ~]# dnf install pcre-devel zlib-devel opensslopenssl* -y
[root@techhost ~]# wget http://nginx.org/download/nginx-1.6.3.tar.gz
[root@techhost ~]# tar -xvfnginx-1.6.3.tar.gz
```

第 4 章 网络服务管理

步骤 2：编译安装。

```
[root@techhost ~]# cd nginx-1.6.3
[root@techhost ~]# ./configure --prefix=/usr/local/nginx --with-http_stub_status_module --with-http_ssl_module
[root@techhost ~]# make && make install
[root@techhost ~]#
```

步骤 3：解决编译过程中的问题。

① 问题：make[1]: *** [objs/Makefile:712: objs/src/os/unix/ngx_user.o] Error 1，如图 4-194 所示。

```
cc -c -pipe  -O -W -Wall -Wpointer-arith -Wno-unused  -g  -I src/core -I src/event -I src/ev
objs \
        -o objs/src/os/unix/ngx_user.o \
        src/os/unix/ngx_user.c
src/os/unix/ngx_user.c: In function 'ngx_libc_crypt':
src/os/unix/ngx_user.c:35:7: error: 'struct crypt_data' has no member named 'current_salt'
     cd.current_salt[0] = ~salt[0];
make[1]: *** [objs/Makefile:712: objs/src/os/unix/ngx_user.o] Error 1
make[1]: Leaving directory '/root/nginx-1.6.3'
make: *** [Makefile:8: build] Error 2
```

图 4-194　问题

解决方法：修改原文件，将 cd.current_salt[0] 改为 ~salt[0]，如图 4-195 所示。

```
[root@techhost ~]# vim src/os/unix/ngx_user.c
```

```
30      size_t                  len;
31      struct crypt_data       cd;
32
33      cd.initialized = 0;
34      /* work around the glibc bug */
35      /*cd.current_salt[0] = ~salt[0];*/
36
37      value = crypt_r((char *) key, (char *) salt, &cd);
38
```

图 4-195　解决方法

② 问题如图 4-196 所示。

```
src/core/ngx_murmurhash.c:39:11: error: this statement may fall through [-Werror
=implicit-fallthrough=]
         h ^= data[1] << 8;
         ~~^~~~~~~~~~~~~~
src/core/ngx_murmurhash.c:40:5: note: here
     case 1:
cc1: all warnings being treated as errors
objs/Makefile:460: recipe for target 'objs/src/core/ngx_murmurhash.o' failed
make[1]: *** [objs/src/core/ngx_murmurhash.o] Error 1
make[1]: Leaving directory '/xxx/tools/nginx/nginx-1.11.3'
Makefile:8: recipe for target 'build' failed
```

图 4-196　问题

解决方法：修改 Makefile 文件，删除 gcc 参数中的-Werror，然后重新 make 即可，如图 4-197 所示。

[root@techhost ~]# vim nginx-1.6.3/objs/Makefile

```
2 CC =        cc
3 CFLAGS =   -pipe  -O -W -Wall -Wpointer-arith -Wno-unused -Werror -g
4 CPP =       cc -E
5 LINK =     $(CC)
```

图 4-197　解决方法

4.9.2　Nginx 虚拟主机配置

同 Apache 类似，Nginx 支持多种虚拟主机配置方式，例如基于域名的虚拟主机配置、基于 IP 的虚拟主机配置和基于端口的虚拟主机配置。

1．基于域名的虚拟主机配置

```
[root@techhost nginx-1.6.3]# cd /usr/local/nginx/conf/
[root@techhost conf]# mkdir vhost
[root@techhost conf]# cd vhost/
[root@techhost vhost]# vim www.example.com.conf
[root@techhost vhost]# cat www.example.com.conf
#server 代表虚拟主机标识
server{
#侦听端口
    listen 192.168.0.67:80;
#虚拟主机对应的域名
    server_name  www.example.com;
#日志配置文件
    access_log   /data/logs/www.example.com.log main;
    error_log    /data/logs/www.example.com.error.log;
#虚拟主机的主目录与默认文件
    location / {
        root   /data/www.example.com;
        index  index.html index.htm;
    }
}
#将虚拟主机配置文件写入 Nginx 主配置文件中
[root@techhost vhost]# vim /usr/local/nginx/conf/nginx.conf
#在 http 段中找到以下内容并取消注释"#"
log_format   main   '$remote_addr - $remote_user [$time_local] "$request" '
                   '$status $body_bytes_sent "$http_referer" '
                   '"$http_user_agent""$http_x_forwarded_for"';
#在主配置文件末行的"}"大括号上一行加入以下语句
include vhost/*.conf;
}
[root@techhost ~]#
```

示例如图 4-198、图 4-199 所示。

```
[root@techhost vhost]# cat www.example.com.conf
server{
        listen   192.168.0.67:80;
        server_name     www.example.com;

        access_log      /data/logs/www.example.com.log main;
        error_log       /data/logs/www.example.com.error.log;

        location / {
                root    /data/www.example.com;
                index   index.html index.htm;
        }
}
[root@techhost vhost]#
```

图 4-198　示例效果

```
17 http {
18     include       mime.types;
19     default_type  application/octet-stream;
20
21     log_format  main  '$remote_addr - $remote_user [$time_local] "$request" '
22                       '$status $body_bytes_sent "$http_referer" '
23                       '"$http_user_agent" "$http_x_forwarded_for"';
24
25     #access_log  logs/access.log  main;
26
27     sendfile        on;
28     #tcp_nopush     on;
```

```
114         #  }
115       #}
116   include vhost/*.conf;
117 }
:set nu
```

图 4-199　示例效果

#创建日志文件
[root@techhost vhost]# mkdir -p /data/logs
[root@techhost vhost]# touch /data/logs/www.example.com.log
[root@techhost vhost]# touch /data/logs/www.example.com.error.log
[root@techhost vhost]# cd ../../sbin/
#启动 Nginx 服务
[root@techhost sbin]# ./nginx -t
nginx: the configuration file /usr/local/nginx/conf/nginx.conf syntax is ok
nginx: configuration file /usr/local/nginx/conf/nginx.conf test is successful
[root@ techhost sbin]# ./nginx
#添加 hosts 文件
[root@techhost sbin]# vim /etc/hosts
[root@techhost sbin]# tail -1 /etc/hosts
192.168.0.67   www.example.com
[root@techhost sbin]#
#创建虚拟主机主页文件
[root@techhost sbin]# mkdir -p /data/www.example.com

```
[root@techhost sbin]# echo "www.example.com"> /data/www.example.com/index.html
#赋予主页文件权限
[root@techhost sbin]# chmod -R 777 /data/
[root@techhost sbin]#
#测试访问
[root@techhost sbin]# curl www.example.com
#下载无界面浏览器进行测试
[root@techhost sbin]# dnf install links -y
#浏览器测试正常,虚拟主机配置成功,退出无界面浏览器请按 q 键或者鼠标操作
[root@techhost sbin]# links www.example.com
```

2. 基于 IP 的虚拟主机配置

步骤 1：查看主机 IP 地址，为 eth0 网卡设置别名并配置地址，使用新配置的地址 192.168.0.100 进行基于 IP 的虚拟主机测试，命令如图 4-200 所示。

```
#此方法重启后失效
[root@techhost ~]# ifconfig eth0:1 192.168.0.100 netmask 255.255.255.0 up
[root@techhost ~]# ip addr show
```

```
[root@techhost ~]#
[root@techhost ~]# ip addr show
1: lo: <LOOPBACK,UP,LOWER_UP> mtu 65536 qdisc noqueue state UNKNOWN group default qlen 1000
    link/loopback 00:00:00:00:00:00 brd 00:00:00:00:00:00
    inet 127.0.0.1/8 scope host lo
       valid_lft forever preferred_lft forever
    inet6 ::1/128 scope host
       valid_lft forever preferred_lft forever
2: eth0: <BROADCAST,MULTICAST,UP,LOWER_UP> mtu 1500 qdisc mq state UP group default qlen 1000
    link/ether fa:16:3e:f0:9a:f4 brd ff:ff:ff:ff:ff:ff
    inet 192.168.0.67/24 brd 192.168.0.255 scope global dynamic noprefixroute eth0
       valid_lft 79428sec preferred_lft 79428sec
    inet 192.168.0.100/24 brd 192.168.0.255 scope global secondary eth0:1
       valid_lft forever preferred_lft forever
    inet6 fe80::f816:3eff:fef0:9af4/64 scope link
       valid_lft forever preferred_lft forever
[root@techhost ~]#
```

图 4-200　测试命令

步骤 2：设置基于 IP 的虚拟主机的配置文件，如图 4-201 所示。

```
[root@techhost ~]# cd /usr/local/nginx/conf/vhost/
[root@techhost vhost]# tail -12 www.example.com.conf
server{
        listen    192.168.0.67:80;
        server_name      192.168.0.100;
        access_log      /data/logs/www.viphost.com.log main;
        error_log       /data/logs/www.viphost.com.error.log;
        location / {
                root    /data/www.viphost.com;
                index   index.html index.htm;
        }
}
[root@techhost vhost]#
```

第4章 网络服务管理

```
server{
        listen     192.168.0.67:80;
        server_name     www.example.com;

        access_log      /data/logs/www.example.com.log main;
        error_log       /data/logs/www.example.com.error.log;

        location / {
                root    /data/www.example.com;
                index   index.html index.htm;
        }
}
server{
        listen     192.168.0.67:80;
        server_name     192.168.0.100;

        access_log      /data/logs/www.viphost.com.log main;
        error_log       /data/logs/www.viphost.com.error.log;

        location / {
                root    /data/www.viphost.com;
                index   index.html index.htm;
        }
}
```

图 4-201　示例效果

步骤3：创建日志文件、主页文件。

[root@techhost vhost]# touch /data/logs/www.viphost.com.log
[root@techhost vhost]# touch /data/logs/www.viphost.com.error.log
[root@techhost vhost]# mkdir -p /data/www.viphost.com
[root@techhost vhost]# echo "IP vhost"> /data/www.viphost.com/index.html
[root@techhost vhost]#

步骤4：测试。

#由于主机名过长，建议在主配置文件中 http 段加入"server_names_hash_bucket_size #64;" 字段
[root@techhost vhost]# vim /usr/local/nginx/conf/nginx.conf

接下来重启服务测试。

#检查配置文件格式
[root@techhost sbin]# ./nginx -t
nginx: the configuration file /usr/local/nginx/conf/nginx.conf syntax is ok
nginx: configuration file /usr/local/nginx/conf/nginx.conf test is successful
#重新加载配置文件
[root@techhost sbin]# ./nginx -s reload
[root@techhost sbin]# curl 192.168.0.100
www.example.com
[root@techhost sbin]# links 192.168.0.100

3．基于端口的虚拟主机配置

和配置基于域名的虚拟主机与基于 IP 的虚拟主机一样，在此基础上修改虚拟主机配置文件即可，如图 4-202 所示。

[root@techhost vhost]# vim www.example.com.conf
[root@techhost vhost]# tail -n 13 www.example.com.conf
server{
        listen   192.168.0.67:8080;
        server_name   www.example.com;

```
                access_log      /data/logs/www.example.com.log main;
                error_log       /data/logs/www.example.com.error.log;

                location / {
                        root    /data/www.example.com;
                        index   index.html index.htm;
                }
        }
[root@techhost vhost]#
```

```
server {
        listen  192.168.0.67:8080;
        server_name     www.example.com;

        access_log      /data/logs/www.example.com.log main;
        error_log       /data/logs/www.example.com.error.log;

        location / {
                root    /data/www.example.com;
                index   index.html index.htm;
        }
}
```

图 4-202　修改虚拟主机配置文件

重新加载配置文件进行测试。

```
[root@techhost sbin]# ./nginx -t
nginx: the configuration file /usr/local/nginx/conf/nginx.conf syntax is ok
nginx: configuration file /usr/local/nginx/conf/nginx.conf test is successful
#重新加载配置文件
[root@techhost sbin]# ./nginx -s reload
[root@techhost vhost]# curl www.example.com:8080
www.example.com
[root@techhost vhost]# curl 192.168.0.67:8080
www.example.com
[root@techhost vhost]#
```

需要注意的是，在做虚拟主机实验时，建议每台虚拟主机做一个配置文件，方便日后管理维护。

4.9.3　SSL 网站应用案例

在部署 SSL 网站的时候，Nginx 默认 SSL 模块不被编译，所以在编译安装 Nginx 的时候要加入 with-http_ssl_module 参数，而且 SSL 依赖于 OpenSSL 库文件，此时需要注意 OpenSSL 库文件与 Nginx 的版本兼容问题，具体报错信息如图 4-203 所示。出现此类问题说明此版本不兼容，建议替换成比 OpenSSL 库文件更低一级的版本。

下面通过一个简单的 SSL 网站应用案例介绍 SSL 配置流程。

```
src/event/ngx_event_openssl.c: In function 'ngx_ssl_session_ticket_key_callback':
src/event/ngx_event_openssl.c:2523:9: warning: 'RAND_pseudo_bytes' is deprecated [-Wdeprecated-declarations]
         RAND_pseudo_bytes(iv, 16);
         ^~~~~~~~~~~~~~~~~
In file included from /usr/include/openssl/e_os2.h:13:0,
                 from /usr/include/openssl/ssl.h:15,
                 from src/event/ngx_event_openssl.h:15,
                 from src/core/ngx_core.h:73,
                 from src/event/ngx_event_openssl.c:9:
/usr/include/openssl/rand.h:44:1: note: declared here
 DEPRECATEDIN_1_1_0(int RAND_pseudo_bytes(unsigned char *buf, int num))
make[1]: *** [objs/Makefile:757: objs/src/event/ngx_event_openssl.o] Error 1
make[1]: Leaving directory '/root/nginx-1.6.3'
make: *** [Makefile:8: build] Error 2
```

图 4-203 具体报错信息

首先修改 Nginx 主配置文件，取消 HTTPS server 的注释，配置信息如图 4-204 所示。

[root@techhost nginx-1.6.3]# vim /usr/local/nginx/conf/nginx.conf

```
 96      # HTTPS server
 97      #
 98      server {
 99          listen       443 ssl;
100          server_name  www.example.com;
101
102          ssl_certificate      cert.pem;
103          ssl_certificate_key  cert.key;
104
105          ssl_session_cache    shared:SSL:1m;
106          ssl_session_timeout  5m;
107
108          ssl_ciphers  HIGH:!aNULL:!MD5;
109          ssl_prefer_server_ciphers  on;
110
111          location / {
112              root   html;
113              index  index.html index.htm;
114          }
115      }
116
```

图 4-204 配置信息

接下来为网站的加密传输创建证书，此处使用 OpenSSL 工具创建，命令如图 4-205 所示。

#使用 Open SSL genrsa 生成证书私钥文件 cert.key
[root@techhost ~]# cd /usr/local/nginx/conf/
#使用 OpenSSLreq 生成自签名证书文件 cert.pem
[root@techhost conf]# openssl genrsa -out cert.key 2048

```
[root@techhost ~]#
[root@techhost ~]# cd /usr/local/nginx/conf/
[root@techhost conf]# openssl genrsa -out cert.key 2048
Generating RSA private key, 2048 bit long modulus (2 primes)
..............+++++
........................................................................+++++
e is 65537 (0x010001)
[root@techhost conf]# openssl req -new -x509 -key cert.key -out cert.pem
You are about to be asked to enter information that will be incorporated
into your certificate request.
What you are about to enter is what is called a Distinguished Name or a DN.
There are quite a few fields but you can leave some blank
For some fields there will be a default value,
If you enter '.', the field will be left blank.
-----
Country Name (2 letter code) [AU]:CN
State or Province Name (full name) [Some-State]:SiChuan
Locality Name (eg, city) []:ChengDu
Organization Name (eg, company) [Internet Widgits Pty Ltd]:tech
Organizational Unit Name (eg, section) []:tech
Common Name (e.g. server FQDN or YOUR name) []:tech
Email Address []:tech@tech-lab.cn
[root@techhost conf]#
```

图 4-205 创建命令

```
#创建 404 文件
[root@techhost conf]# echo "Error, the file not found"> /usr/local/nginx/html/404.html
#重新加载服务
[root@techhost conf]# cd /usr/local/nginx/sbin/
[root@techhost sbin]# ./nginx -t
[root@techhost sbin]# ./nginx -s reload
#测试
[root@techhost sbin]# curl https://www.example.com
```

4.9.4　LNMP 环境实现 WordPress 博客搭建

WordPress 简称 WP，最初是一款博客系统，后逐步演化成一款免费的内容管理系统。接下来，我们将部署 LNMP 环境并在 OpenEuler 主机上完成 WordPress 环境的部署。

步骤 1：安装 Nginx 服务。

```
#执行如下命令，安装 Nginx
#安装依赖
[root@techhost ~]# dnf install gcc pcrepcre-* openssl openssl-* zlib-devel gd gd-* perl perl-*
#安装 Nginx
[root@techhost ~]# dnf install nginx -y
#启动服务
[root@techhost ~]# systemctl start nginx
[root@techhost ~]# systemctl enable nginx
Created symlink /etc/systemd/system/multi-user.target.wants/nginx.service →
/usr/lib/systemd/system/nginx.service.
[root@techhost ~]#
#查看服务状态，显示 Active: active (running)
[root@techhost ~]# systemctl status nginx
#为了方便，本试验我们关闭 SELinux 与防火墙
[root@techhost ~]# vim /etc/selinux/config
[root@techhost ~]# systemctl stop firewalld
[root@techhost ~]# systemctl disable firewalld
[root@techhost ~]#
```

使用浏览器访问 http://ipaddress，显示画面如图 4-206 所示，此处使用自己的公网访问。

图 4-206　显示画面

步骤 2：安装 MariaDB 数据库。

使用 MariaDB 数据库来替代 mysql 数据库，安装如下。

```
[root@techhost ~]# dnf -y install mariadb mariadb-server
[root@techhost ~]# systemctl start mariadb
[root@techhost ~]# systemctl enable mariadb
[root@techhost ~]#
#设置数据库密码（回车即可，在密码处输入密码）
[root@techhost ~]# mysql_secure_installation
#登录数据库创建所需数据库
[root@techhost ~]# mysql -u root -p
Enter password:
Welcome to theMariaDB monitor.   Commands end with ; or \g.
Your MariaDB connection id is 16
Server version: 10.3.9-MariaDBMariaDB Server

Copyright (c) 2000, 2018, Oracle, MariaDB Corporation Ab and others.

Type 'help;' or '\h' for help. Type '\c' to clear the current input statement.

MariaDB [(none)]>

MariaDB [(none)]> create database wordpress default charset="utf8";
Query OK, 1 row affected (0.000 sec)

MariaDB [(none)]>
#赋予 root 用户远程访问权限
MariaDB [(none)]>GRANTALL PRIVILEGES ON *.* TO 'root'@'%' IDENTIFIED BY
'Tech@123';
Query OK, 0 rows affected (0.000 sec)

MariaDB [(none)]> flush privileges;
Query OK, 0 rows affected (0.000 sec)

MariaDB [(none)]>
#查询验证
MariaDB [(none)]> select   User,authentication_string,Host from mysql.user;
+------+-----------------------+-----------+
| User | authentication_string | Host      |
+------+-----------------------+-----------+
| root |                       | localhost |
| root |                       | 127.0.0.1 |
| root |                       | ::1       |
| root |                       | %         |
+------+-----------------------+-----------+
4 rows in set (0.000 sec)

MariaDB [(none)]>
#退出数据库
MariaDB [(none)]>exit
Bye
[root@techhost ~]#
```

步骤 3：安装部署 PHP。

#依次执行以下命令，安装 PHP 和一些所需的 PHP 扩展
[root@techhost ~]# dnf install php php-* -y
#启动 PHP 服务
[root@techhost ~]# systemctl start php-fpm
[root@techhost ~]# systemctl enable php-fpm
Created symlink /etc/systemd/system/multi-user.target.wants/php-fpm.service →
/usr/lib/systemd/system/php-fpm.service.
[root@techhost ~]#
#执行如下命令验证 PHP 版本信息
[root@techhost ~]# php -v
PHP 7.2.10 (cli) (built: Mar 23 2020 20:08:27) (NTS)
Copyright (c) 1997-2018 The PHP Group
Zend Engine v3.2.0, Copyright (c) 1998-2018 Zend Technologies
    with Zend OPcache v7.2.10, Copyright (c) 1999-2018, by Zend Technologies
[root@techhost ~]#

步骤 4：安装 WordPress，在/usr/share/nginx/html 目录下下载安装 WordPress 的命令如下。

[root@techhost ~]# cd /usr/share/nginx/html
[root@techhost ~]# wget https://wordpress.org/wordpress-5.2.1.tar.gz
[root@techhost ~]# chmod -R 777 wordpress
[root@techhost html]# ls
404.html 50x.html index.html nginx-logo.png poweredby.png wordpress
wordpress-5.2.1.tar.gz
[root@techhost html]#

在浏览器中输入"addressIp/wordpress"，安装部署 WordPress，如图 4-207 所示。

图 4-207　示例效果

单击"Let's go!"按钮进入数据库配置页面，如图 4-208 所示。

图 4-208　数据库配置页面

数据库配置完成后，进入下一页面，如图 4-209 所示。

图 4-209　示例效果

单击"Run the installation"按钮，进入欢迎页面完善相关信息，如图 4-210 所示。

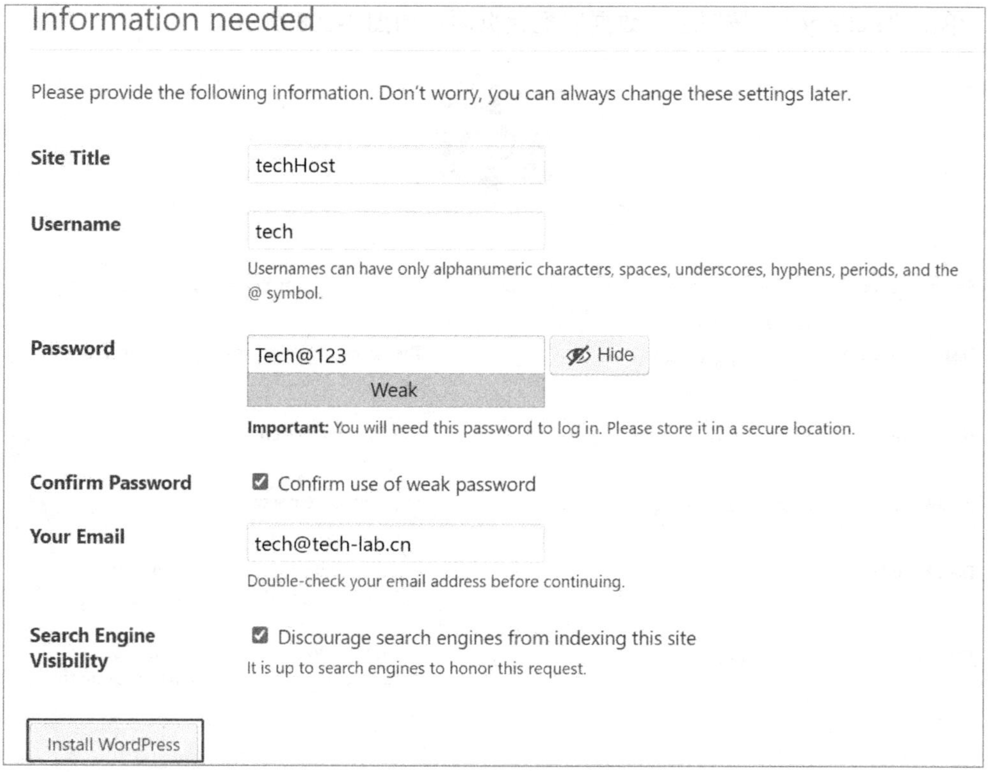

图 4-210 欢迎页面

安装成功,如图 4-211 所示。

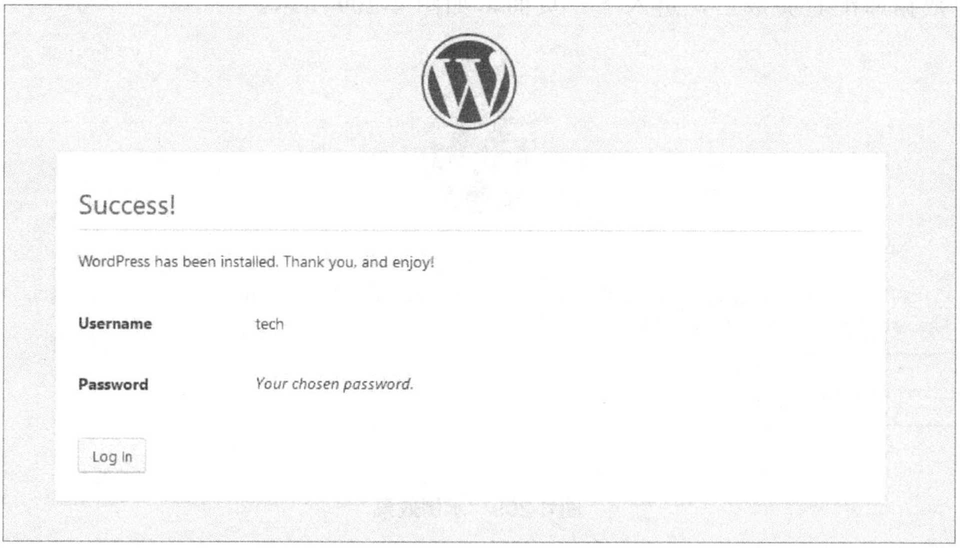

图 4-211 示例效果

单击"Log In"按钮,进入登录页面,输入用户名与密码,如图 4-212 所示。

图 4-212　登录页面

到此，LNMP 环境部署完成，如图 4-213 所示。

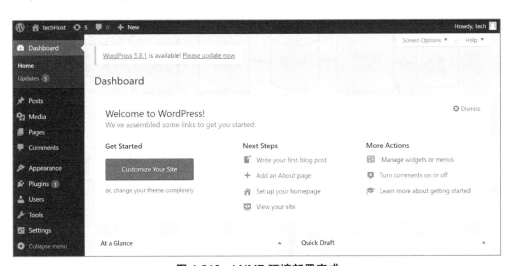

图 4-213　LNMP 环境部署完成

4.10　Linux 日志管理

每个操作系统都详细地记录了重要程序和服务的日志。日志是系统信息最详细、最准确的记录者。日志可以保存相关程序的运行状态、错误信息等，为系统分析、保存历史记录及发现、分析错误提供了保障。Linux 操作系统日志可以分为内核信息日志、服务信息日志、应用程序信息日志等。

4.10.1 Rsyslog 日志系统介绍

Rsyslog 是使用最广泛的系统日志程序，它在底层通过 Syslog 守护进程或者日志代理进行日志归集。Syslog 守护进程支持本地日志的采集，通过 Syslog 协议传输日志到中心服务器。Rsyslog 的全局配置文件位于/etc/rsyslog.com，该配置文件支持加载模块、设置全局指令，包含位于目录/etc/rsyslog.d 中的应用的特有配置，可以把日志信息追加到对应的日志文件中（一般是在/var/log 目录下）。它还可以把日志信息通过网络协议发送到另一台 Linux 服务器上，通过配置文件 Rsyslog.conf 对日志格式、日志等级、日志文件位置等做出更改。

图 4-214 为 Rsyslog 架构，Rsyslog 的消息流是：输入模块→预处理模块→主队列→过滤模块→执行队列→输出模块。

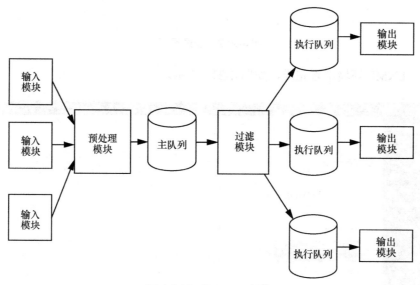

图 4-214　Rsyslog 架构

输入、输出、过滤 3 个模块被称为 module。

输入模块包括 imklg、imsock、imfile、imtcp 等，是消息来源。

预处理模块主要解决各种 Ryslog 协议间的差异，例如，日志系统客户端使用 Rsyslog，服务器使用 syslog-ng，如果系统不做特殊处理，syslog-ng 就无法识别服务器，相反，Rsyslog 的服务器可以识别 syslog-ng 发过来的消息。

过滤模块被用来分析和过滤消息，Rsyslog 可以根据消息的任何部分进行过滤。

输出模块包括 omfile、omprog、omtcp、ommysql 等，是消息的目的地。

主队列负责消息的存储，从输入模块传入的未经过滤的消息被放在主队列中，过滤后的消息被放在不同的执行队列中，再由执行队列送到各个输出模块。

4.10.2 Rsyslog 日志服务与日志轮转配置

系统中的绝大多数日志文件由 Rsyslogd 服务统一管理，只要各个进程将信息发送给 Rsyslogd 服务，Rsyslogd 就会自动把日志按照特定的格式记录到不同的日志文件中。

Rsyslogd 的配置步骤如下。

安装程序，如图 4-215 所示。

```
#两个工具默认情况下均已安装
[root@techhost ~]# dnf install rsyslog
```

```
[root@techhost ~]# dnf install rsyslog
Last metadata expiration check: 0:02:01 ago on Fri 14 May 2021 10:49:52 AM CST.
Package rsyslog-8.1907.0-5.oe1.aarch64 is already installed.
Dependencies resolved.
Nothing to do.
Complete!
[root@techhost ~]#
```

图 4-215　安装程序

启动程序，如图 4-216 所示。

```
[root@techhost ~]# systemctl start rsyslog.service
```

```
[root@techhost ~]# systemctl start rsyslog.service
[root@techhost ~]#
```

图 4-216　启动程序

Rsyslogd 服务配置文件如图 4-217 所示。

```
/etc/rsyslog.conf         ○ Rsyslogd的主配置文件（关键）
/etc/sysconfig/rsyslog    ○ Rsyslogd相关文件，定义级别（了解一下）
/etc/logrotate.d/syslog   ○ 和日志轮转（切割）相关（任务二）
```

图 4-217　Rsyslogd 配置文件

接下来通过 Rsyslog 工具进行日志管理。

1．系统日志管理

Rsyslog 为系统日志管理，默认将系统日志存放在路径为/var/log 的文件夹里，如图 4-218 所示。

```
[root@techhost ~]# ls /var/log
anaconda          chrony              dnf.librepo.log            dnf.rpm.log        hawkey.log-20210312  lastlog           openEuler-security.log  rpmpkgs  systemtap.log
audit             cloud-init.log      dnf.librepo.log-20210312   dracut.log         hawkey.log-20210421  maillog           private                 samba    tallylog
btmp              cloud-init-output.log dnf.librepo.log-20210421 firewalld          httpd                messages          README                  secure   tuned
btmp-20210421     cron                dnf.log                    hawkey.log         journal              multi-queue-hw.log rhsm                    spooler  wtmp
[root@techhost ~]#
```

图 4-218　示例效果

2. 主配置文件

编写 Rsyslogd 日志文件，指定日志存放的位置，输入以下命令，如图 4-219 所示。

```
[root@techhost ~]# vim /etc/rsyslog.conf
```

```
#### RULES ####

# Log all kernel messages to the console.
# Logging much else clutters up the screen.
#kern.*                                                 /dev/console

# Log anything (except mail) of level info or higher.
# Don't log private authentication messages!
*.info;mail.none;authpriv.none;cron.none                /var/log/messages
```

图 4-219　示例效果

进入文件，找到规则并进行相关配置，修改内容如图 4-220 所示。

```
#开启 UDP 的 514 端口，开启 TCP 的 514 端口，接受 TCP、UDP 包流量
$Modload imudp
$UDPServerRun  514
#$ModLoad imtcp
#$TCPServerRun  514
#允许主机@接受 UDP，@允许主机接受 TCP
*.* @127.0.0.1:514
*.* @@127.0.0.1:514
*.* @192.168.0.234:514
*.* @@192.168.0.234:514
```

```
27  # Include all config files in /etc/rsyslog.d/
28  include(file="/etc/rsyslog.d/*.conf" mode="optional")
29  #### RULES ####
30
31  # Log all kernel messages to the console.
32  # Logging much else clutters up the screen.
33  #kern.*                                              /dev/console
34
35  $Modload imudp
36  $UDPServerRun 514
37  $Modload imtcp
38  $TCPServerRun 514
39
40  *.* @127.0.0.1:514
41  *.* @@127.0.0.1:514
42  *.* @192.168.0.234:514
43  *.* @@192.168.0.234:514
44  # Log anything (except mail) of level info or higher.
```

图 4-220　修改内容

其余主要配置文件说明如下。

/var/log/messages：系统中多数服务和进程产生的日志都会被默认存储在这个文件中，除授权认证、邮件、计划任务等。

/var/log/secure：记录与安全、授权认证相关的事件。

/var/log/maillog：记录与邮件服务器相关的事件。

/var/log/cron：记录与周期性相关的事件。

修改完成后保存退出，由于客户端与服务器由一台主机承担，此处使用一台主机进行演示。重启服务，如图 4-221 所示。

[root@techhost ~]# systemctl restart rsyslog
[root@techhost ~]# systemctl status rsyslog

图 4-221 重启服务

接下来进行日志系统测试，打开两个窗口，在本地上推送日志信息，然后查看 Rsyslogd 服务器是否记录了测试事件，如图 4-222 所示。

图 4-222 示例效果

4.10.3 Logrotate 配置

Logrotate 程序是一个日志文件管理工具，用于分割日志文件，压缩转存，删除旧的日志文件，并创建新的日志文件。

① 查询系统是否安装 Logrotate，输入以下命令，如图 4-223 所示。

```
[root@techhost ~]# rpm -qa |grep logrotate
```

```
[root@techhost ~]# rpm -qa |grep logrotate
logrotate-3.15.1-2.oel.aarch64
[root@techhost ~]#
```

图 4-223　示例效果

② 如果未安装，则运行以下命令，安装 Logrotate 服务器。

```
[root@techhost ~]# yum install -y logrotate
```

③ Logrotate 的配置文件是/etc/logrotate.conf，我们通常不需要对它进行修改。各日志文件的轮询设置位于独立的配置文件中，被放在/etc/logrotate.d/目录下。如果/etc/logrotate.d/目录的日志文件中未指定轮询设置，则以/etc/logrotate.conf 的设置作为默认值，如图 4-224 所示。

```
[root@techhost ~]# cat /etc/logrotate.conf
# see "man logrotate" for details
# rotate log files weekly
weekly

# keep 4 weeks worth of backlogs
rotate 4

# create new (empty) log files after rotating old ones
create

# use date as a suffix of the rotated file
dateext

# uncomment this if you want your log files compressed
#compress

# packages drop log rotation information into this directory
include /etc/logrotate.d

# system-specific logs may be also be configured here.
[root@techhost ~]#
```

图 4-224　示例效果

④ 调用日志配置。

第一，Logrotate 调用/etc/logrotate.d/下的所有日志配置，命令如下。

```
[root@techhost ~]# logrotate /etc/logrotate.conf
```

第二，调用某个特定的日志配置。编辑 test-file 日志配置文件/etc/logrotate.d/test-file，设置内容如下。

```
[root@techhost ~]# vim /etc/logrotate.d/test-file
[root@techhost ~]# cat /etc/logrotate.d/test-file
/var/log/test-file {
    size=50M
daily
    rotate 5
```

```
    dateext
        create 644 root root
sharedscripts
    postrotate
            /bin/kill -HUP `cat /var/run/rsyslogd.pid  2> /dev/null` 2>  /dev/null || true
endscript
}
[root@techhost ~]#
```

第三，创建/var/log/test-file 日志文件。

```
[root@techhost ~]# touch /var/log/test-file
```

第四，强制 Logrotate 调用/etc/logrotate.d/下的 test-file 配置，并显示详细信息，如图 4-225 所示。

```
[root@techhost ~]# logrotate -fv /etc/logrotate.d/test-file
```

```
Reading state from file: /var/lib/logrotate/logrotate.status
Allocating hash table for state file, size 64 entries
Creating new state
Creating new state
Creating new state
Creating new state
Creating new state
Creating new state
Creating new state
Creating new state
Creating new state
Creating new state
Creating new state
Creating new state
Creating new state
Creating new state
Creating new state

Handling 0 logs
[root@techhost ~]#
```

图 4-225　示例效果

4.10.4　Systemd 日志

Systemd 是一系列工具的集合。它不仅可以启动操作系统，还接管了后台服务、结束、状态查询，以及日志归档、设备管理、电源管理、定时任务等，并支持通过特定事件（如插入特定 USB 设备）和特定端口触发按需任务。

Journald 是 Systemd 引入的用于收集和存储日志数据的系统服务，它试图使系统管理员在越来越多的日志消息中更轻松地找到有趣且有用的信息。为了实现此目标，日志中的主要更改之一是用优化日志消息的特殊文件格式替换简单的纯文本日志文件，这种特殊文件格式使系统管理员可以更有效地访问相关消息。

我们可以用以下命令读取 Systemd-Journald 系统，如图 4-226 所示。

```
[root@techhost ~]# journalctl
```

欧拉操作系统运维与管理

```
[root@techhost ~]# journalctl
-- Logs begin at Fri 2021-03-12 15:32:40 CST, end at Fri 2021-04-23 17:20:21 CST. --
Mar 12 15:32:40 localhost systemd[1]: Created slice system-systemd\x2dcoredump.slice.
Mar 12 15:32:40 localhost audit[1]: SERVICE_START pid=1 uid=0 auid=4294967295 ses=4294967295 msg='unit=sys
Mar 12 15:32:40 localhost systemd[1]: Started Process Core Dump (PID 11441/UID 0).
Mar 12 15:32:40 localhost [11479]: [find /var/log -type f -exec cp /dev/null {} ;] return code=[0], execut
Mar 12 15:32:40 localhost systemd[1]: rsyslog.service: Main process exited, code=killed, status=7/BUS
Mar 12 15:32:40 localhost systemd[1]: rsyslog.service: Failed with result 'signal'.
Mar 12 15:32:40 localhost audit[1]: SERVICE_STOP pid=1 uid=0 auid=4294967295 ses=4294967295 msg='unit=rsys
Mar 12 15:32:40 localhost systemd-coredump[11451]: Process 1049 (rsyslogd) of user 0 dumped core.

                                     Stack trace of thread 1118:
                                     #0  0x0000fffd3cfaf734 n/a (libsystemd.so.0)
                                     #1  0x0000fffd3cb034cc n/a (imjournal.so)
                                     #2  0x0000aaacde4ec8b8 n/a (rsyslogd)
                                     #3  0x0000fffd3d0f88cc n/a (libpthread.so.0)
                                     #4  0x0000fffd3ce3954c n/a (libc.so.6)

                                     Stack trace of thread 1119:
                                     #0  0x0000fffd3d0fec48 pthread_cond_wait (libpthread.so
                                     #1  0x0000aaacde4db524 wtiWorker (rsyslogd)
                                     #2  0x0000aaacde4d9b08 n/a (rsyslogd)
                                     #3  0x0000fffd3d0f88cc n/a (libpthread.so.0)
                                     #4  0x0000fffd3ce3954c n/a (libc.so.6)

                                     Stack trace of thread 1049:
                                     #0  0x0000fffd3ce322ac __select (libc.so.6)
                                     #1  0x0000aaacde497358 main (rsyslogd)
                                     #2  0x0000fffd3cd83f60 __libc_start_main (libc.so.6)
                                     #3  0x0000aaacde497750 _start (rsyslogd)
                                     #4  0x0000aaacde497750 _start (rsyslogd)
Mar 12 15:32:40 localhost audit[1]: SERVICE_STOP pid=1 uid=0 auid=4294967295 ses=4294967295 msg='unit=syst
Mar 12 15:32:40 localhost systemd[1]: systemd-coredump@0-11441-0.service: Succeeded.
```

图 4-226　示例效果

需要注意的是，在显示所有的日志信息时，notice 或 warning 以粗体显示，红色时显示 error 级别以上的信息。

如果不想显示所有日志，可以用以下命令筛选日志，如图 4-227 所示。

[root@techhost ~]# journalctl –n

```
[root@techhost ~]# journalctl -n
-- Logs begin at Fri 2021-03-12 15:32:40 CST, end at Fri 2021-04-23 20:22:05 CST. --
Apr 23 20:22:05 techhost sshd[3598]: User child is on pid 3612
Apr 23 20:22:05 techhost audit[3612]: CRYPTO_KEY_USER pid=3612 uid=0 auid=0 ses=7 msg='op=destroy kind=server fp=SHA256:29:5d:24
Apr 23 20:22:05 techhost audit[3612]: CRYPTO_KEY_USER pid=3612 uid=0 auid=0 ses=7 msg='op=destroy kind=server fp=SHA256:4b:47:d9
Apr 23 20:22:05 techhost audit[3612]: CRYPTO_KEY_USER pid=3612 uid=0 auid=0 ses=7 msg='op=destroy kind=server fp=SHA256:55:29:47
Apr 23 20:22:05 techhost audit[3612]: CRED_ACQ pid=3612 uid=0 auid=0 ses=7 msg='op=PAM:setcred grantors=pam_faillock,pam_unix ac
Apr 23 20:22:05 techhost sshd[3612]: Starting session: subsystem 'sftp' for root from 120.203.25.242 port 55284 id 0
Apr 23 20:22:05 techhost audit[3598]: USER_LOGIN pid=3598 uid=0 auid=0 ses=7 msg='op=login id=0 exe="/usr/sbin/sshd" hostname=?
Apr 23 20:22:05 techhost audit[3598]: USER_START pid=3598 uid=0 auid=0 ses=7 msg='op=login id=0 exe="/usr/sbin/sshd" hostname=?
Apr 23 20:22:05 techhost audit[3598]: CRYPTO_KEY_USER pid=3598 uid=0 auid=0 ses=7 msg='op=destroy kind=server fp=SHA256:55:29:47
Apr 23 20:22:05 techhost sftp-server[3616]: session opened for local user root from [120.203.25.242]
lines 1-11/11 (END)
```

图 4-227　示例效果

也可以用以下命令显示日志，如图 4-228 所示。

[root@techhost ~]# journalctl -n 3　　　　　　　　　　##显示日志的最新 3 条
[root@techhost ~]# journalctl --since "2021-04-23 12:00:00"　　##显示 12:00 后的日志
[root@techhost ~]# journalctl --until"2021-04-23 12:10:00"　　##显示日志到 12:10

图 4-228 示例效果

显示最详细的日志信息,如图 4-229 所示。

[root@techhost ~]# journalctl –f

图 4-229 示例效果

下面命令随着匹配日志的增长而持续输出，只显示错误、冲突和重要警告信息，如图 4-230 所示。

[root@techhost ~]# journalctl -p err..alert

图 4-230　示例效果

netcfg 命令可显示指定单元的所有消息，如图 4-231 所示。

[root@techhost ~]# journalctl -u netcfg

图 4-231　示例效果

检查 Systemd-Journald 的状态时，可以看到它的报告日志已轮换，如图 4-232 所示。

[root@techhost ~]# systemctl status systemd-journald

图 4-232　示例效果

4.10.5 利用 Logrotate 轮转 Nginx 日志

Logrotate 是一个十分有用的工具，可以自动对日志进行截断（或轮询）、压缩，也可以删除旧的日志文件。例如，设置 Logrotate 让/var/log/foo 日志文件每 30 天轮询一次，并删除超过 6 个月的日志文件。配置完成后，Logrotate 的运作会完全自动化，无须人为干预，这样做可以有效避免磁盘被填满的问题。

以下命令安装 Logrotate。

[root@techhost ~]# dnf install logrotate crontabs

1．日志文件的命名规则

日志轮询最主要的作用是把旧的日志文件移动并将其改名，同时建立新的空日志文件，当旧日志文件超出保存的范围时则被删除。旧的日志文件改名之后主要依靠/etc/logrotate.conf 配置文件中的"dateext"参数进行命名。

如果配置文件中有"dateext"参数，日志文件就会用日期来作为日志文件名的后缀，如"secure-20210511"，这样做的优点是日志文件名不会重叠，不需要对日志文件进行改名，只需要保存指定的日志文件个数，以及删除多余的日志文件。

如果配置文件中没有"dateext"参数，就需要对日志文件进行改名。当第一次进行日志轮询时，当前的"secure"日志会自动改名为"secure.1"，系统会新建"secure"日志，用来保存新的日志；当第二次进行日志轮询时，"secure.1"会自动改名为"secure.2"，当前的"secure"日志会自动改名为"secure.1"，同时系统也会新建"secure"日志，用来保存新的日志，以此类推。

2．Logrotate 配置文件

日志轮询之所以可以在指定的时间备份日志，是因为其依赖系统定时任务。前文已经介绍过/etc/cron.daily/目录，此目录中存在一个名为 Logrotate 的文件，使用以下命令可查看此文件，如图 4-233 所示。

[root@techhost ~]# vim /etc/cron.daily/logrotate

```
[root@techhost ~]# vim /etc/cron.daily/logrotate
[root@techhost ~]# cat /etc/cron.daily/logrotate
#!/bin/sh

/usr/sbin/logrotate /etc/logrotate.conf
EXITVALUE=$?
if [ $EXITVALUE != 0 ]; then
    /usr/bin/logger -t logrotate "ALERT exited abnormally with [$EXITVALUE]"
fi
exit $EXITVALUE
[root@techhost ~]#
```

图 4-233　示例效果

查看 Logrotate 的配置文件 /etc/logrotate.conf 的默认内容，如图 4-234 所示。

[root@techhost ~]# cat /etc/logrotate.conf

```
[root@techhost ~]# cat /etc/logrotate.conf
# see "man logrotate" for details
# rotate log files weekly
weekly

# keep 4 weeks worth of backlogs
rotate 4

# create new (empty) log files after rotating old ones
create

# use date as a suffix of the rotated file
dateext

# uncomment this if you want your log files compressed
#compress

# packages drop log rotation information into this directory
include /etc/logrotate.d

# system-specific logs may be also be configured here.
[root@techhost ~]#
```

图 4-234　示例效果

配置文件/etc/logrotate.conf 主要分为以下 3 个部分。

第 1 部分是默认设置，如果需要转存的日志文件没有特殊配置，则遵循默认设置的参数。

第 2 部分是读取 /etc/logrotate.d/ 目录中日志轮询的子配置文件，/etc/logrotate.d/ 目录中的所有符合语法规则的子配置文件会进行日志轮询。

第 3 部分是对日志文件 wtmp 和 btmp 的轮询进行设定，如果此设定和默认参数冲突，则当前设定生效。例如，wtmp 的当前参数设定的轮询时间是每月，而默认参数的轮询时间是每周，则对 wtmp 日志文件来说，轮询时间是每月，当前的设定参数生效。

Logrotate 配置文件的主要参数见表 4-4。

表 4-4　Logrotate 配置文件的主要参数

参数	参数说明
daily	日志的轮询周期是每天
weekly	日志的轮询周期是每周
monthly	日志的轮询周期是每月
rotate	保留的日志文件的个数，0 指没有备份
compress	当进行日志轮询时，对旧的日志进行压缩
create mode owner group	建立新日志，同时指定新日志的权限、所有者和所属组，如 create 0600 root utmp
mail address	当进行日志轮询时，输出内存通过邮件发送到指定的邮件地址
missingok	如果日志不存在，则忽略该日志的警告信息
nolifempty	如果日志为空文件，则不进行日志轮询
minsize	日志轮询的最小值，也就是说日志文件一定要达到这个最小值才会进行轮询
size	日志文件只有大于指定大小时才进行日志轮询，而不是按照时间进行轮询，如 size100k

表 4-4 Logrotate 配置文件的主要参数（续）

参数	参数说明
dateext	使用日期作为日志轮询文件的后缀，如 secure-20130605
sharedscripts	在此关键字之后的脚本只执行一次
prerotate/endscript	在日志轮询之前执行脚本命令，endscript 标识 prerotate 脚本结束
postrolaie/endscripl	在日志轮询之后执行脚本命令，endscripl 标识 postrotate 脚本结束

系统每天都会执行/etc/cron.daily/logrotate 文件，运行这个文件中的"/usr/sbin/logrotate/etc/logrotate.conf >/dev/null 2>&1"命令。Logrotate 命令会依据/etc/logrotate.conf 文件的配置，来判断配置文件中的日志是否符合日志轮询的条件（比如，日志备份时间已经满一周），如果符合，日志就会进行轮询，所以日志轮询是由 crond 服务发起的。

Logrotate 命令的格式为 "[root@techhost ~]#logrotate [选项] 配置文件名"。

Logrotate 选项包含以下内容（如果此命令没有选项，则会按照配置文件中的条件进行日志轮询）。

① -v：显示日志轮询过程，加入-v 选项，会显示日志的轮询过程。

② -f：强制进行日志轮询，不管是否符合日志轮询的条件，强制配置文件中所有的日志进行轮询。

我们可通过执行 Logrotate 命令，查看执行过程，如图 4-235、图 4-236 所示。

[root@techhost ~]# logrotate -v /etc/logrotate.conf

```
considering log /var/log/secure
  Now: 2021-04-23 21:11
  Last rotated at 2020-05-18 12:00
  log does not need rotating (log size is below the 'size' threshold)
considering log /var/log/spooler
  Now: 2021-04-23 21:11
  Last rotated at 2020-05-18 12:00
  log does not need rotating (log size is below the 'size' threshold)
rotating log /var/log/messages, log->rotateCount is 30
dateext suffix '-20210423'
glob pattern '-[0-9][0-9][0-9][0-9][0-9][0-9][0-9][0-9]'
glob finding old rotated logs failed
copying /var/log/messages to /var/log/messages-20210423
truncating /var/log/messages
running postrotate script

rotating pattern: /var/log/samba/log.*  weekly (99 rotations)
olddir is /var/log/samba/old, empty log files are not rotated, old logs are removed
considering log /var/log/samba/log.*
  log /var/log/samba/log.* does not exist -- skipping
Creating new state

rotating pattern: /var/log/rhsm/*.log  weekly (4 rotations)
empty log files are not rotated, old logs are removed
considering log /var/log/rhsm/rhsm.log
  Now: 2021-04-23 21:11
  Last rotated at 2021-03-12 15:00
  log does not need rotating (log is empty)

rotating pattern: /var/log/wpa_supplicant.log  30720 bytes (4 rotations)
empty log files are not rotated, old logs are removed
considering log /var/log/wpa_supplicant.log
  log /var/log/wpa_supplicant.log does not exist -- skipping

rotating pattern: /var/log/wtmp  monthly (1 rotations)
empty log files are rotated, only log files >= 1048576 bytes are rotated, old logs are removed
```

图 4-235 示例效果

```
[root@techhost ~]# logrotate -v /etc/logrotate.conf
reading config file /etc/logrotate.conf
including /etc/logrotate.d
reading config file btmp
reading config file chrony
reading config file dnf
reading config file httpd
reading config file mysql
reading config file rpm
reading config file rsyslog
reading config file samba
olddir is now /var/log/samba/old
reading config file subscription-manager
reading config file wpa_supplicant
reading config file wtmp
Reading state from file: /var/lib/logrotate/logrotate.status
Allocating hash table for state file, size 64 entries
Creating new state
Creating new state
Creating new state
Creating new state
Creating new state
Creating new state
Creating new state
Creating new state
Creating new state
Creating new state
Creating new state
Creating new state
Creating new state
```

图 4-236　示例效果

可以发现，/var/log/alert.log 加入了日志轮询，其已经被 Logrotate 识别并调用，只是时间没有达到轮询的标准，所以没有进行轮询。如果强制进行一次日志轮询，会有图 4-237 所示的结果。

[root@techhost ~]# logrotate -vf /etc/logrotate.conf

```
rotating pattern: /var/log/samba/log.*  forced from command line (99 rotations)
olddir is /var/log/samba/old, empty log files are not rotated, old logs are removed
considering log /var/log/samba/log.*
  log /var/log/samba/log.* does not exist -- skipping

rotating pattern: /var/log/rhsm/*.log  forced from command line (4 rotations)
empty log files are not rotated, old logs are removed
considering log /var/log/rhsm/rhsm.log
  Now: 2021-04-23 21:14
  Last rotated at 2021-03-12 15:00
  log does not need rotating (log is empty)

rotating pattern: /var/log/wpa_supplicant.log  forced from command line (4 rotations)
empty log files are not rotated, old logs are removed
considering log /var/log/wpa_supplicant.log
  log /var/log/wpa_supplicant.log does not exist -- skipping

rotating pattern: /var/log/wtmp  forced from command line (1 rotations)
empty log files are rotated, only log files >= 1048576 bytes are rotated, old logs are removed
considering log /var/log/wtmp
  Now: 2021-04-23 21:14
  Last rotated at 2021-04-23 21:13
  log needs rotating
rotating log /var/log/wtmp, log->rotateCount is 1
dateext suffix '-20210423'
glob pattern '-[0-9][0-9][0-9][0-9][0-9][0-9][0-9][0-9]'
```

图 4-237　示例效果

4.10.6 利用日志定位问题

1．查看系统登录日志

通过查看/var/log/wtmp 文件，我们可以查看可疑的 IP 登录，输入以下命令进行查看，如图 4-238 所示。

```
[root@techhost ~]# last  -f  /var/log/wtmp
```

```
[root@techhost ~]# last -f /var/log/wtmp
wtmp begins Fri Apr 23 21:13:16 2021
```

图 4-238　示例效果

日志文件可永久记录每个用户登录、注销及系统的启动、停机的事件，因此随着系统正常运行时间的增加，日志文件也会越来越大，其增加的速度取决于系统用户登录的次数。日志文件可以用来查看用户的登录记录，last 命令可通过访问日志文件获得这些信息，并以从后向前的顺序显示用户的登录记录，last 也能根据用户、终端或时间显示相应的记录。我们可使用 lastlog 命令，查看登录过当前系统的用户的最近一次登录时间，如图 4-239 所示。

```
[root@techhost ~]# lastlog
```

```
[root@techhost ~]# lastlog
Username         Port     From             Latest
root                                       Fri Apr 23 21:18:12 +0800 2021
bin                                        **Never logged in**
daemon                                     **Never logged in**
adm                                        **Never logged in**
lp                                         **Never logged in**
sync                                       **Never logged in**
shutdown                                   **Never logged in**
halt                                       **Never logged in**
mail                                       **Never logged in**
operator                                   **Never logged in**
games                                      **Never logged in**
ftp                                        **Never logged in**
nobody                                     **Never logged in**
systemd-coredump                           **Never logged in**
systemd-network                            **Never logged in**
systemd-resolve                            **Never logged in**
systemd-timesync                           **Never logged in**
unbound                                    **Never logged in**
tss                                        **Never logged in**
```

图 4-239　示例效果

2．查看历史命令

在 OpenEuler 操作系统的环境下，不管是 root 用户还是普通用户，只要登录系统，都可以通过命令 history 来查看历史记录，history 命令可用于显示历史记录和执行过的指令。history 命令可将历史命令缓冲区中的目录写入命令文件。history 命令单独使用时，仅显示历史命令，在命令行中，可以使用符号"!"执行指定序号的历史命令，例如，要执行第 2 个历史命令，则输入"!2"。history 命令是被保存在内存中的，当退出或者登录

shell 时，内存会自动保存或读取。内存仅能存储 1000 条历史命令，该数量由环境变量 HISTSIZE 进行控制，默认不显示命令的执行时间。

[root@techhost ~]# history

3．查看系统日志

OpenEuler 操作系统在运行程序时，通常会把一些系统消息和错误消息写入对应的系统日志，若是系统出现问题，用户可以通过查看日志来迅速定位，及时解决故障，所以查看日志是日常维护中很重要的操作。

系统日志有以下 3 种类型。

（1）内核及系统日志

内核及系统日志数据由系统服务 Rsyslog 统一管理，Rsyslog 根据主配置文件 /etc/rsyslog.conf 中的设置，决定记录内核消息及各种系统程序消息的位置。系统中有相当一部分程序会把日志交由 Rsyslog 管理，因而这些程序使用的日志记录也具有与 Rsyslog 相似的格式。

（2）用户日志

用户日志数据被用于记录用户登录及退出 Linux 操作系统的相关信息，这些信息包括用户名、登录终端、登录时间、来源主机、正在使用的进程操作等。

（3）程序日志

有些应用程序会自己独立管理一份日志，而不是将其交给 Rsyslog 服务管理，这份日志被用于记录本程序运行过程中的各种事件信息。由于这些程序只负责管理自己的日志，不同程序所使用的日志记录格式可能会存在较大的差异。

一般来说，系统日志的优先级别规则为：数字等级越低，优先级越高，消息越重要，如图 4-240 所示。

级别	英文单词	中文释义	说明
0	EMERG	紧急	会导致主机系统不可用的情况
1	ALERT	警告	必须马上采取措施解决问题
2	CRIT	严重	比较严重的情况
3	ERR	错误	运行出现错误
4	WARNING	提醒	可能影响系统功能，需要提醒用户的重要事件
5	NOTICE	注意	不会影响正常功能，但是需要注意的事件
6	INFO	信息	一般信息

图 4-240　日志级别

系统用户日志相关命令有以下 5 个。

（1）users

users 命令只是简单地输出当前登录的用户名称，每个显示的用户名对应一个登录会话。如果一个用户不止有一个登录会话，那么其用户名将显示与登录会话相同的次数。

（2）who

who 命令用于报告当前登录到系统中的每个用户的信息。系统管理员使用该命令可以查看当前系统存在的不合法用户，从而对其进行审计和处理。who 命令的默认输出内容包括用户名、终端类型、登录日期及远程主机。

（3）w

w 命令用于显示当前系统中每个用户及其所运行的进程信息，比 users、who 命令的输出内容要丰富一些。

（4）last

last 命令用于查询成功登录到系统的用户记录，最近的登录情况将显示在最前面。系统管理员通过 last 命令可以及时掌握 Linux 主机的登录情况，若发现有未经授权的用户登录，则当前主机可能已被入侵。

（5）lastb

lastb 命令用于查询登录失败的用户记录，例如登录的用户名错误、密码不正确等。登录失败的情况属于安全事件，因为这表示可能有人在尝试破解用户的密码。

4.11 本章小结

本章内容主要介绍 Linux 操作系统中网络服务管理的一些基本概念和基本指令操作，OpenEuler 操作系统是以 Linux 操作系统为内核的，因此熟悉 Linux 网络服务管理的基本内容可以帮助我们更好地使用 OpenEuler 操作系统。

本章习题

1. OpenEuler 操作系统和 Linux 操作系统有什么不同？
2. 什么是开放源码软件？
3. root 用户与普通用户的区别是什么？

答案：

1. OpenEuler 是一款开源操作系统。当前的 OpenEuler 内核源于 Linux，支持鲲鹏及其他多种处理器，能够充分释放计算芯片的潜能，是由全球开源贡献者构建的高效、稳定、安全的开源操作系统，适用于数据库、大数据、云计算、人工智能等应用场景。同时，OpenEuler 是一个面向全球的操作系统开源社区，通过社区合作，打造创新平台，构建支持多处理器架构、统一和开放的操作系统，推动软硬件应用生态繁荣发展。

2. 开放源码软件是一个新名词，被定义为其源码可以被公众使用的软件，并且此软件的使用、修改和分发不受许可证的限制。开放源码软件通常是有版权的，它的许可证可能包含这样的限制：蓄意地保护它的开放源码状态、著者身份的公告或者开发的控制。"开放源码"被公众利益软件组织注册为认证标记，这也是创立正式的开放源码的一种手段。

3. root 用户也被称为根用户，是 Linux 操作系统中唯一的超级用户，因其可对根目录进行读、写和执行操作而得名。其相当于 Windows 系统中的 System（XP 及其以下）/TrustedInstaller（Vista 及其以上）用户。其具有系统中的最高权限，如启动或停止一个进程、删除或增加用户、增加或者禁用硬件、添加文件或删除文件等。

第 5 章
系统安全

学习目标

- 了解 OpenEuler 操作系统防火墙的的基本概念
- 了解 iptables、Firewalld 和 SELinux 防火墙设置的相关知识

在网络技术飞速发展的今天,数据信息安全变得尤为重要。国际标准化组织对"信息安全"的定义为:为数据处理系统建立和采用的技术、以及管理上的安全保护措施,目的是保护计算机硬件、软件、数据不因偶然和恶意的原因而遭到破坏、更改和泄露。我们可以将其总结为以下 3 点。

① 机密性:系统信息只能被授权的对象访问。
② 完整性:要保护信息的一致性、准确性和可信赖性。
③ 可用性:在需要访问的时候,信息可以提供给合法授权的用户访问。

要保证信息的安全,就必须要保证系统的安全。从信息的产生、收集、处理、传输、分析到销毁或者存档,每个阶段都会有大量的设备、平台、应用参与其中,而这些设备、平台、应用往往需要大量的 Linux 操作系统(包括服务器和嵌入式设备等)来提供底层支持,因此,要想保证数据信息的安全,就要先确保系统安全。防火墙作为公网与内网之间的保护屏障,在保证系统安全方面发挥着重大的作用。

本章将针对 Linux 操作系统中与防火墙相关的内容来讲解系统安全的防护。

5.1 Linux 防火墙管理工具概述

随着网络规模的逐渐扩大，网络安全问题变得越来越重要，而构建防火墙是防止系统安全免受侵害的最基本的手段。虽然防火墙并不能保证系统安全不受到侵害，但由于它简单易行、工作可靠、适应性强，还是受到了广泛的认可与应用。

防火墙是指设置在不同网络（如可信任的企业内部网和不可信的公共网）或网络安全域之间的一系列部件的组合，是不同网络或网络安全域之间的信息的唯一出入口。检测、限制并更改跨越防火墙的数据流，能够尽可能地对外部屏蔽网络内部的信息、结构和运行状态，有选择地接受外部访问。防火墙可分为两种，即硬件防火墙和软件防火墙，它们都能起到保护作用并筛选出网络上的攻击者。

直白地说，防火墙就是一种获取安全的方法，有助于实施广泛的安全性政策，用来确定系统中允许提供的服务和访问。防火墙是抵御攻击的一道防线，它的使用在一定程度上减少了系统被网络攻击成功的概率，增强了系统的安全性。服务器按照纵深防御的原则，使用网络防火墙进行防护是保障系统安全必须实施的控制措施。

引入防火墙是因为传统的子网系统会把自身暴露给 NFS 等存在安全缺陷的服务，并受到网络上其他系统的攻击。在一个没有防火墙的环境中，系统的安全性完全依赖主系统中的安全配置。防火墙的使用在一定程度上提高了主机整体的安全性，防止外来的恶意攻击。防火墙的功能及其作用见表 5-1。

表 5-1 防火墙的功能及其作用

功能	作用
保护易受攻击的服务	所有访问都必须经过通道才可以通过防火墙，这样能够过滤掉大部分不安全的请求
控制对网点系统访问	有选择地实现某些主机系统由外部网络访问内部网络，未被授权的主机请求会被拒绝
集中安全性	相同子网内的所有安全软件都可以放在防火墙系统内被集中管理，特别是对于密码或其他身份认证软件等，放在安装有防火墙的系统中更优于分布在各个应用服务器上
增强保密和强化私有权	在安装有防火墙的系统中，站点可以防止 finger 及 DNS 服务信息泄露，并把站点及 IP 地址的信息封锁起来，防止外网主机获取这些敏感信息
记录和统计网络的使用	每次对外访问及返回的数据在经过防火墙时都会被记录，系统管理员对防火墙所记录的信息进行分析，从而获取一些有用的数据

早期的 Linux 操作系统默认使用 iptables 防火墙管理服务来配置防火墙。虽然新型的防火墙管理服务已经被投入使用多年，但是大量的企业在生产环境中依然出于各种原因而继续使用 iptables。因此这里先介绍与 iptables 有关的知识。

Netfilter 是位于 Linux 内核中的包过滤防火墙功能体系，被称为"Linux 防火墙的内核态"。iptables 是用来管理防火墙的命令工具，为防火墙体系提供过滤规则或策略，被称为"Linux 防火墙的用户态"。上述两种称呼都可以代表 Linux 防火墙。

Netfilter 可以为 iptables 内核防火墙模块提供有状态或无状态的包过滤服务，如 NAT

（Network Address Translation，网络地址转换）、IP 地址伪装等，也可以因高级路由或连接状态管理的需要而修改 IP 头部信息。Netfilter 位于 Linux 网络层和防火墙内核模块之间，如图 5-1 所示。

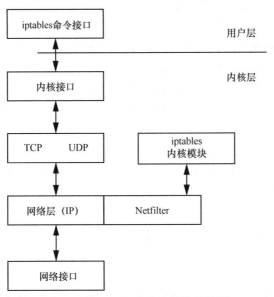

图 5-1　Netfilter 在防火墙中的位置

虽然防火墙模块构建在 Linux 内核中，并且要对流经 IP 层的数据包进行处理，但它并没有改变 IP 协议栈的代码，而是通过 Netfilter 模块将防火墙的功能引入 IP 层，从而实现防火墙代码和 IP 协议栈代码的完全分离。Netfilter 的结构框架如图 5-2 所示。

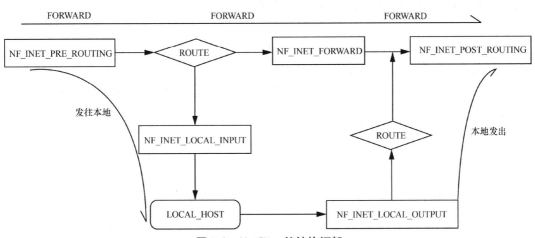

图 5-2　Netfilter 的结构框架

数据包从左边进入 IP 协议栈，进行 IP 校验以后，被 PRE_ROUTING 处理，然后进入路由模块，由路由模块决定该数据包是转发出去还是发送给本机。若该数据包是发送给本机的，则通过 INPUT 处理后传递给本机的上层协议；若该数据包应该被转发，则它将由 FORWARD 处理，然后还要经 POST_ROUTING 处理后才能传输到网络。本机进程产生的数据包要先经过 OUTPUT 处理后，再进行路由选择处理，然后经过 POST_ROUTING 处理后发送到网络。

虽然网络防火墙对信息安全的保护起到了重大作用，但它仍然存在一些缺陷。

网络防火墙无法阻止对基础设施的物理损坏，不管这种损坏是由自然现象引起的还是由人为原因引起的。网络防火墙不能阻止受病毒感染的文件的传输，因为受病毒感染的文件经常通过电子邮件、社交工具（例如即时通信工具）、网站访问的形式传播，而这些途径都基于正常的网络协议，因此网络防火墙不能分辨出病毒。因为系统内部发起的网络攻击并未到达网络边界，所以网络防火墙并不起作用，也就不能解决来自内部网络的攻击和安全问题。

网络防火墙不能防止策略配置不当或者配置错误引起的安全威胁，不能阻止网络防火墙本身的安全漏洞所带来的威胁。因此，我们不能只依赖网络防火墙提供的安全保障服务，应该构建多层次、全面保障的纵深防御体系。

5.2 使用 iptables 设置防火墙

Linux 操作系统提供了 iptables 用于构建网络防火墙，iptables 能够实现包过滤、NAT 等功能，为 iptables 提供这些功能的底层模块是 Netfilter 框架。Linux 中的 Netfilter 是内核中的一系列钩子，它为内核模块在网络栈中的不同位置注册回调函数提供了支持。数据包在协议栈中依次经过处于不同位置的回调函数的处理。

5.2.1 iptables 防火墙的规则表、规则链

iptables 防火墙使用不同的规则对数据包进行过滤或处理，根据处理时机不同，各种规则被组织在不同的"链"中。

规则链是防火墙规则或策略的集合，默认的 iptables 防火墙中包含 5 种规则，具体见表 5-2。

表 5-2　iptables 防火墙的规则

规则	作用
INPUT	处理入站数据包
OUTPUT	处理出站数据包
FORWARD	处理转发数据包
POST_ROUTING	在进行路由选择后处理数据包
PRE_ROUTING	在进行路由选择前处理数据包

Linux 操作系统把具有某一类相似用途的防火墙规则，按照不同处理时机划分到不同

的规则链以后，被归置到不同的规则表中，规则表是规则链的集合。Linux 操作系统中 iptables 防火墙包括了默认的 4 个规则表，具体见表 5-3。

表 5-3 iptables 防火墙的规则表

规则表	作用
raw 表	确定是否对该数据包进行状态跟踪
mangle 表	为数据包设置标记
nat 表	修改数据包中的源、目标 IP 地址或端口
filter 表	确定是否放行该数据包（过滤）

其中，mangle 表可以对数据包进行特殊标记，结合这些标记，我们可以在 filter 表中对数据包进行有选择性的处理，如"策略路由"。

raw 表是 iptables 1.2.9 版本后新增的表，主要用于决定数据包是否被状态跟踪机制处理，目前 raw 表的应用尚不多见。

整个表、链结构可以理解为在内核运行空间的一块区域，划分为 4 个表，表再划分为不同的链，链内是用户定义的规则。图 5-3 是 iptables 表、链的结构。

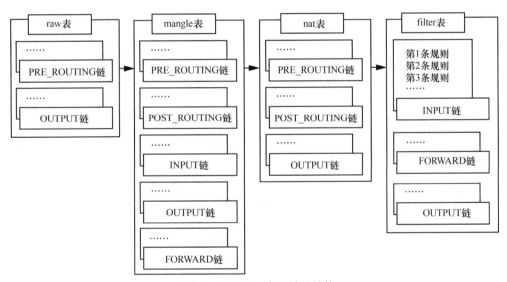

图 5-3 iptables 表、链的结构

其中，规则表的先后顺序为：raw 表→mangle 表→nat 表→filter 表。

规则链的先后顺序如下。

入站顺序：PRE_ROUTING→INPUT。

出站顺序：OUTPUT→POST_ROUTING。

转发顺序：PRE_ROUTING→FORWARD→POST_ROUTING。

通常来说，由内网向外网传输的流量都是良性的，所以使用最多的是 INPUT 规则链，同时 INPUT 规则链也可以有效地防止外网对内网的入侵。

有了策略规则，系统还需要有相应的动作来配合不同的策略。在 iptables 服务中，这些动作都有相应的术语，比如 ACCEPT（允许流量通过）、REJECT（拒绝流量通过）、LOG（记录日志信息）、DROP（拒绝流量通过）。要注意，这里的 DROP 和 REJECT 都代表拒绝流量通过，但两者的含义并不同：DROP 表示不对流量做出任何响应，直接丢包；而 REJECT 表示拒绝流量通过，同时会向发送方发送提示消息，表示请求被拒绝。

5.2.2　iptables 防火墙的内核

Netfilter 框架为内核模块参与 IP 层数据包处理提供了很大的方便，内核的防火墙模块正是通过把自己的函数注册到 Netfilter 的方式介入对数据包的处理。这些函数的功能非常强大，按照功能可划分为 4 种：连接跟踪、数据包过滤、NAT 和对数据包进行修改。其中，NAT 还分为 SNAT（Source Network Address Translation，源网络地址转换）和 DNAT（Destination Network Address Translation，目的网络地址转换）。数据包过滤匹配流程如图 5-4 所示。

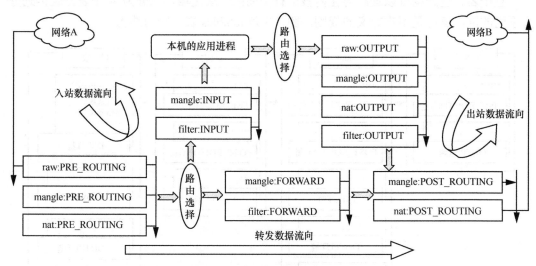

图 5-4　数据包过滤匹配流程

Linux 操作系统还提供了 iptables 防火墙的用户接口，它可以在规则表所包含的链中添加规则，或者修改、删除规则，从而可以根据需要构建自己的防火墙。具体来说，用户是通过输入 iptables 命令来实现上述功能的。

5.2.3　iptables 基本命令参数及格式

iptables 命令相当复杂，具体格式为"iptables [-t 表名] <命令>[链名] [规则号] [规则][-j 目标]"。

-t 选项用于指定所使用的表（iptables 防火墙默认 filter、nat、mangle 和 raw 4 张表，也可以是用户自定义的表）。表中包含了分布在各个位置的链，iptables 命令管理的规则就是存在于各种链中的。该选项不是必需的，如果未指定一个具体的表，则默认使用 filter 表。

命令选项是必须要有的，它告诉 iptables 是添加规则、修改规则还是删除规则。有些命令选项后面要指定具体的链名称，而有些可以省略，还有一些命令要指定规则号。iptables 常用参数及其作用见表 5-4。

表 5-4 iptables 常用参数及其作用

参数名称格式	参数作用
-A<链名><规则>	在指定链的末尾添加一条或多条规则
-D<链名><规则>/<规则号>	从指定的链中删除一条或多条规则，可以按照规则的序号进行删除，也可以删除满足匹配条件的规则
-R<链名><规则号>	在指定的链中用新的规则置换某一规则号的旧规则
-I<链名> [规则号]<规则>	在给出的规则序号前插入一条或多条规则，如果没有指定规则号，则默认是 1
-L [链名]	列出指定链中的所有规则，如果没有指定链，则所有链中的规则都将被列出
-F [链名]	删除指定链中的所有规则，如果没有指定链，则所有链中的规则都将被删除
-N<链名>	建立一个新的用户自定义链
-X [链名]	删除指定的用户自定义链，这个链必须没有被引用，而且里面也不包含任何规则，如果没有给出链名，这条命令将试着删除每个非内建的链
-P<链名><目标>	为指定的链设置规则的默认目标，当一个数据包与所有的规则都不匹配时，将采用这个默认的目标动作
-E <旧链名><新链名>	重新命名链，对链的功能没有影响

以上是 iptables 命令格式中有关命令选项部分的解释。iptables 命令格式中的规则由很多选项构成，主要指定一些 IP 数据包的特征，例如，上一层的协议名称、源 IP 地址、目的 IP 地址、进出的网络接口名称等，下面列出 iptables 命令规则，具体见表 5-5。

表 5-5 iptables 命令规则

规则选项	作用
-p<协议类型>	指定上一层协议，可以是 icmp、tcp、udp 和 all
-s<IP 地址/掩码>	指定源 IP 地址或子网
-d<IP 地址/掩码>	指定目的 IP 地址或子网
-i<网络接口>	指定数据包进入的网络接口名称
-o <网络接口>	指定数据包出去的网络接口名称

上述选项都可以进行组合，而且每一种选项后面的参数前都可以加"！"（表示取反）。

以上介绍了 iptables 常见命令参数的格式和作用，接下来，我们通过一些具体的实验来了解每个参数的功能。

借助-L 参数查看已有的防火墙规则链，如图 5-5 所示（截图为部分信息）。

[root@techhost ~]# iptables –L

```
[root@techhost ~]# iptables -L
Chain INPUT (policy ACCEPT)
target     prot opt source               destination

Chain FORWARD (policy ACCEPT)
target     prot opt source               destination

Chain OUTPUT (policy ACCEPT)
target     prot opt source               destination
[root@techhost ~]#
```

图 5-5 示例效果

① 设置 INPUT 规则链的默认策略为拒绝，如图 5-6 所示。

```
[root@techhost ~]# iptables -P INPUT DROP   //设置规则链默认策略为拒绝
[root@techhost ~]# iptables -L
```

```
[root@techhost ~]# iptables -P INPUT DROP
[root@techhost ~]# iptables -L
Chain INPUT (policy DROP)
target      prot opt source           destination
ACCEPT      all  --  anywhere         anywhere         ctstate RELATED,ESTABLISHED
ACCEPT      all  --  anywhere         anywhere
INPUT_direct  all  --  anywhere       anywhere
INPUT_ZONES  all  --  anywhere        anywhere
DROP        all  --  anywhere         anywhere         ctstate INVALID
REJECT      all  --  anywhere         anywhere         reject-with icmp-host-prohibited
```

图 5-6 示例效果

这时系统已经将所有内容设置为拒绝，Xshell 远程工具已经断开。此时需要登录主机将规则放通，如图 5-7 所示。

```
[root@techhost ~]#
[root@techhost ~]# iptables -P INPUT ACCEPT
[root@techhost ~]# iptables -L
Chain INPUT (policy ACCEPT)
target     prot opt source               destination

Chain FORWARD (policy ACCEPT)
target     prot opt source               destination

Chain OUTPUT (policy ACCEPT)
target     prot opt source               destination
[root@techhost ~]#
```

图 5-7 示例效果

当设置 INPUT 链为拒绝后，需要向里边写入允许的策略，否则所有数据包都会被默认拒绝。

② 向 INPUT 链中添加允许 ICMP 流量进入的策略规则。

向防火墙的 INPUT 规则链中添加一条允许 ICMP 流量进入的策略规则，目的是可以使用 ping 命令检查数据传输的对象主机是否在线，如图 5-8 所示。

```
[root@techhost ~]# iptables -I INPUT -p icmp -j ACCEPT
[root@techhost ~]# ping -c 4 192.168.10.10
```

```
[root@techhost ~]# iptables -I INPUT -p icmp -j ACCEPT
[root@techhost ~]# ping -c 4 192.168.10.10
PING 192.168.10.10 (192.168.10.10) 56(84) bytes of data.

--- 192.168.10.10 ping statistics ---
4 packets transmitted, 0 received, 100% packet loss, time 3093ms

[root@techhost ~]#
```

图 5-8 示例效果

③ 删除允许 ICMP 流量进入的规则，并设置默认策略为允许，如图 5-9 所示。

```
[root@techhost ~]# iptables  -D  INPUT   1
[root@techhost ~]# iptables  -P  INPUT   ACCEPT
[root@techhost ~]# iptables  -L
```

```
[root@techhost ~]# iptables -D INPUT 1
[root@techhost ~]# iptables -P INPUT ACCEPT
[root@techhost ~]# iptables -L
Chain INPUT (policy ACCEPT)
target     prot opt source               destination
ACCEPT     all  --  anywhere             anywhere             ctstate RELATED,ESTABLISHED
ACCEPT     all  --  anywhere             anywhere
INPUT_direct  all  --  anywhere          anywhere
INPUT_ZONES   all  --  anywhere          anywhere
DROP       all  --  anywhere             anywhere             ctstate INVALID
REJECT     all  --  anywhere             anywhere             reject-with icmp-host-prohibited
```

图 5-9 示例效果

④ 将 INPUT 规则链设置为只允许指定网段的主机访问本机的 22 端口，拒绝来自其他所有主机的流量（此处的 192.168.74.132 为实验用的主机地址，具体请根据实际情况填写），如图 5-10 所示。

```
[root@techhost ~]# iptables  -I  INPUT  -s  192.168.74.132/24  -p  tcp  --dport  22  -j  ACCEPT
[root@techhost ~]# iptables  -A  INPUT  -p  tcp  --dport  22  -j  REJECT
[root@techhost ~]# iptables  -L
```

```
[root@techhost ~]# iptables -I INPUT -s 192.168.74.132/24 -p tcp --dport 22 -j ACCEPT
[root@techhost ~]# iptables -A INPUT -p tcp --dport 22 -j REJECT
[root@techhost ~]# iptables -L
Chain INPUT (policy ACCEPT)
target     prot opt source               destination
ACCEPT     tcp  --  localhost/24         anywhere             tcp dpt:ssh
ACCEPT     all  --  anywhere             anywhere             ctstate RELATED,ESTABLISHED
ACCEPT     all  --  anywhere             anywhere
INPUT_direct  all  --  anywhere          anywhere
INPUT_ZONES   all  --  anywhere          anywhere
DROP       all  --  anywhere             anywhere             ctstate INVALID
REJECT     all  --  anywhere             anywhere             reject-with icmp-host-prohibited
REJECT     tcp  --  anywhere             anywhere             tcp dpt:ssh reject-with icmp-port-unreachable
```

图 5-10 示例效果

注意，防火墙策略设置的规则是按照从上到下的顺序匹配，因此需要把设置允许的动作放到拒绝前，否则所有流量都会被拒绝，任何主机都无法访问服务器。

⑤ 在设置完上述 INPUT 规则链以后，使用 IP 地址在 192.168.74.132/24 网段内的主机访问服务器（即前面提到的设置了 INPUT 规则链的主机）的 22 端口，效果如图 5-11 所示。

```
[root@techhost ~]#  ssh   192.168.74.132
```

```
[root@techhost ~]# ssh 192.168.74.132
The authenticity of host '192.168.74.132 (192.168.74.132)' can't be established.
ECDSA key fingerprint is SHA256:qDMuB/VP3wkdceVm09az7vWLboQjRJ3i/cqCAB91wEQ.
Are you sure you want to continue connecting (yes/no/[fingerprint])? yes
Warning: Permanently added '192.168.74.132' (ECDSA) to the list of known hosts.

Authorized users only. All activities may be monitored and reported.
root@192.168.74.132's password:

Authorized users only. All activities may be monitored and reported.
Last login: Tue Apr 20 08:44:10 2021
```

图 5-11　示例效果

此时，如果使用其他 IP 地址在 192.168.74.132/24 网段内的主机访问服务器的 22 端口，虽然网段不同，但已确认可以相互通信，就会提示连接请求被拒绝。

需要特别注意的是，使用 iptables 命令配置的防火墙规则会默认在系统下第一次重启时失效，如果想让配置的防火墙策略永久生效，还要执行保存命令。

```
[root@techhost ~]# service    iptables    save
Iptables: Saving   firewall   rules   to   /etc/selinux/config: [ OK ]
```

5.3　NAT

NAT 是一项非常重要的 Internet 技术，它可以让内网众多的计算机在访问 Internet 时，共用一个公网地址，从而解决了 Internet 地址不足的问题，并对公网隐藏内网的计算机，提高了安全性能。

5.3.1　NAT 简介

NAT 并不是一种网络协议，而是一种方法过程，这种方法需要在专用网（私网 IP）连接到因特网（公网 IP）的路由器上安装 NAT 软件。装有 NAT 软件的路由器叫作 NAT 路由器，它至少有一个有效的外部全球 IP 地址（公网 IP 地址）。这样，所有使用本地地址（私网 IP 地址）的主机在和外界通信时，都要在 NAT 路由器上将其本地地址转换成全球 IP 地址后，才能和因特网连接。NAT 的实现方式有 4 种，即静态转换、动态转换、端口多路复用和应用层网关（Application Layer Gateway，ALG）。

1．静态转换

静态转换是指将内部网络的私有 IP 地址转换为公有 IP 地址，IP 地址是一对一的，是一成不变的，某个私有 IP 地址只转换为某个公有 IP 地址。借助静态转换，可以实现外部网络对内部网络中某些特定设备（如服务器）的访问。

2．动态转换

动态转换改变的是数据包的目的 IP 地址，用于把某一个公网 IP 地址映射为某一个内网 IP 地址，使两者建立固定的联系。当 Internet 上的计算机访问公网 IP 时，NAT 服务器会把这些数据包的目的地址转换为对应的内网 IP 地址，再路由给内网计算机。

3．端口多路复用

端口多路复用可以使公网 IP 的某一端口与内网 IP 的某一端口建立映射关系。当来自 Internet 的数据包访问的是公网 IP 的指定端口时，NAT 服务器不仅会把数据包的目的公网 IP 地址转换为对应的内网 IP 地址，还会把数据包的目的端口号根据映射关系进行转换。

4．应用层网关

传统的 NAT 技术只对 IP 层和传输层头部进行转换处理，但是一些应用层协议在协议数据报文中包含了地址信息，为了使这些应用也能透明地完成网络地址转换，NAT 使用了 ALG 技术。ALG 能对应用程序在进行通信时所包含的地址信息进行相应的网络地址转换。例如，FTP 的 PORT/PASV 命令及部分 ICMP 消息类型等都需要相应的 ALG 来支持。

除了存在于单独的 NAT 设备中，NAT 功能还通常被集成到路由器、防火墙等设备或软件中。iptables 防火墙也集成了 NAT 功能，可以利用 nat 表中的规则链对数据包的源或目的 IP 地址进行转换。下面将分别介绍在 iptables 防火墙中实现源 NAT 和目的 NAT 的方法。

5.3.2 使用 iptables 配置源 NAT

iptables 的源 NAT 的配置是在路由和网络防火墙配置的基础上进行的。iptables 防火墙中有 4 张内置的表，其中的 nat 表实现了地址转换的功能。nat 表包含 PRE_ROUTING、OUTPUT 和 POST_ROUTING 3 条链，链中包含的规则指出了如何对数据包的地址进行转换，其中，源 NAT 的规则在 POST_ROUTING 链中定义。这些规则的处理是在路由完成后进行的，可以使用 "-j SNAT" 目标动作对匹配的数据包进行源地址转换。iptables 配置源 NAT 的示例如图 5-12 所示。

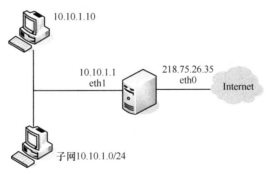

图 5-12　iptables 配置源 NAT

在图 5-12 所示的网络结构中，假设让 iptables 防火墙承担 NAT 服务器的功能，此时，如果把内网 10.10.1.0/24 中的数据包的源 IP 地址都转换成外网接口为 ens33 的公网 IP 地址 218.75.26.35，则需要执行以下 iptables 命令（IP 地址请根据实际情况更改）。

```
iptables  -t nat -A POSTROUTING -s 10.10.1.0/24 -o ens33  -j SNAT --to-source 218.75.26.35
```

以上命令中，"-t nat" 指定使用的是 nat 表，"-A POST_ROUTING" 表示在 POST_ROUTING 链中添加规则，"--to-source 218.75.26.35" 表示把数据包的源 IP 地址转换为 218.75.26.35，

而根据"-s"选项的内容，匹配的数据包的源 IP 地址属于 10.10.1.0/24 子网。"- o"指定了只有从 ens33 接口出去的数据包才进行源网络地址转换，因为从其他接口出去的数据包可能不是到 Internet 的，不需要进行地址转换。

以上命令中，转换后的公网地址直接是 ens33 的公网 IP 地址，也可以使用其他地址，例如，218.75.26.34，此时，需要为 ens33 创建一个子接口，并把 IP 地址设置为 218.75.26.34，可执行以下命令（IP 地址请根据实际情况更改）。

ifconfig ens33:1   218.75.26.34   netmask   255.255.255.240

以上命令使 ens33 接口拥有两个公网 IP 地址。也可以使用某一 IP 地址范围作为转换后的公网地址，此时要创建多个子接口，并对应每一个公网地址。"--to-source"选项后的参数应该以"a.b.c.x-a.b.c.y"的形式出现。

如果公网 IP 地址是从服务商那里通过拨号动态获得的，则每一次拨号所得到的地址是不同的，并且网络接口也是在拨号后才产生的，在这种情况下，前面命令中的"--to-source"选项将无法使用。为了解决这个问题，iptables 提供了另一种被称为 IP 伪装的源 NAT，其实现方法是采用"-j MASQUERADE"目标动作，具体命令如下所示。

iptables -t nat -A POSTROUTING -s 10.10.1.0/24 -o ppp0 -j MASQUERADE

以上命令中，ppp0 是拨号成功后产生的虚拟接口，其 IP 地址是从服务商那里获得的公网 IP 地址。"-j MASQUERADE"表示把数据包的源 IP 地址改为 ppp0 接口的 IP 地址。

5.3.3 使用 iptables 配置目的 NAT

目的 NAT 改变的是数据包的目的 IP 地址，当来自 Internet 的数据包访问 NAT 服务器网络接口的公网 IP 地址时，NAT 服务器会把这些数据包的目的地址转换为某一对应的内网 IP 地址，再路由给内网计算机。这样，使用内网 IP 地址的服务器也可以为 Internet 上的计算机提供网络服务。iptables 配置目的 NAT 的示例如图 5-13 所示。

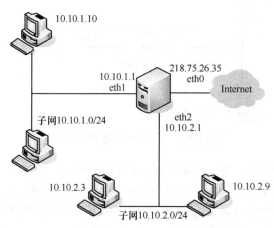

图 5-13 iptables 配置目的 NAT

在图 5-13 中，位于子网 10.10.1.0/24 上的是普通的客户机，它们使用源 NAT 访问

Internet，而子网 10.10.2.0/24 是服务器网段，里面的计算机运行着各种网络服务，它们不仅要为内网提供服务，还要为 Internet 上的计算机提供服务。但由于其使用的是内网地址，因此需要在 NAT 服务器上配置目的 NAT，才能让来自 Internet 的数据包顺利到达服务器网段。

假设 IP 地址为 10.10.2.3 的计算机需要为 Internet 提供网络服务，此时，可以规定一个公网 IP 地址，使其与地址 10.10.2.3 建立映射关系。假设使用的公网 IP 地址是 218.75.26.35，则配置目的 NAT 的命令如下（IP 地址请根据实际情况更改）。

```
iptables -t nat -A PREROUTING -i ens33 -d 218.75.26.35/32  -j DNAT --to 10.10.2.3
```

以上命令在 PREROUTING 链中添加规则，这条链位于路由模块的前面，因此是在路由前改变了数据包的目的 IP 地址，这将对路由的结果造成影响。因为网络接口 eth 与 Internet 连接，所以，"-i ens33"保证了数据包是来自 Internet 的。"-d 218.75.26.35/32"表示数据包的目的地是 IP 地址为 218.75.26.35 的主机，而这个 IP 应该是 ens33 某个子接口的地址，这样才能由 NAT 服务器接收数据包，否则，数据包将会因为无人接收而被丢弃。

"-j DNAT"指定了目标动作是 DNAT，表示要对数据包的目的 IP 地址进行修改，它的子选项"--to10.10.2.3"表示修改后的 IP 地址是 10.10.2.3。于是，在目的 IP 地址被修改后，将由路由模块把数据包路由给 10.10.2.3 服务器。

以上操作是让一个公网 IP 地址完全映射到内网的某个 IP 地址上，IP 地址同为 10.10.2.3 的主机一样直接位于 Internet 上，并且与使用 218.75.26.35 IP 地址是没有区别的。这种方式虽然达到了地址转换的目的，但实际上并没有带来多少好处，因为使用 NAT 的主要目的是能够共用公网 IP 地址，以节省日益紧张的 IP 地址资源。

为了达到共用 IP 地址的目的，可以使用端口映射。端口映射是把一个公网 IP 地址的某一端口映射到内网某一 IP 地址的某一端口上。它使用起来非常灵活，两个映射的端口号可以不一样，而且同一个公网 IP 地址的不同端口可以映射到不同的内网 IP 地址上。

例如，假设主机 10.10.2.3 只为外网提供 Web 服务，则只需要开放 80 端口；主机 10.10.2.9 只为外网提供 FTP 服务，则只需要开放 21 端口。在这种情况下，完全可以把 218.75.26.35 的 80 端口和 21 端口分别映射到 10.10.2.3 和 10.10.2.9 的 80 端口和 21 端口，以便两台内网服务器可以共用一个公网 IP 地址，具体命令如下所示（IP 地址请根据实际情况更改）。

```
iptables -t nat -A PREROUTING -i ens33 -d 218.75.26.35/32 -p tcp -dport 80    -j DNAT --to 10.10.2.3:80
iptables -t nat -A PREROUTING -i ens33 -d 218.75.26.35/32 -p tcp -dport21    -j DNAT --to 10.10.2.9:21
```

在以上命令中，TCP 数据包的目的地址是 218.75.26.35。当目的端口是 80 时，将数据包转发给 10.10.2.3 主机的 80 端口；当目的端口是 21 时，将数据包转发给 10.10.2.9 主机的 21 端口。当然，两个映射的端口可以完全不一样。例如，如果还有一台主机 10.10.2.8 也通过 80 端口提供 Web 服务，并且映射的 IP 地址也是 218.75.26.35，则需要把 218.75.26.35 的另一个端口，如 8080 端口，映射到 10.10.2.8 的 80 端口，命令如下所示（IP 地址请根据实际情况更改）。

```
iptables -t nat -A PREROUTING -i ens33 -d 218.75.26.35/32 -p tcp -dport8080    -j DNAT --to 10.10.2.8:80
```

另外，对于 FTP 服务来说，因为 21 端口只是建立控制连接时用到的端口，所以在真正数据传输时要使用其他端口，而且在被动方式下，客户端向 FTP 服务器发起连接的端口号是随机的，因此，无法通过开放固定的端口来满足要求。为了解决这个问题，可以在 Linux 操作系统中载入以下两个模块。

```
modprode ip_conntrack_ftp
modprode ip_nat_ftp
```

这两个模块可以监控 FTP 控制流，以便能事先知道建立的 FTP 数据连接所使用的端口，即使防火墙没有开放这个端口，也可允许相应的数据包通过。

5.4 Firewalld 设置

OpenEuler 操作系统是基于 CentOS（Community Enterprise Operating System，社区企业操作系统）的。CentOS 中有 4 种防火墙共存，即 iptables、ip6tables、ebtables 和 nftables。要明确的是，它们其实并不具备防火墙功能，它们的作用都是在用户空间中管理和维护规则，不过它们的规则结构和使用方法不一样，真正利用规则进行数据包过滤的是内核中的 Netfilter 子系统。Firewalld 整体架构如图 5-14 所示。

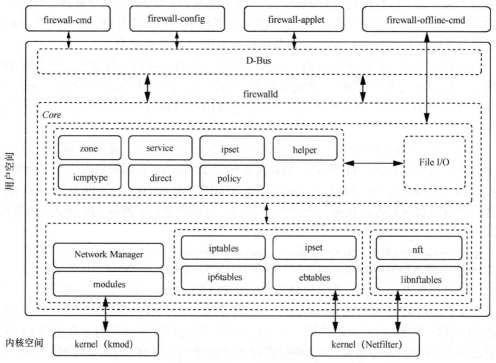

图 5-14 Firewalld 整体架构

在 OpenEuler 操作系统中，Firewalld 取代了 iptables 来管理 Netfilter。iptables 的防火墙策略是交由内核层面的 Netfilter 网络过滤器来处理的，而 Firewalld 则是交由内核层面的 nftables 包过滤框架来处理的。默认情况下，Firewalld 的后端是 nftables，而非 iptables，底层调用的是 nft 命令，而非 iptables 命令。

相较于 iptables 防火墙等传统防火墙配置工具，Firewalld 支持动态更新技术并加入了区域的概念。简单来说，区域是 Firewalld 预先准备的几套防火墙的策略集合，用户可以根据生产场景的不同而选择合适的策略集合，从而实现防火墙策略之间的快速切换。

5.4.1 Firewalld 基本概念

Firewalld 提供了支持网络或防火墙区域定义网络链接及接口安全等级的动态防火墙管理工具，支持 IPv4 和 IPv6 防火墙设置及以太网桥接，并允许服务或应用程序直接添加防火墙规则的接口。Firewalld 拥有基于 CLI（Command Line Interface，命令行界面）和基于 GUI（Graphical User Interface，图形用户界面）的两种管理方式。

Firewalld 支持运行时配置和永久配置，并且改变了以往防火墙规则更改后需要重启服务的静态模式，防火墙规则的动态管理得益于 firewall daemon 服务的使用，使用这个服务后，更改防火墙规则不再需要重启整个防火墙服务。从另一个角度来说，这意味着不再需要重新装载所有内核防火墙模块，firewall daemon 能够自动更新防火墙的规则，从而使其与内核中的规则一致。基于内核的 Firewalld 守护进程如图 5-15 所示。

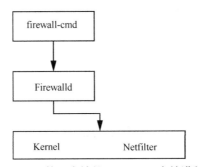

图 5-15 基于内核的 Firewalld 守护进程

Firewalld 能够动态更新防火墙规则参数，最主要的原因是它把 Netfilter 的过滤功能与内核集于一身，是基于内核的 Firewalld 守护进程。不过需要注意的是，firewall daemon 守护进程并不能对通过 iptables/ip6tables 和 ebtables 命令行添加的防火墙规则进行解析。

Firewalld 的主要功能包括以下 5 点。

① 对规则实现动态管理，也就是说，规则更改后不再需要重启防火墙服务进程。

② 提供 firewall-cmd 命令行管理及配置的工作界面，并在系统的托盘区显示防火墙状态。

③ 为 libvirt 提供接口和界面，但需要在 PolicyKit 的相关权限下实现。

④ 实现系统全局及用户进程的防火墙规则配置管理。

⑤ 区域支持。

Firewalld 常用区域名称及默认策略规则见表 5-6。

表 5-6 Firewalld 常用区域名称及默认策略规则

区域名称	默认策略规则
drop	不对任何来自网络的数据包进行应答，但主机可以向外发送数据
block	任何来自外部网络的请求都被拒绝
public	允许在公共区域内使用，也就是说只应答经过筛选的连接
external	拒绝来自经过路由器伪装后的外部连接
dmz	对来自公共区域的连接请求进行有限制的回答
work	允许指定的外网连接，用于工作区网络
home	除非与输出流量相关，或与 SSH 等预定义服务匹配，否则拒绝接入
Internal	对来自内部网络区域内的请求都进行应答
trusted	可以接受所有网络连接

5.4.2 基于图形界面下的 Firewalld 配置

想要打开 Firewalld 的图形管理界面，可以在图形界面的终端窗口下执行打开图形化工具的命令 firewall-config，如图 5-16 所示。

[root@techhost 桌面]# firewall-config

```
[root@techhost 桌面]# firewall-config
/usr/bin/firewall-config:2381: DeprecationWarning: Gtk.Misc.set_alignment is dep
recated
  label.set_alignment(0, 0.5)
/usr/bin/firewall-config:2445: DeprecationWarning: Gtk.Misc.set_padding is depre
cated
  label.set_padding(12, 0)
```

图 5-16 示例效果

打开防火墙设置界面，如图 5-17、图 5-18 所示。

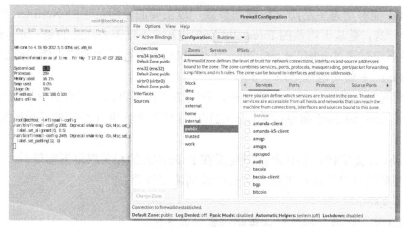

图 5-17 防火墙设置界面

第 5 章 系统安全

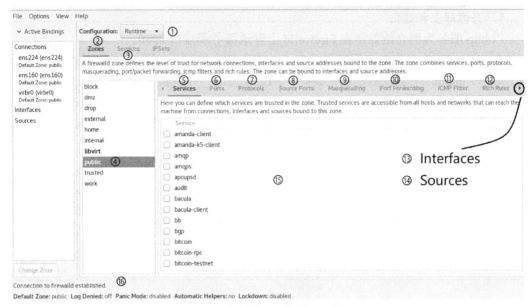

图 5-18 防火墙图形化管理工具界面

如果防火墙的配置界面是灰色，说明防火墙的进程还没有启动，可以通过执行以下命令启动防火墙。

[root@techhost ~]# systemctl start firewalld.service

由图 5-18 可知，防火墙图形化管理工具界面被分为几个功能模块，以下是这些功能模块代表的意思。

① 选择"运行时（立即生效）"或者"永久（重启后依然生效）"配置。
② 区域列表。
③ 服务列表。
④ 当前被选中的区域。
⑤ 被选中区域的服务。
⑥ 被选中区域的端口。
⑦ 被选中区域的协议。
⑧ 被选中区域的源端口。
⑨ 被选中区域的伪装。
⑩ 被选中区域的端口转发。
⑪ 被选中区域的 ICMP 包。
⑫ 被选中区域的富规则。
⑬ 被选中区域的接口。
⑭ 被选中区域的来源。
⑮ 服务列表，被允许的服务以"√"作为标识符。
⑯ 防火墙的状态。

接下来介绍基于图形管理器的防火墙的基本使用方式。

1. 开通服务和端口

以 http 服务为例介绍如何在 Firewalld 上开通服务和端口 8080。

在 Firewalld 上开启 http 服务及端口，并使所开启的服务和端口立即生效，可以在区域下单击"public"，并在右侧的"服务"中找到"http"并将其选上，然后打开"Ports"，在该界面的左下角单击"Add"按钮，在弹出的界面中，在"Port/Port Range"范围处输入端口"8080-8088"，并在协议处选择"tcp"后单击"OK"按钮，则开通了服务和端口，具体如图 5-19、图 5-20 和图 5-21 所示。

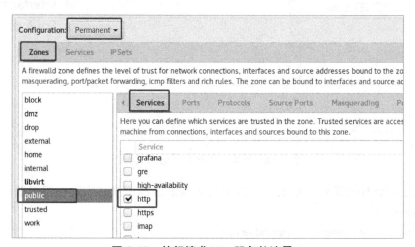

图 5-19　放行请求 http 服务的流量 1

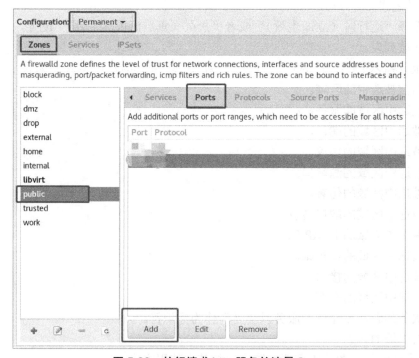

图 5-20　放行请求 http 服务的流量 2

第 5 章 系统安全

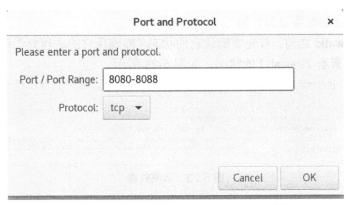

图 5-21　放行访问 8080~8088 端口的流量

为了使这个设置立即生效,可以在配置处将其状态改为"运行时";如果要将该 http 服务及其端口设置为永久使用,则选择"永久"。

2．启动伪装功能

Firewalld 的伪装功能采用的是 SNAT 技术,使用这种技术的目的是使内网计算机用户的真实 IP 地址在公网中不被暴露。

启动伪装功能,可以在"public"中打开"Masquerading"选项,并将该选项下的 "Masquerade zone"选上,如图 5-22 所示。

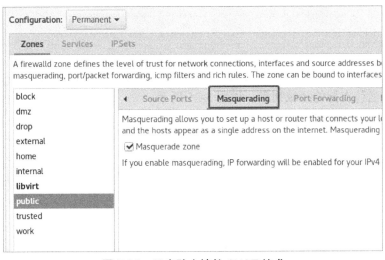

图 5-22　开启防火墙的 SNAT 技术

5.4.3　基于命令行界面的 Firewalld 规则设置

firewall-cmd 是 Firewalld 配置管理工具的 CLI 版本,它的参数一般都是以"长格式" 来提供的。新版本的 Firewalld 有附加的功能链,这些特殊的链根据规则被调用,不会因为加入新的规则而受到干扰,这种做法有利于创建更为合理和完善的防火墙。

· 397 ·

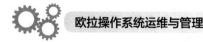

1. Firewalld 的命令及其作用

在使用 Firewalld 之前,首先要确认它的状态(即确保它的进程处于运行状态)。可以使用以下命令来查看 Firewalld 的状态,如图 5-23 所示。

[root@techhost ~]# systemctl status firewalld

```
[root@techhost ~]# systemctl status firewalld
● firewalld.service - firewalld - dynamic firewall daemon
   Loaded: loaded (/usr/lib/systemd/system/firewalld.service; disabled; vendor preset: enabled)
   Active: inactive (dead)
     Docs: man:firewalld(1)
```

图 5-23 示例效果

服务器的 Firewalld 服务若处于关闭状态,可以使用以下命令开启 Firewalld 服务,如图 5-24 所示,再次查看 Firewalld 服务状态时,就会发现其处于启用状态。

[root@techhost ~]# systemctl start firewalld.service
[root@techhost ~]# systemctl status firewalld

```
[root@techhost ~]# systemctl start firewalld.service
[root@techhost ~]# systemctl status firewalld
● firewalld.service - firewalld - dynamic firewall daemon
   Loaded: loaded (/usr/lib/systemd/system/firewalld.service; disabled; vendor preset: enabled)
   Active: active (running) since Sat 2021-04-24 22:40:12 CST; 9s ago
     Docs: man:firewalld(1)
 Main PID: 2752 (firewalld)
    Tasks: 2
   Memory: 50.3M
   CGroup: /system.slice/firewalld.service
           └─2752 /usr/bin/python3 /usr/sbin/firewalld --nofork --nopid

Apr 24 22:40:12 techhost systemd[1]: Starting firewalld - dynamic firewall daemon...
Apr 24 22:40:12 techhost systemd[1]: Started firewalld - dynamic firewall daemon.
```

图 5-24 示例效果

① 获取当前支持的区域列表,如图 5-25 所示。

[root@techhost ~]# firewall-cmd --get-zones

```
[root@techhost ~]# firewall-cmd --get-zones
block dmz drop external home internal public trusted work
[root@techhost ~]#
```

图 5-25 示例效果

② 查看当前区域(默认的域),如图 5-26 所示。

[root@techhost ~]# firewall-cmd --get-active-zones

```
[root@techhost ~]# firewall-cmd --get-active-zones
public
  interfaces: ens33
[root@techhost ~]#
```

图 5-26 示例效果

当前区域一般是默认的域,Firewalld 中默认的域是 public。

③ 显示公共区域的相关信息,如图 5-27 所示。

[root@techhost ~]# firewall-cmd --zone=public --list-all

```
[root@techhost ~]# firewall-cmd --zone=public --list-all
public (active)
  target: default
  icmp-block-inversion: no
  interfaces: ens33
  sources:
  services: dhcpv6-client mdns ssh
  ports:
  protocols:
  masquerade: no
  forward-ports:
  source-ports:
  icmp-blocks:
  rich rules:

[root@techhost ~]#
```

图 5-27 示例效果

④ 设置默认域为家庭域，即 home，如图 5-28 所示。

[root@techhost ~]# firewall-cmd --set-default-zone=home

```
[root@techhost ~]# firewall-cmd --set-default-zone=home
success
[root@techhost ~]# firewall-cmd --get-active-zones
home
  interfaces: ens33
[root@techhost ~]#
```

图 5-28 示例效果

⑤ 设置当前区域的接口，如图 5-29 所示。

[root@techhost ~]#　firewall-cmd　--get-zone-of-interface=ens34
public
[root@techhost ~]#

```
[root@techhost ~]# firewall-cmd --get-zone-of-interface=ens34
public
[root@techhost ~]#
```

图 5-29 示例效果

⑥ 临时修改网络接口为内部区域，如图 5-30 所示。

[root@techhost ~]# firewall-cmd　--zone=internal　--change-interface=ens34
success
[root@techhost ~]#

```
[root@techhost ~]# firewall-cmd --zone=internal --change-interface=ens34
success
[root@techhost ~]#
```

图 5-30 示例效果

⑦ 永久修改网络接口为内部区域，如图 5-31 所示。

[root@techhost ~]#　firewall-cmd　--permanent　--zone=internal　--change-interface=ens34
The interface is under control of NetworkManager, setting zone to 'internal'.
success
[root@techhost ~]#

```
[root@techhost ~]# firewall-cmd --permanent --zone=internal --change-interface=ens34
The interface is under control of NetworkManager, setting zone to 'internal'.
success
[root@techhost ~]#
```

图 5-31　示例效果

关于默认域的设置，建议根据实际的环境来确定。考虑到维护便利的问题，可以新建一个默认域并创建其中的规则。

2．Firewalld 的规则维护

（1）管理防火墙中的端口

① 在防火墙中打开 443 的 TCP 端口，如图 5-32 所示。

[root@techhost ~]#　firewall-cmd　--add-port = 443/tcp

```
[root@techhost ~]# firewall-cmd --add-port=443/tcp
success
[root@techhost ~]#
```

图 5-32　示例效果

使用上述方式打开防火墙中的端口，添加后可立即生效。使用以下命令查看时就可以看到新打开的端口，如图 5-33 所示。

[root@techhost ~]#　firewall-cmd　--zone=home　--list-all

```
[root@techhost ~]# firewall-cmd --add-port=443/tcp
success
[root@techhost ~]# firewall-cmd --zone=home --list-all
home (active)
  target: default
  icmp-block-inversion: no
  interfaces: ens33
  sources:
  services: dhcpv6-client mdns samba-client ssh
  ports: 443/tcp
  protocols:
  masquerade: no
  forward-ports:
  source-ports:
  icmp-blocks:
  rich rules:

[root@techhost ~]#
```

图 5-33　示例效果

要注意，使用这种方法打开的新端口只是暂时的，系统重启后端口会失效。另外，如果是要开放一段连续的端口，可以使用"-"来连接这些端口，如开放 20~30 的端口，可以表示为 20-30。

② 在防火墙上打开一个永久性的 3306 的 TCP 端口，如图 5-34 所示。

[root@techhost ~]#　firewall-cmd　--permanent　--add-port=3306/tcp

```
[root@techhost ~]# firewall-cmd --permanent --add-port=3306/tcp
success
[root@techhost ~]#
```

图 5-34　示例效果

在防火墙上打开永久性端口并不会立即生效，需要执行以下命令来刷新防火墙配置，

使端口生效，如图 5-35 所示，再次查询就可以看到新开的端口。

[root@techhost ~]# firewall-cmd   --reload
success
[root@techhost ~]# firewall-cmd   --zone=home   --list-all

```
[root@techhost ~]# firewall-cmd --permanent --add-port=3306/tcp
success
[root@techhost ~]# firewall-cmd --reload
success
[root@techhost ~]# firewall-cmd --zone=home --list-all
home (active)
  target: default
  icmp-block-inversion: no
  interfaces: ens33
  sources:
  services: dhcpv6-client mdns samba-client ssh
  ports: 3306/tcp
  protocols:
  masquerade: no
  forward-ports:
  source-ports:
  icmp-blocks:
  rich rules:

[root@techhost ~]#
```

图 5-35　示例效果

③ 删除防火墙上的 TCP 端口，如图 5-36 所示。

[root@techhost ~]# firewall-cmd   --remove-port=3306/tcp
success
[root@techhost ~]# firewall-cmd   --zone=home   --list-all

```
[root@techhost ~]# firewall-cmd --remove-port=3306/tcp
success
[root@techhost ~]# firewall-cmd --zone=home --list-all
home (active)
  target: default
  icmp-block-inversion: no
  interfaces: ens33
  sources:
  services: dhcpv6-client mdns samba-client ssh
  ports:
  protocols:
  masquerade: no
  forward-ports:
  source-ports:
  icmp-blocks:
  rich rules:

[root@techhost ~]#
```

图 5-36　示例效果

（2）管理防火墙中的服务

查看系统当前支持的所有服务，如图 5-37 所示。

[root@techhost ~]# firewall-cmd   --get-services

```
[root@techhost ~]# firewall-cmd --get-services
RH-Satellite-6 amanda-client amanda-k5-client amqp amqps apcupsd audit bacula bacula-client bgp bitcoin bitcoin-rpc bitcoin-testnet bitcoin-testnet-rpc ceph ceph-mon cfengine cockpit condor-collector ctdb dhcp dhcpv6 dhcpv6-client distcc dns docker-registry docker-swarm dropbox-lansync elasticsearch etcd-client etcd-server finger freeipa-ldap freeipa-ldaps freeipa-replication freeipa-trust ftp ganglia-client ganglia-master git gre high-availability http https imap imaps ipp ipp-client ipsec irc ircs iscsi-target isns jenkins kadmin kerberos kibana klogin kpasswd kprop kshell ldap ldaps libvirt libvirt-tls lightning-network llmnr managesieve matrix mdns minidlna mongodb mosh mountd mqtt mqtt-tls ms-wbt mssql murmur mysql nfs nfs3 nmea-0183 nrpe ntp nut openvpn ovirt-imageio ovirt-storageconsole ovirt-vmconsole plex pmcd pmproxy pmwebapi pmwebapis pop3 pop3s postgresql privoxy proxy-dhcp ptp pulseaudio puppetmaster quassel radius redis rpc-bind rsh rsyncd rtsp salt-master samba samba-client samba-dc sane sip sips slp smtp smtp-submission smtps snmp snmptrap spideroak-lansync squid ssh steam-streaming svdrp svn syncthing syncthing-gui synergy syslog syslog-tls telnet tftp tftp-client tinc tor-socks transmission-client upnp-client vdsm vnc-server wbem-http wbem-https wsman wsmans xdmcp xmpp-bosh xmpp-client xmpp-local xmpp-server zabbix-agent zabbix-server
[root@techhost ~]#
```

图 5-37　示例效果

（3）设置局域网中的 IP 伪装功能

开启 public 域中的 IP 伪装功能，如图 5-38 所示。

[root@techhost ~]# firewall-cmd   --zone=home   --add-masquerade
success
[root@techhost ~]# firewall-cmd   --zone=home   --list-all

```
[root@techhost ~]# firewall-cmd --zone=home --add-masquerade
success
[root@techhost ~]# firewall-cmd --zone=home --list-all
home (active)
  target: default
  icmp-block-inversion: no
  interfaces: ens33
  sources:
  services: dhcpv6-client mdns samba-client ssh
  ports:
  protocols:
  masquerade: yes
  forward-ports:
  source-ports:
  icmp-blocks:
  rich rules:
[root@techhost ~]#
```

图 5-38　示例效果

禁用 public 域中的 IP 伪装功能，如图 5-39 所示。

[root@techhost ~]# firewall-cmd   --zone=home   --remove-masquerade

```
[root@techhost ~]# firewall-cmd --zone=home --remove-masquerade
success
```

图 5-39　示例效果

内网地址向外访问时会被隐藏并映射到一个公有 IP 地址上，这种地址转换的方式通常用于路由，不过因为受到内核的限制，伪装功能仅能在 IPv4 上使用。

（4）向防火墙中添加一个 http 服务

[root@techhost ~]# firewall-cmd   --add-service=http

如果想要关闭这个临时的服务，可以执行以下命令。

[root@techhost ~]# firewall-cmd   --remove-service=http

以上添加的只是一个临时的服务，这个临时服务可以立即生效，但在系统重启后会失效。要在防火墙上添加一个永久性的服务，需要执行以下命令，如图 5-40 所示。

[root@techhost ~]# firewall-cmd   --permanent   --add-service=http

```
[root@techhost ~]# firewall-cmd --add-service=http
success
[root@techhost ~]# firewall-cmd --remove-service=http
success
[root@techhost ~]# firewall-cmd --permanent --add-service=http
success
[root@techhost ~]#
```

图 5-40　示例效果

在防火墙上开启一个永久性的服务后，这个服务就会被写入/etc/firewalld/zones/public.xml 文件，以下是加入永久性服务后该文件的内容。

```
<?xml version= "1.0" encoding="utf-8">
<zone>
<short>Public</short>
<description>For use in public areas. You do not trust theothercomputers on networks to not harm your computer.
Only selected incoming connections are accepted.</description>
<service name="dhcpv6-client"/>
<service name="http"/>
<service name="ssh"/>
<port protocol="tcp" port="3306"/>
<zone/>
```

实际上,在系统启动后,Firewalld 就为每个允许的服务创建了对应的软链接文件。这些软链接文件可以在/etc/systemd/system/multi-user.target.wants/目录下找到。

(5) 管理防火墙中的端口与 IP 地址规则设置

不需要转发功能时,可以使用以下命令,并用 remove 参数替换 add 来清除这条规则,如图 5-41 所示。

```
[root@techhost ~]#    firewall-cmd \--zone=public --add-forward-port=port=22:proto=tcp:toaddr=127.0.0.1
```

```
[root@techhost ~]# firewall-cmd \--zone=public --add-forward-port=port=22:proto=tcp:toaddr=127.0.0.1
success
[root@techhost ~]# firewall-cmd \--zone=public --remove-forward-port=port=22:proto=tcp:toaddr=127.0.0.1
success
[root@techhost ~]#
```

图 5-41 示例效果

除了 Firewalld 提供的常规区域和服务语法,还可以用另外两种选项,即直接规则和富规则来添加防火墙规则。

1) 直接规则

直接规则允许管理员将手动编码的{ip,ip6,eb}tables 规则插入 Firewalld 管理的区域中,尽管这些规则很强大,并且内核中的 Netfilter 子系统功能不会通过其他手段暴露,但仍难以理解。直接规则提供的灵活性低于标准规则和富规则。

2) 富规则

富规则为管理员提供了一种表达性语言,这种语言可表达 Firewalld 的基本语法中未涵盖的自定义防火墙规则,例如,仅允许从单个 IP 地址连接到服务,而非通过某个区域路由的所有 IP 地址连接到服务。富规则可用于表达基本的允许或拒绝规则,也可以用于面向 Syslog 和 auditd 配置记录,以及端口转发、伪装和速率限制等。以下是表达富规则的基本语法。

```
rule
    [source]
    [destination]
    Service | port | protocol | imcp-block | masquerade | forward-port
    [log]
    [audit]
    [accept | reject | drop]
```

firewalld-cmd 有 4 个选项可用于处理富规则,见表 5-7,这些选项都可以与常规的--permanent 或--zone=<ZONE>选项组合使用。

表 5-7　firewalld-cmd 的 4 个选项

选项	说明
--add-rich-rule='<RULE>'	向指定区域中添加<RULE>，如果未指定区域，则向默认区域中添加
--remove-rich-rule='<RULE>'	从指定区域中删除<RULE>，如果未指定区域，则从默认区域中删除
--query-rich-rule='<RULE>'	查询<RULE>是否已添加到指定区域，如果未指定区域，则为默认区域，如果规则存在，则返回 0，否则返回 1
--list-rich-rules	输出指定区域的所有富规则，如果未指定区域，则为默认区域

示例如下。

拒绝来自 home 区域中 IP 地址 192.168.1.1 的所有流量，执行效果如图 5-42 所示。

```
[root@techhost ~]# firewall-cmd --permanent --zone=home --add-rich-rule='rule family=ipv4
source address=192.168.1.1/32 reject'
success
[root@techhost ~]#
```

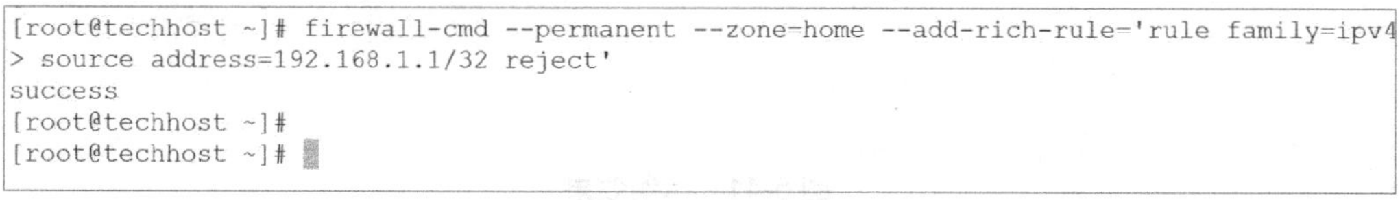

```
[root@techhost ~]# firewall-cmd --permanent --zone=home --add-rich-rule='rule family=ipv4
> source address=192.168.1.1/32 reject'
success
[root@techhost ~]#
[root@techhost ~]#
```

图 5-42　示例效果

在默认区域中，允许每分钟对 ftp 有两次新连接，执行效果如图 5-43 所示。

```
[root@techhost ~]# firewall-cmd --add-rich-rule='rule service name=ftp limit value=2/m accept'
success
[root@techhost ~]#
```

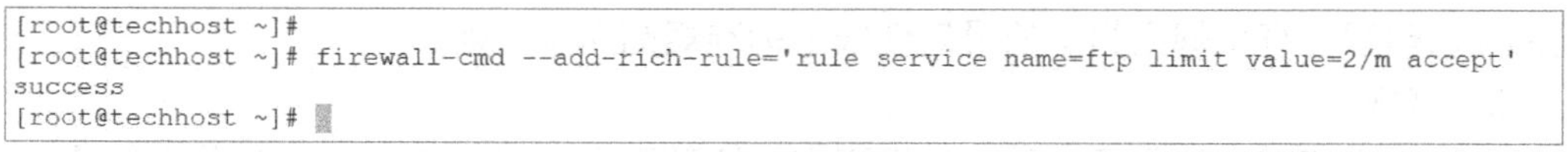

```
[root@techhost ~]#
[root@techhost ~]# firewall-cmd --add-rich-rule='rule service name=ftp limit value=2/m accept'
success
[root@techhost ~]#
```

图 5-43　示例效果

丢弃来自默认区域中任何位置的所有传入 IPsec ESP 协议包，执行效果如图 5-44 所示。

```
[root@techhost ~]# firewall-cmd --permanent --add-rich-rule='rule protocol value=esp drop'
success
[root@techhost ~]#
```

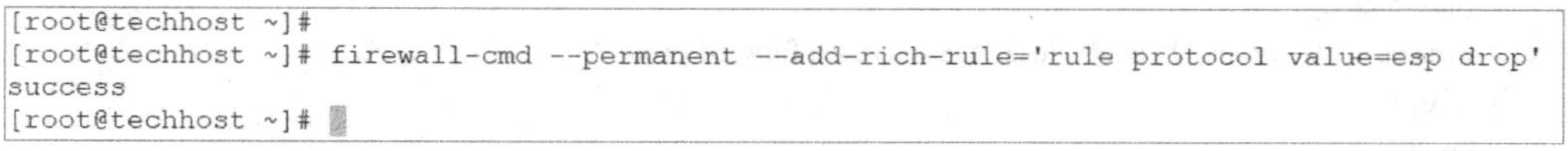

```
[root@techhost ~]#
[root@techhost ~]# firewall-cmd --permanent --add-rich-rule='rule protocol value=esp drop'
success
[root@techhost ~]#
```

图 5-44　示例效果

接受从 work 区域到 SSH 的新连接，以 notice 级别且每分钟最多 3 条消息的方式将新连接记录到 Syslog，执行效果如图 5-45 所示。

```
[root@techhost ~]# firewall-cmd --permanent --zone=work --add-rich-rule='rule service name="ssh" log prefix="ssh" level="notice"limit value="3/m" accept'
success
[root@techhost ~]#
```

```
[root@techhost ~]#  firewall-cmd --permanent --zone=work --add-rich-rule='rule service nam
e="ssh" log prefix="ssh" level="notice" limit value="3/m" accept'
success
[root@techhost ~]#
[root@techhost ~]#
[root@techhost ~]#
```

图 5-45 示例效果

5.5 SELinux 配置

DAC（Discretionary Access Control，自主访问控制）基于用户、组和其他权限。决定一个资源是否能被访问的因素是这个资源是否拥有对应用户的权限，DAC 不能使系统管理员创建全面和细粒度的安全策略。SELinux 是 Linux 内核的一个模块，也是 Linux 的一个安全子系统。SELinux 实现了 MAC（Mandatory Access Control，强制访问控制），每个进程和系统资源都有一个特殊的安全标签，以确认资源能否被访问，除了判断资源是否符合 DAC 规定的原则，还需要判断每一类进程是否拥有对某一类资源的访问权限。

5.5.1 SELinux 的基本概念

1. SELinux 介绍

SELinux 是美国国家安全局对强制访问控制的实现，是 Linux 历史上杰出的新安全子系统。美国国家安全局在 Linux 社区的帮助下开发了一种访问控制体系，在这种访问控制体系的限制下，进程只能访问它所需要的文件。SELinux 从 Red Hat Enterprise Linux 4 开始，被默认安装在 Red Hat Enterprise Linux 中，并且提供了一个可定制的安全策略，还提供了很多用户层的库和工具，这些库和工具都可以使用 SELinux 的功能。

虽然与 Windows 相比，Linux 的可靠性、稳定性要好得多，但是它也有以下不足之处：

① 存在特权用户 root，借助 root 用户的权限，可以对整个系统实施任何操作；

② SUID 程序的权限升级；

③ 如果设置了 SUID 权限的程序有了漏洞，则很容易被攻击者利用；

④ DAC 问题，文件目录的所有者可以对文件进行所有的操作，这给系统整体的管理带来不便。

对于上述问题，防火墙是无能为力的。而这些情况对于访问权限大幅度强化的 SELinux 来说不足以构成威胁。

2. SELinux 的优点

SELinux 系统比通常的 Linux 操作系统的安全性能要好得多，因为它通过对用户、进程权限的最小化，使整个系统的权限被细分。这样一来，即使系统受到攻击导致某些进程或者用户的权限被抢占，也不会对整个系统造成太大影响。

（1）强制访问控制

通过强制访问控制，所有文件、目录、端口等资源的访问，都可以基于安全策略设定，而安全策略是由安全策略管理员集中控制的，用户无权覆盖策略。

（2）类型强制访问控制

TE（Type Enforcement，类型强制访问控制）的概念在 SELinux 里非常重要。所有的文件都被赋予一个叫 type 的标签，所有的进程也被赋予一个叫 domain 的标签，而 domain 标签能够执行的操作是由 access vector 在策略里定好的。

在我们熟悉的 Apache 服务器中，httpd 进程只能在 httpd_t 里运行，httpd_t 的 domain 能执行的操作包括能读网页内容文件赋予 httpd_sys_content_t、密码文件赋予 shadow_t、TCP 的 80 端口赋予 http_port_t 等。如果在 access vector 里不允许 http_t 对 http_port_t 进行操作，则 Apache 启动不了。反之，如果只允许 80 端口读取被标为 httpd_sys_content_t 的文件，则 httpd_t 就不能用别的端口，也不能更改那些被标为 httpd_sys_content_t 的文件。

（3）domain 迁移

domain 迁移是为了防止权限升级。例如在用户环境下运行点对点下载软件 azureus，当前的 domain 是 fu_t，但基于安全因素考虑，我们想让它在 azureus_t 里运行，如果在 terminal 里使用命令启动 azureus，那么下载进程的 domain 就会默认继承正在运行的 shell 的 fu_t。

domain 迁移可以使 azureus 在指定的 domain 中运行，这种做法更加安全，不会影响 fu_t 的值。

上述内容可通过以下命令来实现。

domain_auto_trans（fu_t, azureus_exec_t, azureus_t）

以上命令的意思是指当在 fu_t domain 中实行 azureus_exec_t 文件时，domain 会从 fu_t 迁移到 azureus_t。

（4）RBAC（Role Based Access Control，基于角色的访问控制）

用户被划分成一些 ROLE，即使是 root 用户，只要不在 sysadm_r 里，就不能执行 sysadm_t 管理操作。因为那些 ROLE 可执行的 domain 是在策略中被设置好了的。ROLE 可以按照策略进行迁移。

需要明确的是，SELinux 需要在传统的 DAC 后执行，也就是说，只有进程在传统的权限下并且拥有读取能力，Linux 内核才可以通过 SELinux 判断是否可以读取进程。

3. SELinux 的词汇

SELinux 中有一些常用的名词，具体见表 5-8。

表 5-8　SELinux 常用名词

名词	解释
对象	所有可以被读取的对象，如文件、目录、进程、外部装置以及网络 Socket
主体	进程
类型	SELinux 允许为系统中每一个主体或者对象定义一个类型
领域	定义进程的类型，被称为领域
用户	某一些账号的识别数据
角色	某些用户或对象的组合
安全原则	主体读取对象的规则数据库
安全上下文	一组与某一个进程或对象有关的安全属性，SELinux 系统中的每一个进程与对象都会记录一条安全上下文

4．SELinux 初始化进程

OpenEuler 操作系统启动时，会依照以下步骤，来决定是否启用 SELinux 子系统，以及如何配置 SELinux 的执行模式。

当启动加载器顺利地加载 Linux 内核后，Linux 内核就会寻找 init 服务，并基于 init 服务建立系统环境。init 启动后会执行下列 7 项工作，以便产生 SELinux 环境。

① init 会先挂载 procfs，然后确认 Linux 内核是否提供 SELinuxfs，如果提供，则表示目前的 Linux 内核支持 SELinux 的功能，如果不提供，则调到步骤⑦，进行其他初始化程序。

② init 根据启动加载器传递给 Linux 内核的/etc/sysconfig/selinux 中的 SELinux 参数或者 SELinux 内核启动参数，来决定是否要启用 SELinux 子系统。如果 SELinux 参数为 0 或 SELinux 参数的值为 disabled，则说明要停用 SELinux 子系统，此时，init 服务就会略过初始化 SELinux 的环境，继续执行其他初始化系统计划。

③ 如果需要启用 SELinux 子系统，则 init 服务就会将 SELinux 状态设置为 Permissive，也就是允许模式。在允许模式下，SELinux 将不会强制禁止违反安全原则定义的读取动作。

接着，init 服务会依据定义于/etc/sysconfig/selinux 的 SELinux 参数或内核启动参数 enforcing 来决定是否要切换为强制模式。如果 enforcing 的值不为 0 或 SELinux 参数被定义为 enforcing，则切换为强制模式。

④ 完成上一个动作后，init 会接着把 SELinuxfs 挂载到/selinux 目录下。

⑤ init 加载 SELinux 的安全原则文件。init 会根据/etc/sysconfig/selinux 中的 SELINUXTYPE=TYPE 参数，决定要加载哪一个 SELinux 安全原则，并配合/selinux/policyvers 中的定义，载入某一个版本的 SELinux 安全原则文件，该 SELinux 安全原则文件应为：/etc/selinux/TYPE/policy/policy.VERSION。

⑥ 一旦顺利加载 SELinux 安全原则，系统就会根据/etc/selinux/ TYPE/contexts/中的

相关文件来设置一些重要的安全上下文。如此一来，Linux 内核就可以从内核内部的安全性服务器取得所有主体、对象的安全上下文。

如果有需要，init 服务会重新修改自己的安全上下文。OpenEuler 操作系统默认为 init 服务设置的安全上下文为 user_u:system_r: unconfined_t。如果需修改 init 服务的安全上下文，则 init 服务会自动重新启动，以便调用新的安全上下文。至此，SELinux 环境建立完成。

⑦ 最后，init 服务再展开正常的初始化系统的程序，进行开机动作。

5.5.2 管理 SELinux 模式

1. SELinux 的两种状态

SELinux 提供启用状态和停用状态两种状态。

（1）启用状态

当启用 SELinux 时，Linux 内核会在判断传统权限模式后，通过 SELinux 子系统进行读取控制。因此，要想使用 SELinux，必须先启用 SELinux 子系统。

另外，SELinux 被启用后，会提供两种执行模式供用户选择。

① 强制模式，只要用户违反 SELinux 规则的定义，就会被强制禁止读取。

② 允许模式，即使用户违反 SELinux 规则的定义，还是允许其读取，允许模式又被称为警告模式。

不管是强制模式还是允许模式，只要禁止读取，SELinux 就会将违规事件通过系统日志服务记录于/var/log/messages 中。

（2）停用状态

当停用 SELinux 时，Linux 内核将不会加载 SELinux 子系统，这会导致 OpenEuler 操作系统无法利用 SELinux 进行读取控制动作。

值得注意的是，切换启用与停用的状态后，必须要重新开机；而启用后，修改不同模式时，不需要重新开机即可切换执行的模式。

2. 查看 SELinux 当前状态

可以借助 getenforce/sestatus 工具查看目前 SELinux 的状态及使用的 SELinux 安全原则，如图 5-46 所示。

```
[root@techhost ~]# getenforce
Enforcing
[root@techhost ~]#
```

图 5-46　示例效果

sestatus [-v]

其中的-v 参数代表显示更详细的信息。图 5-47 是使用 sestatus 查看目前 SELinux 子系统状态的方法，其中各参数代表的含义见表 5-9。

```
[root@techhost ~]# sestatus
SELinux status:                 enabled
SELinuxfs mount:                /sys/fs/selinux
SELinux root directory:         /etc/selinux
Loaded policy name:             targeted
Current mode:                   permissive
Mode from config file:          error (Success)
Policy MLS status:              enabled
Policy deny_unknown status:     allowed
Memory protection checking:     actual (secure)
Max kernel policy version:      31
[root@techhost ~]#
```

图 5-47 示例效果

表 5-9 SELinux 子系统状态参数及其含义

参数名	含义
SELinux status	SELinux 启动的文件
SELinux mount	SELinux 文件系统挂载点
Current mode	目前 SELinux 的执行模式
Mode from config file	配置文件中定义的 SELinux 启用模式
Policy version	使用中的 SELinux 安全原则版本
Policy from config file	配置文件中定义的 SELinux 安全原则

如果执行 sestatus 时显示以下结果，则表示系统已经停用 SELinux。

```
[root@techhost ~]# sestatus
SELinux status:                 disabled
```

3．改变 SELinux 的状态

OpenEuler 操作系统允许在需要使用 SELinux 时启用 SELinux，不需要使用 SELinux 时停用 SELinux。除了在系统安装时设置是否启用 SELinux，也可以通过以下两种方式启用或停用 SELinux。

（1）通过内核启动参数

Linux 内核提供一个名为 SELinux 的内核启动参数，这个参数可以用来启用或者停用 SELinux，可以在系统执行启动加载器时直接指定，命令如下。

```
boot: linux SELinux=N
```

若 N 设置为 0，则停用 SELinux；若 N 设置为 1，则启用 SELinux。

要特别注意，如果通过这种方法来启用或停用 SELinux，那么在下次重新开机时，将会恢复系统的默认值。我们可以在启动加载器的配置文件中增加 SELinux 参数，使计算机在每一次启动 OpenEuler 操作系统时都能自动启用 SELinux。

（2）修改 SELinux 的配置文件

在 OpenEuler 20.03-LTS-SP1 系统中，SELinux 的配置文件是/etc/selinux/config，使用以下指令打开配置文件，如图 5-48 所示。

```
[root@techhost ~]# vim /etc/selinux/config
```

```
[root@techhost ~]# vim /etc/selinux/config
```

图 5-48　示例效果

图 5-49 是/etc/selinux/config 的内容。

```
# This file controls the state of SELinux on the system.
# SELINUX= can take one of these three values:
#     enforcing - SELinux security policy is enforced.
#     permissive - SELinux prints warnings instead of enforcing.
#     disabled - No SELinux policy is loaded.
SELINUX=enforcing
# SELINUXTYPE= can take one of these three values:
#     targeted - Targeted processes are protected,
#     minimum - Modification of targeted policy. Only selected processes are protected.
#     mls - Multi Level Security protection.
SELINUXTYPE=targeted
```

图 5-49　示例效果

SELinux 配置文件提供了以下 2 个参数。

① SELINUX=STATUS。

- enforcing：启用强制性的 SELinux 系统，当违反 SELinux 原则时，强制禁止读取。
- permissive：启用宽容性的 SELinux 系统，当违反 SELinux 原则时，仍然允许读取，但会显示警告信息。
- disabled：停止使用 SELinux 子系统。

因此对图 5-49 中第一个黑框内容中的"SELINUX"可以使用上述 3 种状态值进行调整，改为 SELINUX=disabled，则表示彻底停用 SELinux 服务，此时再次查看状态就会出现图 5-50 中的提示。

```
[root@techhost ~]# getenforce
Disabled
[root@techhost ~]# sestatus
SELinux status:                 disabled
```

图 5-50　示例效果

若再次启用 SELinux，需更改为 SELINUX=1，并立即重启系统。

② SELINUXTYPE=POLICY。

指定要使用的 SELinux 安全原则，其中 POLICY 为 SELinux 安全原则的名称。SELinux 的预设 POLICY 有两种，一种是 strict（完全限制的 SELinux 保护），另一种是 targeted（仅针对网络服务限制严格的 SELinux）。

想要修改上述参数，需要按"i"键进入编辑模式，修改完后按"Esc"键，并输入".wq"，按"Enter"键保存并退出。在修改完/etc/selinux/config 文件后，一定要使用"reboot"命令重新启动系统，才能调用最新的修改。

4. 手动修改 SELinux 模式

在启用 SELinux 后，可以手动修改 SELinux 的执行模式。手动切换 SELinux 的执行模式时不需要重新启动系统，一旦修改成功，SELinux 会立即改变执行的方法。

（1）检查 SELinux 执行模式

除了 sestatus 工具，还可以利用 getenforce 查看目前 SELinux 的执行模式，如图 5-51 所示。

[root@techhost ~]# getenforce

```
[root@techhost ~]# getenforce
Permissive
```

图 5-51　示例效果

根据上述结果，系统目前仅允许模型执行 SELinux 子系统。

（2）修改 SELinux 执行模式

使用 setenforce 修改 SELinux 的执行模式。

setenforce　[VALUE]

其中的 VALUE 可以使用以下两种模式，如图 5-52 所示。

① 1：修改成为强制模式（Enforcing）。
② 0：修改为允许模式（Permissive）。

```
[root@techhost ~]# getenforce
Permissive
[root@techhost ~]# setenforce 1
[root@techhost ~]# getenforce
Enforcing
[root@techhost ~]# setenforce 0
[root@techhost ~]# getenforce
Permissive
[root@techhost ~]#
```

图 5-52　示例效果

5.5.3　管理 SELinux 上下文

OpenEuler 操作系统中每一个对象都会存储在安全上下文中，其可作为 SELinux 判断进程能否读取对象的依据。

1．安全上下文的格式

SELinux 定义的安全上下文的格式如下。

USER: ROLE: TYPE[:LEVEL][:CATEGORY]

以下为上述每一个字段的详细介绍。

（1）USER 字段

USER 用来记录用户身份，也就是用户登录系统后所属的 SELinux 身份。

（2）ROLE 字段

在使用 RBAC 架构的 strict 与 mls 原则的 SELinux 环境中，ROLE 字段用来存储进程、领域或对象所扮演的角色信息。SELinux 可以用 ROLE 代表多个 TYPE 的组合。

（3）TYPE 字段

TYPE 字段是 SELinux 安全上下文中最常用和最重要的字段。TYPE 字段用来定义该对象的类别，通常以-t 为后缀。

（4）LEVEL 和 CATEGORY 字段

LEVEL 和 CATEGORY 字段用来定义其隶属的层级或分类。这两个字段在 targeted 与 strict 安全原则下将自动隐藏，不会显示出来。

LEVEL 代表隶属的安全等级。目前已经定义的安全等级为 s0~s15，共 16 个，其中 s0 安全等级最低，s15 安全等级最高。

CATEGORY 代表隶属的分类，目前已经定义的分类为 c0~c1023，共 1024 个。

这两个字段可以使用以下方式定义等级与分类。

① 单个定义方式为 s0 或 s15: c1023。

② 范围定义方式为 s0-s3 或 s0-s3: c0-c128。

另外，SELinux 也会将上述数值代号转换为人类可识别的文字，可以使用下列方法查阅。

① s0 将显示为空字符串。

② s0-s0: c0.c1023 将显示成为 SystemLow-SystemHigh。

③ s0: c0.c1023 将显示为 SystemHigh。

2．查看对象的安全上下文

可以使用以下工具命令查看某一个对象设置的安全上下文。

① 使用 ls -Z 查看文件的安全上下文。

② 使用 ps -Z 查看进程的安全上下文。

③ 使用 id -Z 查看账号的安全上下文。

以下是使用上述工具查看对象的安全上下文的演示，如图 5-53 所示。

```
[root@techhost ~]# ls   -Z /etc/passwd
[root@techhost ~]# ps   -Z
[root@techhost ~]# id   -Z
```

```
[root@techhost ~]# ls -Z /etc/passwd
system_u:object_r:passwd_file_t:s0 /etc/passwd
[root@techhost ~]# ps -Z
LABEL                                PID TTY      TIME CMD
unconfined_u:unconfined_r:unconfined_t:s0-s0:c0.c1023 2208 pts/0 00:00:00 bash
unconfined_u:unconfined_r:unconfined_t:s0-s0:c0.c1023 2425 pts/0 00:00:00 ps
[root@techhost ~]# id -Z
unconfined_u:unconfined_r:unconfined_t:s0-s0:c0.c1023
[root@techhost ~]#
```

图 5-53　示例效果

3．修改对象的安全上下文

① 直接修改对象的安全上下文，可以使用 chcon 命令，格式如下。

chcon　[OPTION]......CONTEXT　FILES......
chcon　[OPTION]......--reference = REF_FILES　FILES......

其中，CONTEXT 为要设置的安全上下文，FILES 则是要配置的文件名称。

如果不想通过指定完整的 CONTEXT 设置对象的安全上下文，也可以使用

REF_FILES 表示参照的对象文件，作为 FILES 的安全上下文。chcon 命令常见参数见表 5-10。

表 5-10 chcon 命令常见参数

参数	作用
-u USER	修改安全上下文的用户配置
-r ROLE	修改安全上下文的角色配置
-t TYPE	修改安全上下文的类型配置
-R	递归的修改对象的安全上下文
-f	强制修改，即使存在错误也不提示
-v	显示详细信息

例如，通过以下命令将指定文件的安全上下文修改为 httpd_t 类型，如图 5-54 所示。

[root@techhost ~]# touch test.html   //创建 test.html 文件
[root@techhost ~]# ls -Z test.html
[root@techhost ~]# chcon -t httpd_t test.html   //修改 test.html 文件的安全上下文为 httpd_t 类型
[root@techhost ~]# ls -Z test.html

```
[root@techhost ~]# touch test.html
[root@techhost ~]# ls -Z test.html
unconfined_u:object_r:admin_home_t:s0 test.html
[root@techhost ~]# chcon -t httpd_t test.html
[root@techhost ~]# ls -Z test.html
unconfined_u:object_r:httpd_t:s0 test.html
[root@techhost ~]#
```

图 5-54 示例效果

② 使用 restorecon 命令还原所有对象的安全上下文，格式如下。

restorecon [OPTIONS...] [FILES...]

其中 FILES 代表需要还原的文件的路径，OPTIONS 是参数。restorecon 命令常用参数见表 5-11。

表 5-11 restorecon 命令常用参数

参数	作用
-i	忽略不存在文件
-v	显示已经还原文件的安全上下文

例如，将 test.html 文件的安全上下文还原为原类型，可进行如下操作，如图 5-55 所示。

[root@techhost ~]# restorecon test.html   //还原 test.html 文件的安全上下文
[root@techhost ~]# ls -Z test.html

```
[root@techhost ~]# restorecon test.html
[root@techhost ~]# ls -Z test.html
unconfined_u:object_r:admin_home_t:s0 test.html
[root@techhost ~]#
```

图 5-55 示例效果

5.5.4 管理 SELinux 布尔值

SELinux 布尔值是 SELinux 系统为一些服务功能添加的开关,通过管理 SELinux 布尔值,可以启动或停用 SELinux 的部分功能。

1. 查看 SELinux 布尔值

可以借助 getsebool 工具查看 ftp 的功能开关,如图 5-56 所示。

[root@techhost ~]# getsebool -a|grep ftp

```
[root@techhost ~]# getsebool -a|grep ftp
ftpd_anon_write --> off
ftpd_connect_all_unreserved --> off
ftpd_connect_db --> off
ftpd_full_access --> off
ftpd_use_cifs --> off
ftpd_use_fusefs --> off
ftpd_use_nfs --> off
ftpd_use_passive_mode --> off
httpd_can_connect_ftp --> off
httpd_enable_ftp_server --> off
tftp_anon_write --> off
tftp_home_dir --> off
[root@techhost ~]#
```

图 5-56 示例效果

2. 修改 SELinux 布尔值

从图 5-56 中我们可以发现,查看到的第一条值代表的是 ftp 服务器默认 SELinux 不允许匿名用户可写入数据,如果想要使匿名用户的写入功能开启,可以借助 setsebool 工具,如图 5-57 所示。

[root@techhost ~]# setsebool -P ftpd_anon_write=1
[root@techhost ~]# getsebool -a|grep ftp

```
[root@techhost ~]# setsebool -P ftpd_anon_write=1
[root@techhost ~]# getsebool -a|grep ftp
ftpd_anon_write --> on
ftpd_connect_all_unreserved --> off
ftpd_connect_db --> off
ftpd_full_access --> off
ftpd_use_cifs --> off
ftpd_use_fusefs --> off
ftpd_use_nfs --> off
ftpd_use_passive_mode --> off
httpd_can_connect_ftp --> off
httpd_enable_ftp_server --> off
tftp_anon_write --> off
tftp_home_dir --> off
[root@techhost ~]#
```

图 5-57 示例效果

在 setsebool 工具的 VALUE 值设置中,1 或 on 代表启动布尔值,0 或 off 代表停用布尔值。添加参数-P 代表永久开启功能,不添加参数-P 代表临时开启功能。

5.6 本章小结

本章主要介绍 OpenEuler 操作系统中与系统安全相关的知识，这些知识包括 iptables、Firewalld 在内的防火墙工具的介绍及相关命令的使用方法。读者学习完本章后能够了解防火墙的工作原理，掌握不同防火墙工具配置的方法。

本章习题

1. 请简述防火墙策略规则中 DROP 和 REJECT 的不同之处。
2. 请简述 Firewalld 中区域的作用。
3. 使用 SNAT 技术的目的是什么？
4. 如何将 iptables 服务的 INPUT 规则链默认策略设置为 REJECT？
5. 如何将 Firewalld 的中默认区域设置为 home？

答案：

1. DROP 表示的是不对流量做出任何响应，直接丢包；而 REJECT 表示拒绝流量通过，同时向发送方发送提示消息，表示请求被拒绝。

2. 区域就是 Firewalld 预先准备了几套防火墙策略集合（策略模板），用户可以根据生产场景的不同选择合适的策略集合，从而实现防火墙策略之间的快速切换。

3. 使用 SNAT 技术的目的是使内网计算机用户的真实 IP 地址在公网中不被暴露。它可以使多个内网中的用户通过同一个外网 IP 接入互联网。

4. 将 iptables 服务的 INPUT 规则链默认策略设置为 REJECT，需执行以下命令。

```
iptables -P INPUT REJECT
```

5. 将 Firewalld 中的默认区域设置为 home，需执行以下命令。

```
firewall-cmd --set-default-zone=home
```

第 6 章
通过 Cockpit 工具管理 OpenEuler

学习目标

- ♦ 了解 Cockpit 工具，并能够安装部署该工具
- ♦ 掌握 Cockpit 工具的基本使用方法
- ♦ 掌握 Cockpit 工具下的存储网络管理

操作系统管理与维护问题一直是 Linux 爱好者面临的问题，对于那些想要接触并掌握 Linux 的用户来说，看见烦琐的 Shell 命令就已经望而却步了。而 Cockpit 工具很好地解决了这个问题。Cockpit 是一款基于 Web 界面的 Linux 管理工具，提供了对系统的图形化管理。Cockpit 支持主流 Linux 操作系统，可以对系统进行维护、网络与安全管理、容器与虚拟机管理等。

6.1 Cockpit 简介

Cockpit 是一个开源、轻量级、交互式的 Web 服务器管理软件。Cockpit 可以帮助 Linux 管理员或者熟悉 Linux 系统的维护人员进行存储、网络、容器的管理，也可以实现对日志系统的管理等。我们可以将 Cockpit 视为一个图形化的桌面管理工具，它适用于单个服务器，也可以对接其他多台服务器。

Cockpit 遵循 GNU/GPL 协议，已经集成在各大主流操作系统中，如 Fedora、Red Hat、CentOS 等，Cockpit 启动并运行后，用户可以用任何操作系统上的 Web 浏览器进行访问。

Cockpit 的功能及特性主要有以下 6 点。

① 系统管理：使用图形化的监控系统活动，如 CPU、内存、I/O 等。
② 日志管理：可以查看系统日志条目和日志文件。
③ 存储管理：图形化配置 RAID、LVM 等，并且可以管理单块磁盘。
④ 虚拟化管理：可以管理容器、k8s 主机，也可以管理 kvm 和 oVirt 虚拟机。
⑤ 应用与服务管理：可以提取已安装的应用，并对系统服务的状态进行管理。
⑥ 终端支持：支持主流操作系统，并集成了 Linux 的终端功能。

6.2 Cockpit 工具安装

```
#Cockpit 安装包已集成在 Yum 源中，可直接安装
[root@techhost ~]# dnf install cockpit cockpit* -y
#在关闭防火墙、SELinux、安全组全部放通的情况下启动 Cockpit 服务
[root@techhost ~]# systemctl start cockpit
[root@techhost ~]# systemctl status cockpit
[root@techhost ~]# systemctl enable cockpit
```

示例效果如图 6-1 所示。

```
[root@techhost ~]# systemctl status cockpit
● cockpit.service - Cockpit Web Service
   Loaded: loaded (/usr/lib/systemd/system/cockpit.service; static; vendor preset: disabled)
   Active: active (running) since Tue 2021-05-18 22:25:47 CST; 20s ago
     Docs: man:cockpit-ws(8)
 Main PID: 14328 (cockpit-ws)
    Tasks: 2
   Memory: 7.5M
   CGroup: /system.slice/cockpit.service
           └─14328 /usr/libexec/cockpit-ws

May 18 22:25:46 techhost systemd[1]: Starting Cockpit Web Service...
May 18 22:25:46 techhost remotectl[14316]: Generating temporary certificate using: sscg --quiet --lifetime 3650 --key-st
May 18 22:25:47 techhost remotectl[14316]: /usr/bin/chcon: can't apply partial context to unlabeled file '/etc/cockpit/w
May 18 22:25:47 techhost remotectl[14316]: remotectl: couldn't change SELinux type context 'etc_t' for certificate: /etc
May 18 22:25:47 techhost systemd[1]: Started Cockpit Web Service.
May 18 22:25:47 techhost cockpit-ws[14328]: Using certificate: /etc/cockpit/ws-certs.d/0-self-signed.cert
```

图 6-1 示例效果

服务启动完成后，使用公网 IP 地址或者 VM 虚拟机进行 Cockpit 工具的访问，Cockpit 使用 9090 端口，并且为 SSH 加密访问，在浏览器中输入 "https://yourIP:9090" 进行访问，首次登录会提示链接不安全，需要添加例外进行访问，如图 6-2 所示。

第 6 章 通过 Cockpit 工具管理 OpenEuler

图 6-2 警告提示

单击"高级"按钮,接着单击"接受风险并继续"按钮,如图 6-3 所示。

图 6-3 接受风险并继续

进入 Cockpit 登录界面,在登录界面输入用户名"root",密码为自身设置的 root 密码,单击"登录"按钮进行登录,如图 6-4 所示。

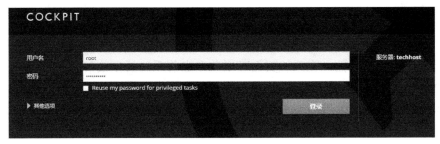

图 6-4 示例效果

登录成功，显示页面如图 6-5 所示。

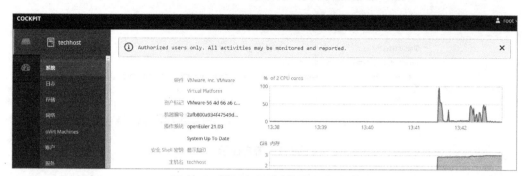

图 6-5　示例效果

6.3　Cockpit 主界面说明

6.3.1　系统

当进入 Cockpit 界面后，界面展示如图 6-6 所示。

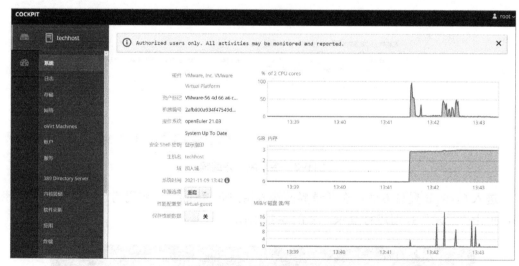

图 6-6　示例效果

当前显示为系统页面，在系统页面可以获取当前系统的参数信息，如硬件、资产标记、机器编号、操作系统、主机名、域、系统时间、电源选项、性能配置集等，并且还能动态观察当前系统的 CPU、内存显示程序、磁盘、网络的负载情况。当单击系统硬件名称的时候，还能获取当前系统信息及 PCI 设备信息等，如图 6-7 所示。

第 6 章 通过 Cockpit 工具管理 OpenEuler

图 6-7 示例效果

6.3.2 日志

在日志界面，我们可以查看当前系统的日志信息。Cockpit 按照事件的严重性将日志信息分为错误、警告、注意等类型。我们可以通过日期，比如最近、当前启动、最近 24 小时等时间选项筛选日志，也可以通过日志等级，如错误、警告等信息筛选日志，如图 6-8 所示。

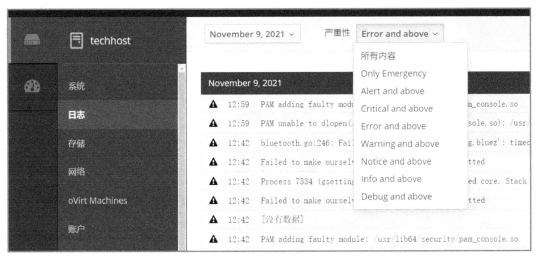

图 6-8 示例效果

选中日志条目，单击"进入"，可看到日志的详细信息，如图 6-9 所示。

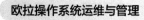

图 6-9　示例效果

6.3.3　存储

在存储界面，我们可以查看主机的读写 I/O、文件系统、文件共享、存储日志等信息，如图 6-10 所示。

图 6-10　示例效果

当然，在存储界面还可以管理 RAID 组设备、LVM、磁盘驱动器，接下来，对 ECS 主机添加 3 块 10GiB 大小的硬盘，添加成功后，Cockpit 驱动器界面的显示如图 6-11 所示。

选中一块新加入的磁盘，单击"进入"，在进入的界面中我们可以对磁盘进行"创建分区表"操作，具体示例如下。

第 6 章 通过 Cockpit 工具管理 OpenEuler

图 6-11 示例效果

① 单击"创建分区表",如图 6-12 所示。

图 6-12 示例效果

② 选择"使用 0 覆盖已存在数据"格式化磁盘，如图 6-13 所示。

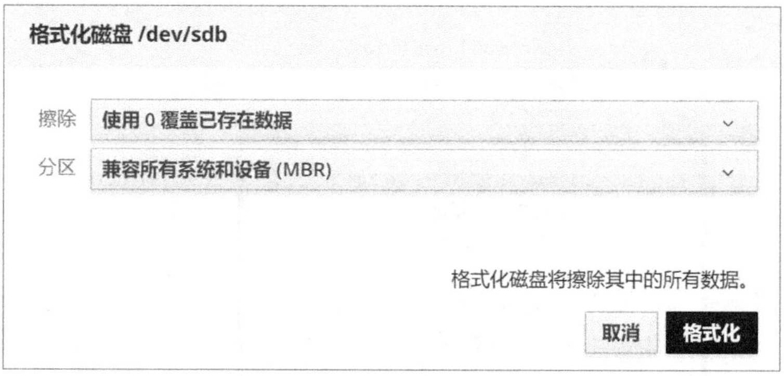

图 6-13　示例效果

③ 格式化动作将动态展示，如图 6-14 所示。

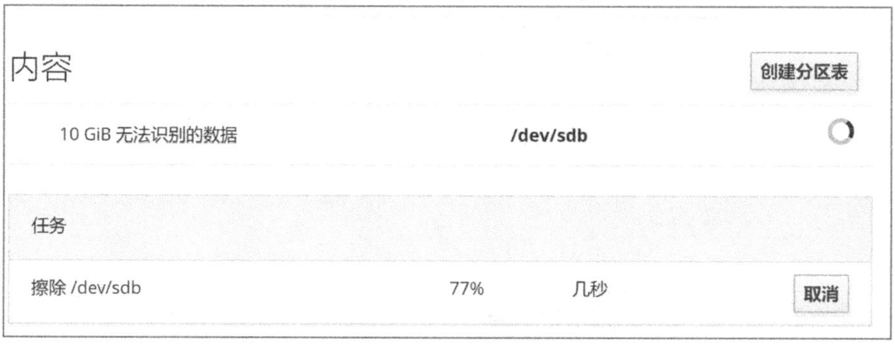

图 6-14　示例效果

分区表创建完成后，对其中一块磁盘创建分区，如图 6-15 所示。

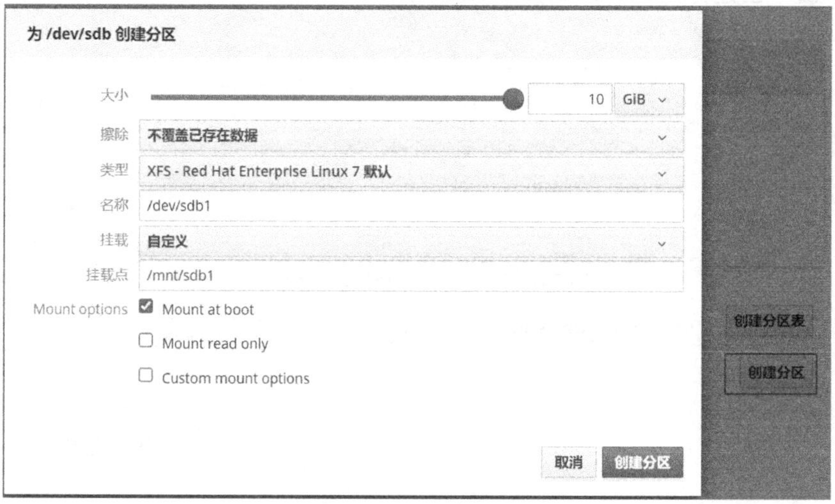

图 6-15　示例效果

第6章 通过 Cockpit 工具管理 OpenEuler

创建成功后的界面如图 6-16 所示。

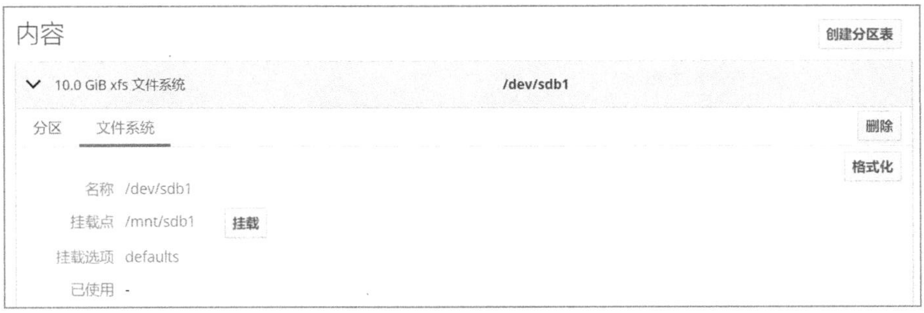

图 6-16 示例效果

用同样的方法对其余两块磁盘进行操作，操作结果如图 6-17 所示。

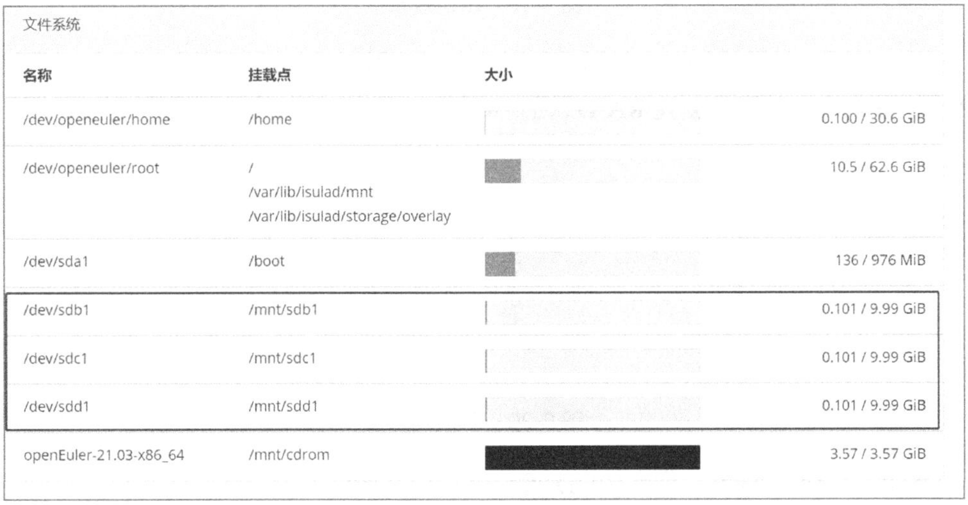

图 6-17 示例效果

接下来再添加 3 块磁盘，创建 RAID 组，演示 Cockpit 工具对磁盘的管理，步骤如下。

步骤 1：对新增加的 3 块磁盘创建分区表后，单击 "RAID 设备" 创建，如图 6-18 所示。

图 6-18 示例效果

步骤 2：创建 RAID5，取名为 md0，选择新加入的 3 块磁盘，单击 "创建" 按钮，如图 6-19 所示。

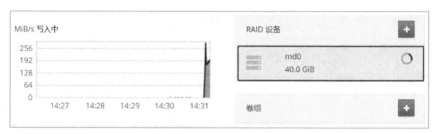

图 6-19 示例效果

RAID 组 md0 开始创建,如图 6-20 所示。在 RAID 设备中显示 40GiB 的 md0,是因为使用 3 块 20GiB 的磁盘创建 RAID5 后,RAID5 阵列空间的有效容量变为 40GiB。

图 6-20 示例效果

进入 RAID 组的 md0,等待 RAID 组创建成功,如图 6-21 所示。

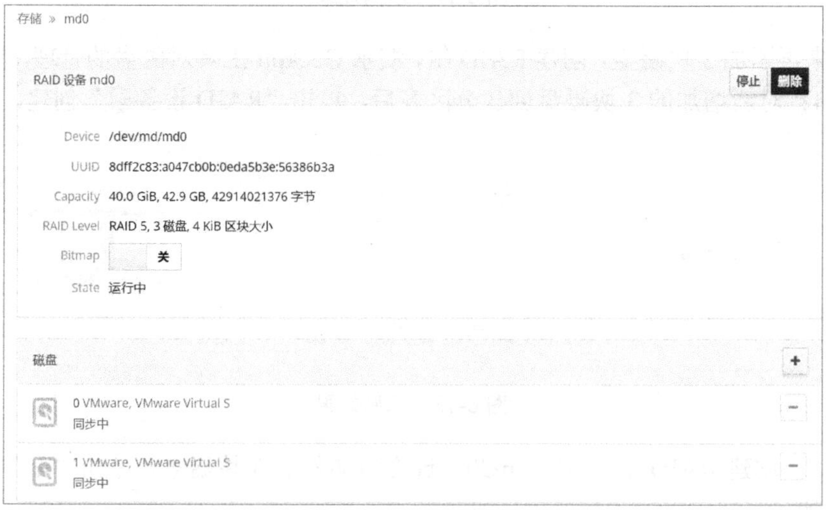

图 6-21 示例效果

第 6 章 通过 Cockpit 工具管理 OpenEuler

接下来对 md0RAID 组创建分区表，并进行格式化挂载操作，步骤如下。

步骤 1：创建分区表，如图 6-22 所示。

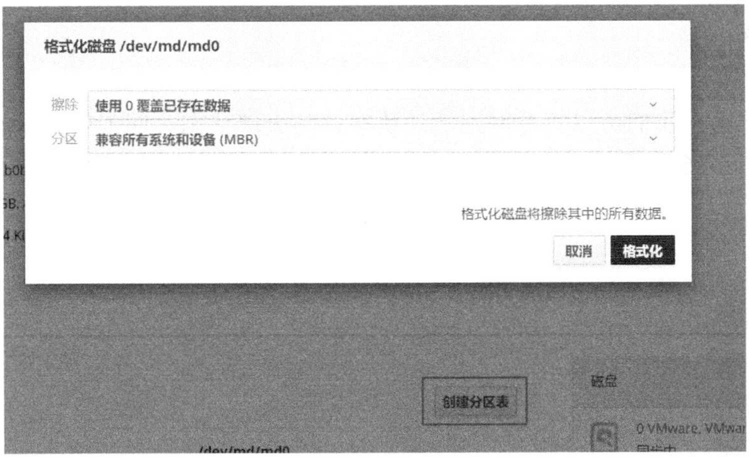

图 6-22 示例效果

步骤 2：创建分区，如图 6-23 所示。

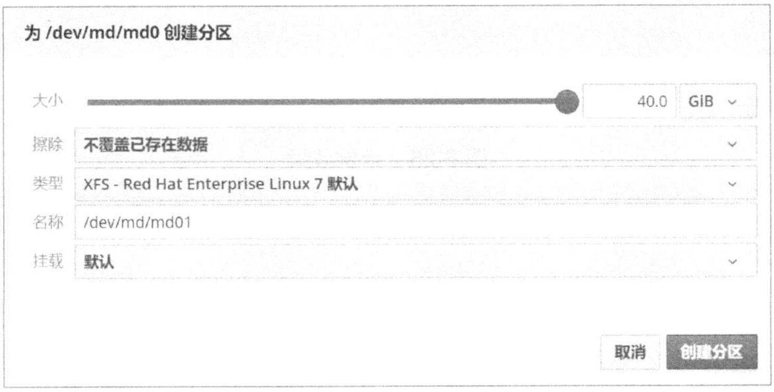

图 6-23 示例效果

步骤 3：挂载，如图 6-24 所示。

图 6-24 示例效果

至此，RAID 创建成功，各位读者也可以尝试运用添加硬盘并创建 LVM 的方式进行管理。

6.3.4 网络

在网络界面，我们可以查看网络活动状态、防火墙状态、网卡接口状态及联网日志信息等，如图 6-25 所示。

图 6-25 示例效果

接下来进入防火墙的选项卡，打开防火墙配置开关，如图 6-26 所示。

图 6-26 示例效果

第 6 章 通过 Cockpit 工具管理 OpenEuler

在页面提示中单击"Add Services"按钮,添加 Samba 服务,如图 6-27 所示。

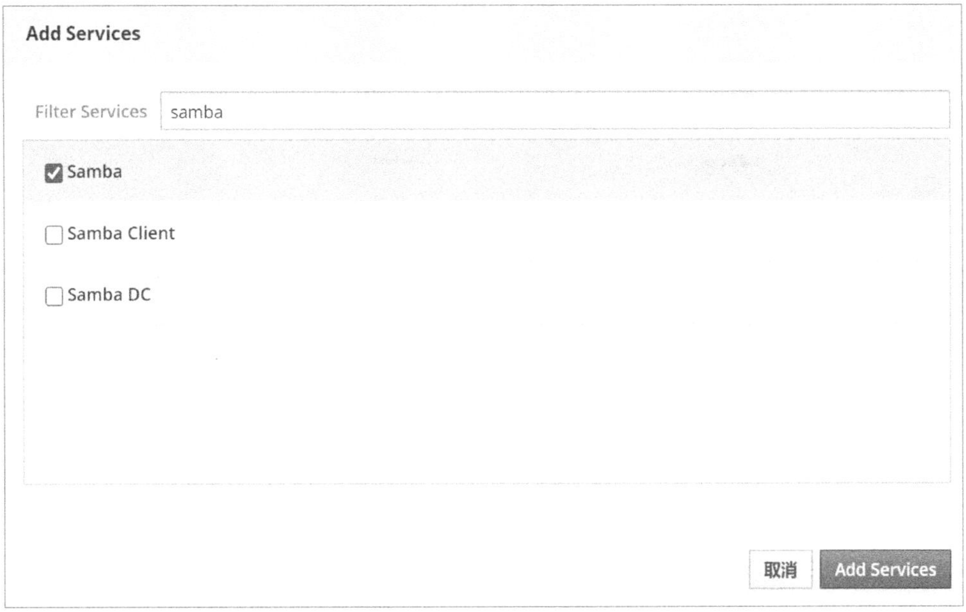

图 6-27 示例效果

防火墙配置较为简单,接下来选择接口组中的一个接口,单击"进入"按钮,在接口界面中可以配置接口的 IP 地址等信息,如图 6-28 所示。

图 6-28 示例效果

当然也可以配置网卡的绑定,在网络界面,选择"添加绑定"按钮,就可以将多个网卡绑定在一起,结果如图 6-29 所示。

图 6-29　示例效果

关于 Cockpit 工具的内容还有很多，各位读者可以自己尝试操作，如添加组、添加网桥、添加虚拟局域网等。

6.3.5　账户管理

在账户管理界面，我们可以进行添加或者删除账户的操作，也可以对系统账户进行编辑，图 6-30 为创建新账户界面。

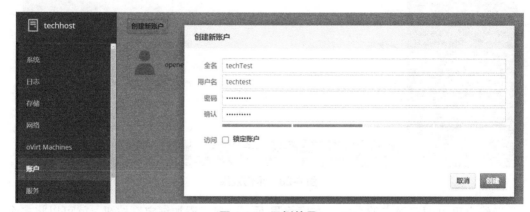

图 6-30　示例效果

也可以对该账户进行编辑修改，如图 6-31 所示。

第 6 章 通过 Cockpit 工具管理 OpenEuler

图 6-31 示例效果

6.3.6 服务

在服务界面，我们可以看到 5 个选项，分别为目标、系统服务、套接字、计时器和路径。在系统服务选项下，选中某一个服务单击进入，就可以对其进行更多的管理操作，如重启、停止等，如图 6-32 所示。

图 6-32 示例效果

Cockpit 的功能还有很多，还需要各位读者参照官网去探索学习，以便将 Cockpit 工具更好地适配到服务管理中。

6.4　本章小结

本章主要介绍 Cockpit 软件的安装与使用，通过学习 Cockpit 工具的使用，读者能够对 OpenEuler 操作系统状态进行查看，能够对系统相关的日志、存储、网络、服务进行管理，同时对系统的账户进行维护与管理。

附录
OpenEuler 操作系统的安装

1. 准备镜像

下载我们所需的 OpenEuler 20.03 镜像,保存至系统本地,如附图 1、附图 2 所示。

附图 1 下载镜像

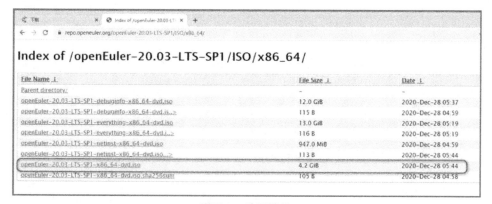

附图 2 选择镜像

2. 创建虚拟机

此处使用 VMware Workstation 工具进行虚拟机创建,工具安装可参考网络文档。接下来开始具体的安装流程。

步骤 1:创建虚拟机。

打开 VMware 软件,单击"文件"按钮,选择"新建虚拟机",弹出"新建虚拟机向

附录 OpenEuler 操作系统的安装

导"页面，如附图 3 所示。

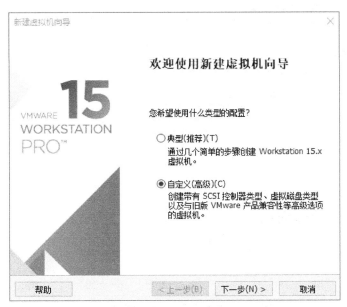

附图 3　新建虚拟机向导页面

步骤 2：单击"下一步"按钮，设置虚拟机硬件兼容性，此处选择默认即可，如附图 4 所示。

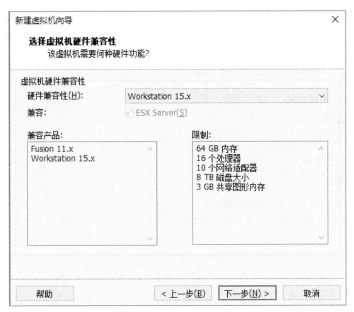

附图 4　设置虚拟机兼容性

步骤 3：安装客户机操作系统。

选择"稍后安装操作系统（S）"，如附图 5 所示。

· 435 ·

附图 5 选择"稍后安装操作系统（S）"

步骤 4：选择客户机操作系统。

系统选择"Linux（L）"，版本选择"其他 Linux 4.x 或更高版本内核 64 位"，如附图 6 所示。

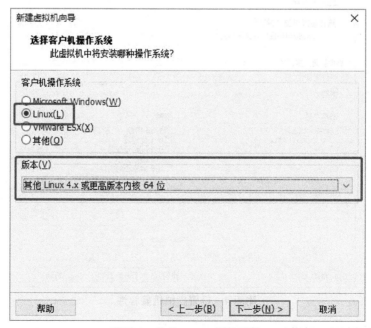

附图 6 安装 Linux 操作系统

附录　OpenEuler 操作系统的安装

步骤 5：命名虚拟机。

此处可对虚拟机的名称进行自定义，安装位置请根据具体计算机的配置自行设置，附图 7 为本次实验的设置。

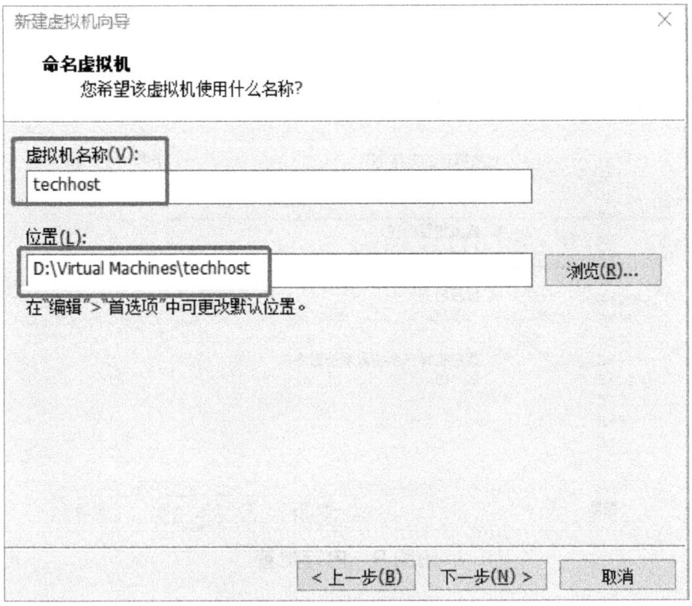

附图 7　命名虚拟机

步骤 6：处理器配置。

请根据计算机硬件配置进行设置，此处实验机器配置选择如附图 8 所示。

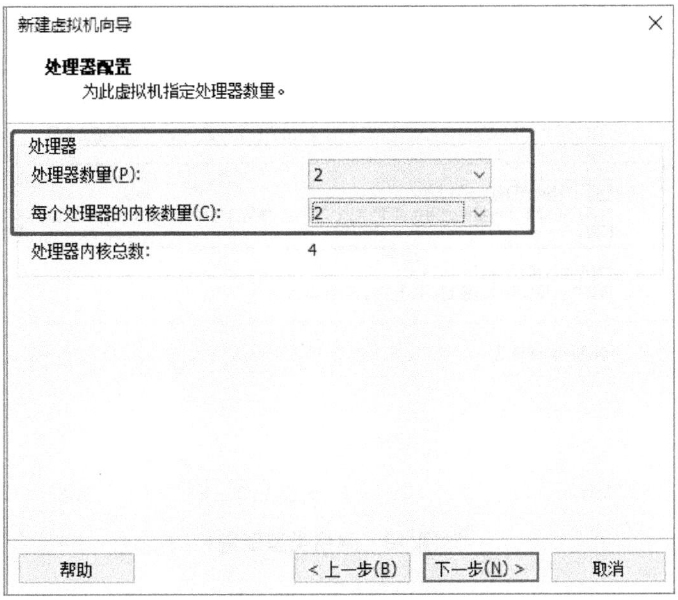

附图 8　处理器配置

步骤 7：虚拟机内存配置。

请根据计算机硬件配置进行设置，此处实验机器配置选择如附图 9 所示。

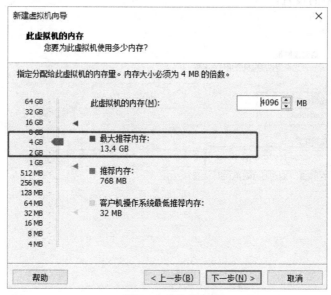

附图 9　内存配置

步骤 8：网络类型。

此处选择"使用网络地址转换（NAT）(E)"，如附图 10 所示。

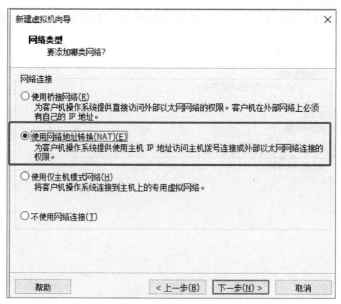

附图 10　网络类型配置

步骤 9：选择 I/O 控制器类型，默认即可，如附图 11 所示。

附图 11 I/O 控制器类型

步骤 10：选择磁盘类型，默认即可，如附图 12 所示。

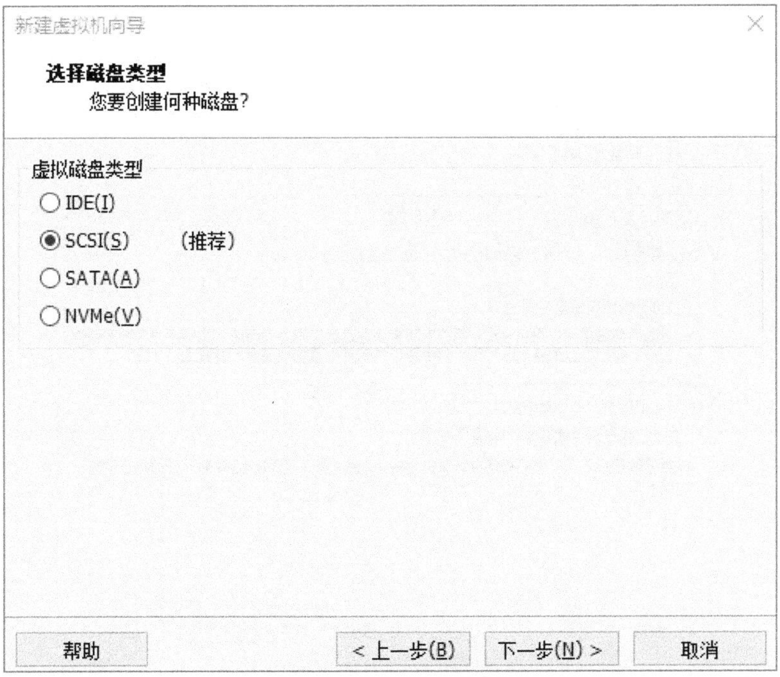

附图 12 磁盘类型

步骤11：选择磁盘。

此处选择"创建新虚拟磁盘（V）"，如附图13所示。

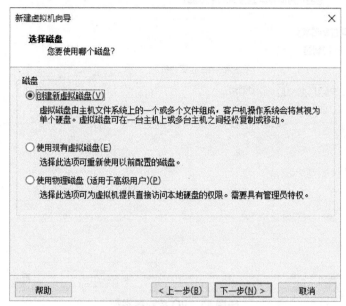

附图13　磁盘的选择

给予虚拟磁盘40GB空间大小，选择"将虚拟磁盘存储为单个文件（O）"，如附图14所示。

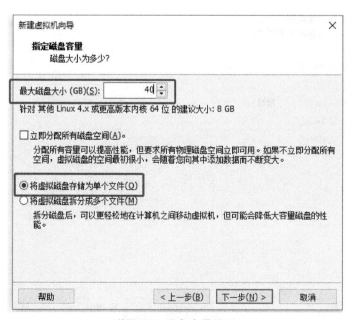

附图14　磁盘容量设置

接着指定磁盘文件，此处默认即可，如附图15所示。

附录　OpenEuler 操作系统的安装

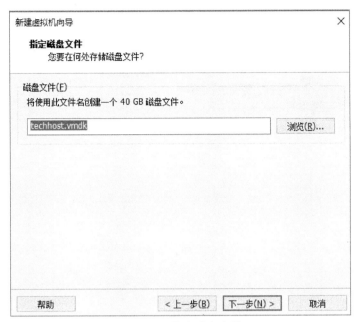

附图 15　指定磁盘文件

步骤 12：自定义硬件。

单击"自定义硬件"按钮，如附图 16 所示。

附图 16　配置概览

进入后将"USB 控制器""声卡""打印机"设备移除，如附图 17 所示。

附图 17　自定义硬件

移除后单击"处理器",选中"虚拟化 Intel VT-x/EPT 或 AMD-V/RVI（V）",如附图 18 所示。

附图 18　处理器设置

附录　OpenEuler 操作系统的安装

接着单击"新 CD/DVD（IDE）"，选择"使用 ISO 映像文件（M）"，单击"浏览"按钮，选择之前下载的 OpenEuler 20.03 版本的镜像，如附图 19 所示。

附图 19　选择 ISO 镜像文件

修改完成后，单击"关闭"按钮，回到新建虚拟机向导页面，单击"完成"按钮即可，如附图 20 所示。

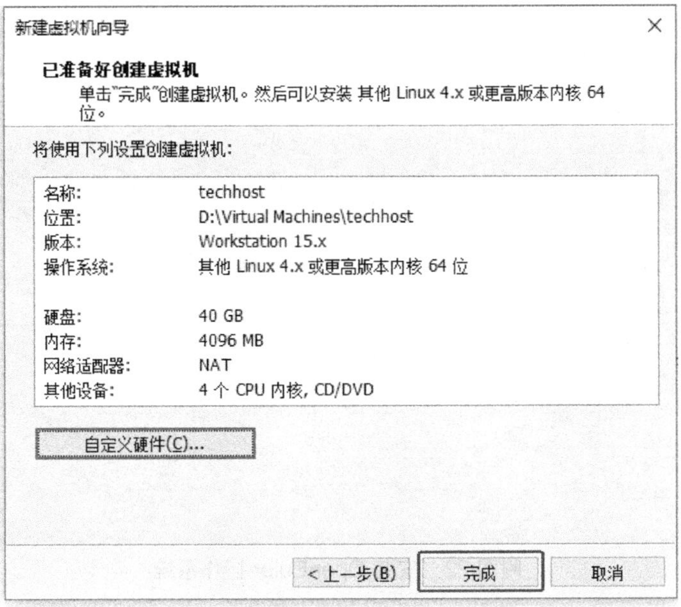

附图 20　设置完成

步骤 13：启动虚拟机。

配置修改完成后，单击"开启此虚拟机"，如附图 21 所示。

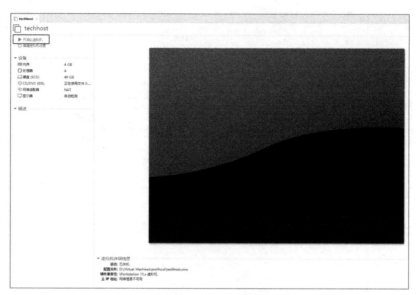

附图 21　启动虚拟机

进入安装页面，选择"Install openEuler 20.03-LTS-SP1"，开始安装系统，如附图 22 所示。

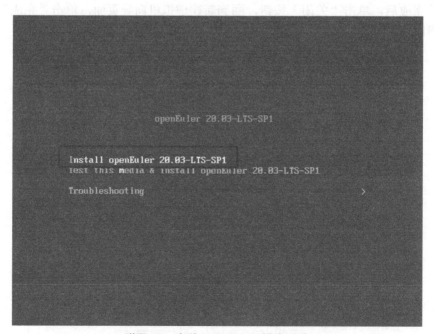

附图 22　安装 OpenEuler 操作系统

进入系统安装导航页面，选择安装语言，默认英文即可，如附图 23 所示。

附录　OpenEuler 操作系统的安装

附图 23　选择安装语言

进入下一步后，单击显示感叹号的选项进行确认即可，如附图 24 所示。

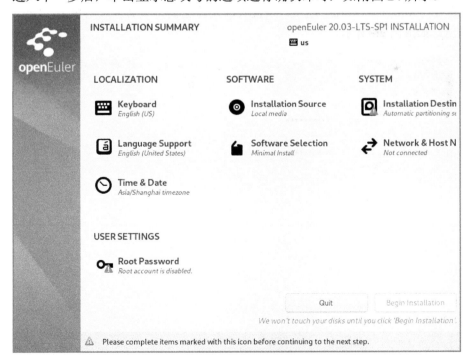

附图 24　选择配置项

进入"INSTALLATION DESTINATION"页面，此处选择系统默认即可，单击"Done"按钮，如附图25所示。

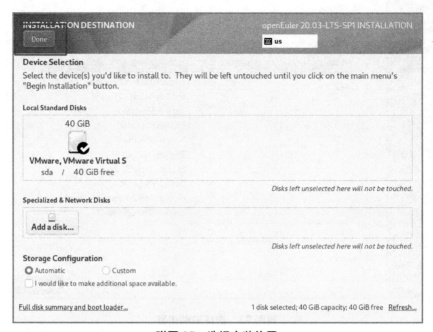

附图25　选择安装位置

然后单击"Root Password"选项，设置root用户密码，设置完成后单击"Done"按钮保存退出，如附图26所示。

附录　OpenEuler 操作系统的安装

最后单击"Begin Installation"开始安装，如附图 27 所示。默认采用最小化安装。

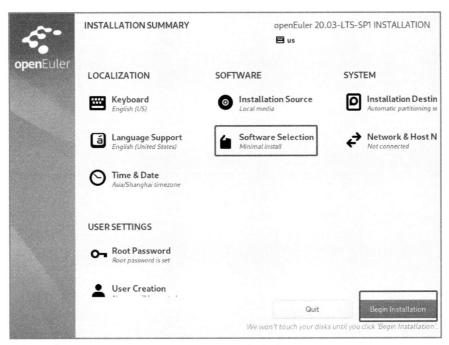

附图 27　最小化安装

附图 28 显示正在安装，过程较慢，耐心等待即可。

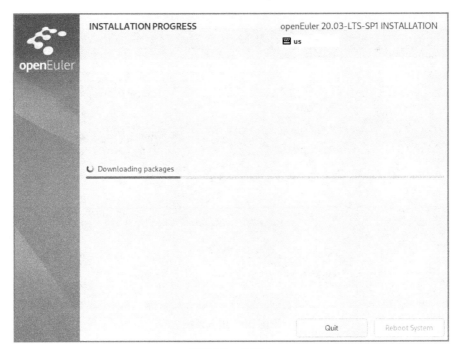

附图 28　安装中

• 447 •

安装成功后,单击"Reboot System"按扭,重启系统,如附图 29 所示。

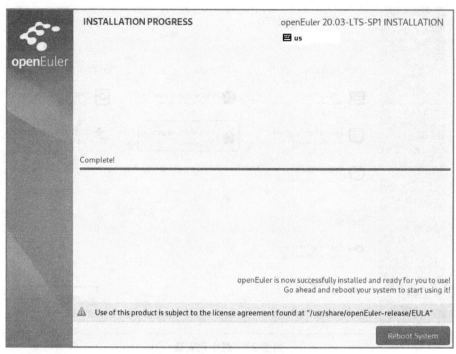

附图 29　安装完成后重启系统

重启完成,选择第一个选项进入系统,如附图 30 所示。

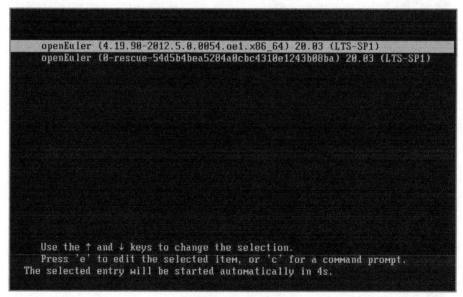

附图 30　进入系统

重启后登录,需要输入用户名与密码,如附图 31 所示。

附图 31 登录系统

至此，系统安装成功。